Elektronische Textkommunikation

Electronic Text Communication

Vorträge des vom 12.–15. Juni 1978 in München abgehaltenen Symposiums

Proceedings of a Symposium Held in Munich, June 12–15, 1978

Herausgeber/Editor: W. Kaiser

Springer-Verlag
Berlin Heidelberg New York 1978

Prof. Dr. Wolfgang Kaiser
Institut für Nachrichtenübertragung, Universität Stuttgart
Breitscheidstraße 2, 7000 Stuttgart 1

ISBN-13: 978-3-540-09060-1 e-ISBN-13: 978-3-642-81284-2
DOI: 10.1007/ 978-3-642-81284-2

CIP-Kurztitelaufnahme der Deutschen Bibliothek. **Elektronische Textkommunikation** : Vorträge d. vom 12.-15. Juni 1978 in München abgehalten Symposiums - Electronic text communication / ed. by W. Kaiser. - Berlin, Heidelberg, New York : Springer, 1978.
NE: Kaiser, Wolfgang [Hrsg.]; PT

2362/3020/543210

Vorwort

In neuerer Zeit ist das Wissen um die Nutzung und die Auswirkungen neuer Kommunikationssysteme hinter der rasanten Entwicklung der technischen Möglichkeiten deutlich zurückgeblieben. Im Jahr 1974 wurde daher auf Initiative von Persönlichkeiten aus Wissenschaft, Politik, Wirtschaft und den Medien mit Unterstützung der Bayerischen Akademie der Wissenschaften der MÜNCHNER KREIS als eine übernationale Vereinigung zur Kommunikationsforschung gegründet. Er hat sich zum Ziel gesetzt, neben den mit der Einführung neuer Kommunikationsformen auftretenden technischen Fragen vor allem auch die menschlichen, gesellschaftlichen, wirtschaftlichen und politischen Probleme zu erörtern und Impulse zu geben. Dabei versucht er nicht nur eine Brücke zwischen den angesprochenen wissenschaftlichen Disziplinen zu bilden, sondern beabsichtigt auch, die Diskussionen über die Grenzen unseres Landes hinaus zu führen.

Nach dem im Jahr 1976 veranstalteten Kongreß "Kommunikation und Demokratie" und dem im Jahr 1977 durchgeführten Symposium "Two-Way Cable Television" befaßte sich das diesjährige Symposium mit dem Themenkreis "Elektronische Textkommunikation". Es fand vom 12. - 15. Juni 1978 mit mehr als 500 Teilnehmern in München statt.

Von den vielen Möglichkeiten, die die Telekommunikation in bestehenden Netzen bietet, scheinen gerade die Formen der elektronischen Textkommunikation sowohl für den privaten Benutzer als auch für den Geschäftsteilnehmer von besonderem Interesse zu sein. Daher wurden auf dem diesjährigen Symposium sowohl die Arten der Textübermittlung mit Wiedergabe auf dem Bildschirm des Heimfernsehempfängers (Videotext, Bildschirmtext, Kabeltext, elektronische Schreibtafelsysteme), als auch diejenigen mit Wiedergabe auf Papier (Bürofernschreiben, Fernkopieren) vorgestellt.

Sämtliche Vorträge, die auf dem Symposium gehalten wurden, sind in dem vorliegenden Band enthalten. Da die Referate in deutscher oder in englischer Sprache, jeweils mit Simultanübersetzung, vorgetragen wurden, ist auch dieser Band, mit gewissen Einschränkungen, zweisprachig gestaltet. Jedem Vortrag in deutscher Originalfassung ist eine gekürzte Darstellung in englischer Sprache beigefügt, und umgekehrt.

Die an den ersten beiden Tagen des Symposiums gehaltenen fünfzehn Vorträge befaßten sich mit den bildschirmgebundenen Formen der Textkommunikation, die bei Privat- und Geschäftsteilnehmern ein beachtliches Interesse gefunden haben und in der Öffentlichkeit und den Massenmedien lebhaft diskutiert werden.

Die weiteren Vorträge des Symposiums waren den verschiedenen Formen der Bürokommunikation und ihren Anwendungen gewidmet. Wenn es durch die großen technologischen Fortschritte, insbesondere auf dem Gebiet der Mikroelektronik, gelingt, Textkommunikationsgeräte in vermehrtem Umfang in die einzelnen Büros zu bringen, so könnten in Verbindung mit geeigneten Nebenstellenanlagen integrierte Bürokommunikationssysteme entstehen, in denen Informationen schneller und einfacher erfaßt, ausgetauscht und verarbeitet werden. Durch eine damit verbundene Umgestaltung der organisatorischen Strukturen und Abläufe in diesen "Büros der Zukunft", mit denen sich mehrere Vorträge befaßten, erhofft man sich Rationalisierungserfolge. Im Hinblick auf die vielen noch ungeklärten Fragen ist es auch auf dem Gebiet der Bürokommunikation sinnvoll, Pilotprojekte zu verwirklichen.

Damit die in den einzelnen Vorträgen behandelten Verfahren und ihre Anwendungen möglichst anschaulich wurden, fanden während der ganzen Dauer des Symposiums Gerätevorführungen statt. Außerdem wurde in zwei Podiumsrunden über "Anwendungen von Videotext und Bildschirmtext" sowie über "Anwendungen neuer Formen der Bürokommunikation" diskutiert, wobei vor allem die Nutzung und deren Auswirkungen auf den Menschen zur Sprache kamen. Daß das Symposium ein so interessantes Programm bieten konnte, lag ausschließlich an der spontanen Bereitschaft so vieler führender Experten und prominenter Persönlichkeiten, dabei mitzuwirken. Allen, die in so vielfältiger Weise zum Gelingen dieses Symposiums beigetragen haben, möchte ich hiermit meinen ganz besonderen Dank aussprechen.

Stuttgart, im Juni 1978

W. Kaiser
Leiter des Symposiums

Foreword

Over the last years our knowledge about the utilization of new communication systems and their influence on society has lagged considerably behind the speed of technical development. In view of this, the MÜNCHNER KREIS was founded in 1974 as a supranational association for communications research on the initiative of leaders in science, politics, economics and the media and with the support of the Bavarian Academy of Sciences.Its goal is not only to discuss questions of a technical nature, arising from the introduction of new forms of communication, but to devote particular attention to the human, social, economic and political problems connected with communication systems and to suggest areas of further research. It is the aim of the MÜNCHNER KREIS to provide a common meeting ground for the different scientific disciplines involved and to extend discussions beyond the borders of our own country.

Following the 1976 Congress on "Communication and Democracy" and the 1977 Symposium on "Two-Way Cable Television", the theme selected for this year's Symposium was "Electronic Text Communication". The Symposium, which was held in Munich from June 12-15, 1978, was attended by more than 500 participants.

Of the many possibilities offered by telecommunication in existing networks, the various forms of electronic text communication seem to be of special interest for private and business subscribers alike. This year's Symposium, therefore, dealt with principles of text transmission with soft copy display on the screen of the home TV set, such as Videotext, Bildschirmtext, Cable text and electronic blackboard systems, as well as transmission with hard copy output on paper, such as communication typewriting and telecopying.

This volume contains all the lectures held at the Symposium. The talks were given in either German or English and simultaneously interpreted. Accordingly, this book has been bilingually composed,by adding to each paper an abbreviated version in the other language.

The fifteen papers presented during the first two days of the Symposium covered forms of text communication with soft copy output. These new systems have become a subject of considerable interest among private and business subscribers and they are a source of lively discussion by the public and by the media.

The remaining papers presented on the following two days of the Symposium dealt with different forms of office communication and their applications. If the great technological progress, especially in microelectronics, should succeed in increasing the extent of which text communication equipment is used in individual offices, integrated office communication systems might come about through the installation of suitable PABX's, providing faster and simpler storage, exchange and processing of information. It is hoped that restructuring the organization and working procedures in these "offices of the future" (dealt with in several papers) will lead to further rationalization. In view of the number of still unsolved questions, it will be worthwhile to initiate pilot projects in the field of office communication as well.

To clarify the various methods and their possible applications described in the papers, equipment was demonstrated during the entire duration of the Symposium. Furthermore, two panel discussions were held on "Videotext and Bildschirmtext Applications" and on "Applications of New Forms of Office Communication".

The discussions concentrated mainly on the potential utilizations of the new systems and their influence on the individual.

The fact that this Symposium was able to present such an interesting program, was due alone to the willingness of so many leading experts and prominent individuals to participate actively. I would like to express my thanks to all who, in so many different ways, contributed to the success of this Symposium.

Stuttgart, June 1978

W. Kaiser
Symposium Chairman

Inhalt/Contents

Der zweitgenannte Titel ist jeweils eine übersetzte Kurzfassung des Beitrages.
The second title is in each case a condensed translation of the original contribution.

Liste der Autoren
Index of Authors

Bärfuss, Ch.; Sektion Rundfunktechnik, Abt. Forschung und Entwicklung
Schweizerische PTT-Betriebe, CH-3000 Bern, Schweiz

Becker, D., Dr.; Standard Elektrik Lorenz AG, Abt. CS/FCS,
Hellmuth-Hirth-Str. 42, 7000 Stuttgart 40

Bernath,K.W., Dr.; Sektion Rundfunktechnik, Abt. Forschung und Entwicklung, Schweizerische PTT-Betriebe, CH-3000 Bern, Schweiz

Bordewijk, J.L., Prof.Dr.; Technische Hogeschool Delft, Merkelweg 4,
Delft 8, Niederlande

Brendes, H., Dr.; Olympia Werke AG, Abt. D/EL, 2940 Wilhelmshaven

Brepohl, K.,Dr.; Institut der Deutschen Wirtschaft, Oberländer Ufer 84-88,
5000 Köln 51

Cramer, B., Dr.; Standard Elektrik Lorenz AG, Abt. PP/FZD, 7530 Pforzheim

Cutler, C.C., Director; Bell Laboratories, Holmdel, N.J., USA

Dagnélie, J.P.; Centre Commun d'Études de Télévision et Télécommunications (CCETT), 2, rue de la Mabilais, F-35013
Rennes Cedex, Frankreich

Detjen, C.,Geschäftsführer; Bundesverband Deutscher Zeitungsverleger,
Riemenschneiderstr. 10, 5300 Bonn 2

Färber, G., Prof.Dr.-Ing.; Lehrstuhl für Prozeßrechner der TU München,
Franz-Joseph-Str. 38, 8000 München 40

Felix, A., Managing Director; The New Opportunity Press, 76 St. James's
Lane, London N 10 3 RD, England

Grossmann, H., Dr.Oec.; Verlagsgruppe Deutscher Fachverlag, Stabsabteilung Information, Schlüterstr. 37, 1000 Berlin 12

Grünsteidl, W., Dr.;N.V. Philips'Gloeilampenfabrieken, Corporate Strategic Planning, Eindhoven, Niederlande

Grupen, P., Dipl.-Ing.; Dr.-Ing. R. Hell GmbH, Grenzstr. 1-5, 2300 Kiel

Haefner, K., Prof.Dr.; Heinrich-Hertz-Institut, Einsteinufer 37,
1000 Berlin 10

Hanewinkel, L., Dipl.-Phys.; Nixdorf Computer AG, Fürstenweg,
4790 Paderborn

Heinzl,J., Prof.Dr.-Ing.; Institut für Feingerätebau und Getriebelehre, TU München, Arcisstr. 21, 8000 München 2

Helmrich,H., Dr.; Siemens AG, Fernschreib- und Datenverkehr, Hofmannstr. 51, 8000 München 70

Jelinek,F., Dr.; IBM T.J.Watson Research Center, Computer Sciences Department, Yorktown Heights N.Y. 10598, USA

Junge,W., Ing.(grad.);AEG-Telefunken Röhrenwerk, Soeflingerstr. 100, 7900 Ulm

Jurk,R.; Siemens AG, Abt.D Bi ST, Otto-Hahn-Ring 6, 8000 München 83

Kaiser,W., Prof.Dr.-Ing.; Institut für Nachrichtenübertragung, Universität Stuttgart, Breitscheidstr. 2, 7000 Stuttgart 1

Kanzow,J.,Dipl.-Ing. Ministerialrat; Bundesministerium für das Post- und Fernmeldewesen, Postfach 8001, 5300 Bonn

Klein, P., Dipl.-Ing.; Siemens AG, Abt. Fg GE VE, Hofmannstr. 51 8000 München 70

Klingler, R.; Sektion Rundfunktechnik, Abt. Forschung und Entwicklung Schweizerische PTT-Betriebe, CH-3000 Bern, Schweiz

Kobayashi, N.; Nippon Telegraph & Telephone, Public Corporation 1 -6, Uchisaiwai-Cho 1-Chome, Chiyoda-Ku, Tokyo 100, Japan

Kristen, H.L.; IBM Deutschland GmbH, Hauptverwaltung, Am Wallgraben 99, 7000 Stuttgart 80

Lammers, E., Vorstandsmitglied; Otto Versand Hamburg, Wandsbeker Str. 3-7, 2000 Hamburg 71

Leue, G.; Management Consultant, Ilmesmühle, 6419 Haunetal und 519 Carmel Valley Road, Carmel Valley Calif. 93924, USA

Maeda, Koji,Director; Nippon Telegraph & Telephone Public Corporation 1-6, Uchisaiwai-Cho 1-Chome, Chiyoda-Ku, Tokyo 100,Japan

Mantel, H., Dipl.-Ing.; Standard Elektrik Lorenz AG, Abt. CVS/EG, Hellmuth-Hirth-Str. 42, 7000 Stuttgart 40

Marko, H., Prof.Dr.-Ing.; Lehrstuhl für Nachrichtentechnik TU München, Arcisstr. 21, 8000 München 2

Marti, B.; Centre Commun d'Études de Télévision et Télécommunications (CCETT), 2,rue de la Mabilais, F-35013 Rennes Cedex, Frankreich

Messerschmid, U., Prof. Dr.-Ing.; Direktor am Institut für Rundfunktechnik GmbH, Floriansmühlstr. 60, 8000 München 45

Michel, P., Dipl.-Ing.; Östereichische Philips Industrie GmbH, Bandgerätewerk, Breitenseer Str. 116, A-1141 Wien, Österreich

Miyashita, M., Manager of Engineering Department; Facsimile Division, Nippon Electric Co., Ltd., Fuchu Plant 10. 1-Chome, Nisshin-Cho, Fuchu, Tokyo, Japan

Mori, K.; Facsimile Division, Nippon Electric Co., Ltd., Fuchu Plant 10.1-Chome, Nisshin-Cho, Fuchu, Tokyo, Japan

Peters, Th., Privatdozent Dr.med.habil.; Ltd. Gewerbemedizinaldirektor, Marienplatz 2, 4630 Bochum

Plank, K.-L., Dr.-Ing., Mitglied der Geschäftsleitung; Telefonbau und Normalzeit, Mainzer Landstr. 128-146, 6000 Frankfurt

Rothgordt U., Dr.; Philips GmbH Forschungslaboratorium Hamburg, 2000 Hamburg 54

Rupf,K., Dr.,Regierungsdirektor; Bundesministerium für Forschung und Technologie, Postfach 20 07 06, 5300 Bonn 2

Sato,K.; Facsimile Division, Nippon Electric Co., Ltd., Fuchu Plant 10.1-Chome, Nisshin-Cho, Fuchu, Tokyo, Japan

Schiekel, M., Dipl.-Phys.; AEG-Telefunken Röhrenwerk, Soeflingerstr. 100, 7900 Ulm

Schüßler,H., Dr.; AEG-Telefunken, Fachbereich Weitverkehr und Kabeltechnik Grundlagenentwicklung, Gerberstr. 33, 7150 Backnang

Schwartz, Mme C., Dr.; Centre Commun d'Études de Télévision et Télécommunications (CCETT), 2, rue de la Mabilais, F-35013 Rennes Cedex, Frankreich

Sharpless, G.T., Dr.; Philips Research Laboratories, Circuit Physics & Applications Division, Cross Oak Lane, Redhill Surrey RH1 5HA, England

Süssenbach, H., Dipl.-Phys.; AEG-Telefunken Röhrenwerk, Soeflingerstr.100, 7900 Ulm

Diskussionsleiter
Session chairmen

Baur, F. Dr.; Vorstandsmitglied der Siemens AG, Balanstr. 73, 8000 München

Gallenkamp, W., Dipl.-Ing., Abt.Präs.; Fernmeldetechnisches Zentralamt, Postfach 800, 6100 Darmstadt

Gerke, P., Dipl.-Ing., Dir.; Siemens AG, Abt. FG GE, Hofmannstr. 51, 8000 München

Irmer, Th., Dipl.-Ing., Ltd. Postdir.; Fernmeldetechnisches Zentralamt, Postfach 800, 6100 Darmstadt

v.Ludwig, H.J., Dipl.-Ing.; Vorstandsmitglied der Standard Elektrik Lorenz AG, Hellmuth-Hirth-Str. 42, 7000 Stuttgart 40

Musmann, H.G., Prof. Dr.; TU Hannover, Lehrstuhl für Theoretische Nachrichtentechnik und Informationsverarbeitung, Callinstr.15, 3000 Hannover

Sommerlatte, T., Dr., Dir.; Arthur D.Little Int. Abraham Lincoln-Str. 34 6200 Wiesbaden

Vöge, K.H., Dr.; Heinrich-Hertz-Institut für Nachrichtentechnik, Einsteinufer 37, 1000 Berlin 10

Teilnehmer an den Podiumsdiskussionen
Participants in the panel discussions

Elias, D., Dipl.-Ing.; Staatssekretär im Bundesministerium für das Post- und Fernmeldewesen, Postfach 8001, 5300 Bonn 1

Güntsch, F.R., Dr. Ministerialdirektor; Bundesministerium für Forschung und Technologie, Postfach 20 07 06, 5300 Bonn

Gumin, H., Prof. Dr.; Vorstandsmitglied Siemens AG Hofmannstr. 51, 8000 München 70

Jaumann, A.; Staatsminister für Wirtschaft und Verkehr, Prinzregentenstr. 28, 8000 München

Kaiser, W., Prof. Dr.-Ing.; Universität Stuttgart, Institut für Nachrichtenübertragung, Breitscheidstr. 2, 7000 Stuttgart 1

Kanzow, J., Dipl.-Ing., Ministerialrat; Bundesministerium für das Post- und Fernmeldewesen, Postfach 8001, 5300 Bonn

Lohr, H., Dipl.-Ing.; Vorsitzender des Vorstands der Standard Elektrik Lorenz AG., Hellmuth-Hirth-Str. 42, 7000 Stuttgart 1

Rausch, H., Dir. ; Vorstandsmitglied der Nixdorf Computer AG., Fürstenweg, 4790 Paderborn

Ratzke, D.; Chef vom Dienst der Frankfurter Allgemeinen Zeitung, Heller-Hof-Str. 2-4, 6000 Frankfurt 1

v. Sanden, D., Dipl.-Phys.; Vorstandsmitglied der Siemens AG., Hofmannstr. 51, 8000 München 70

Scharf, A.; Justitiar des Bayerischen Rundfunks, Rundfunkplatz 1 8000 München 2

Scheloske, Gisela; Geschäftsführerin des Verbandes für Textverarbeitung, Postfach 5129, 6236 Eschborn 1

Steipe, L.A., Dr.; Geschäftsführender Gesellschafter der Stenocord Electronic GmbH, Post Aufkirchen über Starnberg, 8131 Bachhausen

Witte, E., Prof. Dr.; Institut für Organisation, Universität München, Ludwigstr. 28

Die Einführung neuer Formen der Textkommunikation durch die Deutsche Bundespost

J. Kanzow
Bonn

Zusammenfassung

Zur Zeit wird in der Bundesrepublik die Einführung einer Reihe neuer elektronischer Textkommunikationsdienste diskutiert. Die Faksimileübertragung (Telefax) und das Bürofernschreiben (Teletex) sind von besonderem Interesse für die geschäftliche Kommunikation, während Bildschirmtext und Videotext auch für den privaten Bereich große Bedeutung erlangen könnten.
Der Stand der Einführung dieser Telekommunikationsdienste wird beschrieben und die Vorgehensweise bei der Festlegung der bestimmenden Dienstparameter erläutert.

1. Vorbemerkungen

Es ist in unserem Lande zu einem vielfach geübten Brauch geworden, sich bei Äußerungen über die künftige Entwicklung der Telekommunikation auf die KtK zu berufen, die "Kommission für den weiteren Ausbau des technischen Kommunikationssystems", deren "Telekommunikationsbericht" heute bereits als Standardwerk der Telekommunologie bezeichnet werden kann, wenn es eine solche Wissenschaft geben sollte. Ich möchte hier keine Ausnahme machen, zumal mit Herrn Prof. Witte und Herrn Prof. Kaiser zwei sehr maßgebliche Väter des "Telekommunikationsberichtes" für dieses Symposium verantwortlich zeichnen, das ich für beispielhaft halte, weil es in wohlverstandener Tradition des "Telekommunikationsberichtes" sehr konzentriert und sehr geschlossen bemüht ist, einen Ausblick auf die Entwicklung im Textkommunikationsbereich zu geben, der die Basis für problembewußtes Handeln und Entscheiden sein kann. Ich sage ausdrücklich "sein kann", denn zur Tradition des "Telekommunikationsberichtes" gehört es auch, daß an ihm deutlich wurde, wie schwer es trotz der Bemühungen aller Beteiligten ist, die Telekommunikationsentwicklung diskussionsfähig im Sinne einer breiten politischen Auseinandersetzung werden zu lassen. Ich hoffe, daß dieses Symposium hier positive Maßstäbe setzt und mehr sein wird als ein technisches Seminar, das allein zwar auch seine Bedeutung hätte, das aber angesichts der vor uns liegenden Entwicklung nur die eine Seite der Probleme beschreiben würde.

2. Voraussetzungen für die Entwicklung neuer Textkommunikationsdienste

Was macht das Gespräch über die Textkommunikation gerade gegenwärtig so bedeutsam?

Wir stehen am Beginn einer Entwicklung, die in vielen Bereichen unseres täglichen Lebens zu Veränderungen führen wird, im Büro ebenso wie in den heimischen vier Wänden. Ausgangspunkt dieser absehbaren Entwicklung sind zwei Faktoren, die beinahe zufällig miteinander korrespondieren: Der weit fortgeschrittene Ausbau der öffentlichen Fernmeldenetze und das atemberaubende Geschehen in der Halbleitertechnologie.

2.1. Ausbau der Kommunikationsinfrastruktur

Der Ausbau der öffentlichen Fernmeldenetze, insbesondere der Ausbau des Fernsprechnetzes, nähert sich einem ersten Abschluß, der durch die Einbeziehung aller Haushalte in dieses weltumspannende Kommunikationssystem gekennzeichnet ist. Da die elektronische Informationsübermittlung im Fernsprechnetz nicht auf die Übertragung von Sprache beschränkt ist, sondern auch andere elektrische Signalformen übermittelt werden können, muß das Fernsprechnetz heute als eine technische Infrastruktur verstanden werden, die dem elektronischen Nachrichtentransport in einem sehr weiten Sinne als Grundlage dienen kann. Die Einbeziehung aller Haushalte in diese Infrastruktur erlaubt es, das Angebot neuer Formen der Telekommunikation von Anbeginn an auf alle Bürger unseres Landes auszudehnen, sofern die Inhalte der neuen Telekommunikationsformen dafür geeignet sind und nicht nur speziellen Kommunikationsbedürfnissen entsprechen.

Mit dem Fernsehnetz steht neben dem Fernsprechnetz eine zweite, bereits heute fast vollständig ausgebaute technische Kommunikationsinfrastruktur zur Verfügung, die in bestimmtem Umfang gleichfalls für die Einführung neuer Telekommunikationsdienste benutzt werden kann.

2.2. Technologieentwicklung

Die leistungsfähige Infrastruktur ist, wie gesagt, ein Faktor, der zweite Faktor, die stürmische Entwicklung der Technologie, bestimmt die Leistungsfähigkeit und vor allem den Preis neuer Kommunikationsdienste. Hier haben wir uns inzwischen einem Punkt genähert, an dem die moderne Halbleitertechnik Bausteine zur Verfügung stellt oder in wenigen Jahren stellen wird, mit deren Hilfe die Beherrschung umfangreicher und komplexer Informationsverarbeitungsprozeße "auf kleinstem Raum" und - bei genügendem Absatz - zu sehr niedrigen Preisen möglich wird.

Die Auswirkungen dieser technologischen Entwicklung sind nicht auf nachrichtentechnische Geräte beschränkt, und sie sind zunächst auch nicht durchweg positiv, wenn ich beispielsweise an die mit der steigenden Integrationsdichte der Bauelemente Hand in Hand gehende Abnahme der Fertigungstiefe und den damit verbundenen Verlust an Arbeitsplätzen denke. Oder an die Rationalisierungseffekte, die sich durch den Einsatz von Mikroprozessoren zur Steuerung von Fertigungsprozessen erzielen lassen. Doch sie führen andererseits dazu, daß neue Produktangebote technisch und ökonomisch überhaupt erst realisierbar werden, Produkte, die neue Arbeitsplätze schaffen und bestehende verbessern können.

Das Fernmeldewesen ist von dieser Entwicklung mittelbar und unmittelbar sehr stark betroffen. Mit der Vermehrung und Dezentralisierung der Elektronik werden gleichzeitig die technischen Voraussetzungen geschaffen, Einrichtungen kommunikationsfähig zu machen; dies kann früher oder später auch zu einem Telekommunikationsbedarf führen. Und hierbei möchte ich selbst den Mikroprozessor in der häuslichen Waschmaschine nicht ausschließen. Das bedeutet für das Fernmeldewesen allerdings, daß der Erfolg oder Mißerfolg von Telekommunikationsdiensten, die auf diesen latenten Kommunikationsbedarf zielen, weniger von der Ausgestaltung des Dienstes, als mehr vom Eintreffen der erwarteten technischen Entwicklung in vorgelagerten Bereichen bestimmt wird. Das Bürofernschreiben ist ein Beispiel hierfür.

Andererseits kann das Fernmeldewesen durch die frühzeitige Schaffung neuer Dienstleistungsangebote einen Anreiz bilden für die technische Weiterentwicklung in anderen Bereichen und darüber hinaus für das Entstehen völlig neuer Informationsdienstleistungen, die insgesamt auch zu neuen Arbeitsplätzen führen können. Hierfür sei Bildschirmtext als Beispiel genannt.

Sie mögen an all' dem erkennen, daß die Einführung neuer Fernmeldedienste ein Prozeß ist, in dem eine Vielzahl von Einflußgrößen zu berücksichtigen sind, die nach klassischem Verständnis weit außerhalb des Fernmeldewesens liegen. Ein Zeichen für die enge Verflechtung des Fernmeldewesens mit allen Bereichen unseres Lebens und unserer Gesellschaft. Ich kann diese Fragen hier nur andeuten, sie werden vermutlich an der einen oder anderen Stelle dieses Symposiums weitere Beispiele hierfür kennenlernen.

3. Neue Textkommunikationsdienste

Wenn wir heute in der Bundesrepublik von elektronischer Textkommunikation sprechen, dann meinen wir sowohl die "papiergebundene" oder "gedruckte" Textkommunikation, wie auch die "bildschirmgebundene" Textkommunikation. Zur ersten Gruppe, der "gedruckten" Textkommunikation, rechnen die Faksimileübertragung und die Textübertragung, zur zweiten Gruppe Videotext, Bildschirmtext und Kabeltext.

3.1. Faksimileübertragung

Die Faksimileübertragung wird ab Mitte dieses Jahres unter der Bezeichnung "Telefaxdienst" als Fernmeldedienst eingeführt werden.

Der Telefaxdienst wird das Fernsprechnetz mitbenutzen; die verwendeten Faksimilegeräte müssen den CCITT-Empfehlungen für Geräte der Gruppe 2 entsprechen, die für die Übertragung einer DIN A 4-Seite 3 Minuten benötigen.

Das neue an diesem Dienst ist weniger die Faksimileübertragung, als vielmehr die Tatsache, daß erstmals in der langen Geschichte dieses Kommunikationsverfahrens die technischen Parameter der Übermittlung so weitgehend festgelegt und zum Bestandteil des Fernmeldedienstes wurden, daß alle Telefaxgeräte problemlos miteinander kommunizieren können, ganz gleich, von wem sie produziert werden. Dies ist bisher nicht so gewesen, und in der Inkompatibilität der Faksimilegeräte bisheriger Generationen liegt sicherlich auch die Ursache dafür, daß sich die Faksimileübertragung trotz ihrer Attraktivität bislang nicht als Kommunikationsmittel hat durchsetzen können. Marktuntersuchungen haben gezeigt, daß bis Mitte der 80er Jahre in der Bundesrepublik mit über 100 000 Faksimilegeräten gerechnet werden kann, wenn einheitliche Kommunikationsstandards als Basis für eine freizügige Entwicklung festgelegt werden. Mit der Einführung des Telefaxdienstes ist diese Basis gegeben.

Die Faksimileübertragung wird sich in den nächsten Jahren voraussichtlich sehr schnell weiterentwickeln. Im CCITT werden zur Zeit die Standards für die Klasse 3-Geräte erarbeitet, die zur Übermittlung einer DIN A 4-Seite etwa 1 Minute benötigen. Auch diese Geräte werden vermutlich das Fernsprechnetz mitbenutzen.

3.2. Bürofernschreiben (Teletex)

Anders als bei der Faksimileübertragung konnte beim "Bürofernschreiben" nicht auf bestehende CCITT-Empfehlungen zurückgegriffen werden, als 1976 mit den Vorbereitungen zur Einführung dieses neuen Dienstes begonnen wurde. Wir standen daher vor der Aufgabe, zunächst eine sehr umfassende Definition der Kommunikationsstandards und -leistungsmerkmale zu erarbeiten, die nicht nur in der Bundesrepublik, sondern auch international Grundlage dieses neuen Textkommunikationsdienstes sein sollte. Es scheint, als sei dieses Ziel erreicht. In wenigen Tagen werden hier in München die Beratungen der Studiengruppen I und VIII des CCITT beginnen, denen u. a. Empfehlungsentwürfe für die einheitliche Gestaltung von "Teletex" vorliegen. "Teletex" ist der vorläufige internationale Arbeitsbegriff für "Bürofernschreiben". Ich glaube, wir können ein wenig stolz darauf sein, daß dieser Schritt gelungen ist. Industrie und Fernmeldeverwaltungen haben gleichermaßen dazu beigetragen, die Voraussetzungen hierfür zu schaffen, und es bedurfte sicherlich an der einen oder anderen

Stelle innerhalb der geräteproduzierenden Industrie großer Selbstüberwindung, das gemeinsame Interesse über das Einzelinteresse zu stellen.

Das "Bürofernschreiben" wird - zumindest in der Bundesrepublik - das öffentliche Datennetz benutzen und eine Übertragungsgeschwindigkeit von 2 400 bit/s besitzen. Damit kann in nur 10 sec eine Seite Schreibmaschinentext übermittelt werden. Übertragen und empfangen werden können die Schriftzeichen aller lateinischen Alphabete, so daß die vom Telexdienst her bekannte internationale Kommunikationsfähigkeit auch für das "Bürofernschreiben" gewährleistet ist. Darüber hinaus wird angestrebt, auch den Übergang zwischen dem Telexdienst und dem "Bürofernschreiben" zu ermöglichen, so daß Bürofernschreib-Stationen auch Telexnachrichten empfangen und aussenden können.

Wenn sich unsere Erwartungen hinsichtlich der Standardisierung des "Bürofernschreibens" erfüllen, dann ist mit der Einführung dieses neuen Dienstes bis 1980 zu rechnen. Ob sich die zuversichtlichen Marktprognosen erfüllen werden, die von einer schnellen Ausbreitung des Dienstes sprechen, ist weniger eine Frage des Dienstes selbst, sondern in erster Linie abhängig von der Entwicklung der Bürotechnik und der Textverarbeitung. Büroferschreibgeräte sind anders als der Fernschreiber nicht ausschließlich zur Kommunikation bestimmt. Ihre hauptsächliche Verwendung finden sie im Bürobetrieb als Büroschreibmaschine oder als Textverarbeitungssystem. Da mit der Einführung dieser neuen Bürotechnik-Generation erhebliche Auswirkungen auf die Büroorganisation verbunden sein können, spielen eine Reihe sehr schwerwiegender "bürointerner" Fragen eine wesentliche größere Rolle als die mögliche Verbesserung der Bürokommunikation. Hier zeigt sich die eingangs erwähnte zunehmende Verpflechtung des Fernmeldewesens mit anderen Entwicklungen, die letztlich das Wachstum der Telekommunikation bestimmen.

3.3. Bildschirmtext

Die Faksimileübertragung und das "Bürofernschreiben" sind vorläufig nur für den Bereich der geschäftlichen Kommunikation von Interesse. Anders ist dies bei "Bildschirmtext", der im geschäftlichen wie im privaten Bereich eine gleichermaßen breite Resonanz finden könnte.

Der Fernsehempfänger als Wiedergabegerät stellt ein außerordentlich ökonomisches Endgerät dar, das vom Preis her leicht auch Eingang in die privaten Haushalte finden sollte; und die Anwendungsmöglichkeiten umfassen ein solch breites Spektrum von der allgemeinen Information bis hin zur Individualkommunikation, daß auch vom Inhalt her gesehen "Bildschirmtext" ideale Voraussetzungen für einen Fernmeldedienst bietet. Wieweit diese inhaltlichen Möglichkeiten tatsächlich ausgeschöpft werden, bleibt abzuwarten. Es wird nicht Aufgabe der Deutschen Bundespost sein, "Bildschirmtext"-Inhalte zu liefern. Wir können nur hoffen, daß mit Hilfe zahlreicher Inhalts-Lieferanten aus der technisch möglichen auch eine tatsächliche Attraktivität wird. Um hierüber mehr Klarheit zu gewinnen, wollen wir 1980 einen größeren Feldversuch durchführen, in dem ein Jahr lang das Interesse an "Bildschirmtext" im privaten Bereich getestet werden soll. Bei positivem Ausgang des Versuchs kann "Bildschirmtext" ab 1982 allgemein und breit als Fernmeldedienst eingeführt werden. Neben einer großen Anzahl von "Bildschirmtext"-Zentralen, die das technische Rückgrat des neuen Dienstes darstellen, würden auch private Datenbanken und Rechner an das System angeschlossen werden können, so daß aus technischer Sicht alle Voraussetzungen gegeben sind, "Bildschirmtext" zu einem umfassenden Kommunikations- und Informationssystem werden zu lassen.

Die bereits eben erwähnten Studiengruppen des CCITT werden sich auch mit Vorschlägen zur Einführung einheitlicher Standards für "Bildschirmtext"-Systeme befassen. Vielleicht wird es auch hier gelingen, vorläufige Empfehlungen zu verabschieden, die der weiteren Entwicklung von "Bildschirmtext" national und international zugrunde gelegt werden. Erfreulich ist aus unserer Sicht auch, daß bei Annahme der Vorschläge eine Kompatibilität zwischen den Alphabeten von "Bürofernschreiben" und "Bildschirmtext" bestehen wird. Zu hoffen bleibt, daß auch für "Videotext" bald entsprechende Vereinbarungen erreicht werden können.

3.4. Videotext

Die Einführung von "Videotext" in der Bundesrepublik läßt sich zur Zeit noch nicht so genau terminieren, wie es für die anderen Textkommunikationsdienste aus heutiger Sicht möglich erscheint. Der Grund hierfür liegt weniger im technischen Bereich, obwohl hier auch noch einige Punkte zu klären sind, sondern mehr im Bereich der Anwendung von "Videotext", wo sich eine Reihe grundsätzlicher Fragen stellen, deren Klärung vermutlich noch etwas Zeit in Anspruch nehmen wird.

4. Vorbereitung der Einführung neuer Kommunikationsdienste

Lassen Sie mich zum Abschluß noch kurz auf einige generelle Probleme eingehen, die sich bei der Einführung neuer Fernmeldedienste heute ergeben. Ich hatte eingangs versucht, Ihnen darzulegen, daß das Fernmeldewesen in mannigfaltiger Weise in Wechselwirkung mit Entwicklungen in anderen Bereichen steht. Es ist aus unserer Sicht daher unerläßlich, die Einführung neuer Fernmeldedienste in enger Kooperation zumindest mit den unmittelbar betroffenen Kreisen vorzubereiten, und es erscheint uns ebenso unerläßlich, vor der Einführung neuer Dienste, die erhebliche Breiten- oder Folgewirkungen haben können, die tatsächlich zu erwartenden Auswirkungen soweit möglich zu analysieren.

Der Kooperation dienen eine Reihe von Arbeitskreisen, in denen die Gestaltung einzelner Dienste diskutiert wird. Hier sind beispielsweise der Arbeitskreis Faksimileübertragung, der Arbeitskreis Textübertragung und die "Bildschirmtext"-Arbeitskreise Technik, Standardisierung und Anwendungen zu nennen. Ohne die engagierte Mitarbeit aller Mitglieder dieser Arbeitskreise hätte mein heutiger Sachstandsbericht mit Sicherheit ein anderes, ein kargeres Aussehen.

Zur Untersuchung der möglichen Auswirkungen neuer Fernmeldedienste wurden und werden Marktuntersuchungen und Substitutionsanalysen durchgeführt, und es sind dort, wo Marktuntersuchungen nicht weiterhelfen können, Feldversuche geplant. Ich will aber nicht verhehlen, daß wir uns gerade in diesem Bereich über unsere eigenen Anstrengungen hinaus weitere Aktivitäten vorstellen könnten, die unsere Untersuchungen ergänzen und abrunden, und so eine geschlossene Beurteilung aller Probleme ermöglichen. Uns als Fernmeldeverwaltung sind hier Grenzen gesetzt, und ich glaube, das ist auch gut so.

Introduction of New Forms of Text Communication by the Deutsche Bundespost

J. Kanzow
Bonn

The Deutsche Bundespost is at present giving the question of the introduction of various forms of electronic text communication as telecommunication services its special attention.

The common characteristic of these new telecommunication services is the use of public telecommunication networks which either exist already or are under construction, in other words, the telephone network and the integrated telex and data network. Hence it will be possible to implement the new services at favourable prices and satisfactorily from the point of view of coverage from the very beginning.

The new telecommunication services differ from one another in technical design and in the user groups to which they are typically to appeal.

Facsimile transmission and text transmission serve business communication purposes. The Deutsche Bundespost plans to introduce Telefax as from mid-1978; this service has been defined on the basis of CCITT Recommendations for Class 2 facsimile equipment (3 minute equipment). The Telefax service will use the public telephone network. Preparations for the introduction of a new text transmission service (telecommunication typewriter service, international working designation "Teletex") should be sufficiently advanced this year so that the basic technical parameters are clear. So far it seems that the new service will use the integrated telex and data network and will have a nominal speed of 2 400 bit/sec. There are also plans for telecommunication typewriters to have access to the integrated telex and data network via internal private branch exchanges and for them to be able to communicate with telex equipment. Discussions on international use of an alphabet comprising Latin characters including the diacritic signs are nearing their conclusion.

Introduction of the new service is expected by 1980/81.

Equally interesting for private and business text communication are the new TV screen forms of communication Videotext (Teletext) and Viewdata/Prestel. On account of special legal problems relating to the media it is not possible at the moment to make any concrete pronouncements about when Videotext will be introduced. General introduction of Viewdata is envisaged by the Deutsche Bundespost for 1982. A field test beforehand, to be regarded as a test of the market, is planned for 1980. At present, work is progressing on further development of the British and French proposals for a common alphabet which, the Deutsche Bundespost believes, should not only be compatible with Videotext but also with the abovementioned alphabet for text transmission. At national level the technical development of inexpensive data transmission equipment and the development of Viewdata centres is being pursued with vigour.

The forms of electronic text communication discusses today are to be regarded as preliminary steps when looking at longterm development. With the anticipated increase in the efficiency of the terminal equipment and of the telecommunication networks for text communication, (digital) facsimile transmission may be expected to merge with text transmission. Videotext and Viewdata will develop further, as "cable text" in cable television networks, Viewdata in subsequent versions - especially in a digital telephone network - to higher transmission speeds.

Videotext-Systeme heute und morgen – Stand der Technik und Anwendungsmöglichkeiten

U. Messerschmid
München

Zusammenfassung

Ein kurzer Überblick über die technischen Prinzipien der Videotext-Übertragung betont das Prinzip der zyklischen Übermittlung der Texttafeln in der Austastlücke des Fernsehsignals und geht auf die Fragen des Schriftformats ein. Zur Zeit besteht in der Bundesrepublik Deutschland bei 12 Sekunden Zykluszeit nur eine Kapazität von etwa 60 Texttafeln. Nach den regionalen und überregionalen Nutzungsmöglichkeiten werden mögliche Decoderkonzepte und die Vor- und Nachteile der Codierungsverfahren mit oder ohne Bindung von Zeile und Reihe einander gegenübergestellt.

1. Zum Prinzip der Videotextübertragung

Vor einem so kompetenten Kreis von Zuhörern, meine sehr verehrten Damen und Herren, kann ich wohl davon ausgehen, daß Videotext im Grundprinzip bekannt ist. Ich beschränke mich daher darauf, Ihnen hier in Bild 1 die drei wichtigsten Stationen der Videotextübertragung anzudeuten. Das Signal reist als "Blinder Passagier" im ohnehin fahrenden Schiff, nämlich dem Fernsehsignal, vom Sender zum Empfänger, wird dort vom Fernsehsignal abgetrennt und kann an einem Fernbedienteil vom Zuschauer angewählt werden. Wichtig erscheint mir der Hinweis, daß das hier gewählte Prinzip der Wiedergabe auf dem Bildschirm eine hervorragende Bildqualität gewährleistet. Wie man direkt auf dem Bildschirm sehen kann - im Druck geht da leider einiges verloren (Bild 2) - ist die Kantenschärfe der Schrift und der Graphik höher als wir es von normalen Fernsehbildern her kennen. Das liegt daran, daß die Signale nicht die in der Bandbreite begrenzte Übertragungskette zu durchlaufen brauchen, sondern direkt den Rot-, Grün-, Blaueingängen der Bildröhre zugeführt werden. Ich sage dies, weil in manchen Veröffentlichungen offensichtlich Mißverständnisse zu der Meinung geführt haben, Videotext sei in der Bildqualität dem normalen Fernsehen unterlegen, im Gegensatz etwa zu Videoeinzelbild.

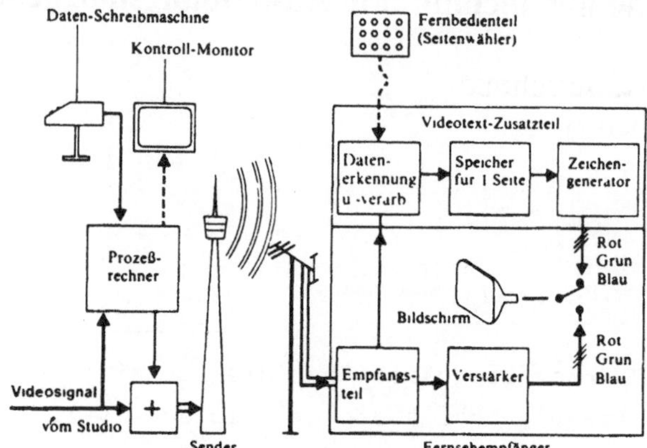

Videotext-Verfahren auf der Sende- und Empfangsseite
Ms 4/78

Bild 1
Fig. 1
The TELETEXT-System (Studio, transmitter, receiver)

Bild 2
Videotext-Schirmbildfoto

Fig. 2
TELETEXT on the TV-Screen

Einschränkungen von Videotext liegen also nicht bei Schärfe und Auflösung, sondern im Darstellungsformat 24 Reihen x 40 Zeichen. Die dadurch in ihrer Größe bestimmte Schrift muß aus einer Entfernung von etwa viermal Bildhöhe gelesen werden, wenn man ungefähr die gleichen Bedingungen wie beim Zeitungslesen erreichen will. Bei größeren Betrachtungsabständen kann eine Vergrößerung der Schrift eine Hilfe bieten, wie man sie an manchen Decodern anwählen kann. Eine Tafel wird dann beispielsweise sozusagen "in zwei Portionen" wiedergegeben.

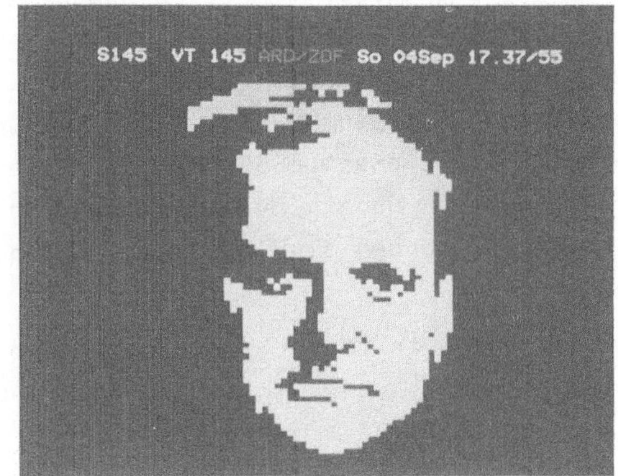

Bild 3
Graphische Darstellung mit Videotext

Fig. 3
TELETEXT-Graphics

Weitere Einschränkungen gelten für graphische Darstellungen, wo nur grob vereinfachte Bilder möglich sind. Trotzdem wird es Ihnen leicht fallen zu erkennen, wer hier im Bild dargestellt ist (Bild 3). Das jedoch hat nichts mit Videotext sondern mit dem erstaunlich weit entwickelten Vermögen der Gestaltwahrnehmung unseres Gesichtssinns zu tun.

Das ankommende Videotext-Signal läuft nach Datenerkennung und -verarbeitung in den Speicher, aus dem es beliebig lange wiederholt ausgelesen und auf dem Bildschirm dargestellt werden kann. Wir haben es also auf der Sendeseite mit einem zyklischen Vorgang zu tun, bei dem alle Videotexttafeln nacheinander übertragen werden.

2. Kapazität von Videotextdiensten heute und morgen

Ich sagte schon: Videotext reist als blinder Passagier in der Austastlücke. Nun gibt es aber noch mehr derartiger blinder Passagiere. Ich meine damit die Prüf- und Datenzeilen, die wir auch in Zukunft brauchen werden und für die wir 5 Zeilen pro Austastlücke reservieren müssen. Nimmt man hinzu, daß die erste infragekommende Zeile, die Zeile 6, zur Vereinfachung des Decoderkonzepts frei bleiben muß und Zeile 22 für Rauschmessungen gebraucht wird, so bleiben für Videotext zur Zeit nur die Zeilen 20 und 21 übrig. Ich spreche hier zur Vereinfachung nur von den Zeilen des 1. Halbbildes; die des korrespondierenden 2. Halbbildes sind immer mitgemeint. Signale in den Zeilen 6 - 13 stören nach unseren bisherigen Erfahrungen Farbfernsehheimempfänger bis zum Baujahr 1972 durch Streifen im Rücklauf quer über das Bild. Solche Empfänger könnten bis etwa 1985 im Gebrauch sein.

Eine noch wenig untersuchte Störung kann bei Farbfernsehempfängern mit automatischer Umschaltung von PAL auf SECAM auftreten. Videotextsignale in den Zeilen 6 bis 15 können dazu führen, daß der Empfänger "versehentlich" kurz auf SECAM umschaltet und dabei natürlich eine unbrauchbare Farbe liefert. Solange mit diesem Effekt zum Beispiel an der Grenze zur DDR und in Berlin (West), aber auch in der DDR selbst zu rechnen ist, können also nur zwei Zeilen pro Austastlücke benutzt werden.

Was läßt sich nun in diesen zwei Zeilen übertragen? Um hierauf eine Antwort zu finden, ist es entscheidend wichtig, die Zykluszeit, die sich ja gleichzeitig als maximale Wartezeit für den Benutzer bemerkbar macht, richtig zu wählen. Nach den Erfahrungen bei der Berliner Funkausstellung plädiere ich mit Nachdruck für kürzere Wartezeiten als sie die Engländer zur Zeit mit etwa 24 Sekunden Zykluszeit haben. Ich meine nämlich, daß es für den Zuschauer entscheidend wichtig ist, nicht länger als im Schnitt 6 bis 8 Sekunden auf eine angewählte Seite warten zu müssen. Damit komme ich zu einer maximal zumutbaren Zykluszeit von 15 Sekunden, wie ich sie hier im nächsten Bild (Bild 4) eingetragen habe. Bei diesem Bild bin ich weiterhin von der hohen Bitrate des englischen Verfahrens, also von 6,9 MBit/s im digitalen Videotextsignal ausgegangen und habe des weiteren eine mittlere Textausnutzung von etwa 80 % angenommen, d. h. ich bin davon ausgegangen, daß in einer Videotexttafel im Durchschnitt 4 Zeilen unbelegt bleiben.

Bild 4
Fig. 4

Capacity of TELETEXT-Services today and tomorrow

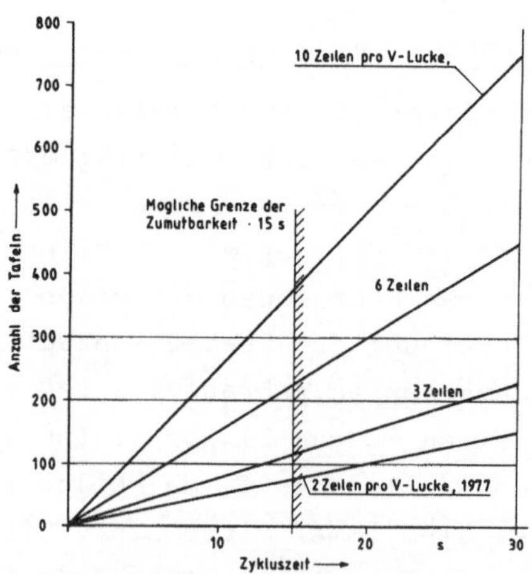

KAPAZITAT VON VIDEOTEXTDIENSTEN HEUTE UND MORGEN
Tafelzahl in Abhängigkeit von der Zykluszeit und der Zahl der benutzten Zeilen

Wir können nun hier ablesen, daß zur Zeit nicht mehr als zum Beispiel 60 Tafeln mit 12 Sekunden Zykluszeit übertragen werden können. Mit den vielleicht später maximal möglichen 10 Zeilen pro Austastlücke wären es dann 300 Tafeln. Wann wird das soweit sein? Nicht vor 1985; genaueres läßt sich heute wegen der noch ungeklärten Frage der PAL-SECAM-Automatik-Decoder nicht sagen. Gegenüber den in vielen Aufsätzen prognostizierten höheren Kapazitäten von bis zu 800 Tafeln mag das recht restriktiv klingen, ich glaube aber, daß wir von den hier angeführten Zahlen ausgehen müssen, wenn wir die Lage realistisch betrachten. Es liegt mir daran, in diesem Zusammenhang nochmals zu betonen, daß ich bei dieser Betrachtung von günstigen Voraussetzungen ausgegangen bin, nämlich einer hohen Bitrate - wir kommen auf dieses Thema noch zurück - und einer Nutzung der Austastlücke nur für die herkömmliche, unverzichtbare Meß- und Regelungstechnik sowie für Videotext, nicht jedoch für weitere Aspiranten auf Plätze in der Lücke, wie etwa weitere Tonkanäle und andere Zusatzdienste.

Was läßt sich nun mit 60 Tafeln anfangen?

3. Möglichkeiten der Nutzung

Ich beschränke mich angesichts der knappen Zeit, die mir zur Verfügung steht, darauf, Ihnen an wenigen Beispielen einen kleinen Eindruck von dem Programmkonzept zu geben, das ARD und ZDF zusammen mit dem IRT auf der Internationalen Funkausstellung 1977 in Berlin vorgeführt haben, und unterscheide dabei zwischen programmbegleitenden und programmbezogenen Angeboten.

a) Programmbegleitend sind alle Arten von Untertiteln sowie Programmhinweise oder Zusatzinformationen zum Stoff einer Sendung, wie hier der Hinweis auf "Ariadne auf Naxos" (Bild 5). Programmbegleitend können auch Frage- und Antwortspiele sein, bei denen die Antwort erst nach Druck auf die gelbe Taste des Fernbediengeräts erscheint. "Wie groß ist zur Zeit die Erdbevölkerung?" Auf dem Bildschirm erscheint nach dem entsprechenden Tastendruck die Antwort: "3,7 Milliarden Menschen". Bei Bildungsprogrammen kann Videotext mit solchen Tafeln auch eine Art programmierter Instruktion bieten.

b) Programmbezogene Angebote.
Das ist ein ähnlich weites Feld wie die Informationssendungen im Hörfunk und im Fernsehen selbst und reicht von aktuellen Nachrichten über Sport-, Wetter-, Kultur-, Verkehrsinformationen, aktuelle Such- und Warnmeldungen bis hin zu programmüblichen Markt- und Wirtschaftsinformationen.

Bild 5

Videotext-Beispiele

Fig. 5

Examples of TELETEXT

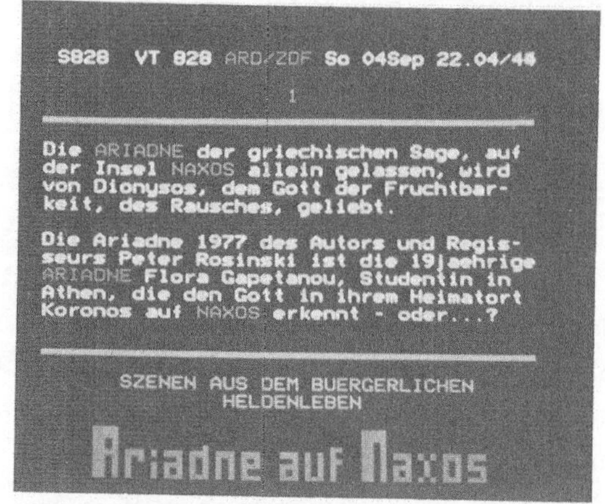

4. Videotext mit regionalen und überregionalen Informationen

Am einfachsten ist es sicherlich, Videotext an einer Stelle zentral einzuspeisen und zusammen mit dem Fernsehsignal über das Leitungs- und Sendernetz zu geben. Man benötigt dann eine Studioapparatur bestehend aus einem Tastenfeld für alphanumerische Zeichen, einem ebensolchen für die graphischen Symbole, einem Datensichtgerät für Untertitel und einem Prozeßrechner. Für die Demonstration auf der Funkausstellung haben wir eine Untertitelanlage und eine Graphikeingabe im Institut für Rundfunktechnik in München entwickelt. Beides ist also noch nicht auf dem Markt erhältlich. Eine vollständige Videotext-Studioapparatur kostet rund 200.000 bis 400.000 DM.

Aufwendiger wird es, wenn Videotext an den einzelnen Grundnetzsendern regional eingespeist werden soll. Man benötigt dann ein Einspeisegerät mit Speicher für alle Tafeln des jeweiligen Regionaldienstes am Senderstandort zusätzlich zur Studioapparatur in der Redaktion. Hinzukommen die Leitungskosten und Personalkosten am Sender für Wartung. Noch ungeklärt ist, ob diese Videotext-Einspeisegeräte mit ihren mechanisch bewegten Speichern automatisch ohne Betriebspersonal arbeiten können, wie das der Betriebsweise unserer Fernsehsender entsprechen würde.

VIDEOTEXT MIT REGIONALEN UND ÜBERREGIONALEN INFORMATIONEN

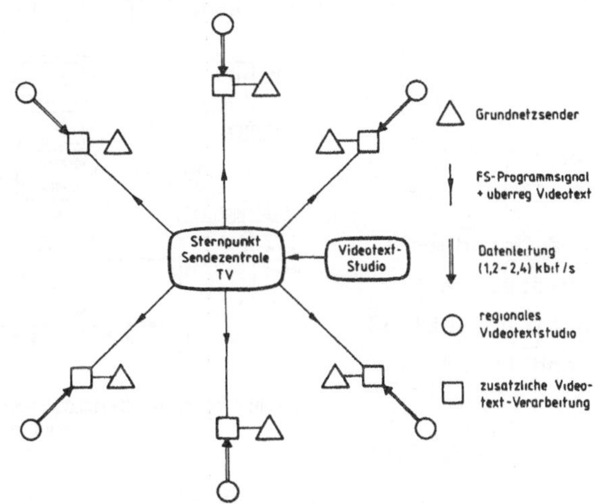

Bild 6
Fig. 6

TELETEXT with both regional and centralized information

- Zusätzlich zum Aufwand für regionale Informationen wird beim <u>gegenwärtigen Stand der Decodertechnik</u> eine „Videotext-Verarbeitung" benötigt.
- Dabei werden regionale und überregionale Informationen zu einem einheitlichen Videotext-Signal zusammengefaßt.

Am kompliziertesten und teuersten ist ein gemischter Videotextdienst mit regionalen und überregionalen Informationen (Bild 6). Hier muß beim gegenwärtigen Stand der Decodertechnik das Videotextsignal noch einmal gesondert verarbeitet werden. Es liegt mir daran, diesen Punkt ein bißchen näher auszuführen, da er in der bisherigen Diskussion nach meiner Auffassung zu wenig beachtet wurde. Wie ich schon sagte, handelt es sich im wesentlichen um eine Frage der Decoderauslegung, die wir am besten im Zusammenhang mit einer kurzen Betrachtung möglicher Decoderkonzepte untersuchen.

5. Decoder-Probleme

Ein Videotext-Decoder besteht im wesentlichen aus 4 Teilen (Bild 7), und zwar

- einer Aufbereitung des ankommenden Signals, hier ganz links im Bild,
- einer Verarbeitung des Videotext-Datensignals, bei der die Information, die zur angewählten Tafel gehört, gewonnen wird,
- der Speicherung der Information einer Tafel und schließlich
- der Umsetzung dieser gespeicherten Information in das Signal der Buchstaben oder der Graphik auf dem Bildschirm mit Hilfe der sogenannten Zeichengeneratoren hier unten rechts im Bild.

Bild 7
Fig. 7

Combined decoders for broadcast and interactive TELETEXT today and tomorrow

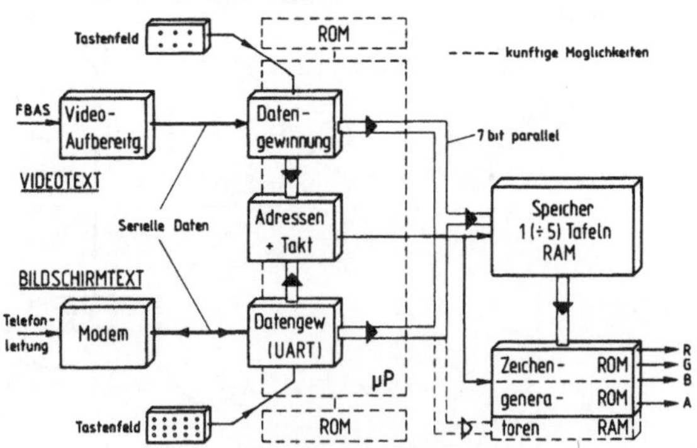

KOMBINIERTE VIDEOTEXT-/BILDSCHIRMTEXT-DECODER HEUTE UND MORGEN
(stark vereinfacht)

Alle diese Funktionen eines Videotext-Decoders werden heute auf einer einzigen Schaltungskarte mit wenigen hochintegrierten Halbleiterschaltungen zusammengefaßt. Unser Bild hier läßt deutlich erkennen, daß Bildschirmtext den Speicher und die Zeichengeneratoren, vielleicht auch einen Teil der Datenverarbeitung, im gleichen Decoder mitbenutzt. Hierliegt der Grund für die Forderung nach einer Verträglichkeit, also der sogenannten Kompatibilität, zwischen Videotext und Bildschirmtext.

Eine noch etwas umstrittene Frage ist es, ob die Datengewinnung, hier in der Mitte von Bild 7, in Zukunft sinnvollerweise mindestens zu einem Teil einem Mikroprozessor übertragen werden kann. Im Falle einer solchen Lösung würde man anstreben, im gesamten Decoder möglichst viele standardisierte hochintegrierte Halbleiterbausteine zu verwenden. Die Betriebssoftware für Videotext und Bildschirmtext könnte in zwei Lesespeichern, den sogenannten Read-Only-Memories (ROM's) gespeichert sein.

Eine weitere zukünftige Möglichkeit liegt darin, einen Zeichengenerator mit Schreibe-Lese-Speicher (Random Access Memory, RAM) zu verwenden. Ihm könnte für eine oder mehrere Tafeln ein spezieller Zeichenvorrat eingeschrieben werden, denken Sie etwa an bestimmte Schriftarten oder Abkürzungssymbole, z. B. für Fahrpläne und ähnliches.

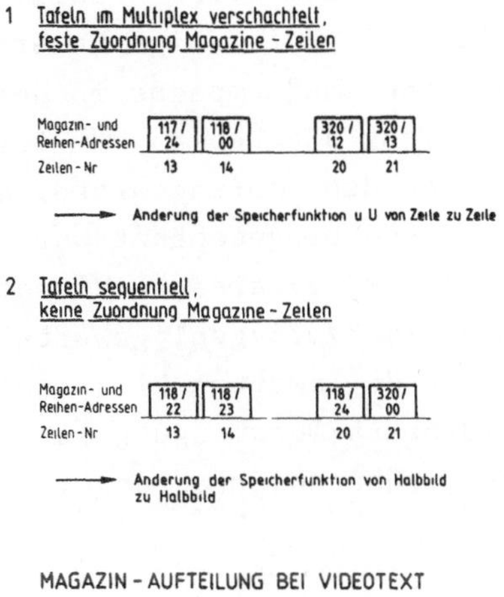

Bild 8

Fig. 8

TELETEXT-distribution in magazines

1 Tafeln im Multiplex verschachtelt, feste Zuordnung Magazine - Zeilen

Magazin- und Reihen-Adressen	117 / 24	118 / 00	320 / 12	320 / 13
Zeilen - Nr	13	14	20	21

→ Anderung der Speicherfunktion u U von Zeile zu Zeile

2 Tafeln sequentiell, keine Zuordnung Magazine - Zeilen

Magazin- und Reihen-Adressen	118 / 22	118 / 23	118 / 24	320 / 00
Zeilen - Nr	13	14	20	21

→ Anderung der Speicherfunktion von Halbbild zu Halbbild

MAGAZIN - AUFTEILUNG BEI VIDEOTEXT

Kommen wir nun auf unser Problem der Videotextdienste mit regionalen und überregionalen Informationen zurück. Ich sagte, daß wir in diesem Fall eine zusätzliche "Videotext-Verarbeitung" benötigen, die beide Arten von Informationen zu einem einheitlichen Signal zusammenfaßt. Wir können den Grund hierfür im folgenden Bild deutlich erkennen, (Bild 8). Würde man auf die zusätzliche Verarbeitung verzichten und beispielsweise das Magazin 1 in den Zeilen 13 und 14 und das Magazin 3 in den Zeilen 20 und 21 übertragen, also die Magazine bestimmten Zeilen fest zuordnen, so müßte der Decoder seine Speicherfunktion unter Umständen von Zeile zu Zeile ändern. Hätte er beispielsweise in Zeile 14 die Kopfzeile der Tafel 118 eingeschrieben, so müßte er in Zeile 20 die Einschreibung bereits wieder stoppen, da hier Information einer anderen Tafel übertragen wird. Für eine derartig schnelle Änderung der Speicherfunktionen sind die heute verfügbaren Decoder meistens noch nicht eingerichtet. Diese Schwierigkeit läßt sich vermeiden, wenn man - wie hier unten in Bild 8 angedeutet - die Zuordnung von Magazinen und Zeilen verläßt und ein einheitliches Signal bildet, bei dem eine Kopfzeile, die zu einer Veränderung der Speicherfunktion führt, nur in der letzten benutzten Zeile der Austastlücke erscheinen kann. Dann steht rund eine Halbbildperiode, also etwa 20 ms, für die Funktionsänderung zur Verfügung.

6. Feldversuche mit Videotextsignalen

Ein besonders wichtiges Problem der Videotexttechnik besteht in der geforderten Übertragung eines digitalen Signals mit hoher Bitrate zusammen mit dem analogen Fernsehsignal. Da in einem späteren Vortrag dieses Symposiums auf diese Probleme noch näher eingegangen wird, kann ich mich hier auf ganz wenige Bemerkungen beschränken. Wir arbeiten zur Zeit an einer Meßkampagne in der Bundesrepublik Deutschland und hatten bis Anfang Juni etwa 1350 Videotext-Meßprotokolle erhalten und ausgewertet. An den Empfangsorten, an denen die Bildqualität noch als zufriedenstellend eingeschätzt wurde, (Note 3 oder besser nach der CCIR-Bewertungsskala)versagte Videotext nur in 9 % der Fälle, wobei wir es schon als "Versagen" gewertet haben, wenn das Videotext-Testbild erst nach der zweiten Einschreibung in den Speicher fehlerfrei war. Die Videotext-Übertragung scheint damit heute sicherer zu sein, als wir nach früheren Erfahrungen mit älteren Decodern angenommen hatten.

7. Videotextcodierung mit Bindung von Zeile und Reihe

Ich möchte Ihnen nun an einem praktischen Beispiel einen Begriff von den beiden prinzipiell verschiedenen Möglichkeiten der Codierung von Videotextsignalen geben, der Codierung mit und ohne Bindung von Fernsehzeile in der Austastlücke und Videotext-Reihe auf dem Bildschirm. Ich gehe hierfür von der folgenden Videotexttafel aus (Bild 9) und untersuche die Codierung der Reihe Nr. 12 (Bild 10).

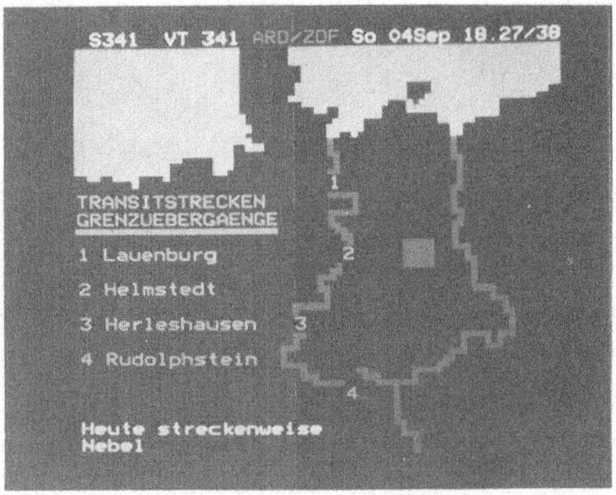

Bild 9
Videotext-Beispiel

Fig. 9
TELETEXT-Example

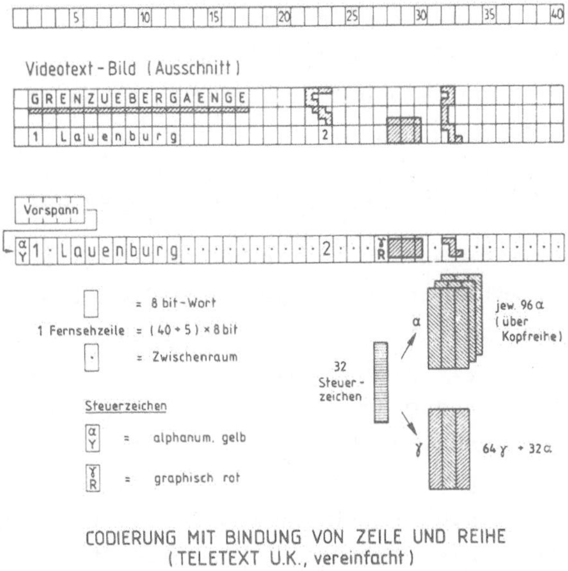

CODIERUNG MIT BINDUNG VON ZEILE UND REIHE
(TELETEXT U.K., vereinfacht)

Bild 10
Fig. 10
TELETEXT-Coding with correspondence of line and row

In ihr steht das Wort "Lauenburg" zusammen mit den Ziffern 1 und 2 und den graphischen Elementen für Berlin und die Grenze zwischen Polen und der DDR. Der eigentlichen Textinformation sind im englischen Verfahren fünf 8-bit-Worte in jeder Zeile des Vorspanns vorangestellt. Es folgt die Auswahl der Übertragungsart, nämlich alphanumerische Zeichen oder Graphik. Wir benutzen als Abkürzung die Buchstaben Alpha oder Gamma. Gleichzeitig mit dem Befehl "Graphik" bzw. "alphanumerische Zeichen" übertragen wir die Information über die gewählte Farbe, also hier Gelb (Yellow, Buchstabe Y) bzw. für Berlin und die Grenze Rot (R). An diese kombinierten Steuerzeichen schließt sich jeweils eine Folge von 8-bit-Wörtern an, die im Zeichengenerator die entsprechenden Signale für die Darstellung auf dem Bildschirm nach einer bestimmten Codetabelle erzeugen.

Die Codetabelle ist in Bild 10 rechts unten angedeutet und enthält 32 Steuerzeichen sowie entweder 96 alphanumerische oder 64 graphische plus 32 alphanumerische Zeichen.

Fassen wir kurz zusammen: Bei der Codierung mit Bindung von Zeile und Reihe folgen nach dem Vorspann vierzig 8-bit-Worte mit einer festen Zuordnung der codierten Information zum ursprünglichen Bild. Der Anfang einer jeden Textreihe steht also im sechsten 8-bit-Wort der Fernsehzeile, das Ende der Reihe im letzten, also im fünfundvierzigsten 8-bit-Wort. Steuerbefehle wie in unserem Beispiel αY oder γR erscheinen im Bild als schwarze Zwischenräume. Der Graphiker hat also bei der Gestaltung der Videotext-Tafel diese Zwischenräume vorzusehen, wenn er eine Umschaltung von Graphik auf alphanumerische Information oder eine Änderung der Farbe braucht.

8. Videotext ohne Bindung von Zeile und Reihe

Diese zweite Möglichkeit der Codierung läßt sich am leichtesten verstehen, wenn man vom Vorgang des Schreibens auf der Schreibmaschine oder noch besser, von der Funktionsweise eines Fernschreibers ausgeht. Betrachten wir gleich unser praktisches Beispiel (Bild 11), und zwar für den von unseren französischen Kollegen ausgearbeiteten ANTIOPE-Standard. ANTIOPE (Acquisition numérique et télévisualisation d'images organisées en pages d'écriture) ist eine spezielle Codierungsform innerhalb des allgemeineren Übertragungssystems DIDON (diffusion de données par paquet). DIDON gestattet es, eine große Zahl von einzelnen Kanälen, die zum Beispiel verschiedenen Diensten zugeordnet sein können, mit entsprechenden Adressen zu kennzeichnen. Hieraus ergibt sich ein mit acht 8-bit-Worten längerer Vorspann als bei TELETEXT UK.

Es schließt sich an die Information für den eigentlichen Inhalt der Videotexttafel. Ich habe hier angenommen, daß in der betrachteten Fernsehzeile gerade Reihe 11 unserer Videotexttafel etwa in der Mitte übertragen wird, wo eine Umschaltung auf rote Graphik vorgenommen werden muß. Die Umschaltsequenz besteht aus zwei 8-bit-Steuerzeichen, nämlich dem Steuerbefehl "Umschaltung" (Escape) und dem eigentlichen Befehl "graphisch Rot". Dann folgt das Stückchen Grenzlinie Bundesrepublik zur DDR. Die folgenden vier Zwischenräume werden im Steuerbefehl "horizontale Tabulatur mit 4 Schritten" zusammengefaßt. Es schließen sich an die Graphik für Berlin, ein Zwischenraum und sodann die Graphik für die nächste Grenzlinie. Der unbelegte Rest der Reihe braucht nicht übertragen zu werden.

Es folgt nun eine Sequenz aus drei Steuerzeichen und zwei mit Hamming-Code geschätzte Adressziffern. Die drei Zeichen besagen: Rücklauf, Reihenvorschub (nächste Zeile) und Reihentrennung (Row Flag). Eigentlich könnte es genügen, eines oder zwei dieser drei Symbole zu übertragen. Zur Erhöhung der Übertragungssicherheit kann man jedoch verabreden, eine gewisse Redundanz einzuführen und drei Zeichen zu übertragen. Dadurch ist auch die Umschaltung auf Schutz durch Hamming-Code für die Adressen besser gegen Übertragungsfehler abgesichert. Die jetzt, 1978, in Entwicklung stehenden Decoder sollen nach diesem Prinzip arbeiten.

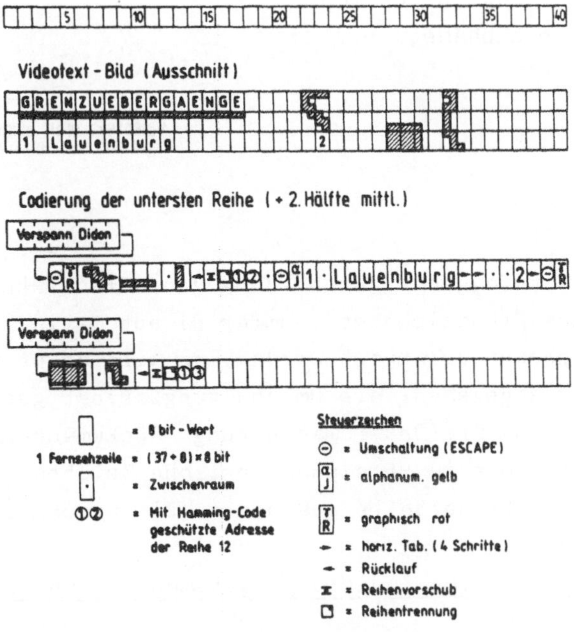

Videotext - Bild (Ausschnitt)

GRENZUEBERGAENGE

1 Lauenburg 2

Codierung der untersten Reihe (+ 2. Hälfte mittl.)

Vorspann Didon

Vorspann Didon

= 8 bit - Wort

1 Fernsehzeile = (37 + 8) × 8 bit

= Zwischenraum

①② = Mit Hamming-Code geschützte Adresse der Reihe 12

Steuerzeichen

⊝ = Umschaltung (ESCAPE)

= alphanum. gelb

= graphisch rot

= horiz. Tab. (4 Schritte)

= Rücklauf

= Reihenvorschub

= Reihentrennung

CODIERUNG OHNE BINDUNG VON ZEILE UND REIHE (ANTIOPE, modifiziert)

IRT 5/78 Ms G-78 018/V

Bild 11

Fig. 11

Coding without correspondence of line and row (ANTIOPE, modified)

Wir kommen jetzt zu der auch bei TELETEXT UK betrachteten Textreihe 12 und können sie Stelle für Stelle weiter verfolgen. Jedem Steuerbefehl zur Änderung der Farbe oder dem Übergang von Graphik auf alphanumerische Zeichen und zurück ist der allgemeine Steuerbefehl "Umschaltung" (Escape) vorangestellt. Nach der Grenzlinie zu Polen braucht der unbelegte Rest der Textreihe nicht weiter übermittelt zu werden; die Übertragung springt gleich auf den Anfang der nächsten Textreihe.

Einen Begriff von den Möglichkeiten der Alphabet-Umschaltung gibt Bild 12.

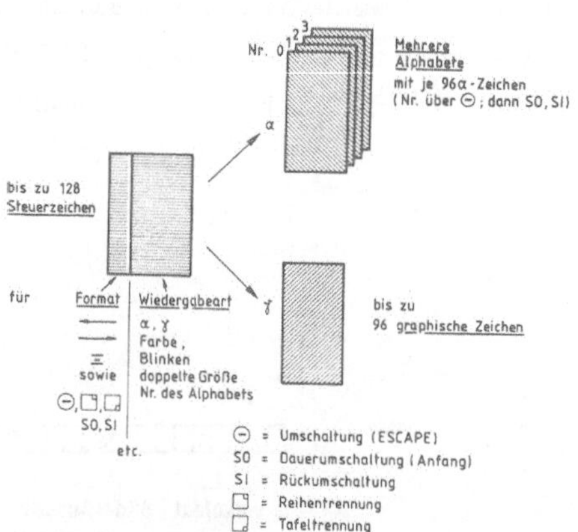

Bild 12
Fig. 12

TELETEXT without correspondence of line and row; extension to other alphabets

Dabei ist folgende Verabredung getroffen: Ohne besondere Vereinbarung wird das Grundalphabet (Nummer 0) automatisch benutzt. Soll ein anderes Alphabet verwendet werden, so wird seine Nummer über eine Escape-Sequenz angegeben, die Umschaltung selbst geschieht dann über die Zeichen SO und SI (Dauerumschaltung, Rückumschaltung). Jedes dieser Alphabete kann bis zu 96 alphanumerische Zeichen enthalten. Ebenso besteht das Graphikrepertoire aus bis zu 96 verschiedenen graphischen Zeichen.

9. Vergleich von Codierungssystemen mit und ohne Bindung von Zeile und Reihe

Beim britischen TELETEXT-System besteht, wie bereits erwähnt, die Möglichkeit, unbelegte Reihen nicht zu übertragen. Dieser Fall tritt in praktischen Videotext-Tafeln relativ häufig auf. Eine Untersuchung an etwa 100 Videotexttafeln aus dem bei der Funkausstellung gezeigten

Material von ARD und ZDF hat ergeben, daß im Mittel bei TELETEXT UK nur 19 Zeilen pro Tafel gebraucht werden, was einer Reduktion der mittleren Übertragungszeit auf 77 % entspricht, (Bild 13).

Bei der Codierung ohne Bindung von Zeile und Reihe, also etwa beim französischen ANTIOPE-System, braucht man ebenfalls unbelegte Reihen nicht zu übertragen, kann aber darüber hinaus auch darauf verzichten, das unbelegte Ende einer Reihe zu übermitteln und beispielsweise hier hinter der polnischen Grenze in Bild 9 gleich auf den Anfang der nächsten Reihe springen. Daraus ergibt sich ein noch weiter verringerter mittlerer Übertragungsaufwand pro Seite, der allerdings zum größten Teil durch den erhöhten Bedarf für den längeren Vorspann des DIDON-Systems, durch die längeren Umschaltsequenzen sowie durch die meist etwas höhere Zahl von Steuerzeichen im Lauf der Übertragung einer Tafel aufgezehrt wird. Bei gleicher Bitrate wie für TELETEXT UK, also 6,9 MBit/s reduziert sich der Übertragungsaufwand für ANTIOPE auf die hier eingetragenen 75 %; bei der Bitrate von 6,2 MBit/s ergeben sich 87 %, wobei 100 % immer einem Übertragungsaufwand von 24 Zeilen pro Videotext-Tafel entsprechen.

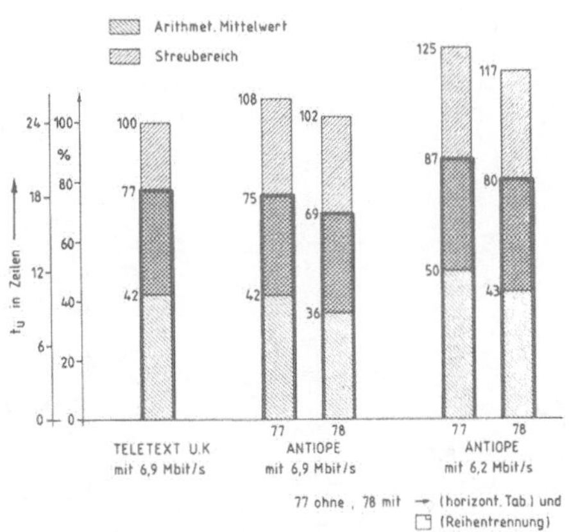

ÜBERTRAGUNSZEITEN PRO TAFEL BEI TELETEXT UND ANTIOPE
ermittelt aus 100 Videotexttafeln von ARD/ZDF/IRT - IFA 77

Bild 13
Fig. 13
Duration of TELETEXT-transmission of one page in different systems

Die daneben eingezeichneten Werte für "ANTIOPE 78" beziehen sich auf neue Decoderprototypen mit fester horizontaler Tabulatur zu vier Schritten und Auswertung von drei Steuerzeichen am Reihenanfang.

Zusammenfassend kann man also aus Bild 13 entnehmen, daß bei gleicher Bitrate ANTIOPE nur eine geringfügige Einsparung an Übertragungszeit erbringt und bei der niedrigeren Bitrate von 6,2 MBit/s ANTIOPE nach dem neuesten Stand im Mittel 3 % mehr Übertragungszeit erfordert als TELETEXT UK. Ich möchte noch hinzufügen, daß diese Werte zum Teil aus exakten Auszählungen der einzelnen Bilder, zum Teil allerdings auch mit Abschätzungen ermittelt wurden und daß das graphische Erscheinungsbild eines Dienstes diese Werte stark beeinflussen kann. Es handelt sich also nicht um allgemein verbindliche Zahlen sondern allenfalls um Anhaltspunkte für einen Systemvergleich.

Die Übertragungszeit ist bei einem solchen Vergleich natürlich nur einer von mehreren Gesichtspunkten. Die Gesamtbilanz läßt sich aus meiner Sicht zur Zeit etwa folgendermaßen zusammenfassen (Bild 14): Praktische Erfahrung mit einem Videotext-Dienst und mit Decodern aus der Serienfertigung liegen nur für ein System mit Bindung von Zeile und Reihe vor. Dieses System zeichnet sich darüber hinaus durch seinen relativ einfachen, logisch konsequenten Aufbau aus.

	Videotextsysteme	
	mit	ohne
	Bindung von Zeile und Reihe	
Vorteile	— Einfach, logisch konsequent — praktisch bewahrt — relativ einfacher Decoder — Sichere Übertragung • stabiles Zeilenraster • feste Platze fur Zeichen • und Hamming-Code	— Flexibel, ausbaufahig — Zeichenvorrat + Darstellung sowie — Bitrate frei wahlbar — weniger Redundanz — leicht kompatibel zu anderen Diensten
Nachteile	— Zeichenvorrat + Darstellung begrenzt — Hohe Bitrate vorgegeben — Redundanz — wenig Schutz $\alpha \leftarrow\rightarrow \gamma$ — Ausbau schwierig (Kabeltext, ≤ 800 Tafeln)	— komplizierter — wenig erprobt — aufwendigerer Decoder — weniger sicher oder hoher Aufwand fur Schutz sowie für — Adressierung + Umschaltung

VOR- UND NACHTEILE VON VIDEOTEXTSYSTEMEN

Bild 14
Fig. 14
Comparison of TELETEXT-systems

Demgegenüber ist ein System ohne Bindung von Zeile und Reihe oft komplizierter und heute noch wenig erprobt; der Decoder dürfte dabei auch etwas aufwendiger werden. Hauptvorteil der Bindung von Zeile und Reihe ist die hohe Übertragungssicherheit eines starren Systems, das die Stabilität des Fernsehzeilenrasters für die Übertragung nutzen kann.

So viel zu diesen hier im Bild diagonal links oben und rechts unten stehenden Vor- und Nachteilen.

Umgekehrt gilt: Systeme ohne Bindung von Zeile und Reihe sind flexibel und ausbaufähig, insbesondere was den Zeichenvorrat und die Darstellungsmöglichkeiten angeht. Die Bitrate ist nicht fest vorgegeben sondern kann optimal an die Erfordernisse der Fernsehnorm für die drahtlose Übertragung angeglichen werden. Die Übertragung enthält weniger Redundanz, insbesondere bei Anwendung einer in der Schrittweite adaptiven horizontalen Tabulatur, und schließlich ist beim flexiblen System auch die Kompatibilität zu anderen Diensten leichter herstellbar, während das System mit Bindung von Zeile und Reihe zur Zeit den Übergang zur Graphik nicht besonders schützt. Dieser Schutz ist allerdings im anderen Fall ohne Bindung von Zeile und Reihe auch nicht gegeben und könnte dort nur durch die Methode der redundanten Befehlswiederholung erzielt werden. Eine gewisse Beschränkung im System mit Bindung von Zeile und Reihe ergibt sich schließlich daraus, daß von der Adressierung her nur maximal 8 Magazine vorgesehen sind.

Eine eindeutige Überlegenheit des einen oder anderen Systems scheint mir im Moment noch nicht erkennbar. Es wird daher Sache der Beratungen in den entsprechenden nationalen und internationalen Gremien sein, die Vor- und Nachteile sorgfältig gegeneinander abzuwägen und noch offene Fragen durch weitere Untersuchungen zu klären. Erst dann dürfte eine wohlfundierte Systementscheidung möglich sein.

Schrifttum

1. Broadcast Teletext Specification, September 1976, published jointly by the BBC, IBA, BREMA
2. S.M. Edwardson - A. Gee: CEEFAX - A proposed new broadcasting service, J.S.M.P.T.E., January 1974
3. N. Green - J. Hedger: ORACLE - The United Kingdom Independent Television experimental teletext service, EBU Review-Technical No. 160, December 1976
4. C. Schwartz - B.Marti - A.Poignet: Spécification préliminaire du système de Télétexte ANTIOPE, Revue Radiodiffusion-Télévision No. 47, Avril/Mai 1977
5. Y.Guinet: Etude comparative des systèmes de télétexte en radiodiffusion, Revue technique de l'UER, No. 165, Octobre 1977
6. International Standard ISO 2022: Code extension techniques for use with the ISO 7-bit coded character set. First edition 1973
7. H.Hofmann - G.Möll - D.Sauter - K.Schuster: Anlage zur Aufbereitung und Einblendung von Untertiteln nach dem englischen TELETEXT-Standard. Rundfunktechn. Mitt. Nr. 1/78, Februar 1978

Broadcast Teletext Systems today and tomorrow–Engineering Approaches and Possible Applications

U. Messerschmid
München

1. Fundamentals of Broadcast Teletext Transmission

Teletext as a new information service in television permits transmission of texts and simple graphics in pages of 24 rows with 40 characters each. It should be pointed out that sharpness of the graphical signs on the screen is higher than in normal TV transmission. (Fig. 1-3). Teletext pictures should be regarded at a distance of four times picture height.

2. Capacity of Broadcast Teletext Services Today and Tomorrow

The principle of repeated cyclic transmission of digitally coded text information in the vertical blanking of the TV signal demands a compromise between access time and number of pages. The capacity depends furthermore on the number of usable lines per blanking interval and on the medium utilization ratio of text, i.e. it is dependent on the redundancy contained in the pages as well as on the properties of the broadcast teletext coding system used, exactly speaking, on the bitrate, the degree of redundancy reduction and expenditure for addressing and protection of data. Under certain suppositions, discussed in the lecture, there are about 60 usable pages today (Fig. 4).

3. Utilization

Teletext being persistently linked to the TV signal suggests utilization related to the current TV programme (additional information to the running programme, subtitles to pictures with original sound and subtitles for the deafs). The remaining capacity could then be used for the news and service information, in the more distant future also for services like "telesoftware" (Fig. 5).

4. Teletext as a Regional and a Centralized Service

Nation-wide teletext information is generated centrally and relatively easy to handle in TV network transmitting. A mixed service with regional and centralized components leads to some difficulties which partly depend on the decoder performance (Fig. 6).

5. Decoder Problems

Decoders available today operate with a set of LSI still without microprocessors. The high speed of processing necessary to the microprocessor decoders to come will present problems. Decoders of the future could also work with self-defined character sets. (Fig. 7 and 8).

6. Wireless Transmission with High Bitrate

In the current field trials the threshold for good teletext reception is subjectively determined. First results suggest a sufficiently large teletext coverage in the case of perfect antenna installations. Critical points are the so-called echoes with short delay time and long chains of rebroadcast transmitters.

7. Teletext Coding with Correspondence of Line and Row (TELETEXT UK)

The most characteristic feature of this system is that every control character needs a space on the screen. So, escape sequences of two or more control characters are scarcely possible within one page. (Fig. 9 and 10)

8. Teletext Coding without Correspondence of Line and Row (ANTIOPE)

This coding principle utilizes normal control characters and escape sequences as in telegraphy. The codes may be extended either by escape to other alphabets or by composing, i.e. by subsequently setting diacritical marks (Fig. 11 and 12).

9. Comparison of Coding Systems

There are advantages and disadvantages in both coding systems, essentially depending on the applications envisaged, to decide the issue. The evaluation of approximately 100 teletext pages revealed that the gain of redundancy reduction in the ANTIOPE-system is largely consumed by the bigger expenditure for addressing and protection. In every case, practical experiments and field trials are required prior to a final decision on standardization, in order to evaluate reliability of transmission (Fig. 13 and 14).

Services Offered by the Interworking between Videotex and Facsimile

B. Marti and Mme. Dr. C. Schwartz
Rennes, France

Abstract

After a brief recall of the Antiope Videotex service, its implementation either on broadcast or on telephone network is described. Its flexibility is pointed out and the structure of the decoder is briefly discussed. After giving the main features of digital facsimile, it is shown how the interworking of the two systems can be used to design an electronic mail receiver of very low cost. The necessity of common standardization of both Teletex and Videotex is then emphasized.

1. Introduction

New communication services are the subject of studies and experimentations in many countries and some field trials are in progress or foreseen for the very near future. Three of the new services have a nearly identical purpose: the transmission of alphanumeric and graphic information. The word "Videotex" is used here to describe both, broadcast services (Ceefax - Oracle, Antiope, Videotext) and interactive services (Viewdata, Antiope, Bildschirmtext) both making use of a video display. It raises a growing interest in the public as a potentially widespread and inexpensive communication service. Facsimile is already well-known but due to technological evolution, a simple low cost digital facsimile machine is now realistic, and some plans are made for an introduction to a large extent.

On the other hand some countries plan to introduce a "Teletex" service either on telephone or on data networks. Office text processing systems are more sophisticated and more expensive than videotex or facsimile machines, and are necessary for the production of texts to be mailed. But, since a great portion of the postal traffic flows from large firms or administrations towards small subscribers in scattered places, there seems to be a need for low cost receiving-only machines for office papers. After having described the text reception capability of a videotex machine, and the printing capability of facsimile, it will be shown how the interworking between these two machines offers a valuable solution for economic electronic mail receivers.

2. Antiope Videotex

2.1. The Videotex Service

The videotex service allows the television viewer or the telephone subscriber to receive pages of information at home on the screen of the TV set. The pages may be organized in the form of a broadcast magazine. They are cyclically broadcast and the user can make his choice out of the magazine and then has to wait until the chosen page is broadcast and displayed on the screen. If he keeps a page, it may change by itself when the information is updated. The broadcast ANTIOPE-BOURSE magazine, for instance, offers pages of stock exchange information, updated in real time while the quotation goes on. Interworking with ordinary television service allows subtitling and news flash titles to be boxed in the program picture. In case of a full page only its title is boxed in this way. If the information is important, the user may leave his program and read the full text. Pages may also be organized in a data bank file with access by use of an interactive network like the telephone network. Thus the choice of the page is conversational and the service may include transactions. Classified advertisements and bookings may be obtained directly whereby the content of the page is subsequently modified avoiding other subscribers to receive unuseful information.

2.2. The Antiope System

2.2.1. Principles

Antiope is a system offering both broadcast and interactive services. In any case it uses existing networks, for instance the television network, where the data are inserted in the normal TV signal without any change of the normal infrastructure. They are received by a normal TV set supplemented with a videotex decoder and a keypad. When the telephone or data network is used, the video data demultiplexer is replaced by a modem and data from the keypad are transfered to the data base.

2.2.2. The Data Broadcasting Network

The use of the telephone network for data transmission is already well-known; it is not for the television network. For that purpose a network has been designed with characteristics similar to those of ordinary data networks. It is transparent, which means that it works as if the receiver were directly connected to the corresponding data source. This network, called Didon, receives the data stream via standardized interfaces from several sources, each of them having been allocated one of the channels multiplexed in the television signal. The multiplexer splits the data stream into packets of programmable maximum length and adds a header containing e. g. source identification and packet length necessary for the transport. It receives a video signal in which the packets, as soon as they are read out of the source, are inserted into the blank lines of the TV signal, for instance into those of the field blanking interval. The signal is then transmitted and broadcast on the usual TV network. For the French television standard, the characteristics of the data packet are a label of 8 bytes, a maximum packet length of 32 bytes and a bit rate of 6.2 MHz. At the receiving end, the demodulator searches in the TV signal for packets of a given address and ignores data packets having a different address. It reconstitutes the original data stream.

The bit rate of each data channel is fully programmable. Some services of telex transmission within the television signal (for dope sheets) use a 50 bit/s data channel, which occupies one line every 256 fields. Information for remote control of video tape recorders uses very low rate asynchronous data channels with a few packets at the beginning of each program element. One line per field allows a useful information rate of 12.8 kbit/s. When no TV program is on the air, the full TV channel may be used offering thus a total information rate of 3.904 Mbit/s. Sources of different speeds may share in the resource, always being sure that the available rate is used at the best. Moreover the clock frequency may be adapted to the properties of a given television channel. For instance the L system used in France has a video bandwidth of 6 MHz and the bit rate of 6.2 MHz in NRZ fits fairly well. The North American M standard has a bandwidth of only 4.2 MHz. To adapt to this standard, the only changes to be made in the multiplexer are to change the bit clock frequency to 4.5 MHz and to program a maximum packet length of 21 bytes instead of 32. The receiver does not need to be changed at all. Some differences may also occur in Europe between L, I or G systems. The data broadcasting network is under test in France. It has been implemented on two TV networks and a first field trial, covering 80 places in mountain regions, has been made. The measurement method takes benefit of the transparency of the network: pseudo random sequences allow a precise measure of bit error rate as well as information loss rate. With a limit error rate of 10^{-4} the coverage zone in this region is over 87 %. Another result of these measurements has been a precise analysis of the distortions responsible for these impairments. The most important is the linear phase distortion, the noise being only an aggravating factor on an already distorted signal. A second field trial is in progress in the Parisian area with the aim to check up the problems appearing in town areas.

Using this network, the Antiope Videotex system has display characteristics independant from the type of transmission. A given data stream, transmitted in two packets in the French standard will require 3 packets on a North American network, but, being unchanged in its structure, it will lead to the same display: the row has 40 characters in any case. The flexible choice of the rate on a data channel will allow the magazines to have various rolling speeds ranging roughly from 2 pages/s or less up to 600 pages/s.

2.2.3. The Coding Technique

The present Antiope Videotex service experimented with in France uses a coding system which takes benefit of transparency of both telephone and data broadcasting network. However, with the same philosophy, a number of choices remain possible and, for the time being, these coding standards are discussed in various international boards with the aim to reach an international, or at least a European standard.

Briefly speaking, the transmitted code words consist of 7 bits/character plus a parity check bit. The 128 different possible words are divided into control characters and graphic characters. Linguistic properties of European languages are so various that a lot of more than a hundred graphics are needed for accented letters. It is necessary for a public service to respect all those linguistic characteristics and, if the service is intended to be international, at least in its interactive version or if it is necessary to keep it open for education, the graphic set needed may be very important. Specific Videotex display characteristics need more than 30 control characters. 128 code words are not enough in any case and therefore extension techniques must be used. Those techniques, which are under study within CEPT and CCITT may be explained as follows:

The character set in operation contains 128 characters. It is composed of a control set C0 of 32 characters and a graphic set G of 94 characters. C0 contains control functions such as the return and the line feed function. The initial graphic code is the "international reference version of the international alphabet No. 5". This socalled G0 set has no accented letters, so that there is a need for a secondary set containing diacritical signs and special letters. One of these signs is called from the G2 set by a single shift code. A third graphic set is used for the semi-graphic mode. This set is put in operation as a whole by the shift out control code word while G0 is called back by the shift in code word. At last, for all those functions which are specific to Videotex a second control set C1 is needed. A control function within C1 is represented by a sequence of two characters, the first of them being the escape control character.

2.2.4. Implementation on the Telephone Network

When used on the telephone network, the Videotex service consists in calling a remote data base. One may think that it is enough to have accesses and modems as a part of the data base itself. In fact this would be unfavourable for long distance users due to distance charges as well as to increasing error rates. The solution experimented with in France is to make up a Videotex service which is a subscriber of a data network. The service is composed of data bases and of local accesses, working as data concentrators and being connected to the telephone network. Accesses and data bases are connected via the data network, where error correction is assumed and where charges do not depend on the distance, but on the total quantity of data transmitted. The access concentrator also helps to find out in which data base the needed information is and receives charging informations from the network and from the base. Private as well as public data bases may be part of such a service.

2.3. The Antiope Decoder

2.3.1. General

The Antiope decoder has two main functions:

- to recognize the received data and to translate them
- to store and display the videotex page.

The display characteristics mainly derive from the properties of the TV set used as a display. As a TV set has no memory by itself, the decoder must have its own page store, divided into two parts. The first part addresses a character generator where the shapes of all available letters are stored. The second one addresses a display processor which applies the various functions as colour, size, flashing, boxing, which are defined by the stored word, to the signal from the character generator. The display head is completed by a time base which reads out the page store once for every field and defines all the times necessary for the display. The page store is filled by the decoder itself. The latter receives the code words from a data demultiplexer or from the modem. It also must drive the keypad.

2.3.2. Industrial Aspects

This structure makes the display head completely independant from the coding standards. The stored words are made up according to an internal code in a 16 bit format where all important functions are directly defined at the bit level (3 bits for RGB of the colour, 1 bit for flashing/steady for instance). So, depending on the way the store is filled, it may display videotex pages, graphic pictures of various origin, video games, etc. On the other hand, coding procedures for Videotex have not yet been agreed on internationally, so it is a real risk to define customer circuits which are code dependant. On the contrary, the display characteristics are not widely extending those already in operation in different countries. So, this structure makes possible a sure design of the display head, which will remain valid whatever might occur in the international boards. The decoder may be either a customer circuit or a microprocessor. This second choice has, in addition to its decreasing costs, the advantage of a great flexibility. If no European standard will come out of the discussions, the same decoder with specific software may be used in one or the other country. Special software may be implemented for other applications needing a low cost display, or using a part of this display as explained in the following. The costs of further improvements to the service are thus minimized and so is the risk of having different incompatible services, low grade and high grade subscribers and other events well-known in the recent television history.

3. Digital Facsimile

Analog facsimile equipments transmitting documents in 6 or 3 minutes over a switched telephone line, are now widely spread out and public services are opened or nearly to be opened in various countries. Some limitations of this service have been observed, particularly the low speed and a lack of quality. But there is also a great amount of studies and experimentations on digital facsimile searching for higher quality and higher transmission speed. Apart from this enhancement in service quality, this type of machines opens a large range of services by their easy use on various networks, and the possibility of interworking with other digital equipments.

3.1. Technical Characteristics

The main features of these machines useful for our purpose are

- Printing parameters: 1728 points on 215 mm width give a horizontal resolution of nearly 8 points per mm. Vertically two resolutions are available, 3.85 or 7.7 lines per mm.
- The machine being asynchronous, writing speed varies from 10 ms to 40 ms per line depending on the manufacturers. Only two tone restitution is needed.
- Transmission speed: either 2400 bit/s or 4800 bit/s modems are used on switched telephone networks. These equipments, if not used on a network which limits the speed, may usually reproduce a standard A4 page in ten or twenty seconds.

3.2. Possibility of Cheap Machines

Until now only professional equipment have been made with such standards. They are bulky and high priced, various options are often added raising the costs. Lack of standardization before the beginning of this year, and some technological difficulties have limited their spreading out. Standardization is now on its way and it seems now possible to manufacturers to reach the goal of low cost needed by a large diffusion, without loosing the high quality of service expected now. So it is realistic to suppose that in a few years this type of facsimile, even if not present in every home, will be installed in small companies, and in every office of large companies. Will it be used only for facsimile purpose, or is it possible to take benefit of the interworking with other digital services, to enlarge its utilization and to make it more economical? That are the questions we will try to answer.

4. Interworking with Videotex

4.1. Technical Point of View

It has been shown that the Antiope decoder was centered around a microprocessor which fills a page memory, itself read by a display head whose design was strictly linked to display on a TV set. Keeping this structure it is an easy job to replace (or add to) this display head by another one designed to give data to the printing head of a facsimile machine. Data must be given as lines of black or white points with no special processing of display functions after the character generator, so this display head is fairly simple. The two blocks, display head and printing head, may be considered by the microprocessor as particular peripheral devices.

4.2. Various Modes of Interworking

Starting with these technical points various modes of interworking may be implemented.

4.2.1. Hard Copy

It simply consists in receiving an Antiope page either in the broadcast or the interactive mode, in storing it in the page memory and then reading it by the printing head. There is no need for modifications in the Antiope software, it is only necessary to stop the filling of the page store during the reading. Hard copy is a possibility often asked for by Antiope users, especially in professional or semiprofessional use, but it does not exploit all the possibilities offered by the interworking.

4.2.2. Electronic Mail Receiver

To really use all these possibilities it is necessary to modify the software of the microprocessor and eventually also the hardware by adding a cassette recorder. These adaptation will now be described for the various elements of the Antiope language.

4.2.2.1. Page Store

An Antiope row has 40 characters (the proposed standard for office papers is 80 characters) together with a maximum of 56 rows per page. Even if the memory space, used for the specific functions of Videotex such as colour or blinking and so on, can be used for storing more characters, a videotex page store is not large enough to store a full mail page. Such a page is stored and printed in blocks associated with successive readings of the page memory. This is made possible by the fact that digital facsimile is asynchronous. The full page may be recorded directly on a cassette recorder at its arrival and then processed, delayed in time.

4.2.2.2. Decoding Software

Most of the Antiope software may be used directly. The page layout is obtained by page flags, row flags, carriage return, line feed in the same way. The alphabetic symbols upper case, lower case, accented letters, special symbols, may be identical in Teletex and in Videotex. There is an important pressure in international boards to standardize the same alphabet and the same extension procedure.

4.2.2.3. Character Generator

The standardizations of office papers, as they are now discussed, give figures for character width and spacing: 1 character every 2.54 mm, and a minimum line spacing of 4.23 mm. These figures combined with the facsimile resolution give a character space of 20 points horizontally and 33 points vertically. The Antiope character size is of 10 points by 10 points, but there exists a display function which allows to double the size vertically and horizontally. The use of Antiope character generator joined with the double size gives a fairly good approximation of the size of ordinary printed characters. If it is necessary a supplementary line spacing may be added simply by the display head.

4.2.2.4. Interworking Procedure

When receiving a page, either by broadcast or by telephone transmission, the Antiope facsimile decoder must first of all know whether it is to be displayed or printed. Space is reserved in row 0 of the Antiope page, which is devoted to such service informations. By receiving this bit, the microprocessor initiates the specific handshake procedure with the peripheral "printing head". The peripheral "TV display" is stopped during all this time. Inside the "printing head" the reading of the page store and the printing of the rows is done in a time-sharing mode. When the page store is empty, it asks for data from the microprocessor, this cycle being continued until the end of the page is reached with the FF code.

4.2.2.5. Other Graphical Possibilities

The flexibility of Antiope allows a wide range of extensions for graphical symbols. More than one alphabet may be used, and one of them may be a source defined alphabet. In the terminal the usual character generator written in a PROM is replaced by a RAM memory having the same external structure. The routine for loading this memory by a service page containing the drawings of the characters, is part of the present Antiope software.

Thus it is possible to transmit and print ideographic language by first dividing the drawing of symbols in a certain number of characters and then transmitting the associated codes. The same technique is used to transmit simple graphics inside a letter or, more important, the signature.

It is felt that the acceptance of electronic mail can be greatly enhanced, if this service remains as near as possible to the present habit of writing. This points out the importance of the signature.

4.3. Mixed Mode

This technique for the transmission of graphics is effective only if the graphic is small, inserted in the text and repetitive. If it occupies a large part of the page, it is better to transmit it in the real facsimile mode remembering that one has just to dispose of a facsimile equipment.

The remaining part of the letter may still be transmitted in Antiope mode, in order to maintain the transmission economy obtained by this mode.

At the terminal level such a mixed mode is fairly simple to implement, whereas at the service level this problem is more intricated. In fact when a usual facsimile service is put in operation, a long procedure follows in order to determine all the parameters of the options left open by the standardization and this procedure is interactive. Similar procedures may exist for the Teletex service but it is not sure that the execution of the whole procedure each time the mode is changed in the message, is a correct solution. A selection at a service level between facsimile, Teletex and Videotex with all the internal facilities defined at the beginning of the message, including graphics for instance, should be simpler. But this question is still widely open.

5. Services Offered

The interworking of Antiope Videotex and facsimile leads to the design of a low cost electronic mail receiver, composed of elements which are supposed to exist in every office in few years. To transform this potentiality in a real service needs some agreement. First, it must be admitted the fact that Teletex and Videotex are text communication services which have many things in common, not only at the level of the alphabet used but also at the command functions level. In particular a common kit of layout functions must be defined. All this is the purpose of our present experiments. In all cases an international standard for the Teletex service is eagerly needed in order to allow very small users, even receive-only users as the one described, to take part in the great revolution of text communication.

The purpose of this paper was not to describe a very special type of teletex terminal based on existing parts, but to show that compatibility between Teletex and Videotex, and a correct study of interworking with facsimile is a real problem with potential use and not only a dream of standardization specialists.

Dienste, die auf der Zusammenarbeit von Videotex und Faksimile basieren

B. Marti und Mme. Dr. C. Schwartz
Rennes, France

Neue Kommunikationsdienste sind Gegenstand von Studien und Experimenten in vielen Ländern, einige Feldversuche sind im Gange oder in allernächster Zukunft vorgesehen. In den Unterlagen des CCITT werden gewöhnlich drei dieser Dienste als sehr eng miteinander verwandt angesehen, nämlich Faksimile, Teletext (auch als Videotext bekannt) und TELETEX. Bei Faksimile handelt es sich um eine bekannte Technik, doch plant die französische Verwaltung, den neuen technologischen Möglichkeiten Rechnung tragend, einfache und preiswerte digitale Faksimilegeräte einer weiteren Verbreitung zuzuführen. Andererseits planen einige Verwaltungen die Einführung von "Teletex"-Diensten, entweder im Fernsprechnetz oder in Datennetzen.

Und schließlich erweckt Teletext in Verteil- oder Dialogform wachsendes Interesse in der Öffentlichkeit, stellt dies doch einen möglicherweise attraktiven und billigen Kommunikationsdienst dar. Stehen nun diese drei Textkommunikationsdienste in Konkurrenz zueinander oder ergänzen sie sich, und wenn ja, in welchem Umfang?

Tatsächlich ermöglicht Teletext die Herstellung preiswerter Decoder, und es ist vorherzusehen, daß Faksimilegeräte bei den in einigen Jahren zu erwartenden niedrigen Preisen weit verbreitet sein werden. Büro-Textverarbeitungssysteme sind weitaus höher entwickelt und um ein Mehrfaches teurer. Sie sind erforderlich für die Erstellung von Texten, die dann elektronisch übermittelt werden sollen. Es hat sich jedoch gezeigt, daß ein großer Teil der Geschäftspost von großen Firmen oder von Verwaltungen kommt und an verschiedene, oft weit verstreute Adressen geht. Daraus ergibt sich ein Bedarf an preiswerten, lediglich empfangenden Geräten für Geschäftsbriefe. Der Teletextempfänger mag dafür bis zu einem gewissen Grad geeignet sein, doch werden in vielen Fällen Kopien auf Papier benötigt. In einigen Jahren werden die meisten der privaten Fernsprechteilnehmer oder kleinen Firmen über Teletext-, Bildschirmtext- und Faksimilegeräte verfügen. Die einen bieten die Möglichkeit, Texte zu empfangen, die andern, diese Texte als hardcopy festzuhalten. Eine Verbindung beider Geräte stellt unter gewissen Voraussetzungen eine wertvolle Lösung für wirtschaftliche Empfänger elektronisch übermittelter Post dar.

Antiope-Teletextsystem

Das französiche Antiope-System ist völlig netzunabhängig und kann sowohl für Videotext als auch für Bildschirmtext eingesetzt werden. Für ersteren wurde ein Datensendenetz entwickelt, das Paketvermittlungstechniken an die Rundfunkübertragung anpaßt und in der Lage ist, gleichermaßen Fernschreiben, digitale Faksimilesignale, Fernsteuersignale oder allgemeine Daten zu übertragen.

Die Haupteigenschaft des Antiope-Systems besteht in der vollständigen Trennung der vier Hauptparameter (Modulation, Übertragungstechnik, Codierung, Eigenschaften des Displays), wobei die beiden ersten zum Netz gehören, die beiden anderen dagegen das Antiope-System selbst darstellen. Ähnlich dem Fernsprechnetz ist das Datensendenetz transparent, d.h. es erzeugt selbst keine Information und die Übertragungsgeschwindigkeit kann frei gewählt werden.

Die erwähnte Trennung ermöglicht ein großes Anpassungsvermögen, das durch die technischen und technologischen Möglichkeiten unserer Industrie noch verstärkt wird. Die neuentwickelten Teletextdecoder basieren auf der Verwendung von Mikroprozessoren. Für die Anzeige werden spezielle Schaltungen verwendet, die nur auf deren Eigenschaften zugeschnitten sind:

- Synchronsignale für das zu erzeugende Fernsehbild
- Seitenformat, Farbe, Zeichenraster und Sondereffekte.

Sie sind unabhängig von der gewählten Codierung. Da die vom Netz empfangenen Codeworte von einem Mikroprozessor verarbeitet werden, können die von den Herstellern z. Zt. vorbereiteten Decoder nicht nur mit den ISO-kompatiblen Antiope-Standards arbeiten, sondern auch durch Änderung der Programmierung (oder durch Programmerweiterungen bei einfach herzustellenden Zweinormen-Geräten) mit Ceefax- und Viewdata-Normen. Die derzeit im CCITT diskutierten Normen für Textcodierungstechniken, die es erlauben, jede europäische Sprache mit all ihren grafischen Eigenheiten zu codieren und darzustellen, können ebenfalls benutzt werden, und der wahlweise Gebrauch eines Zeichengenerators mit Schreib-/Lesespeicher neben dem üblichen mit Festwertspeicher erlaubt die Übertragung und Anzeige von nichtlateinischen Alphabeten und sogar von Ideogrammen als durch die Quelle definierbare Alphabete.

Merkmale der Faksimileübertragung

Die Faksimilestandards der Gruppe III sind bekannt: 1728 Bildpunkte auf eine Papierbreite von 210 mm und eine vertikale Auflösung von

4 oder 8 Linien/mm. Für die Darstellung von 10 c/p gedruckten alphanumerischen Zeichen benötigt man eine Auflösung von 20 x 33 Bildpunkten pro Schreibstelle und Zeilendurchschuß, was zu einer sehr guten Wiedergabe der Zeichen führt. Aufgrund der Verwendung von Redundanzreduktion und Codierung läuft das Gerät völlig asynchron, so daß in Zeilenblöcken geschrieben werden kann, was sich wiederum sehr günstig auf das Zusammenspiel mit der übrigen Anlage auswirkt.

Zusammenspiel

Die Wiedergabeseite des Faksimilegeräts kann völlig unabhängig als Zeilendrucker betrieben und als Peripherie des Mikroprozessors des Antiope-Decoders betrachtet werden. Zunächst ergibt sich so die Möglichkeit, eine Papierkopie einer Antiope-Seite zu erhalten.

Ferner kann der Mikroprozessor nach geringfügigen Software-Änderungen dazu verwendet werden, größere Seiten mit weniger Inhalt zu speichern oder als Puffer zur Ansteuerung eines Massenspeichers (Kassette oder Magnetkarte) zu dienen. Diese Decoder werden auch mit speziell zur Darstellung europäischer Sprachen entworfenen Zeichengeneratoren ausgerüstet und sind zur Wiedergabe von Geschäftspost gut geeignet. Zudem eröffnet sich die Möglichkeit, spezielle Alphabete zu verwenden, deren Form übertragen und in einem Schreib-/Lesespeicher abgespeichert wird, der dieselbe Struktur wie der Zeichengenerator besitzt.

Schlußfolgerung

Aus dem Zusammenspiel der beiden weitverbreiteten und preiswerten Endgeräte entsteht ein Dienst, der die Übermittlung von Schriftstücken in gedruckter Form, möglicherweise mit grafischen Elementen und mit Unterschrift leistet. All das ist aber nur möglich, wenn es internationale Vereinbarungen über Codierung und Prozeduren gibt, so daß eine Übertragung von hochentwickelten Textverarbeitungsgeräten zu dieser Art preiswerter Endgeräte erfolgen kann.

Elektronische Vertriebswege für die Presse

C. Detjen
Bonn

Zusammenfassung

Für die Presse bietet sich mit den bildschirmgebundenen Textkommunikationssystemen ein elektronischer Vertriebsweg an. Sie sieht die damit gegebenen Möglichkeiten nicht nur unter dem Aspekt des Gewinns von Aktualität. Bei ihren Überlegungen für die Nutzung dieser Techniken spielt auch eine Rolle, daß der materielle Vertrieb von Informationen immer teurer wird: die Papierpreise stiegen in den vergangenen Jahren sprunghaft an; gleichzeitig wird es immer schwieriger, Vertriebsnetze zu unterhalten, die auf dem Einsatz menschlicher Arbeitskraft beruhen.

Die Zeitungen wollen die Textkommunikationssysteme für Bildschirmzeitungen nutzen, die als aktuelle, elektronische Supplements zur gedruckten Zeitung angeboten werden können. Unter den derzeitigen technischen Möglichkeiten bevorzugen die Zeitungen Videotext, weil er vom technischen Aufwand her am kostengünstigsten ist. Die Videotexttechnik eignet sich besonders für die Verbreitung der kurzlebigen Tagesinformation, das Bildschirmtextsystem dagegen mehr für die höherwertige Fachinformation. Diese Feststellung beruht unter anderem auf den Erfahrungen, die vom Bundesverband Deutscher Zeitungsverleger durch die Erprobung einer Bildschirmzeitung auf der Internationalen Funkausstellung 1977 in Berlin gemacht wurden. Diese Einschätzung könnte sich allerdings ändern, wenn in größeren, zusammenhängenden Verkabelungsgebieten die Anwendung von Kabeltext möglich wird.

Elektronische Vertriebswege für die Presse

Zeitungen sind längst elektronische Medien geworden. In den einzelnen Stufen der Zeitungsherstellung ging in den vergangenen Jahren ein grundlegender Wandel vonstatten. Der moderne Zeitungsbetrieb hat von Gutenbergs Technik Abschied genommen. An ihre Stelle trat in allen Stufen der Zeitungsproduktion, die dem Druck vorausgehen, die Elektronik. Journalisten schreiben ihre Artikel an Video-Schreibmaschinen. Redakteure wählen die Agentur-Nachrichten nicht mehr aus den Papierfahnen aus, die der Fernschreiber ausdruckt, sondern rufen die Meldungen aus elektronischen Speichern ab, lesen und bearbeiten sie an Bildschirmterminals. Die Herstellung des Satzes, bei der früher Tonnen von Blei bewegt werden mußten,erfolgt elektronisch in Lichtsatzmaschinen. Die Elektronik hat auch die Steuerung des Versandes der gedruckten Zeitung übernommen. Dem herkömmlichen Verfahren geblieben ist lediglich die Verteilung der Information auf dem Träger Papier. Papier wird bei den Zeitungen ausgerechnet noch dort verwendet, wo es den größten Aufwand erfordert und wirtschaftlich am meisten zu Buche schlägt, nämlich beim Vertrieb der Information.

Es gab zwingende Gründe für die Anwendung der Elektronik in den Presseverlagen. Auf der einen Seite ist eine Sättigung des Zeitungsmarktes festzustellen, sind also wesentliche Auflagensteigerungen und daraus resultierende Einnahmesteigerungen nicht mehr zu erwarten. Auf der anderen Seite ist ein Stopp des ständigen Anwachsens der Personalkosten nicht in Sicht. Nicht weniger bedeutsam für die Anwendung der Elektronik in den Vorstufen des Drucks und des Vertriebs von Presseprodukten ist das Bemühen um Aktualitätsgewinn für die Printmedien, der durch eine Beschleunigung der Zeitungsherstellung zu erzielen ist. Ohne sich in den Bereich der Prophetie zu begeben, kann man voraussagen, daß in einem Zeitraum von fünf bis zehn Jahren auch die Zeitungsbetriebe, die heute noch nicht die Elektronik für die beschriebenen Produktionsstufen anwenden, die Umstellung vollzogen haben werden.

Die Möglichkeiten der elektronischen Textkommunikation machen heute nicht mehr dort halt, wo es um die Massenverteilung von Information geht. Und damit gewinnt die Feststellung, die der Vorsitzende des Münchner Kreises, Professor Witte, im Oktober 1975 in einem Vortrag vor Zeitungsverlegern traf, besondere Aktualität: "Man kann einfach nicht übersehen, daß der körperliche Transport von Gütern zu den teuersten Dienstleistungen gehört, während der immaterielle Transport von Informationen wesentlich sparsamer mit den Ressourcen dieser Erde umgeht."

Körperlicher Transport von Informationen, das heißt in der Praxis der Presse der Bundesrepublik Deutschland:

- 1977 wurden für den Zeitungsdruck 1,2 Millionen Tonnen Papier verbraucht.
- Bei einem Durchschnittspreis von 1.000 DM pro Tonne macht dies 1,2 Milliarden DM Papierkosten aus.
- Der Papierpreis hat sich seit 1972 nahezu verdoppelt, während gleichzeitig der Papierverbrauch - man sehe bei dieser Betrachtung über unbedeutendere Schwankungen in einzelnen Jahren hinweg - stagnierte.
- Für die Verteilung der 22 Millionen Exemplare täglicher Zeitungsauflage werden rund 80 000 Zeitungszusteller beschäftigt, was 1975 jährliche Zustellungskosten in Höhe von 477 Millionen DM ausmachte.
- Hinzu kommen die Kosten der Zustellung von Zeitungen und Zeitschriften durch den Briefträgerdienst der Bundespost, die 1975 880 Millionen DM betrugen.

Diese Zahlen beweisen, welche Faktoren für die Presse im Spiel sind, wenn es um die Frage geht, ob und wie neue, schnellere und billigere Vertriebswege angewendet werden können. Dabei sind für die immaterielle Verbreitung von Presseinhalten in erster Linie die Systeme von Interesse, die das geschriebene Wort erhalten. Sie machen es möglich, daß Lesemedien bleiben, selbst wenn sich ihr Erscheinungsbild ändert, daß die Vorzüge der geschriebenen Information erhalten bleiben, ohne Verzicht auf die Vorteile der Elektronik.

Darüber hinaus muß die Presse darauf bedacht sein, mit Änderungen der Kommunikationsgewohnheiten Schritt zu halten. Mehr und mehr Menschen erlernen den Abruf von Informationen per Terminal am Arbeitsplatz. Der Heimfernseher wandelt sich zum Informationsterminal im Wohnzimmer. Das heißt: bei alltäglichen Informationsgewohnheiten tritt in steigendem Maße der Sichtschirm an die Stelle des Informationsträgers Papier.

Für die praktische Anwendung durch die Presse müssen die derzeit möglichen Techniken unter zwei Gesichtspunkten geprüft werden (wobei ich die medienpolitischen Probleme ausklammere). Geprüft werden müssen 1. die publizistische Eignung und 2. die Kosten sowie die Finanzierbarkeit.

Einen ersten publizistischen Test hat der Bundesverband Deutscher Zeitungsverleger (BDZV) im vergangenen Jahr auf der Internationalen Funkausstellung in Berlin gemacht. Mehr als 25 Zeitungsverlage sammelten dabei Erfahrungen mit einer Bildschirmzeitung. Für das Experiment wurde die Videotext-

Technik angewendet. Ungefähr 20 Zeitungs- und 25 Zeitschriftenverlage bereiten sich derzeit gemeinsam mit der Deutschen Bundespost auf die ersten offiziellen Versuche mit dem System Bildschirmtext vor.

Das Berliner Videotext-Experiment des BDZV hat gezeigt, daß die Bildschirmzeitung wie eine gedruckte Zeitung redaktionell bearbeitet werden kann, von Zeitungsredakteuren und mit den Mitteln von Zeitungsredaktionen. Lediglich der Vertrieb der Information auf dem Weg von der Redaktion zum Leser unterschied sich von der gedruckten Zeitung. Die Informationen der Bildschirmzeitung waren, wie die der gedruckten, zu beliebiger Zeit, beliebig lange, in beliebiger Reihenfolge und beliebig oft zu lesen. Es zeigte sich, daß die funktionelle Nutzung von Videotext-Informationsdiensten der von Prinemedien unvergleichlich näher ist als der von Hörfunk und Fernsehen, bei denen die Flüchtigkeit des gesprochenen Wortes und des gezeigten Bildes den individuellen Zugriff zur Information nicht erlaubt.

Die funktionelle Nutzung von Bildschirmtext und von Kabeltext ist gleichartig. Für alle Lesemedien, die mit Hilfe dieser Technik entstehen, ist das Suchverhalten, das Nachschlagen, des Rezipienten, typisch, wie er es von den Printmedien her kennt.

Kabeltext wird zweifellos im Hinblick auf die beiden vorher erwähnten Kriterien die besten Voraussetzungen für die Nutzung durch die Presse bieten. Die praktische Anwendung wird jedoch erst dann von Bedeutung, wenn ausreichend große Breitbandnetze vorhanden sein werden, was bisher in der Bundesrepublik Deutschland nicht der Fall ist. Videotext und Bildschirmtext, die heute bereits angewendet werden könnten, wenn medienpolitische Probleme nicht im Wege ständen, führen zum Kabaltext hin, bilden aus der Sicht eines potentiellen Anwenders seine Vorläufer. Ich beschränke mich hier auf die allgemeine Feststellung, daß Kabeltext die Vorteile von Videotext und Bildschirmtext vereint und zugleich deren technisch bedingte Nachteile ausschließt.

Allerdings kann es sich die Presse nicht leisten, solange zu warten, bis Breitbandverteilnetze gelegt sind, und derweil zuzusehen, wie andere Informationsangebote per Videotext und Bildschirmtext aufbauen.

Bei der Prüfung der publizistischen Eignung hat der Bundesverband Deutscher Zeitungsverleger festgestellt, daß sich Videotext im besonderen Maße für die Verbreitung kurzlebiger, an ein breites Publikum gerichteter Informationen eignet wie sie von der Tagespresse geboten werden. Die Ausstrahlung im Huckepack-Verfahren auf dem Fernsehsignal verursacht keine hohen Kosten. Zumindest potentiell können alle Haushalte, die ein Fernsehgerät besitzen, erreicht werden, was einer Haushaltsabdeckung von mehr als 90 Prozent entspricht. Ein Videotext-Magazin mit 100 Seiten reicht aus, um alle für den elektronischen Vertrieb geeigneten Inhalte einer Tageszeitung den Lesern in ständig aktualisierter Form zugänglich zu machen. Ein derartiges Magazin umfaßt die Informationsmenge, die auf drei herkömmlich bedruckten Zeitungsseiten des Berliner Formats Platz findet.

Wir sind der Meinung, daß die Kapazitäten in der Austastlücke der nichtkommerziellen Information vorbehalten bleiben sollten. Sie sind für die Aufnahme von Werbung zu begrenzt, es sei denn, es würde ein Zuteilverfahren angewendet; dies wiederum würde erhebliche Schwierigkeiten in der Praxis bringen.

Bildschirmtext ist im Vergleich zu Videotext wesentlich teurer und kann, entsprechend der Telefondichte, derzeit eine Haushaltsabdeckung von lediglich rund 50 Prozent erreichen. Dieses System hat allerdings den Vorteil nahezu unbegrenzter Kapazität im Hinblick auf die zu verbreitenden Informationsmengen. Aus den beiden genannten Umständen erscheint Bildschirmtext besonders für die hochwertige, teure Abrufinformation geeignet, wie sie z. B. von Fachzeitschriften geboten wird. Hinzu kommen Zeitungsinhalte, die auf seiten des Rezipienten ein hohes Suchinteresse voraussetzen, also zum Beispiel Kleinanzeigen.

Wie sich die Kostenunterschiede für den Benutzer auswirken, sei an einem Berechnungsspiel des Bundesverbandes Deutscher Zeitungsverleger verdeutlicht. Für den täglichen, mahrmaligen Abruf von Informationen aus einem Bildschirmtextsystem müssen für den Interessenten monatliche Kosten von 30 DM veranschlagt werden. Das entspricht etwa dem doppelten Betrag eines vollständigen Zeitungsabonnements. Demgegenüber dürften die Kosten für eine lokale Bildschirmzeitung im Videotextsystem nur 5 DM pro Monat betragen. Dabei hat der Rezipient den Vorteil, daß diese Summe einen beliebig großen Informationsabruf ohne Kostensteigerung ermöglicht, während bei Bildschirmtext mit jedem zusätzlichen Informationsabruf die Kosten steigen.

Der Nachteil beider Techniken, daß weder die Übertragung stehender noch bewegter Bilder mit den Texten verbunden werden kann, wird dann ausgeglichen, wenn Kabeltext anwendungsreif wird.

Weitere Aufschlüsse über die Anwendbarkeit das Bildschirmtextsystems sind von den angelaufenen Vorversuchen und dem geplanten Feldversuch der Deutschen Bundespost zu erwarten. Was die Erprobung von Videotext anbelangt, hat der Bundesverband Deutscher Zeitungsverleger gefordert, daß die Zeitungen im Zusammenhang mit den Kabelfernseh-Pilotprojekten die Möglichkeit erhalten müssen, Bildschirmzeitungen als elektronische Supplements zur gedruckten Zeitung zu testen.

Darüber hinaus gehen die Zeitungen davon aus, daß die 250 Grundnetzsender des Fernsehnetzes der Bundesrepublik Deutschland für die Verbreitung von Bildschirmzeitungen erschlossen werden können und damit jede lokale Zeitungsausgabe eine eigene Bildschirmzeitung herausgeben könnte.

Diese Erwartung ist jedoch nicht unumstritten. Die Auffassungen der Rundfunkanstalten und der Zeitungsverleger über die Kapazität in der Austastlücke gehen auseinander. Eine objektive Klärung der Frage, welche Leerzeilen der Austastlücke für welche Zwecke tatsächlich zur Verfügung gestellt werden können, ist daher dringlich. Ferner müssen die Kosten für die Nutzung der Übertragungswege, also des Fernsehsignals und der Sender, genau festgestellt werden. Technische und wirtschaftliche Probleme harren auch beim Bildschirmtext der Lösung. Als Stichwörter dafür sind der Rechnerverbund und die Kosten für die Nutzung der Postleitungen zu nennen.

Selbst wenn es gelänge, diese offenen Fragen schnell zu beantworten, blieben die elektronischen Vertriebswege der Presse für die Anwendung in der alltäglichen Praxis in der Bundesrepublik Deutschland noch verschlossen. Das bestehende Rundfunkrecht erfaßt die Textkommunikations-Systeme und versperrt den freien Zugang der Presse. Die Zeitungen und Zeitschriften haben daher gefordert, daß die zuständigen politischen Instanzen der Presse den Zugang ermöglichen.

Mit medienpolitischer Brisanz sind schließlich auch die Funktionen der Post verbunden. Kann es ihre Aufgabe sein, mehr als das Leitungsnetz zur Verfügung zu stellen, also eigene Speicher einzurichten und den Benutzern - Informationsanbietern wie Rezipienten - eine Suchstruktur vorzugeben? Ich meine, die Post wäre gut beraten, wenn sie sich darauf beschränkte, ihre Netze anzubieten. Der Aufbau eigener Informationsspeicher und die Vorgabe des Suchbaumes im Bildschirmtext-System bedeuteten Eingriffe in die bestehenden Strukturen der Kommunikationsmärkte. Ebenso wenig wie staatliche Institutionen in die Beziehungen zwischen dem Anbieter und dem Käufer eines materiellen Produktes einzugreifen haben, kann es der Post erlaubt werden, über die Rolle des Transporteurs von Informationen hinauszugehen und eine Reglerfunktion für die Beziehungen zwischen dem Informationsanbieter und dem Rezipienten zu übernehmen.

Existentielle Gefahren drohen der Presse für den Fall, daß sie von der Nutzung der Textkommunikationssysteme ausgeschlossen oder an der freien Wahl des für sie günstigsten elektronischen Vertriebsweges gehindert würde. Wie das Kabelfernsehen sind auch die Textkommunikationssysteme in besonderem Maße geeignet, dort Fuß zu fassen, wo die Zeitungen jetzt ihre publizistische und wirtschaftliche Basis haben, nämlich im lokalen Bereich. Die Zeitungen könnten durch Verlust an Aktualität und inhaltiche Auszehrung ihre publizistische, durch erzwungenes Festhalten an überholter Technik ihre wirtschaftliche Wettbewerbsfähigkeit verlieren. Die Presse muß die Möglichkeit erhalten und auch wahrnehmen, die Chancen zu erproben, die ihr die elektronischen Vertriebswege bieten.

Allerdings: Nicht alle Inhalte einer gedruckten Tageszeitung eignen sich gleichermaßen für die elektronische Verbreitung, manche, wie der ein politisches Problem analysierende Leitartikel oder der ausführliche Bericht des Auslandskorrespondenten, wahrscheinlich überhaupt nicht. Eine Vielzahl für den Leser besonders wertvoller Inhalte, insbesondere jene Service-Informationen, deren Nutzungswert mit der Aktualität steht und fällt, könnten sozusagen elektronisch aus den Zeitungen herausgelaugt werden.

Ein wesentliches Merkmal der gedruckten Tageszeitung ist jedoch die Universalität ihres Inhaltes, der von der politischen Nachricht, dem Hintergrundbericht, dem Leitartikel über den breit gefächerten Lokalteil, die Vielzahl der Serviceinformationen bis zu den Angeboten der Supermärkte, den amtlichen Bekanntmachungen, den Börsendiensten und der Kleinanzeige reicht, in der ein entflogener Wellensittich gesucht wird. Die Tageszeitung verlöre ihren einmaligen Charakter, wenn sich durch Veränderungen der Kommunikationsgewohnheiten nur ein Teil dieser Inhalte auf andere Medien verlagerte. Nicht minder bedenklich wäre es, wenn die Zeitungen ihre Mittlerfunktion durch Auflösung der Einheit von Werbung und publizistischem Angebot verlören.

Ich meine, nur unternehmerisches, aktives Handeln der Verlage ist geeignet, die Zukunft der Presse angesichts technischer Herausforderungen zu sichern. Der tröstenden Beteuerung, daß die gedruckte Zeitung unersätzlich sei, solange man die Bildschirmzeitung nicht zusammengefaltet in die Rocktasche stecken und in der Straßenbahn lesen kann, stehen die immer wieder feststellbaren Neigungen des Menschen zur Änderung seines Kommunikationsverhaltens und - nicht zuletzt - der Erfindungsreichtum der Elektroindustrie entgegen.

Schrifttum

Bundesverband Deutscher Zeitungsverleger (Hrsg.): Kabelfernsehen und Bildschirmzeitung, Materialien zur aktuellen Diskussion; Bonn 1978.

Detjen, Claus: Die Wahl des elektronischen Vertriebsweges muß den Zeitungen überlassen werden; in ZV+ZV 40/41, Oktober 1977.

Detjen, Claus: Viel Beifall für die schnellste Zeitung; in DIE ZEITUNG, Bonn, Nr. 10/Oktober 1977.

DIE ZEITUNG, Nr. 9/September 1977, Bonn: Bildschirmzeitung hat jetzt Premiere.

Die Zukunft der Zeitung, Hamburger Medientage '77 - Ein Parlament für Informationsfreiheit, Dokumentation; Verlag Hans Bredow-Institut,Hamburg 1977.

Nachrichten, Nr. 115/116, Springer Verlag, Berlin 1977: Pressespezifische Einsatzmöglichkeiten von Videotext/Zeitungen auf elektronischen Vertriebsweg angewiesen.

Ratzke, Dietrich (Hrsg.): Die Bildschirmzeitung, Fernlesen statt Fernsehen; Colloquium Verlag, Berlin 1977.

Witte, Eberhard: Zeitung und Telekommunikation; BDZV-Schriftenreihe, Heft 10; Bundesverband Deutscher Zeitungsverleger e.V., Bonn.

ZDF-Schriftenreihe, Heft 19, Mainz Oktober 1977: Fernsehtechnik von morgen.

Electronic Ways of Distribution for the Press

C. Detjen
Bonn

During the past years a fundamental change has taken place in the various stages of newspaper production. The modern newspaper industry has turned away form the Gutenberg technique. It was replaced by electronics at all stages of newspaper production preceding printing. Journalists write their articles on video-type-writers. Editors do no longer pick agency news form the proofs of teleprinters, but take data from electronic stores and read and evaluate them at video display terminals. Composing is done by electronic photo-type setting machines and electronics is also in control of the dispatch of the printed newspaper.

Paper, however, continues to be used exactly in one of the most expensive and economically most important fields of newspaper production, i.e. the distribution of information. In this respect a statement applies, contained in a speech made by Professor Witte, Chairman of the Münchner Kreis, when addressing newspaper publishers in October 1975: - "It cannot be simply over-looked, that the material transport of goods is part of the most expensive services, while the non-material (electronic) transport of information utilises the resources of this earth in a far more saving way."

With reference to the above a few facts:-

In 1977 1,2 million tons of paper were spent on the printing of newspapers in the Federal Republic of Germany. At an average price of DM 1.000 per ton this amounts to DM 1,2 billion of costs of paper. Since 1972 the price for paper has gone up by almost 100 per cent. The distribution of the 22 million copies of the daily newspaper edition requires employment of approx. 80 000 persons for its delivery.

The above quoted figures prove the kind of factors which are relevant for the press with regard to the question, whether and how it would be possible to apply more modern, quicker and cheaper ways and means of distribution. Of primary interest for the non-material (electronic) distribution of press contents are systems maintaining the written word. They make it possible to keep up the advantages of the written information, without renouncing the rapidity of electronic distribution.

Furthermore, the Press has got to watch out, that it keeps pace with changes of communication habits. The number of people, learning to order information by terminal at their working place is growing continuously. At the same time, the private TV-set changes into an information terminal in the sittingroom at home by systems like videotext (teletext), view-data and cable-text.

For practical appliance by the press the above quoted techniques have to be examined from two angles, with regard to:

1) suitability for publishing purposes
2) costs as well as possibilities for financing.

An initial publishers test was made by the 'German Newspaper Publishers Association' (Bundesverband Deutscher Zeitungsverleger - BDZV) in 1977 at the International Radio and Television Exhibition in Berlin. Supported by the video-text technique a screen-paper was produced by editors, delegated by more than 25 newspapers to an editorial community. Numerous publishers of newspapers and magazines are now getting prepared for tests concerning the view-data system.

The Berlin video-text experiment of the BDZV has shown that it is possible to work at a screen-paper - as far as the editorial aspect is concerned - in exactly the same way as at a printed newspaper, by newseditors, and with the methods of editorial offices of newspapers. The informations of the screen-paper could be read - just like those of the printed ones - at any time, for any length of time an in the sequence and the frequency desired. It thus became evident, that the functional use of video-text informations is incomparably closer to those of print-media than to those of radio and television, where the volatility of the words spoken andthe pictures shown does not permit an individually required grasp of the informations concerned.

With regard to the above mentioned criteria, cable-text will offer the best of preconditions for utilisation by the press. A practical appliance will, however, not be of importance before an adequately large broad-band network is available, which is not jet the case in the Federal Republic of Germany. Cable-text combines the advantages of video-text (tele-text) and view-data and excludes their technically caused disadvantages.

The video-text technique is less expensive and cheaper than the viewdata system, which is connected with the telephone system. Video-text is, therefore, particularly suitable for transitory information items, addressed to a large audience, as offered by the daily press. The expensive view-data system is, in turn, expecially suitable for the highly valuable, costly 'taking data informations', as can be found in technical or scientific periodicals, and also for contents of newspapers presupposing an urgent searching interest on the part of the recipient, e.g. classified advertisements.

Not all contents of newspapers and magazines are, of course, fully alike with regard to their suitability for electronic distribution. This applies in particular to informations the importance of which is entirely dependent on their respective topical value, as well as to all services. The newspapers of the Federal Republic of Germany intend to test secreen-papers as electronic supplements of printed newspapers.

Feldversuche mit Videotext-Systemen in der Schweiz

K. W. Bernath, Ch. Bärfuss, R. Klingler
Bern, Schweiz

Zusammenfassung

Die Abteilung Forschung und Entwicklung der schweizerischen PTT-Betriebe führt seit etwa Jahresfrist, teilweise in Zusammenarbeit mit ausländischen Forschungsstellen, Ausbreitungs- und Empfangsversuche mit Videotextsystemen durch. Ziel der Tests ist es, die Zuverlässigkeit der Uebertragung solcher im Bildaustastintervall des Fernsehsignals untergebrachten Daten zu ermitteln. Dabei wird die Güte der Videotext-Wiedergabe mit derjenigen der Farbfernsehbild-Wiedergabe statistisch in Beziehung gebracht, um den zu erwartenden Videotext-Versorgungsgrad abzuschätzen.
Die mit einem Messwagen durchgeführten Versuche umfassten bisher NRZ-Systeme unterschiedlicher Bitrate (TELETEXT, DIDON) sowie ein experimentelles Biphasensystem der RAI. Sie erstreckten sich auf den Raum Bern und das östlich davon gelegene Alpenvorland (Emmental). Empfangen wurde ab Senderstandort Bantiger, direkt oder über Umsetzerketten, in allen Bereichen I bis V. Die Empfangsorte wurden so ausgewählt, dass sich in der Regel eine ziemlich gute bis gute Farbbildqualität ergab. Zwei Grossgemeinschafts-Antennenanlagen des Raumes Bern wurden in eine der Testreihen mit einbezogen.

Die Versuche haben bisher, kurz zusammengefasst, folgendes Ergebnis gezeitigt: Die Güte der Videotextübermittlung hängt von einer Reihe von Einflussfaktoren ab. Die wichtigsten davon sind:

- Systemparameter, insbesondere Codierungsart und Bitrate;
- Uebertragungs- und Empfangsverhältnisse (Topographie);
- Güte der Empfangsanlage: Antenne, Zuleitung (Anpassung), Empfänger (RF/ZF-Durchlasskurve, Art der Demodulation und Daten-Decodierung).

An einzelnen Erkenntnissen sind zu nennen:

- Zwischen Videotext- und Farbfernseh-Bildqualität besteht nur eine geringe Korrelation;
- Reine Rauschstörungen können von Videotextsystemen verhältnismässig gut verarbeitet werden;
- Impulsförmige Fremdstörungen sind kritisch, wenn sie in den Datenkanal fallen;
- Reflexionsstörungen mit kurzen Laufzeitunterschieden sind für Videotextsysteme viel kritischer als für das Farbfernsehen. Verglichen mit der beim englischen TELETEXT-System verwendeten Uebertragungsart ergibt eine Reduktion der NRZ-Bitrate oder die Verwendung der Biphasencodierung in kritischen Empfangslagen im Mittel eine deutlich grössere Uebertragungssicherheit. Störende Kurzzeitechos können in bergigem Gelände bereits durch Ueberlagerung von direkter und am Boden reflektierter Welle entstehen;
- Grossgemeinschaftsantennenanlagen moderner Konzeption dürften bei einwandfreiem Kopfstations-Empfangssignal und guter Wartung eine sichere Uebertragung von Videotextsignalen gewährleisten;
- Teletextdecoder neuester Bauart zeigen ein signifikant besseres Verhalten als frühere Ausführungen.

1. Einleitung

Ein Videotextsystem sollte nach Möglichkeit so konzipiert sein, dass es den Empfang alphanumerischer und graphischer Daten überall dort erlaubt, wo ein brauchbares Farbfernsehbild empfangen werden kann. Länder wie z.B. Italien, Yugoslawien, Norwegen und die Schweiz haben beträchtliche Mittel in die fernsehmässige Erschliessung der Berggegenden investiert (Schweiz z.Z. über 900 Umsetzer). Es dürfte verständlich sein, dass man in solchen Ländern Wert darauf legt, auch in weniger günstigen Empfangslagen und über Umsetzer und Umsetzerketten Videotextsignale in brauchbarer Qualität empfangen zu können. Praktisch läuft dies, wie im folgenden gezeigt wird, weitgehend auf einen Kompromiss zwischen Uebertragungsgeschwindigkeit und -sicherheit hinaus. Dabei ist aber einzuräumen, dass darüber hinaus system- und apparatetechnischen Einflussfaktoren höherer Ordnung, gesamthaft gesehen, ebenfalls eine beträchtliche Bedeutung zukommt.

2. Zielsetzungen der schweizerischen Versuche

Die Abteilung Forschung und Entwicklung der schweizerischen PTT-Betriebe hat sich vor etwas mehr als Jahresfrist zum Ziel gesetzt, vorgeschlagene Videotextsysteme hinsichtlich ihrer Uebertragungseigenschaften in nichtidealem Gelände näher zu untersuchen und nach Möglichkeit auch untereinander zu vergleichen. Diese Tätigkeit ist im Sinne eines Beitrags an die internationale Normung zu verstehen. Die Schweiz ist selbstverständlich, wie jedes andere Land Europas, sehr daran interessiert, dass schlussendlich eine Einigung auf eine einheitliche Norm zustandekommt. Die bisherigen Tests wurden in Zusammenarbeit mit ausländischen Forschungsstellen durchgeführt.

3. Testgebiete, Versuchsanordnungen und Prüfparameter

Bisher wurden 4 Versuchsreihen durchgeführt. Das Testgebiet umfasste dabei die Stadt Bern mit ihren Vororten (Direktempfang ab Senderstandort Bantiger bei Bern), das bergige Alpenvorland südöstlich der Hauptstadt (Emmental, Napfgebiet), sowie teilweise zusätzlich das Val de Travers im Jura. In den Berggebieten erfolgte der Empfang im allgemeinen über Umsetzer und Umsetzerketten. Empfangen wurde meist über 2 Programmketten (deutschsprachiges Programm, vornehmlich Meterwellen; französischsprachiges Programm, mehrheitlich Dezimeterwellen). An den ausgewählten Empfangsorten ergab sich in der weitaus überwiegenden Zahl der Fälle eine ziemlich gute bis gute Farbfernseh-Bildqualität. Fig. 1 vermittelt eine Uebersicht über die in die Untersuchungen einbezogenen topographischen Zonen sowie die Standorte der Sender und Umsetzer.

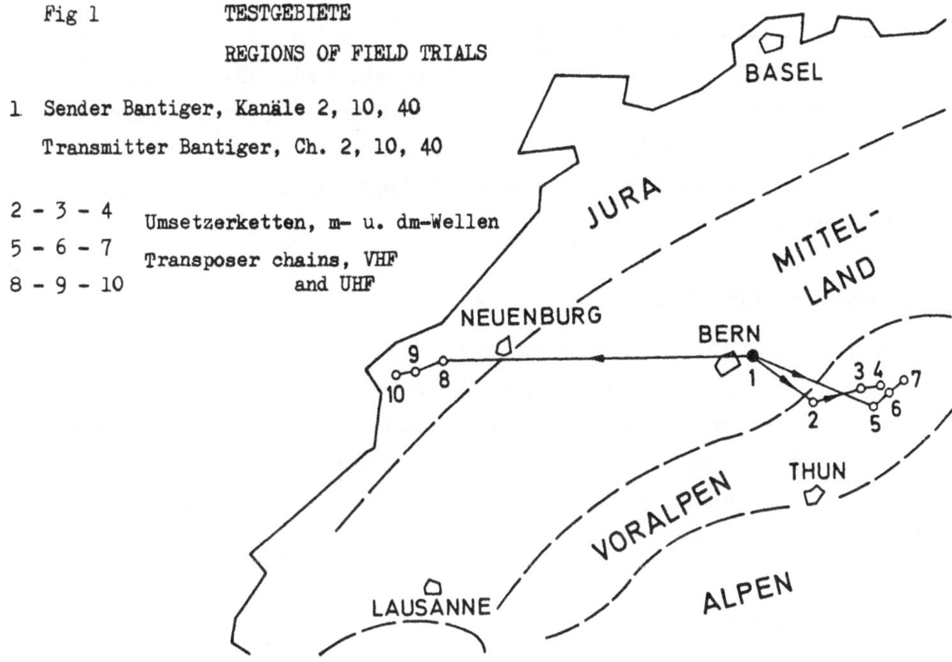

Die Empfangsgeräte waren in einem Messwagen mit Teleskopmast untergebracht. Im allgemeinen wurde mit Yagi-Antennen mit einer grösseren Zahl von Elementen gearbeitet, die optimal ausgerichtet wurden. Kriterium war dabei normalerweise die Feldstärke (grösste Empfängereingangsspannung). Die Empfangsantennenhöhe über dem umliegenden Gelände betrug stets 10 m. Die Einspeisung der Videotext-signale erfolgte am Senderstandort Bantiger. Bezüglich Einzelheiten muss auf das Schrifttum im Anhang verwiesen werden (/1/ bis /3/). Die nachfolgende Aufstellung enthält wichtige Angaben über die bisherigen Versuchsreihen in Kurzform. Ausser beim Biphasensystem der RAI wurde bei allen geprüften Verfahren das Non-return- to-zero - (NRZ -) Datenübertragungsprinzip angewendet.

Erste Versuchsreihe (Mai 1977)

Original-TELETEXT-System, Philips-Heimempfänger (Entwicklungsmuster). Durchführung in Zusammenarbeit mit Philips Eindhoven. Ermittlung der Farbfernseh- und Videotext-Qualität sowie der Augenhöhe. Total 40 Messfälle. Englische TELETEXT-Testtafeln.

Zweite Versuchsreihe (August/September 1977)

Wie oben, aber fortgeschrittenes Entwicklungsmuster eines mit TELETEXT-Zusatz ausgerüsteten Farbfernseh-Heimempfängers (Philips). Ermittlung der Farbfernseh-Bildqualität, der Videotext-Qualität entsprechend den Kriterien B, C und D (vgl. Legende zu Fig. 3) sowie der Rauschabstandsreserve (noise margin) (Lit. /2/,/4/). Total 92 Messfälle.

Dritte Versuchsreihe (November 1977)

Vergleich Original-TELETEXT-System und Biphasensystem (halbe Bitrate). Durchführung zusammen mit Ingenieuren und Geräten des RAI-Forschungslabors Turin. Messempfänger, Video-Farbmonitor, Zusatzmessgeräte. Ermittlung der Farbfernseh- und Videotext-Qualität, des Luminanz-Rauschabstandes, des Video-Frequenzgangs sowie der Datenimpuls- und Augenhöhe. Miteinbezug zweier Grossgemeinschafts-Antennenanlagen in die Tests. Total 47 Messfälle.

Vierte Versuchsreihe (Mai 1978)

DIDON-Sende- und Empfangsgeräte des CCETT (Rennes, Frankreich), passend zu ANTIOPE. Durchführung in Zusammenarbeit mit genannter Organisation. 3 Messempfänger unterschiedlicher Demodulationsart (synchron, quasisynchron, Enveloppe) am Ausgang des ZF-Teils. Ermittlung der Farbfernsehbildqualität sowie der Videotext-Qualität, letztere aufgrund der Bitfehlerrate von 10^{-4} (noch gutes Videotextbild zu erwarten /4/). Ferner Messung der Augenhöhe. Sendeseitiges Umschalten auf 3 verschiedene Uebertragungsbitraten (4,3, 6,2 und 6,9 Mbit/s) an jedem Empfangsort. Total je Empfänger 43 bis 45 Messfälle.

Bei allen diesen Versuchsreihen wurden die üblichen internationalen Prüfzeilensignale mit ausgestrahlt. Sie erlaubten eine zuverlässige Beurteilung der linearen Signalverzerrungen im Videoband, was mit Rücksicht auf die zu erwartenden Mehrwegeempfangseffekte wichtig ist.

4. Hauptergebnisse im Ueberblick

Die wichtigsten Ergebnisse der bisherigen Untersuchungen sollen im folgenden anhand von Diagrammen aufgezeigt und kurz diskutiert werden.

Im Bereich normaler Fernsehbildqualitäten ergab sich allgemein zwischen diesen und der Videotextqualität nur eine sehr geringe Korrelation. Dies ist aus dem dreidimensionalen Verteilungsdiagramm von Fig. 2 ersichtlich (Original-TELETEXT-System, 2. Versuchsreihe).

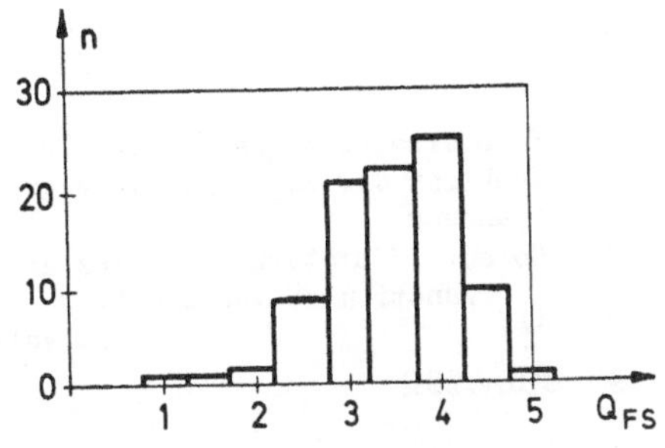

ALLE MESSFÄLLE / ALL MEASURING CASES

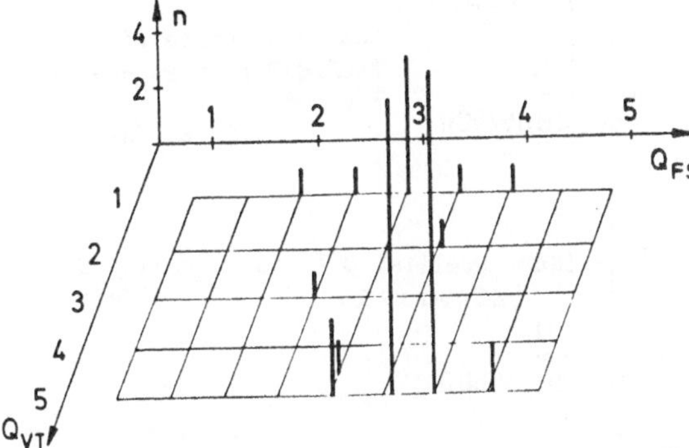

Fig. 2 2. VERSUCHSREIHE
2nd FIELD TRIAL PERIOD

Verteilung der Farbbildqualitäten

Distribution of colour picture qualities

n Anzahl Fälle /number of cases

Q_{FS} Farbfernseh-Bildqualität (CCIR-Skala)

Colour picture quality (CCIR scale)

Vergleich Farbfernseh-/TELETEXT-Qualität

Comparison colour TV/TELETEXT quality

Q_{VT} Videotext-Qualität (prov. 5stufige Skala)

Videotext quality (prov. 5 step scale) (Bibl./1/, /2/)

Fig. 3 bezieht sich ebenfalls auf die 2. Versuchsreihe und zeigt im obersten Diagramm die Verteilung der Farbfernseh-Bildqualitäten als Funktion der Empfänger-Eingangsspannung auf. Die grosse Streuung der Beobachtungswerte deutet darauf hin, dass die Bildqualität im allgemeinen nicht durch Rauschen sondern durch Mehrwegeempfang beeinträchtigt war. Eine gewisse Korrelation ist aber doch noch deutlich erkennbar (mittlere schräg ansteigende Gerade). Die übrigen 3 Diagramme vermitteln, von oben nach unten, die Verteilung der Messfälle für gute, mittlere und ungenügende TELETEXT-Qualität. Hier ist nun interessanterweise keine Korrelation mit der Empfänger-Eingangsspannung mehr feststellbar. Daraus lässt sich schliessen, dass die TELETEXT-Uebertragung praktisch nur durch Mehrwegeempfang und nicht durch Rauschen beeinträchtigt wurde.

<u>Bewertungskriterien</u>

Farbfernsehen:

5 sehr gut
4 gut
3 ziemlich gut
2 mangelhaft
1 schlecht

(nach CCIR-Empf.500)

TELETEXT:

Nach 1. Einlesen:
fehlende oder
falsche Schirmzeichen:
Note 5: 0
" 4: 2
" 3: 4
" 2: ~7
" 1: >7

(Lit. /1/,/2/)

TELETEXT:

Krit. Umschreibung
B: Keine falschen Schirmzeichen bei 3 aufeinanderf.Einles'n.
C: Keine falschen Schirmz.nach 2.Einlesung
D: ~Hälfte der Schirmzeichen korrekt nach jeder Einlesung

Korresp.Bitfehlerraten:

B: $\sim 2.10^{-5}$ C: $\sim 3.10^{-3}$ D: 4.10^{-2}

(Lit. /3/,/4/)

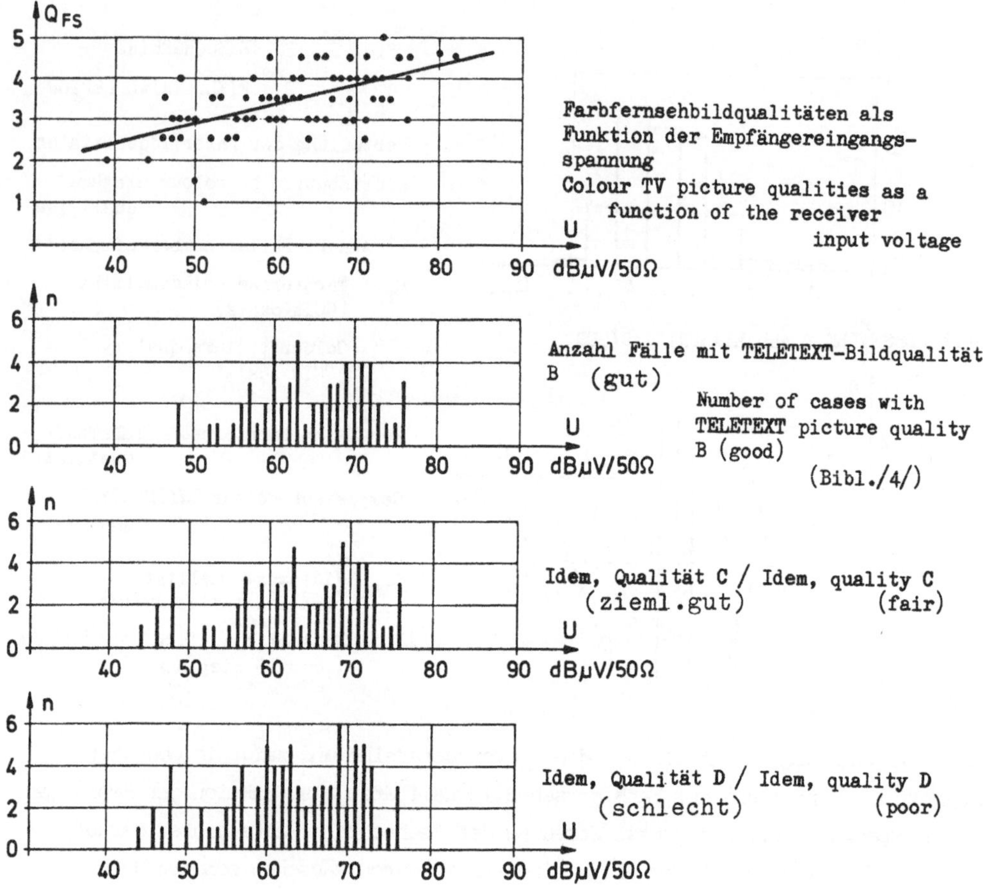

Fig. 3 2. VERSUCHSREIHE / 2nd FIELD TRIAL PERIOD
ALLE MESSFÄLLE / ALL MEASURING CASES

Bei allen Versuchen wurde stets auch die Hauptursache der Minderung der Farbfernseh-Bildqualität notiert. Fig. 4 zeigt die relative Verteilung der insgesamt 5 Rubriken zugeordneten Störursachen auf (ebenfalls 2. Versuchsreihe). Es bestätigt sich, dass Echostörungen verhältnismässig häufig angetroffen wurden. Die für Videotext erfahrungsgemäss recht kritischen Kurzzeit-Reflexionen sind in dieser Zusammenstellung praktisch nicht erfasst, da sie normalerweise die Farbfernseh-Bildqualität - nicht zuletzt wegen den günstigen Eigenschaften des PAL-Systems und der heutigen Farbempfänger ganz allgemein - nur unwesentlich verschlechtern (Kanteneffekte, Aenderung des Chrominanz Luminanz-Amplitudenverhältnisses).

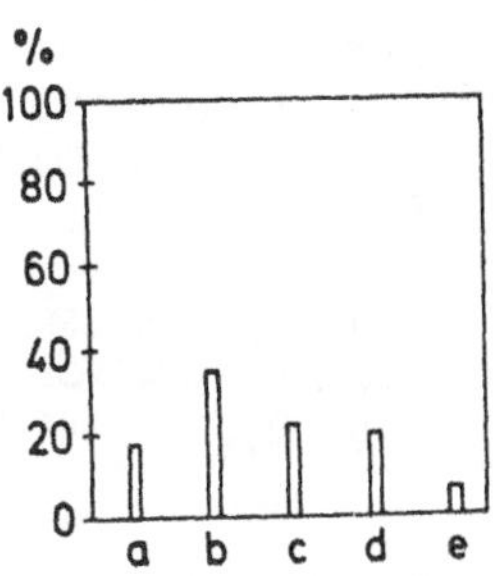

Gründe für die Verschlechterung des Farbfernsehbildes

Reasons for colour TV picture degradation

a Einzelechos mittlerer Stärke / single echoes of av. strength
b idem, schwach / idem, week
c diffuse Echos / diffuse echoes
d Rauschen / random noise
e Impulsstörungen (zeitweise) impulsive noise (temporarily present)

Fig. 4
2. VERSUCHSREIHE (ALLE FÄLLE) / 2nd FIELD TRIAL PERIOD (ALL CASES)

Fig. 5 zeigt ein interessantes Teilergebnis der dritten Versuchsreihe auf. Links im Diagramm ist die relative Verteilung der ermittelten Farbfernseh-Bildqualitäten aufgetragen. Die rechte Diagrammhälfte vermittelt die relative Anzahl der Empfangsorte, an denen die Videotext-Qualitätskriterien B und C noch erfüllt waren. Parameter ist das jeweils angewandte Datenübertragungsverfahren. Es wurden hier nur Signale ausgewertet, die über Ketten von 2 oder 3 Umsetzern empfangen wurden (10 Messfälle). Die grössere Uebertragungszuverlässigkeit des Biphasensystems ist deutlich erkennbar. Der Preis, der dafür zu bezahlen ist, ist die im Vergleich zum Original-TELETEXT-System um den Faktor 2 geringere Daten-Uebertragungsgeschwindigkeit.

In Fig. 6 ist für die genannten 2 Uebertragungsverfahren (3. Versuchsreihe) die mittlere Rauschabstandsreserve zur Erfüllung von Kriterium C aufgetragen. Als Abszisse wurde die Farbfernseh-Bildqualität gewählt. Für das Biphasensystem ergibt sich ein um etwa 5 dB günstigerer Wert. Der theoretische Unterschied für weisses Rauschen beträgt dem gegenüber nur 21/2 dB. Die verhältnismässig grosse Differenz deutet auf dominierende Mehrwege-Empfangseinflüsse hin. Diese Figur bezieht sich auf 40 Messfälle.

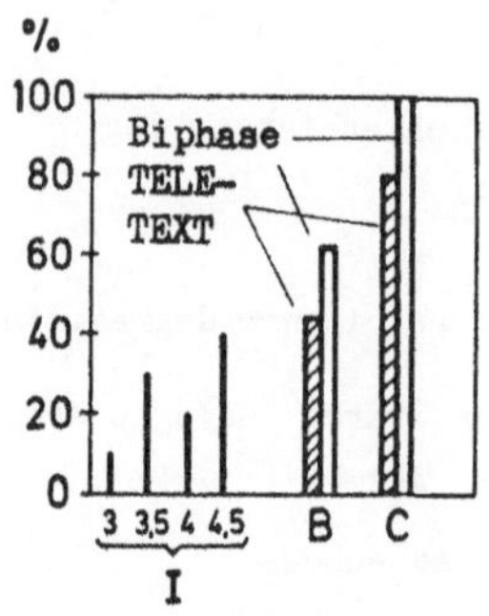

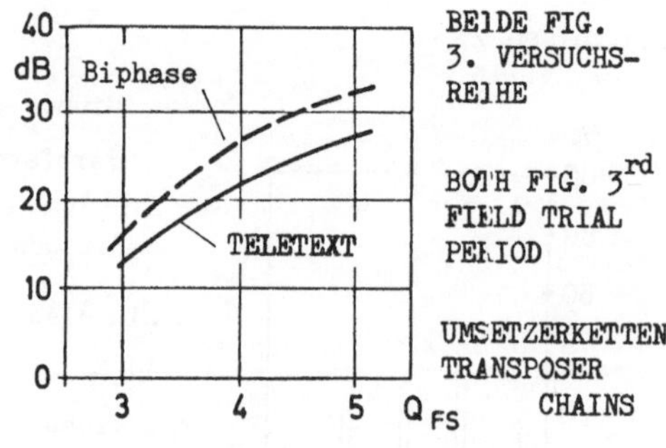

Fig. 5 I Verteilung der Farbfernsehbildqual.
Distr. of colour TV picture qualities
B, C Videotextqualitäten / videotext qualities

Fig. 6 Rauschabstandsreserve (Kriterium C)
Noise margin (crit. C) (Bibl./3/)

Fig. 7 zeigt in 3 Teildiagrammen, je als Funktion der Empfänger-Eingangsspannung, die Verteilung wichtiger objektiver Fernseh- und Videotext- Qualitätsparameter auf. Auffallend ist das Fehlen jeder Korrelation zwischen den Koordinatengrössen beim Chrominanz/Luminanz-Amplitudenverhältnis und bei der Augenhöhe. Dass beim Chrominanz/Luminanz-Amplitudenverhältnis auch videomässig mit der Frequenz ansteigende Amplitudengänge gemessen wurden, deutet erneut auf verhältnismässig grosse Ausbreitungseinflüsse hin. Diese Diagramme beziehen sich, wie Fig. 5, auf Orte, an denen die Signale über Ketten von 2 oder 3 Umsetzern empfangen wurden.

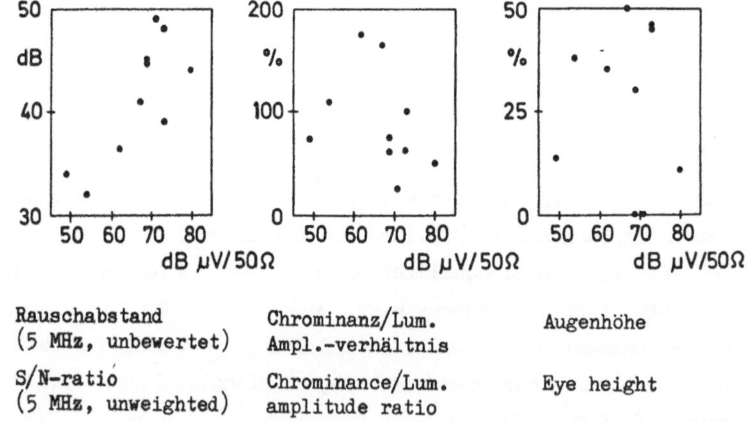

Rauschabstand (5 MHz, unbewertet) — S/N-ratio (5 MHz, unweighted)

Chrominanz/Lum. Ampl.-verhältnis — Chrominance/Lum. amplitude ratio

Augenhöhe — Eye height

Fig. 7 3. VERSUCHSREIHE, UMSETZERKETTEN / 3rd FIELD TRIAL PERIOD, TRANSPOSER CHAINS
Objektive Messwerte als Funktion der Empfängereingangsspannung
Objective measuring values as a function of the receiver input voltage

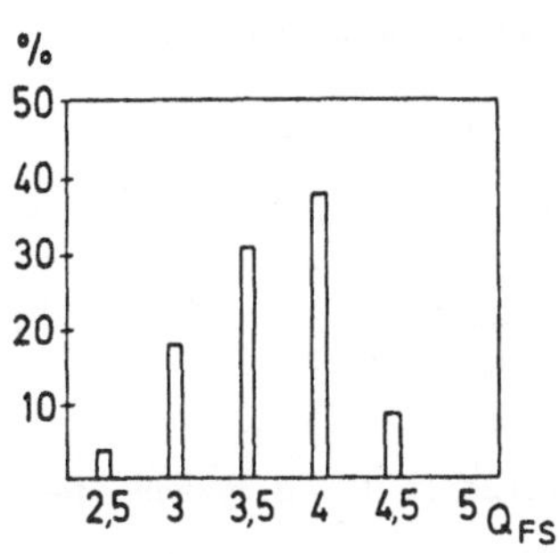

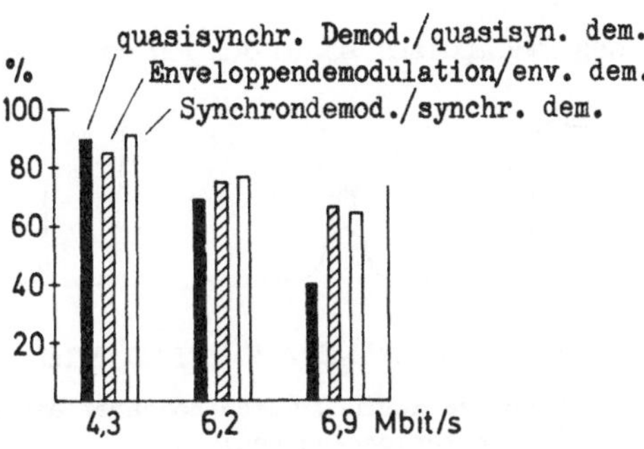

Verteilung der Farbfernsehbild-qualitäten

Distribution of colour TV picture qualities

Prozentsatz Empfangsfälle mit Bitfehlerrate $\leq 10^{-4}$

Percentage of receiving cases with BER $\leq 10^{-4}$

Fig. 8 4. VERSUCHSREIHE (DIDON) / 4th FIELD TRIAL PERIOD (DIDON)
BITFEHLERRATE ALS FUNKTION DER BITRATE / BER AS A FUNCTION OF THE BITRATE

Fig. 8 schliesslich vermittelt das Hauptergebnis der vierten Versuchsreihe mit dem DIDON-System und 3 verschiedenen Uebertragungs-Bitraten. Im Bild links ist wiederum die Verteilung der Farbfernseh-Bildqualitäten eingetragen. Das rechte Diagramm zeigt, in Abhängigkeit von der Uebertragungs-Bitrate und vom verwendeten Empfängertyp, den Prozentsatz derjenigen Empfangsfälle auf, bei denen die Bitfehlerrate maximal 10^{-4} betrug, was erfahrungsgemäss einer noch guten Videotextqualität entspricht /4/. Die Zusammenstellung umfasst alle 43 bis 45 Messfälle dieser Testreihe. Das Diagramm macht deutlich, dass bei einer Verminderung der Bitrate unter nichtidealen Uebertragungsbedingungen auch NRZ-Systeme wie DIDON zuverlässiger werden; man ist also in diesem Zusammenhang nicht unbedingt auf Biphasensysteme angewiesen.

5. Wellenausbreitungseinflüsse

Wie bereits bemerkt ist aus der grossen Zahl objektiver Messdaten deutlich zu erkennen, dass der Wellenausbreitung in bergigen Gegenden beim Videotextempfang grosse Bedeutung zukommt. Der oft unvermeidbare Bodenreflexionsbeitrag zum Gesamtsignal kann, wie theoretisch nachweisbar ist, ab Signaleinstrahlwinkeln von etwa 5° für Videotextsignale bereits kritisch werden /5/. Nahe, hochgelegene Sender- und Umsetzerstandorte sind damit für die Videotext-Versorgung ungünstig. (In abgeschwächtem Mass trifft dies übrigens, wie die in der Schweiz gesammelten Erfahrungen ergeben haben, auch für das Farbfernsehen zu.)

Störeinflüsse dieser Art lassen sich durch Aendern der Empfangsantennenhöhe nachweisen. Dies ist in Fig. 9 aufgezeigt. Dargestellt ist ein Teil des internationalen Prüfzeilensignals der Zeile 17. Das Kurzzeitecho ist in der rechten unteren Flanke des 2T-Impulses noch erkennbar. Deutlich sichtbar ist die Aenderung der

Höhe des 2T-Impulses sowie der Farbträgeramplitude beim 20T-Impuls.

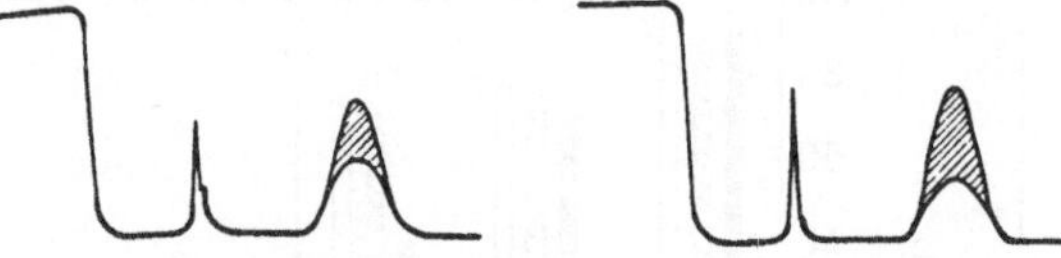

Fig. 9 3. VERSUCHSREIHE / 3rd FIELD TRIAL PERIOD
Signalverzerrung durch Bodenreflexion (Prüfzeile 17, 2 verschiedene Empfangsantennenhöhen)
Signal degradation due to ground refl. signal (ITS line 17, 2 diff.rec. aerial heights)

Boden- und Hangreflexionen können sich insbesondere auch auf Umsetzerketten ungünstig auswirken. In solchen Fällen ergeben sich, bei im allgemeinen eher kleinen Uebertragungsdistanzen, häufig verhältnismässig grosse effektive Sende- und Empfangsantennenhöhen. Dies führt, wie ebenfalls leicht nachgewiesen werden kann, auf Kurzzeitechos, die gerade für Videotext besonders kritisch sind. Fig. 10 zeigt für solche Fälle die ungefähre kritische Grenze für TELETEXT auf. Die Kurve entspricht einer Umwegverbindung von 3 m, was bei idealen Reflexionsverhältnissen und mittlerer Feldstärke des Gesamtsignals (Zweiwegeempfang) auf 4,4 MHz bereits einen videomässigen Amplitudengangfehler von + oder - 25 % ausmacht. Effekte dieser Art hängen bei gleichen Reflexionsbedingungen und gleicher Empfängerantennencharakteristik - von der Feinstruktur des Feldes abgesehen - interessanterweise nicht von der Höhe der Trägerfrequenz ab /5/.

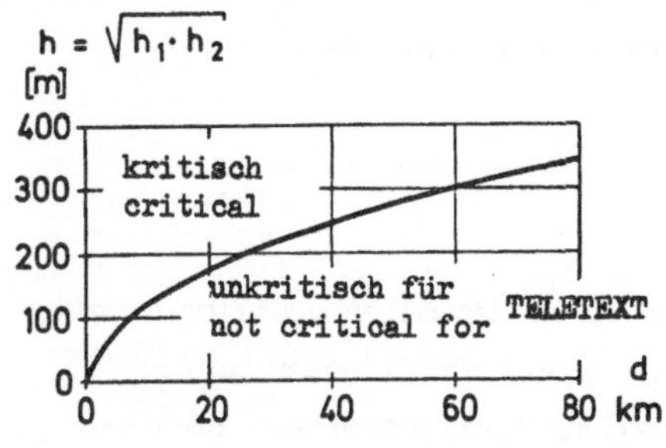

Fig. 10 Kritische Ausbreitungsbedingungen durch Bodenreflexion für TELETEXT
Critical propagation conditions for TELETEXT, due to ground reflection

3 m Wegdifferenz, ideale Reflexion
3 m path difference, ideal reflection cond.
h_1 Sendeantennenhöhe / height of transm. ant.
h_2 Empfangsant.-höhe / height of rec.antenna
d Uebertragungsdistanz / transmission distance

Fig. 10 bezieht sich auf Umsetzerketten (nicht einzelne Uebertragungsstrecke).

6. Videotextempfang über Grossgemeinschafts-Antennenanlagen

In einer Reihe von Ländern, so auch der Schweiz, empfängt ein bedeutender Anteil der Bevölkerung die Fernsehsignale über Gemeinschaftsantennenanlagen. Es ist deshalb notwendig, solche Anlagen in die Teletextversuche mit einzubeziehen. Anlässlich der dritten Versuchsreihe wurden, auf einer grossen und einer mittleren Gemeinschaftsantennenanlage der Region Bern, an insgesamt 13 Empfangsstellen 26 Fernsehkanäle auf die Uebertragung von Videotextsignalen hin überprüft. Das Ergebnis fiel, im ganzen gesehen, günstig aus. Es darf angenommen werden, dass die Verbreitung von Videotextsignalen, das Original-TELETEXT-System inbegriffen, auf modernen, gut konzipierten und einwandfrei gewarteten Grossgemeinschafts-antennenanlagen keine besonderen Probleme stellt. Eine wichtige Voraussetzung ist allerdings, das das drahtlos empfangene Signal bei der Kopfstation frei von Verzerrungen ist. Gerade hier bereitet aber erfahrungsgemäss in nicht wenigen Fällen die Wellenausbreitung, zum Teil aus den gleichen Gründen wie bei der Versorgung über Umsetzer, Probleme.

Die im Vergleich zur englischen Fernsehnorm um ein halbes Megahertz geringere Videobandbreite unserer CCIR-BG-Normen scheint damit, für sich allein betrachtet, die Videotextübertragung nicht merklich zu erschweren. Diese Feststellung gilt sinngemäss auch für apparativ einwandreie Sender- und Umsetzeranlagen.

7. Fremdstörungseinflüsse

An einzelnen Messorten wurden durch Zündstörungen von Motorfahrzeugen Videotextsignale verhältnismässig stark in Mitleidenschaft gezogen. Solche Störungen traten aber jeweils nur über kurze Zeitabschnitte in Erscheinung.

8. Einflussfaktoren im Ueberblick, Schlussbemerkung

Die für eine Videotextübertragung massgeblichen Einflussgrössen lassen sich wie folgt zusammenfassen:

a) Grundlegende Systemparameter
  - Art der Datenübertragung
  - Bitrate
  - Fehlerschutz
  - Videobandbreite

b) Wellenausbreitung
  Topographische Verhältnisse
  - zwischen Sender oder Umsetzer und Empfangsort
  - zwischen Muttersender und Umsetzer(n)

c) Güte der Empfangsanlage
  - Antenne
  - Zuleitung (Anpassung)
  Empfänger:
  - RF/ZF-Durchlasskurve
  - Demodulationsart
  - Decodertyp

d) Fremdstörungen

- Gleichkanalstörungen
- Störungen durch elektrische Geräte und Ottomotoren

Zusammenfassend ist zu sagen, dass der Videotextempfang in nichtidealem Gelände, insbesondere in Berggegenden, welche über Umsetzer versorgt werden, besondere Probleme stellen kann. Die Versuche möchten mithelfen, Mechanismus und relative Bedeutung der Einflussgrössen zu klären. Sie sind als Beitrag an die internationale Normung zu verstehen.

Schrifttum

1. Bärfuss, Ch.; Schlaubitz, M.: Service de télétexte; Première campagne de mesures: résultats et observations préliminaires. Bericht VD 11.041A/27.7.1977, Abteilung Forschung und Entwicklung, GD PTT, Bern

2. Bärfuss Ch.; Wirth, J.; Schlaubitz, M.: Service de télétexte; Deuxième campagne de mesures: résultats et observations. Bericht VD11.046A/25.11.1977, Abteilung Forschung und Entwicklung, GD PTT, Bern

3. Cominetti, M. (RAI, Turin);Klingler, R: Field trials in Switzerland with NRZ and biphase coded data signals, transmitted via community antenna systems and transposer chains. Bericht VD 11.047A/23.1.1978, Abteilung Forschung und Entwicklung, GD PTT, Bern

4. Chambers, J.P.; Croll, M.G.; Hutt, P.R; McKenzie, G.; Lucas, K.; Wright, D.T.: TELETEXT field tests in Bavaria - April 16-24, 1975. BBC/IBA/IRT, August 1976

5. Bernath, K.; Brand, H.: The influence of multipath propagation on the spectrum of a received television signal. E.B.U. REVIEW, Part A (Technical), No. 47, January 1958.

Field Trials with Videotext Systems in Switzerland

K. W. Bernath, Ch. Bärfuss, R. Klingler
Bern, Schweiz

Summary

Videotext field trials have been carried out since slightly more than one year by the Research and Development Department of the Generale Directorate of the Swiss PTT at Berne, partly in collaboration with other European research centres. The aim of these trials was to check the reliability of transmission of such additional data information in the vertical blanking interval of a television signal. The quality of the videotext "image" was compared with the quality of the colour television picture, in order to judge the relative service areas to be expected for videotext signals.

The tests were carried out by using a van and comprised NRZ- and biphase coded data signals of various bit rates (original TELETEXT, biphase/RAI, DIDON/CCETT). The test regions were in and around Berne, in the south-eastern mountainous areas of Berne (Pre-Alps) and in the Jura Mountains (Fig. 1). Direct reception and reception via transposers and transposer chains were accomplished in all the television Bands I to V. The receiving sites were chosen in such a way, that the colour picture quality was normally fairly good or good. A large and a fairly large community antenna system was included in one of the trials.

Four field trial periods have been carried out so far. The results can be summarized as follows. The quality of videotext transmission depends on a number of parameters. The most important of these are:

- system parameters (type of coding used, bit rate etc.)
- conditions for transmission and reception (topography)
- quality of the receiving station: aerial, transmission line and adaptation, receiver (RF/IF-characteristic, demodulation, decoding).

Among the results gained so far are to be mentioned:

- There is only very little correlation between the quality of the colour picture and the quality of the videotext "image"
- Random noise is not a problem in videotext transmission
- Impulsive noise may be critical if it falls into the vertical blanking interval
- Echoes with short time delay are much more critical for videotext signals than for colour television signals. Such critical short-term echoes may be created in mountainous terrain by superposition of a direct and a ground-reflected wave, if the transmitter or transposer is situated on a relatively high site fairly close to the service area. Difficulties may also arise in transposer chains by uncontrolled ground reflections. Data-signals with lower bit rates (biphase or NRZ) are less affected in such transmission conditions.
- Community antenna systems seem not to be subject of influencing largely the videotext signals as long as they are of good design and well maintained. It is, however, important that the received signal be of very good quality at the head end.
- Teletext decoders of recent design are significantly better than older ones.

<u>Explanations to figures 1 - 10 , referring to chapters 4 and 5 of the German text</u>

Fig. 1 Map of transmitter and transposer sites. The field trial area comprised the region of Berne, the Pre-Alps south-east of the capital and partly the Val de Travers in the Jura mountains.

Fig. 2 The 3-dimensional presentation of the distribution of the colour television and TELETEXT qualities observed (lower diagram) shows practically no correlation between these parameters.

Fig. 3 The 3 lower diagrams reveal practically no correlation between receiver input voltage and TELETEXT quality. This indicates that the TELETEXT quality was not normally limited by random noise but by multipath effects.

Fig. 4 This figure proves the statement given in the second sentence above.

Fig. 5 This diagram shows that a significantly more reliable transmission could be performed with the RAI biphase system, compared with the TELETEXT system, on transposer chains.

Fig. 6 This diagram refers to the same field trial series as figure 5. It shows that the noise margin /3/ of the biphase system was considerably better than that of the TELETEXT system.

Fig. 7 This diagram also refers to the field trial series of figures 5 and 6. The figure in the middle is of special interest. It shows that the amplitude response of the video signal may not only decrease but also increase by a considerable amount in such test conditions. Such strong chrominance-to-luminance inequalities can not be explained by apparative effects on the transmission chain but are mainly due to propagation influences.

Fig. 8 These diagrams refer to tests recently carried out with the DIDON data transmission system of the CCETT (Rennes,France). The diagram to the right demonstrates clearly that the reliability of data transmissions of the NRZ-type can be considerably improved by lowering the bit rate.

Fig. 9 These 2 diagrams belong to figure 7 and show a part of the international insertion test line no. 17 , for 2 different receiving aerial heights, at a critical receiving site. The angle of incidence of the signal was larger then 5°. The signal degradation is due to the superposition of the direct and a ground-reflected wave. The reflection plane was fairly close to the receiving site.

Fig.10 This figure refers to TELETEXT transmission and shows the critical average antenna height of the sending and receiving site as a function of the distance between transmitter and receiver. The curve refers to a path difference of 3 m between direct and ground-reflected wave which may, on the average, give rise to chrominance/luminance-inequalities of some + or - 25%. Ideal reflecting conditions are assumed in this calculation /5/.

Kabeltext und Kabeltextabruf

W. Kaiser
Stuttgart

Zusammenfassung

Die im Zuge des Ausbaus von Kabelfernsehsystemen entstehenden Breitbandnetze ermöglichen eine neue Form der elektronischen Textübermittlung, die als KABELTEXT bezeichnet wird. Wegen der großen Bandbreite derartiger Netze kann mit Kabeltext ein praktisch unbegrenztes Textvolumen mit einer Übermittlungsgeschwindigkeit von ca. 1000 Textseiten je Sekunde angeboten werden. Stehen später auch Breitband-Verteilnetze mit Rückkanal zur Verfügung, so kann darüber hinaus die Telekommunikationsform KABELTEXTABRUF verwirklicht werden, die weitgehend der Telekommunikationsform BILDSCHIRMTEXT entspricht, aber wegen der höheren Übertragungsgeschwindigkeit ein sehr viel schnelleres und damit effizienteres Suchen von Informationen ermöglicht.

1. Bildschirmgebundene Textkommunikation

In neuerer Zeit haben die verschiedenen Formen der Textkommunikation, die zur Wiedergabe des Textes den Bildschirm eines Heimfernsehempfängers verwenden, ein beträchtliches Interesse gefunden. Bei dem mit VIDEOTEXT bezeichneten Verfahren werden die Textsignale in den für den Zuschauer unsichtbaren Leerzeilen eines Fernsehsignals, sozusagen im Huckepackverfahren, von den Fernsehsendern ausgestrahlt. Im Gegensatz dazu wird für BILDSCHIRMTEXT das Fernsprechwählnetz verwendet, das bekanntlich eine Übertragung in beiden Richtungen erlaubt /1,2/. Dem Teilnehmer wird dadurch über die Betätigung einer Fernbedienungstastatur im Dialog mit der Informationsbank ein gezielter Abruf einzelner Textseiten ermöglicht. Beide Telekommunikationsformen ermöglichen aussichtsreiche neue Dienste in bestehenden Netzen, die wegen der Verwendung des Heimfernsehempfängers mit relativ geringem Aufwand verwirklicht werden können.

Für manche Anwendungsfälle erweist sich jedoch bei beiden Telekommunikationsformen die erreichbare Übermittlungsgeschwindigkeit als zu niedrig. Wird der beim britischen "Teletext" übliche Standard auch für Videotext beibehalten, so entsteht für den Teilnehmer bei einem Textangebot von 100 Seiten Umfang eine mittlere Wartezeit von etwa 12 Sekunden, bis die gewünschte Seite auf dem Bildschirm erscheint. Bei schwierigen Ausbreitungsbedingungen führen Echos und andere Störungen zu Textverfälschungen, die es bei der Festlegung des Standards notwendig machen könnten, die Übertragungeschwindigkeit noch niedriger anzusetzen.

Telekommunikations-form	Über-tragungs-prinzip	Über-tragungs-geschwindigk.	Mittlere Wartezeit für eine Textseite	Text-volumen	Auswahl der gewünschten Textseite
Videotext (VT)	eingelagert in Fernsehsignal	maximal 9 kbit/s je Fernsehzeile	12 sec bei nebenstehend. Textvolumen	4 Magazine mit je 100 Seit. in 8 Zeilenpaaren	aus zyklisch gesendetem Text
Bildschirm-text (BT)	mittels Daten-modems im Fernspr.-Netz	Empfang: 1200 bit/s Abruf: 75 bit/s	5 – 6 sec	praktisch unbegrenzt	Suchvorgang im Dialog mit Zentrale

Tabelle 1: Typische Eigenschaften von Videotext und Bildschirmtext

Table 1: Typical features of Videotext and Bildschirmtext

Bei Bildschirmtext werden die Textsignale mit 1200 bit/s übertragen, was dazu führt, daß es etwa 5 - 6 Sekunden dauert, bis ein Textbild vollständig auf dem Bildschirm geschrieben ist. Daher vergeht häufig eine beträchtliche Zeit, bis man - Bild für Bild - in vielen Suchschritten die gewünschte Information in der Informationsbank aufgefunden hat. Tabelle 1 faßt die wesentlichen Eigenschaften der beiden Telekommunikationsformen zusammen.

Die relativ geringen Übertragungsgeschwindigkeiten sind durch die Eigenschaften der heute bestehenden Netze bedingt. Hier können nun die für Kabelfernsehen und die Verteilung weiterer, auch nicht rundfunkspezifischer Inhalte konzipierten Breitband-Kabelnetze eine Verbesserung bringen. Bild 1 zeigt die Struktur eines typischen Breitband-Verteilnetzes, in dem die Signale ausgehend von der Zentrale über die hierarchisch gegliederten Ebenen A, B, C und D bis hin zu den Stammnetzen und damit zu den Teilnehmergeräten übertragen werden. Es steht zu erwarten, daß in fernerer Zukunft derartige Netze eine größere Verbreitung finden und die nach und nach entstehenden Netzinseln eines Tages sogar zu einem bundesweiten Netz zusammenwachsen.

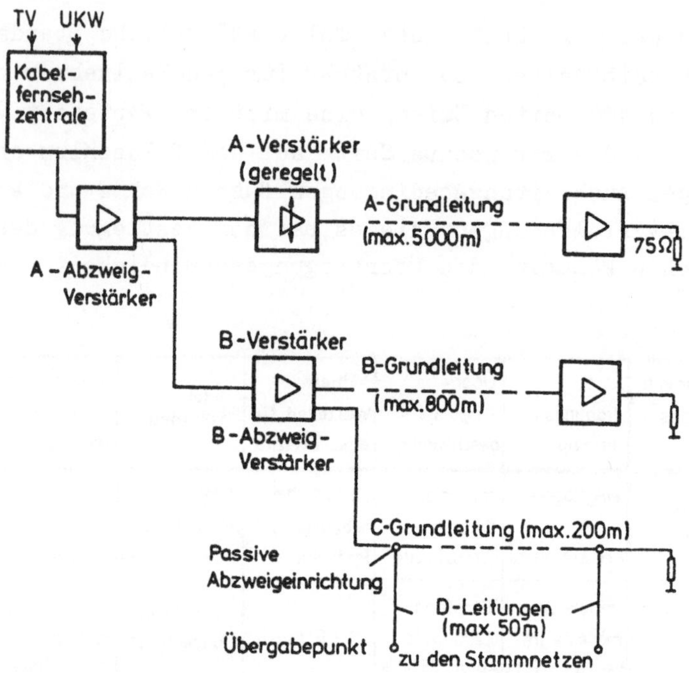

Bild 1: Struktur eines Kabelfernseh-Ortsnetzes
Fig. 1: Structure of cable television network

Ein derartiges Verteilnetz kann in vielfältiger Weise genutzt werden. In Tabelle 2 sind einige der möglichen Telekommunikationsformen beispielhaft aufgezählt. Sie können nahezu alle mit Fernsehempfängern, die durch entsprechende Zusätze erweitert sind, verwirklicht werden. Da sich die in die Fernsehempfänger eingebauten Zusatzgeräte für die einzelnen Dienste mehr oder weniger unterscheiden, werden sie in Tabelle 2 mit verschiedenen Buchstaben gekennzeichnet.

Die "Kommission für den Ausbau des technischen Kommunikationssystems (KtK)" hat empfohlen, Breitband-Kabelverteilnetze einheitlich zu planen und dabei unter voller Nutzung der zur Verfügung stehenden Bandbreite maximal 30 Fernsehkanäle vorzusehen /3-5/. Dies gilt insbesondere für die jetzt in der Planung befindlichen Kabelfernseh-Pilotprojekte.

Natürlich ist es unrealistisch und medienpolitisch wohl auch unerwünscht, in derartigen Netzen ständig 30 Fernsehprogramme anzubieten. Vielmehr sollten die nicht für Fernsehen benötigten Kanäle für weitere Dienste genutzt werden, beispielsweise zur schnellen Übermittlung von Texten. Derartige Formen der Textübermittlung werden als KABELTEXT bezeichnet /6/. Tabelle 3 verdeutlicht die verschiedenen

Möglichkeiten der bildschirmgebundenen Text- und Festbildkommunikation und die dafür gewählten Bezeichnungen.

Telekommunikationsform		Beispiele für Programme	Notwendiges Endgerät
Verteilen	Fernsehen	Überregionale und regionale Fernsehprogramme Ausländische Programme Über Satelliten empfangene Programme Zeitlich versetzte Programme Lokale Programme Zielgruppenprogramme	Fernsehempfänger (angepaßt an die Zahl der zu empfangenden Kanäle)
	Hörfunk	Bundesweite Programme Lokale Programme	Rundfunkempfänger mit UKW-Empfangsteil
Beschränktes Verteilen	Fernsehen	Abonnementfernsehen Münzfernsehen (Pay-TV)	Fernsehempfänger mit Zusatz A Fernsehempfänger mit Zusatz B
	Videotext	Textnachrichten im Fernsehsignal, Untertitel	Fernsehempfänger mit Zusatz C
	Kabeltext	Bundesweite und lokale Textnachrichten	Fernsehempfänger mit Zusatz D_1
	Video-Einzelbild	Zyklisch wiederholte Festbildfolge	Fernsehempfänger mit Zusatz E (Bildspeicher)
	Kabelbild	Festbilder, auch mit Graustufen und in Farbe	Fernsehempfänger mit Zusatz F_1
	Faksimile-Zeitung	Wiedergabe aktueller Nachrichten in gedruckter Form (hard copy)	Empfänger mit Aufzeichnungsgerät

Tabelle 2: Telekommunikationsformen in Breitband-Verteilnetzen ohne Rückkanal

Table 2: Forms of telecommunication in broadband distribution systems

Art der Übertragung	In bestehenden Netzen		In zukünftigen Breitbandkabelnetzen		
	Fernseh-verteilnetz (Signal eingelagert in Fernseh-signal)	Fernsprech-netz	ohne Rückkanal	mit Rückkanal	mit Rückkanal und zentraler Vermittlung
Text-übertragung	Videotext	Bildschirm-text	Kabeltext	Kabeltext-Abruf	Individual-Kabeltext
Festbild-übertragung	Video-Einzelbild	Fernsprech-Einzelbild	Kabelbild	Kabelbild-Abruf	Individual-Kabelbild

Tabelle 3: Telekommunikationsformen, die mit erweiterten Fernsehempfängern möglich sind

Table 3: Forms of telecommunication using TV sets with attachments

2. Kabeltext

Bild 2 zeigt das Prinzip der Telekommunikationsform Kabeltext. In der Zentrale des Breitband-Verteilnetzes befindet sich eine Textbank, die durch Verbindungen hoher Übertragungsgeschwindigkeit wiederum Zugang zu weiteren Datenbanken hat, in denen Texte gespeichert sind. Aus der Textbank werden im zyklischen Wechsel Texte ausgelesen und über das Breitband-Verteilnetz den Fernsehempfängern in den Wohnungen der Teilnehmer zugeführt. Ein üblicher Fernsehkanal mit einer Bandbreite von 7 MHz gestattet die Textübermittlung mit einer Geschwindigkeit von 600 ... 1000 Bildschirmseiten je Sekunde. Dies bedeutet, daß pro Sekunde ungefähr der Inhalt einer 32seitigen Tageszeitung übertragen werden kann. Da der Wiederholzyklus in der Regel einige Sekunden umfassen wird und man auch mehrere Kanäle mit Fernsehbandbreite zur Textverteilung ausnutzen kann, darf man von einem praktisch unbegrenzten Textvolumen sprechen. Natürlich muß dieses riesige Textvolumen in der Zentrale in entsprechenden Speichern für die dauernd wiederholte Sendung bereitgestellt werden.

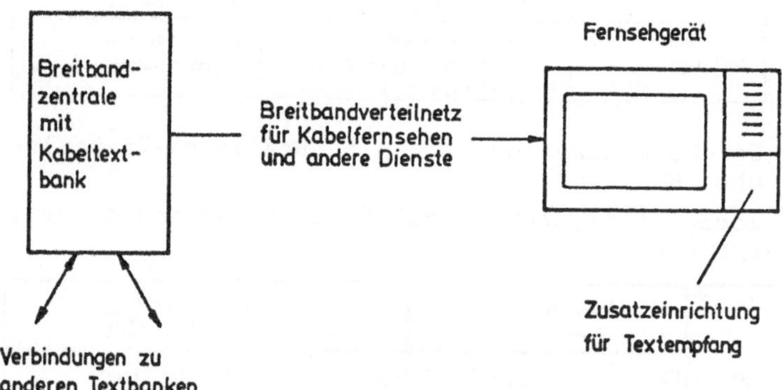

Bild 2: Kabeltext (Prinzip)
Fig. 2: Cable text (principle)

Die Übertragung der Kabeltext-Signale im Breitband-Kabelnetz kann entweder in einem der festgelegten Standard- bzw. Sonder-Fernsehkanäle oder in einem besonderen Kabeltext-Kanal erfolgen. Im ersten Fall sind die Textsignale, wie bei Videotext, eingebettet in die Zeilen eines nach der Fernsehnorm gestalteten Fernsehsignals, das allerdings ausschließlich für die Textübertragung verwendet wird. Bild 3 zeigt den Aufbau eines 625-Zeilen-Fernsehbildes auf dem Bildschirm, wobei die einzelnen Bildzeilen, getrennt durch den jeweiligen Zeilensynchronimpuls, zeitlich hintereinander übertragen werden. Für die fernsehgemäße Übertragung von Kabeltext können beispielsweise die Zeilen 6 - 310 des ersten und die Zeilen 318 - 622 des zweiten Halbbildes, insgesamt also 610 Zeilen genutzt werden, was bei Verwendung des Teletextstandards auf eine Gesamtübertragungsgeschwindigkeit von 5,5 Mbit/s führt und damit die Übertragung von etwa 600 Seiten je Sekunde erlaubt. Der Vorteil dieser Lösung liegt darin, daß die ursprünglich für den Empfang von Videotext konzipierte Zusatzeinrichtung mit geringfügiger Erweiterung auch den Empfang von Kabeltext ermöglicht, so daß es sich um ein sehr preisgünstiges Verfahren handelt. Die Anpassung an die Fernsehnorm bringt jedoch auch eine Reihe von Nachteilen mit sich: Wegen der notwendigen Synchronimpulse darf die Amplitude der Textimpulse höchstens 70 % der zulässigen Signalamplitude betragen. Außerdem ist der Fernsehempfänger in seinem Frequenzgang und der einfachen Art seiner Restseitenbanddemodulation weniger für die schnelle Datenübertragung geeignet. Auch die Rückgewinnung des Bittaktes aus dem Zeilensynchronsignal ist störanfällig. Alle diese Ursachen führen dazu, daß der zur Verfügung stehende Fernsehkanal nicht optimal für die Textübertragung genutzt werden kann und eine verringerte Störsicherheit aufweist.

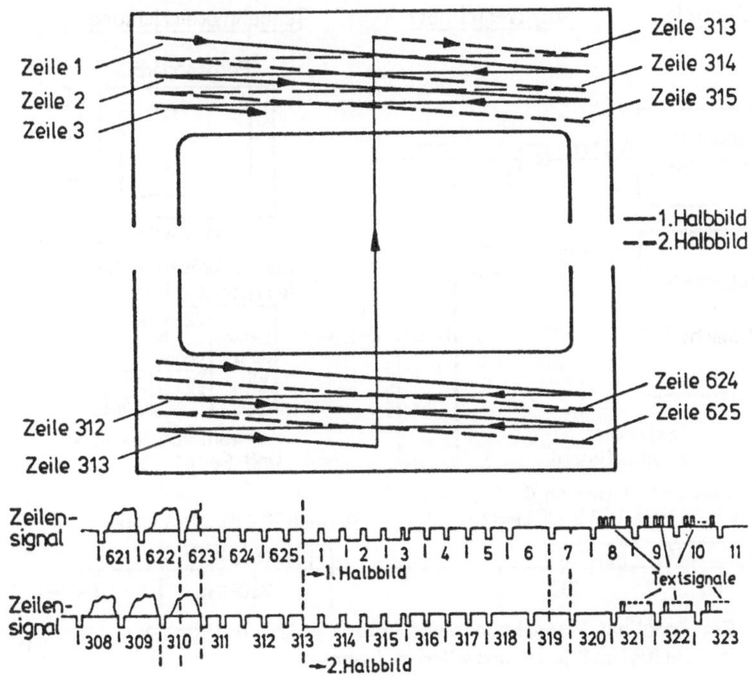

Bild 3: Bildaufbau und Zeilenanordnung beim Fernsehen
Fig. 3: Arrangement of frame and lines in television

Eine etwas höhere Übertragungsgeschwindigkeit und insbesondere günstigere Übertragungseigenschaften erzielt man, wenn man unter Verwendung eines entsprechenden Datenmodems einen getrennten Kanal außerhalb der üblichen Fernsehbänder und damit zusätzlich zu den genannten 30 Fernsehkanälen für die Textübertragung einsetzt. Bild 4 zeigt die prinzipielle Anordnung. In dem am Institut für Nachrichtenübertragung der Universität Stuttgart ausgeführten Versuchsaufbau werden die Textsignale mittels Vierphasenumtastung (4-PSK) einer Trägerschwingung von 81,92 MHz über das Verteilnetz den Teilnehmern zugeleitet. In einem in das Fernsehgerät eingebauten Zusatzgerät (Bild 5) erfolgt die Demodulation der Textsignale, die dann über den Textspeicher unmittelbar dem Videoeingang des Fernsehempfängers zugeführt werden.
In diesem Versuchsaufbau wird für die Textübertragung ein Kanal verwendet, der etwa die Bandbreite eines Fernsehkanals besitzt. Er wird durch Zeitmultiplexbildung in 120 Textkanäle und acht Hilfskanäle mit je 64 kbit/s aufgeteilt, wobei in jedem dieser Unterkanäle je Sekunde 8000 Zeichen und damit etwa 10 Seiten angeboten werden. Die resultierende Bitrate von 8,192 Mbit/s entspricht dem Vierfachen der beim Pulscodemodulationssystem PCM 30 verwendeten Bitrate von 2,048 Mbit/s. Da bereits heute in geringerem Umfang digitale Weitverkehrsverbin-

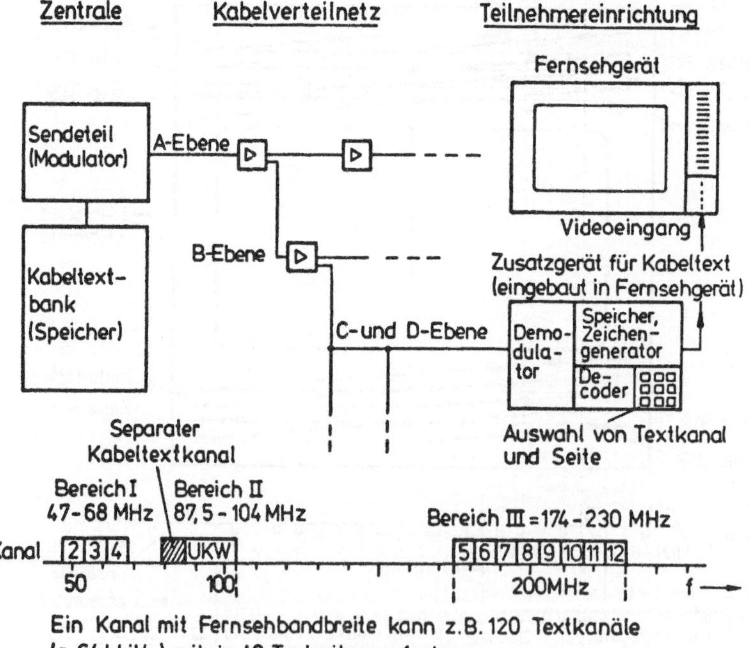

Bild 4: Kabeltext in separatem Kanal (Prinzipielle Anordnung)
Fig. 4: Cable text in separate channel (principle)

dungen für 2,048 Mbit/s bestehen und zu einem späteren Zeitpunkt auch Systeme der zweiten PCM-Hierarchiestufe (d. h. für 8,192 Mbit/s plus zusätzliche Rahmenbits) verfügbar sein werden, gibt die gewählte Bitrate die Möglichkeit, über derartige Verbindungen auf besonders einfache Art Texte zwischen den einzelnen Zentralen auszutauschen und damit die Informationsbereitstellung wesentlich zu verbessern. Diese zweite Art der Kabeltext-Übertragung hat den Vorteil, daß die Übertragung von der Fernsehnorm völlig unabhängig ist und daher hinsichtlich Störsicherheit und Übertragungsgeschwindigkeit optimal gestaltet werden kann. Nachteilig ist der höhere Aufwand. Es sind jedoch Lösungen denkbar, bei denen ein wesentlicher Teil der Hochfrequenzstufen des Fernsehempfängers (HF-Verstärker, Mischstufe, Filter usw.) mitverwendet werden kann.

Bei beiden Verfahren sind die Bausteine für die Erzeugung des Textbildes auf dem Bildschirm und seine Speicherung weitgehend identisch mit denjenigen für Videotext und Bildschirmtext.

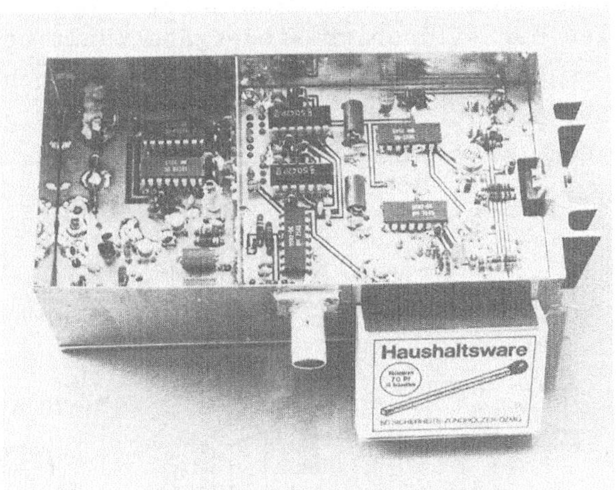

Bild 5: Kabeltext-Modem (4-PSK)
Fig. 5: Cable text modem (4-PSK)

Versucht man, die Vor- und Nachteile der Übermittlung von Texten mittels Bildschirm (soft copy) mit der Printkommunikation, bei der Papier als Informationsträger (hard copy) verwendet wird, zu vergleichen, so zeigen die obigen Überlegungen, daß bei Kabeltext der Unterschied im erreichbaren Textvolumen ohne Bedeutung ist. Ausschlaggebend dürfte dagegen die Verschiedenartigkeit der Nutzung und deren Akzeptanz durch den Teilnehmer sein, ein Problemkreis, der nur durch Versuche (z. B. in Pilotprojekten) zufriedenstellend geklärt werden kann. Nachteilig sind bei der Bildschirm-Wiedergabe wohl der relativ kleine Textausschnitt, ein geringfügiges Flimmern des Bildes, die verminderte Lesbarkeit der Zeichen und die Tatsache, daß der Bildschirm relativ groß, schwer und weitgehend ortsgebunden ist und nicht, wie beispielsweise eine Zeitung oder ein Buch, in den Händen gehalten werden kann.

Die momentan sich abzeichnenden technologischen Fortschritte lassen für die fernere Zukunft jedoch Bildschirme erwarten, bei denen der Nachteil des Flimmerns weitgehend entfällt und eine hohe Auflösung der Schriftzeichen gewährleistet ist. Auch der relativ kleine Textausschnitt wird weniger nachteilig empfunden, wenn man diesen Ausschnitt wie ein "Fenster" über die gespeicherte Textinformation hinwegführen und damit das typische "Überfliegen" von Texten weitgehend nachbilden kann. Voraussetzung dafür ist, daß im Fernsehgerät mehrere Seiten Text gespeichert sind und daß der Speicherinhalt schnell verändert werden kann, was nur bei den hohen Übertragungsgeschwindigkeiten von Kabeltext gewährleistet ist.

Zu den Vorteilen der Bildschirm-Wiedergabe zählt beispielsweise die immaterielle, im Hinblick auf den Rohstoffverbrauch problemlose Textdarstellung. Die flüchtige Wiedergabe genügt häufig vollständig und vermeidet das Problem der Lagerung und Beseitigung des Papiermülls.

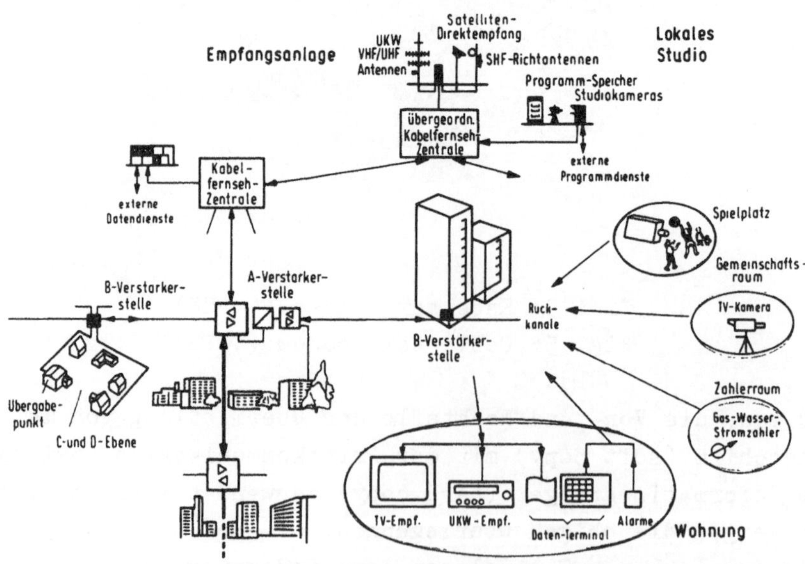

Bild 6.: Kabelfernsehanlage mit Rückkanälen

Fig. 6.: Cable television system with return channels

Vorteilhaft ist auch, daß bestimmte Informationen gezielt und selektiv ausgewählt werden können. Ein besonders wichtiger Vorteil ist schließlich, daß die Informationen unmittelbar nach der Eingabe verfügbar und damit in der Regel aktueller als gedruckte Texte sind. Offen ist natürlich die Frage der Wirtschaftlichkeit der bildschirmgebundenen Textkommunikation, die erst nach weiteren Untersuchungen hinsichtlich der technologischen Varianten und des Aufwandes für die Bereitstellung der Textinformation beantwortet werden kann.

3. Kabeltextabruf

Bild 6 veranschaulicht eine Kabelfernsehanlage mit Rückkanälen. In derartigen Anlagen können Nachrichten entgegengesetzt zur Verteilrichtung, d. h. in Richtung vom Teilnehmer zur Zentrale, übermittelt werden, was die Voraussetzung für die Realisierung vieler zusätzlicher Dienste bildet.

Telekommunikationsform		Beispiele für Dienste	Notwendiges Endgerät
Abrufen	Kabeltext-Abruf	Textnachrichten Informationsdienste Bibliotheksdienste Auftragsdienste	Fernsehempfänger mit Zusatz D_2
	Kabelbildabruf	Informationsdienste (mit Bildern), Dia-Reihen	Fernsehempfänger mit Zusatz F_2
	Bewegtbildabruf (setzt Breitbandkanal in Abwärtsrichtung voraus)	Kurzfilme für Information und Bildung	Fernsehempfänger mit Zusatz G
Sammeln	Daten zur Zentrale Fernmessen	Notrufe, Abstimmungen, Beurteilung des laufenden Programms, Pay-TV-Kontrolle Überwachung	Rückkanalsender H
Dialog mit Zentrale	Dialogformen von Kabeltext und Kabelbild	Interaktiver Unterricht Datenaustausch Fernseheinkauf, Bestellung, Abrechnung Reservierung Gesundheitsberatung Dialog mit Informationsbanken Auskunftsdienste Rechnerspiele	Fernsehempfänger mit Zusätzen D, F oder G

Tabelle 4: Zusätzliche Telekommunikationsformen in Breitband-Verteilnetzen mit Rückkanal

Table 4: Additional forms of telecommunication in broadband distribution systems with return channels

Tabelle 4 zeigt, daß als neue Kategorien der Telekommunikation das Abrufen von Texten und Bildern, das Sammeln von Informationen und die vielfältigen Möglichkeiten des Dialogs mit der Zentrale hinzukommen, die eine stärker individualisierte Art der Telekommunikation erlauben. So kann, wenn derartige Netze in fernerer Zukunft zur Verfügung stehen, die Telekommunikationsform Kabeltextabruf verwirklicht werden, die weitgehend der Telekommunikationsform Bildschirmtext entspricht, aber wegen der höheren Übertragungsgeschwindigkeit ein sehr viel schnelleres und damit effizienteres Suchen von Informationen ermöglicht. Bild 7 zeigt im Vergleich mit Bild 5 die dafür notwendigen Erweiterungen. Die Bereitstellung der Kabeltextnachrichten in der Textdatenbank, ihre Übertragung in Vorwärtsrichtung und die Wiedergabe auf dem Bildschirm bleiben praktisch unverändert erhalten. Die beim Teilnehmer hinzukommende Einrichtung für Textabruf enthält eine Tastatur zur Dateneingabe, einen Zwischenspeicher und Coder zum Erzeugen des entsprechenden Datensignals und einen Modulator zur Umsetzung in den gewünschten Frequenzbereich.

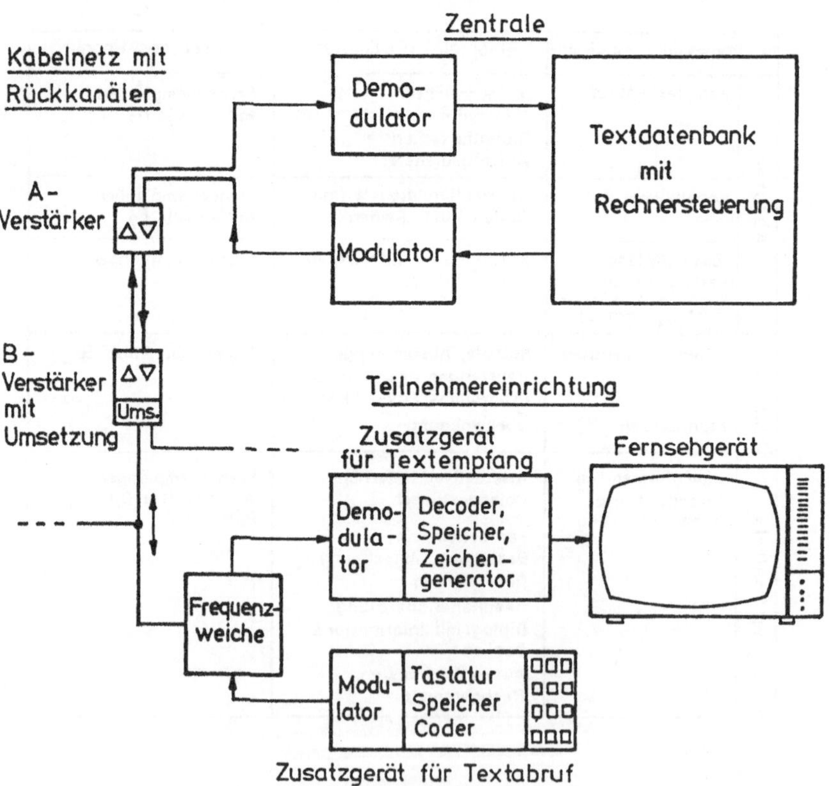

Bild 7: Kabeltextabruf
Fig. 7: Cable text retrieval

Nach dem Prinzip der Frequenzgetrenntlage verwendet man für die Rückkanäle in der Regel einen von der Verteilrichtung getrennten Frequenzbereich, z. B. unterhalb von 30 MHz, so daß die in Vorwärts- und Rückwärtsrichtung fließenden Signale durch eine Frequenzweiche getrennt werden können. Um mit einer möglichst geringen Anzahl von Frequenzweichen auszukommen, ist es zweckmäßig, in der A- und B-Ebene, d. h. in den Netzebenen, in denen Verstärker benötigt werden, getrennte Kabel und damit separate Verstärker für die Vorwärts- bzw. Rückwärtsrichtung einzusetzen. Innerhalb des für die Rückwärtsrichtung vorgesehenen Frequenzbereichs bildet man die individuellen Rückkanäle mit einer Übertragungsgeschwindigkeit von z. B. 300 bit/s durch Anwenden der Zeit- oder Adresscode-Multiplextechnik.

Tabelle 5 faßt die typischen Eigenschaften der beiden neuen Textkommunikationsformen zusammen.

Telekommunikations-form	Über-tragungs-netz	Über-tragungs-geschwindigk.	Mittlere Wartezeit für eine Textseite	Text-volumen	Auswahl der gewünschten Textseite
Kabeltext (KT)	Verteilnetz	600.....1000 Seiten / sec	n(0,05...0,08)sec bei n Magazinen mit je 100 Seiten	praktisch unbegrenzt	aus zyklisch gesendetem Text
Kabeltext-abruf (KT-A)	Verteilnetz mit Rück-kanälen	Verteilung: 600......1000 Seiten/sec Abruf: z.B. 300 bit/s	abhängig von Verkehr und Adressierung		Schneller Such-dialog

Tabelle 5: Typische Eigenschaften von Kabeltext und Kabeltextabruf

Table 5: Typical features of Cable text and Cable text retrieval

4. Alternative Möglichkeiten

4.1. Abruf über das Fernsprechwählnetz

Der Rückkanal vom Teilnehmer zur Breitband-Verteilzentrale und damit zur Textdatenbank wird zum Abrufen der Textseiten eingesetzt. Breitband-Kabelnetze mit Rückkanälen werden, abgesehen von den Pilotprojekten, aber aller Voraussicht nach erst in fernerer Zukunft zur Verfügung stehen. Die für den Textabruf notwendigen Datensignale können aber auch über das Fernsprechwählnetz übertragen werden. Da hierbei eine Übertragungsgeschwindigkeit von z. B. 300 bit/s genügt, ist es durchaus möglich, die Daten zusätzlich zur Sprache in ein und demselben Fernsprechkanal mittels Frequenzgetrenntlage zu übertragen. Auf diese Weise kann der Teilnehmer während des Textdialogs telefonieren, was für manchen Geschäftsteilnehmer sehr wesentlich sein könnte. Wie Bild 8 verdeutlicht, können auf diese Weise auch stillstehende Bilder, Diapositivreihen u. dgl. abgerufen und übertragen werden. Da in Vorwärtsrichtung genügend Bandbreite zur Verfügung steht, ist es mit entsprechenden Zusatzgeräten ohne weiteres möglich, auch farbige Bilder zu übertragen und auf einem Farbfernsehempfänger wiederzugeben.

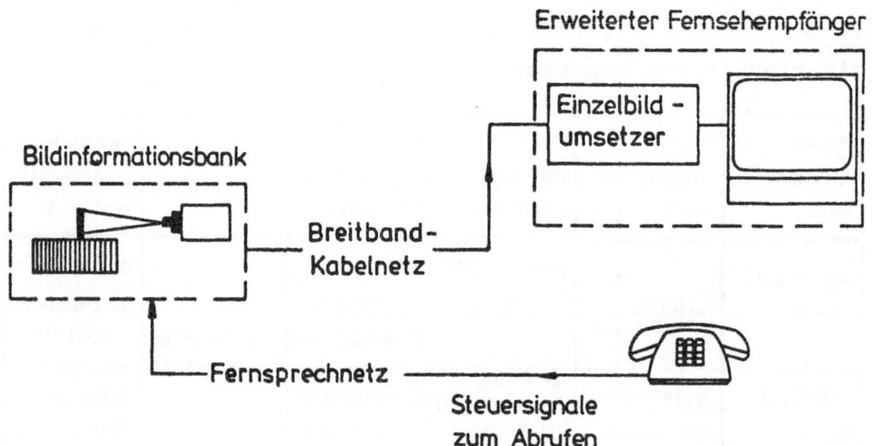

Bild 8: Kabelbild-System mit Abruf über das Fernsprechwählnetz
Fig. 8: Cable picture system with retrieval via the telephone network

4.2. Erweiterte Nutzung der Fernsprechanschlußleitung

Die bisher verfolgte Konzeption für einen Bildschirmtext-Dienst weist für manche Anwendungsfälle, insbesondere für den Einsatz bei Geschäftsteilnehmern, noch einige Unzulänglichkeiten auf:

- Die Textübertragung erfolgt mit 1200 bit/s und ist damit relativ langsam.
- Auch die Textabrufgeschwindigkeit von 75 bit/s ist für manche Einsatzfälle zu niedrig.
- Während der Textübermittlung können keine Telefongespräche geführt werden.

Kabeltext und Kabeltextabruf vermeiden diese Nachteile, sie sind aber nur dort möglich, wo entsprechende Breitband-Kabelnetze zur Verfügung stehen. Bild 9 zeigt abschließend einen Weg, wie diese Nachteile, allerdings mit zusätzlichem Aufwand, auch bei Nutzung des Fernsprechwählnetzes weitgehend vermieden werden können.

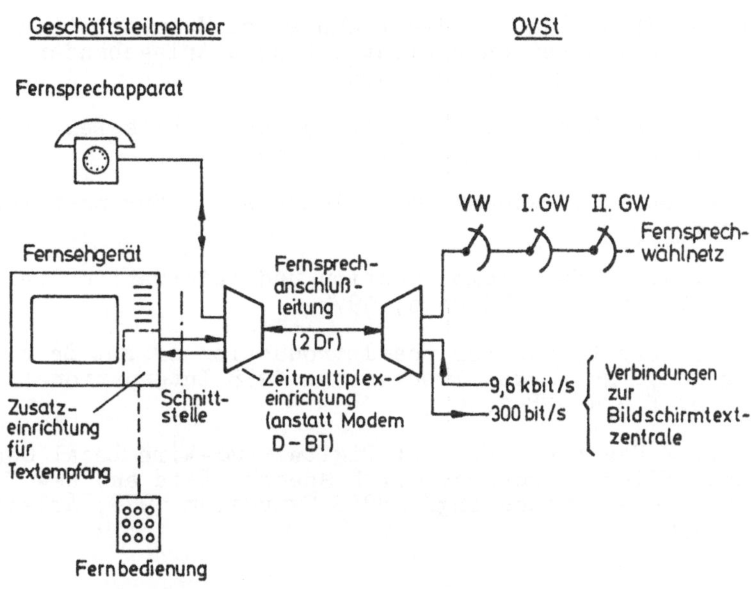

Bild 9: Bildschirmtext-System mit höherer Übertragungsgeschwindigkeit

Fig. 9: Bildschirmtext system with higher transmission speed

Bei diesem Systemvorschlag wird die Teilnehmeranschlußleitung durch Verwendung des Zeitmultiplexprinzips mehrfach ausgenutzt, so daß beide Dienste, Fernsprechen und Bildschirmtext, gleichzeitig und unabhängig voneinander in Anspruch genommen werden können /7,8/. In der Ortsvermittlungsstelle OVST werden die auf der Anschlußleitung gemeinsam geführten Signale getrennt. Die Fernsprechsignale werden im Fernsprechwählnetz weitergeleitet, während die Textsignale separate Verbindungen zur Bildschirmtextzentrale benützen. Dabei können für den schnellen Textempfang beispielsweise Verbindungen mit einer Übertragungsgeschwindigkeit von 9,6 kbit/s und für den Textabruf Verbindungen mit 300 bit/s eingesetzt werden.

Schrifttum

1. Kaiser, W.: Zukünftige Telekommunikation in der Bundesrepublik Deutschland - Ergebnisse der KtK-Beratungen. NTZ 29 (1976), S. 190 - 210

2. Deutsche Bundespost: Bildschirmtext - Beschreibung und Anwendungsmöglichkeiten. Broschüre Bundesministerium für das Post- und Fernmeldewesen, Bonn, 1977

3. Kommission für den Ausbau des technischen Kommunikationssystems (KtK): Telekommunikationsbericht mit acht Anlagebänden. Verlag Dr. Hans Heger, Bonn, 1976

4. Kaiser, W.: Kabelfernsehen in der Bundesrepublik Deutschland. ZDF-Schriftenreihe, Heft 19, S. 47 - 64

5. Kaiser, W. et al.: Two-Way Cable Television. Springer-Verlag, Heidelberg, 1977

6. Kaiser, W. u. a.: Kabelkommunikation und Informationsvielfalt. Verlag R. Oldenbourg, München, 1978

7. Kaiser, W.: Strategies for the Introduction of New Services in Existing Local Networks. Proceedings 1978 International Zurich Seminar, S. F 1.1 - F 1.10

8. Kaiser, W. / Hagmeyer, H. Th.: Digital Two-Wire Local Connection Providing Office Subscribers with Speech, Data and New Teleinformation Services. Proceedings ISSLS-Symposium 1978, Atlanta, USA, S. 126 - 130

Cable Text and Cable Text Retrieval

W. Kaiser
Stuttgart

Videotext and Bildschirmtext, which are called Teletext and Viewdata in Great Britain, tend to become most promising new forms of text communication in existing networks. Their typical features are shown in Table 1. For some applications, however, the average waiting time of 12 sec or 5 - 6 sec, respectively, for the build-up of a text page on the screen is unsatisfactorily long. A considerable improvement in this respect may be achieved by using cable television or broadband distribution networks such as shown in Fig. 1. The great bandwidth of such a network (up to 30 channels) allows the realization of many new forms of telecommunication (Table 2) in addition to the TV programs. Table 3 lists the German expressions for the different possibilities of communicating text and still pictures which are displayed on the screen of a TV set.

CABLE TEXT is defined as the high speed transmission of text in such a broadband distribution network (Fig. 2) from the text bank, which may be interconnected with other text banks, to the domestic TV set with its additional attachment for text reception. In a single channel with TV bandwidth (7 MHz) approx. 600 - 1000 pages of text, corresponding to the contents of a full-size, 32 pages newspaper, are able to be delivered every second. Thus, a practically unlimited text volume is available.

Cable text signals may be transmitted either within the frame of a TV signal or in a separate channel. If the first method is applied, for example the lines 6 - 310 and 318 - 622 i. e. a total of 610 lines of a 625 line TV frame (Fig. 3) may be filled with text signals. With the teletext standard this would lead to a bitrate of 5.5 Mbit/s and to an overall speed of 600 pages/sec. This solution is simple and inexpensive but not optimally suited for text transmission.

Better results are achieved if the text signals are transmitted in a separate channel by using a data modem. Fig. 4 shows the principle,

Fig. 5 a photograph of a modem built at the Institut für Nachrichtenübertragung, University of Stuttgart. This modem uses a carrier frequency of 81.92 MHz, four-phase modulated with a bitrate of 8.192 Mbit/s thus leading to a transmission speed of approx. 1000 pages/sec. By time division multiplex the channel is split-up into 120 subchannels and 8 auxiliary channels of 64 kbit/s each and, therefore, fit well into the PCM hierarchy. In the final concept the modem may partially be integrated with the RF portion of the TV receiver.

When Cable text is considered there is not much difference in the available text volumina between the traditional hard copy output of text (e. g. of a newspaper) and the now possible soft copy display on the screen of a TV set. What other advantages or disadvantages show up in comparing the two methods? Disadvantageous for the soft copy display are the sometimes noticeable flicker effect, the limited resolution of the displayed characters, the limited display window (e. g. 24 lines of 40 characters each) and the fact that the TV screen is heavy and bulky and in contrast to a newspaper or book practically stationary. The first two of these shortcomings may be overcome by better design and technological advances such as the flat TV screen with internal memory. Also, the high speed of Cable text in connection with a local storage of several text pages helps to overcome the limited text cut-out because it allows the user to move the text window relatively fast and, therefore, to imitate fairly well the common habit of glancing quickly over a full page of text.

The immaterial text pictures of a soft copy display are in many cases fully satisfactory and avoid the continuous waste of raw materials. Also, the electronic text transmission and display gives a much better opportunity to hunt selectively for the information wanted. The most important advantage of soft copy, however, is presumably the fact that the information is immediately available after it has been put into the text bank and that there are no further delays in delivery. Tests in pilot projects will certainly be needed to evaluate the capabilities and application features of Cable text and its acceptance by the user.

It is expected that broadband distribution networks with return channels (Fig. 6) will be installed more and more in the future. Such networks allow many additional forms of telecommunication (Table 4) such as CABLE TEXT RETRIEVAL, which in its application is similar to Bildschirmtext but because of its higher speed allows a much more efficient search for information. Fig. 7 gives a block diagram and shows the additional equipment for the retrieval feature. The Cable text bank in the network center may be connected to the Bildschirmtext bank via a high speed connection. Table 5 gives an overall view of the typical features of Cable text and Cable text retrieval.

Since for a number of years many CATV networks will still be without return channels the retrieval of Cable text information may be effected by using a connection on the telephone network, too. If the bitrate on this connection is limited to 300 bit/s a split-up of the telephone frequency band allows to receive and place telephone calls during the retrieval of Cable text information, a facility which may be very helpful to business subscribers. The 64 kbit/s subchannels in Cable text may be used not only for the transmission of text but of still pictures (even in color), too. Fig. 8 gives the block diagram for such a set-up.

Fig. 9 shows how the shortcomings of Bildschirmtext (speed comparatively slow in forward and backward direction, no telephone conversation possible during text reception) may be overcome even in the case that only the telephone network is available: The subscriber line is simultaneously used for speech and text by introducing a time division multiplexer. The text transmission between the switching center and the Bildschirmtext bank is handled by separate connections with increased speed.

Bildschirmtext -
Nutzungsfragen aus der Sicht technischer Gestaltungsüberlegungen

D. Becker
Stuttgart

Zusammenfassung

Bildschirmtext ist ein neues Fernmeldesystem für die breite Anwendung durch private Teilnehmer. Daher sind die wichtigsten Grundanforderungen an das System:

- niedrige Kosten
- große Benutzerfreundlichkeit.

Niedrige Kosten werden zunächst durch weitgehende Mitbenutzung vorhandener Anlagen und Einrichtungen erzielt. Die vorhandenen Vermittlungs- und Übertragungseinrichtungen des Fernsprechnetzes sowie die Teilnehmereinrichtungen sind ohne Änderung zu verwenden; Fernsehempfänger der neuen Generation erhalten einen zusätzlichen Decoder und können dadurch für Fernsehen, Bildschirmtext und andere Anwendungen genutzt werden.

Zusätzlich benötigte Einrichtungen wie Bildschirmtext-Zentralen und Bildschirmtext-Modems sind so kostengünstig wie möglich zu gestalten. Das bedeutet in einigen Fällen den Verzicht auf wünschenswerte und technisch durchaus realisierbare Merkmale.

Gute Benutzerfreundlichkeit zeigt sich in einem einfachen und plausiblen Dialog zwischen Teilnehmer und Bildschirmtext-Zentrale, in einem einfachen Verbindungsaufbau und in kurzer Wartezeit auf die Dialogantwort. Auch hier sind Kompromisse zwischen wünschbaren und kostengünstig realisierbaren Merkmalen erforderlich.

Der Beitrag stellt weiterhin den gegenwärtigen Stand der technischen Planungen dar. Danach wird aufgezeigt, welche Systemmerkmale die Akzeptanz durch Teilnehmer und Informationsanbieter besonders beeinflussen können. Dazu zählen unter anderem

- der Dialog mit der Bildschirmtext-Zentrale
- die Darstellungsart
- die Betriebsabwicklung beim Teilnehmer
- der Hinweis auf vorliegende Mitteilungen und
- die Sicherung gegen unbefugte Benutzung.

Einige Lösungsalternativen werden aufgezeigt. Damit soll die Diskussion mit Fachleuten anderer Disziplinen über die weitere Gestaltung des Bildschirmtext-Systems vorbereitet werden.

1. Einführung

Der Telekommunikationsbericht der Kommission für den Ausbau des technischen Kommunikationssystems [1] enthält Untersuchungsergebnisse zu zahlreichen Kommunikationsformen. In nachfolgenden Stellungnahmen und Analysen wurde mit besonderem Nachdruck auf bestehende und auf solche neuen Kommunikationsformen hingewiesen, die sich der Infrastruktur der vorhandenen Fernmeldenetze bedienen: Fernsprechen, Fernschreiben, Datenkommunikation, Fernkopieren, Bürofernschreiben, Elektronische Post, Videotext und Bildschirmtext [2], [3], [4]. Veröffentlichungen zeigen, daß an diesen Themen intensiv weitergearbeitet wird [5], [6], [7].

Unter den neuen Kommunikationsformen haben Videotext und Bildschirmtext - an denen auch im Ausland gearbeitet wird [8], [9] - eine besondere Stellung: Als Benutzer kommen hier nicht nur Geschäftsteilnehmer in Betracht, sondern vor allem private Teilnehmer, also derselbe Teilnehmerkreis wie beim Fernsprechen und beim Fernsehen [10].

Aus diesen Feststellungen ergeben sich für Bildschirmtext einige Folgerungen, auf die im folgenden hingewiesen wird. Zunächst werden einige Grundanforderungen aufgestellt, die dem Einsatzbereich von Bildschirmtext Rechnung tragen. Danach wird ein Konzept des Bildschirmtext-Systems, das diese Anforderungen erfüllt, beschrieben und in seinen Merkmalen erläutert. Den Schwerpunkt des Beitrags bildet die Diskussion der Nutzungsgesichtspunkte bei Bildschirmtext. Dabei wird der Zusammenhang zwischen Benutzungsmerkmalen und technischen Gestaltungsalternativen aufgezeigt.

2. Die Grundanforderungen an das Fernmeldesystem Bildschirmtext

Bildschirmtext ist ein neues Fernmelde-System, das hauptsächlich für die Nutzung durch private Teilnehmer vorgesehen ist. Daher ergeben sich zwei Grundanforderungen an die Realisierung (Bild 1):

- Niedrige Kosten und Gebühren für den Teilnehmer
- Große Benutzerfreundlichkeit.

Außerdem besteht für jede Art der Nutzung die weitere Forderung nach hoher Sicherheit gegen mißbräuchliche Benutzung.

Niedrige Kosten und Gebühren lassen sich erreichen durch (Bild 2):

- Mitbenutzung des Fernsehempfängers
- Mitbenutzung des Fernsprechanschlusses und der Vermittlungs- und Übertragungseinrichtungen des Fernsprechnetzes
- Kostengünstige Konzeption von zusätzlich benötigten Einrichtungen (Datenübertragungseinrichtung, Bildschirmtext-Decoder, Bildschirmtext-Zentralen), wenn erforderlich, auch unter Verzicht auf einige wünschenswerte und technisch realisierbare Merkmale
- Zweckmäßige Einführungsstrategie, die wenig Vorleistungen erfordert und eine flexible Anpassung des Netzausbaus án den Bedarf ermöglicht.

Große Benutzerfreundlichkeit erfordert im einzelnen (Bild 3):

- Einfachen, möglichst automatischen Verbindungsaufbau
- Leicht erlernbaren und plausiblen Dialog mit der Bildschirmtext-Zentrale
- Kurze Wartezeit auf die Dialogantwort und annehmbare Bildaufbauzeit
- Gute Darstellung auf dem Bildschirm.

3. Systemkonzept und Merkmale des Bildschirmtext-Systems

Das Systemkonzept beruht auf den oben begründeten Anforderungen. Seine Grundzüge wurden bereits auf der Funkausstellung 1977 durch die Deutsche Bundespost veröffentlicht [11]. Im folgenden wird der heutige Stand der Überlegungen kurz wiedergegeben.

Die Mitbenutzung des Fernsehempfängers stellt eine wichtige Voraussetzung dar, um viele private Teilnehmer für Bildschirmtext zu gewinnen. Die Empfänger sind mit einem Decoder ausgestattet, der über die Bildschirmtext-Datenübertragungseinrichtung mit dem Fernsprechnetz verbunden wird. Bild 4 zeigt diese Anordnung. In der Grundausstattung hat der Teilnehmer eine Fernbedientastatur, die gegenüber den Tasten zur Bedienung des Fernsehempfängers um wenige zusätzliche Tastenfunktionen erweitert ist. Hiermit kann der Teilnehmer Ziffern und Steuerbefehle für die wichtigsten Anwendungen eingeben. Alternativ können eine erweiterte Bedientastatur oder eine Eingabetastatur angeschlossen werden. Sie erlauben zusätzlich die Eingabe von Buchstaben, grafischen Symbolen und weiteren Steuerbefehlen.

Bildschirmtext-Teilnehmer und -Informationsanbieter können über das Fernsprechnetz eine bestimmte, ihnen zugeordnete Bildschirmtext-Zentrale anwählen (Bild 5). Eine Zentrale durchschnittlicher Größe bedient einen Bildschirmtext-Versorgungsbereich mit 10 - 20.000 Teilnehmern. Je nach Teilnehmeranzahl sind für die Vollversorgung des Bundesgebiets bis zu 400 Bildschirmtext-Zentralen erforderlich. Für den Dialog zwischen Teilnehmern und entfernten Bildschirmtext-Zentralen sowie für die Übermittlung von Mitteilungen an entfernte Teilnehmer sind die Zentralen untereinander durch ein Datennetz mit schnellen Datenverbindungen verknüpft. Zusammen mit den Bildschirmtext-Zentralen bilden diese Datenverbindungen das Bildschirmtext-Netz, an das auch externe Rechner von großen Informationsanbietern angeschlossen werden können (Bild 6).

Zusammengefaßt lauten die Merkmale des Systemkonzepts (Bild 7):

- Bildschirmtext ist ein bildschirmgebundener Kommunikationsdienst für Text und grobgerasterte Grafiken
- Bildschirmtext basiert auf der Textübermittlung von und zu Bildschirm-Teilnehmerstationen
- Bevorzugte Teilnehmerstation ist der Fernsehempfänger
- Teilnehmerstationen werden stets bedient betrieben, auch Zusatzgeräte werden nur auf Initiative und bei Anwesenheit des Teilnehmers eingeschaltet
- Teilnehmerstationen sind an das öffentliche Fernsprechnetz angeschlossen, ggf. über Nebenstellenanlagen; sie sind einer Bildschirmtext-Zentrale fest zugeordnet
- Verbindungen zur Bildschirmtext-Zentrale werden immer von der Teilnehmerstation aus aufgebaut
- Verbindungen zu entfernten Bildschirmtext-Zentralen werden über die der Teilnehmerstation zugeordnete Zentrale automatisch abgewickelt.

4. Nutzungsgesichtspunkte bei Bildschirmtext

Bildschirmtext-Anwendungen

Die möglichen Anwendungen von Bildschirmtext sind bereits früher ausführlich dargestellt worden, z. B. in [11]. Nach Kommunikationsformen zusammengefaßt ergeben sich 3 Gruppen (Bild 8):

- Abrufen aus Zentrale
  - Informationen aller Art
- Mitteilungen an andere Teilnehmer
  - Grußkarten, Verabredungen
  - Bestellungen, Buchungen
  - Schadensmeldungen

- Rechnerdialog mit Zentrale
  - Rechendienstleistungen
  - Aus- und Weiterbildung, Tests
  - Spiele.

Kommunikation mit der Bildschirmtext-Zentrale

Bei der Benutzung von Bildschirmtext kommuniziert der Benutzer (Teilnehmer oder Informationsanbieter) stets mit einer Bildschirmtext-Zentrale bzw. einem externen Rechner. Anders als bei der Fernsprech-, bei der Text- oder bei der Datenkommunikation gibt es keine unmittelbare Kommunikation zwischen Teilnehmern bzw. Teilnehmerstationen.

Diese Art der Benutzung ist ein charakteristisches Merkmal des Bildschirmtext-Systems. Das Systemkonzept nützt dieses Merkmal mehrfach aus (Verbindungsaufbau von der Teilnehmerstation aus, Verbindung nur mit zugeordneter Bildschirmtext-Zentrale; automatische Weitervermittlung an entfernte Zentralen und an externe Rechner).

Dialogprotokoll

Unter allen Formen des Dialogs zwischen einem Teilnehmer und einer technischen Einrichtung bietet der bildschirmgebundene Dialog besonders benutzerfreundliche Gestaltungsmöglichkeiten, siehe z. B. [12]. Text auf einem Bildschirm kann vom Benutzer mit einem kurzen Blick wahrgenommen, ggf. auch unterbrochen werden, bleibt jedoch bei Bedarf beliebig lange stehen. Damit hat es der Benutzer entsprechend seiner Kenntnis und seiner Aufnahmefähigkeit selbst in der Hand, den Dialog fortzusetzen. Weiterhin wird bei vielen Menschen eine Bildschirmdarstellung bei geeigneter Farb- und Schriftbildgestaltung wesentlich besser aufgenommen und gemerkt als z. B. eine Sprachausgabe.

Diese Eigenschaften eines bildschirmgebundenen Dialogs erlauben es insbesondere, den Teilnehmer so zu führen, daß er ohne besondere Schulung Bildschirmtext entlang dem Suchbaum benutzen kann. Bei Fehlbedienungen wird der Teilnehmer durch geeignete Hinweise wieder in den Dialog zurückgeführt. Bei Kenntnis der Adresse einer gesuchten Informationsseite kann der Benutzer diese auch direkt anwählen und damit den geführten Gang durch den Suchbaum vermeiden. In Weiterentwicklung des Bildschirmtext-Systems ist es denkbar, aufwendigere Suchverfahren (z. B. mit Suchbegriffen) nachträglich einzuführen, zumindest in wenigen spezialisierten Bildschirmtext-Zentralen.

Darstellungsart

Die Darstellungsart einer Bildschirmtext-Seite ergibt sich aus der Verwendung des Fernsehempfängers als Teilnehmerstation. Sie ermöglicht großzügige Farbgestaltung sowie Blink- und Zeigereffekte, ist jedoch in Zeichenanzahl und Grafikaufbau beschränkt. Gelegentlich wird angenommen, es sei nur eine Frage der technischen Weiterentwicklung, daß Bildschirmtext auch mit größerer Zeichenanzahl je Seite bzw. höherer Auflösung zur Darstellung von Festbildern, sogar von Graustufenbildern verfügbar wird. Solche technischen Entwicklungen wird es mit Sicherheit geben, nicht jedoch als Bestandteil des Fernmeldesystems Bildschirmtext. Bildschirmtext-Zentralen, Übertragungsverfahren und die an bestehende Fernsehnormen angelehnte Wiedergabe sind in der heute bekannten Weise aufeinander abgestimmt. Kommunikationsformen mit den oben beschriebenen Eigenschaften könnten jedoch zu neuen Systemen und Diensten führen.

Betriebsabwicklung beim Teilnehmer

Für die Nutzung von Bildschirmtext verwenden die Teilnehmer Fernsehempfänger mit Zusatzdecoder, die über Datenübertragungseinrichtungen an das Fernsprechnetz angeschlossen werden. Die Verbindung mit der zugeordneten Zentrale wird automatisch hergestellt und vom Teilnehmer durch Knopfdruck veranlaßt. Zur Kennzeichnung der Teilnehmerstation sendet die Bildschirmtext-Datenübertragungseinrichtung automatisch ein Kennwort an die Zentrale. Der Teilnehmer identifiziert sich, indem er sein persönliches Paßwort eintastet.

Für den Dialog mit der Bildschirmtext-Zentrale ist eine numerische Tastatur mit den Steuerzeichen * und # ausreichend. Hiermit können auch vorbereitete Mitteilungen ergänzt und an andere Teilnehmer übermittelt werden. Teilnehmer, die individuell gestaltete Mitteilungen eingeben möchten, verwenden eine alphanumerische Tastatur. Es wird noch untersucht, ob ein zusätzlicher Hinweis auf eine in der Zentrale vorliegende Mitteilung möglich ist.

Die Mitbenutzung des Fernsprechanschlusses für Bildschirmtext kann ohne gegenseitige Störungen gewährleistet werden. Dazu ist vorgesehen, daß der Fernsprechapparat und die Bildschirmtext-Teilnehmerstation gleichberechtigt in dem Sinne sind, daß sie sich gegenseitig nicht unterbrechen können. Im Ruhezustand soll der Fernsprechapparat an die Anschlußleitung angeschaltet sein. Da Fernsprechapparat und Teilnehmerstation oft in verschiedenen Räumen stehen, ist vorgesehen, bei belegtem Fernsprechapparat ein Zeichen in der Teilnehmerstation zu geben. Weiterhin wird überlegt, ob eine besondere Form des Anklopfens an bestehende Bildschirmtext-Verbindungen bei wartendem Fernsprechanruf einführbar ist. Daneben wird es selbstverständlich auch möglich sein, die Bildschirmtext-Teilnehmerstation an einen eigenen Fernsprechanschluß anzuschließen.

Nutzung durch Informations-Anbieter

Bei Informations-Anbietern sind zwei grundsätzliche Nutzungsmöglichkeiten zu unterscheiden:

Nutzung über Endeinrichtungen, die an das Fernsprechnetz angeschlossen sind. Zur Eingabe von Informationen benutzen die Informations-Anbieter wahlweise:

- Fernsehempfänger (wie die Teilnehmer), ausgestattet mit einer Eingabetastatur mit vollständigem Zeichenvorrat. Die Bildschirmtext-Seiten werden im Dialog mit der Bildschirmtext-Zentrale vorbereitet und eingegeben (Fall A, Bild 9).
- Spezielle Eingabestationen mit eigenen Editierprogrammen, mit denen Bildschirmtext-Seiten formgerecht vorbereitet werden können, bevor sie in die Zentrale eingegeben werden (Fall B).

Die Informationen werden an die zugeordnete Bildschirmtext-Zentrale übermittelt, von dieser bei Bedarf an andere Zentralen verteilt und zum Abruf durch Teilnehmer bereitgehalten.

Nutzung über private Rechner, die an das Bildschirmtext-Netz angeschlossen sind. Zur Eingabe oder Bereitstellung von Informationen besitzen die Informations-Anbieter wahlweise:

- Rechner mit eigenen Editierprogrammen. Die lokal vorbereiteten Seiten werden in die zugeordnete Zentrale eingegeben, von dieser bei Bedarf an andere verteilt und zum Abruf durch Teilnehmer bereitgehalten (Fall C).
- Private Informationssysteme, in denen die Informationen Bildschirmtext-gerecht bereitgehalten werden. Die Teilnehmer können die Informationen über ihre zugeordnete Zentrale, die automatisch weitervermittelt, abrufen (Fall D).

Sicherungsmaßnahmen

Zum Schutz gegen unbefugte Benutzung von Bildschirmtext sind Sicherungsmaßnahmen erforderlich. Wirksame Sicherungsmaßnahmen sind entscheidend wichtig für die Akzeptanz durch Teilnehmer und Informationsanbieter. Ohne geeignete Sicherungsmaßnahmen oder durch Umgehen von Sicherungsmaßnahmen sind beispielsweise folgende Auswirkungen möglich (Bild 10):

- Benutzung von Bildschirmtext auf Kosten eines anderen Teilnehmers
- Zugang zu Mitteilungen oder zu geschützten Informationen durch unberechtigte Personen
- fehlende oder falsche Urheberangaben in Informationsseiten

- fehlende oder falsche Absenderangaben bei Mitteilungen (damit kein Schutz gegen Zusenden unerwünschter Mitteilungen)
- unbefugte Änderung der Inhalte von Informationsseiten
- Zerstören von Teilen der Suchstruktur.

Der erforderliche Schutz läßt sich durch eine Reihe von Maßnahmen erreichen, die einerseits auf einer sicheren Identifizierung des Benutzers beruhen, andererseits auf einer Prüfung von Berechtigungen, die in der dem Teilnehmer bzw. Informationsanbieter zugeordneten Bildschirmtext-Zentrale oder im Informationssystem des Anbieters gespeichert sind. Die Berechtigungen können Teilnehmern, Informationsanbietern und Informationsseiten zugeordnet sein.

Besondere Bedeutung kommt dabei der sicheren Identifizierung zu. Für ortsfeste Anschlüsse bei Teilnehmern und Informationsanbietern bietet eine gerätebezogene (und damit praktisch nicht manipulierbare) Stationskennung hohe Sicherheit. Zusätzlich verwendete personenbezogene Paßwörter können bei festem Benutzerkreis der Stationskennung zugeordnet werden. Bei wechselndem Benutzerkreis (z. B. in Betrieben, Hotels, bei öffentlich zugänglichen Geräten) kann beispielsweise ein Magnetkartenleser erhöhte Sicherheit gegenüber einfachem Eintasten bieten. Wird über die zugeordnete Bildschirmtext-Zentrale eine Verbindung zu einem externen Rechner hergestellt, so kann dieser eine weitere Identifizierung vornehmen.

Maßstab bei der Bewertung der Sicherungsmaßnahmen wird der Vergleich mit der gewohnten und akzeptierten Sicherheit heutiger Informations- und Kommunikationsmöglichkeiten sein.

5. Abschließende Bemerkungen

Das Fernmeldesystem Bildschirmtext bietet mit seinen 3 Anwendungsgruppen

- Abrufdienst
- Mitteilungsdienst
- Rechnerdienstleistungen

für den Teilnehmer wie für den Informationsanbieter zahlreiche neue Informations- und Kommunikationsmöglichkeiten, die in ein Gefüge heutiger Formen der Informationsbeschaffung und Kommunikation eintreten. Wie in [13] näher ausgeführt, erscheint Bildschirmtext insbesondere geeignet, Lücken zwischen bisherigen Kommunikationsdiensten zu schließen: Bildschirmtext ist auch Text- und Datenkommunikation, aber im Vergleich zu heutigen Dienstangeboten für Geschäftsteilnehmer mit niedrigeren Kosten und sehr einfachen Funktionsmerkmalen (Bild 11). Damit bietet es für breite Bevölkerungskreise eine wichtige Ergänzung zum Fernsprechen.

Wesentliche Bestandteile des Systemkonzepts sind die feste Zuordnung der Bildschirmtext-Teilnehmer und der Informationsanbieter zu einer ganz bestimmten, im Nahbereich gelegenen Bildschirmtext-Zentrale sowie die Verwendung einer separaten, posteigenen Bildschirmtext-Datenübertragungseinrichtung (Modem). Die sich damit ergebenden Vorteile (Bild 12) haben einen unmittelbaren Bezug zu den oben genannten Nutzungsgesichtspunkten:

- automatische Wahl
- automatische Stationskennung
- bundesweit einheitliche Rufnummer
- kein Gerätewechsel bei Umzug des Teilnehmers
- verringerte Anforderungen an Modems
- geringe Verkehrsbelastung im Fernsprechnetz
- Nah- bzw. Ortstarif für die Fernmeldeverbindung
- Teilnehmerdatei an einer Stelle.

Dieser Beitrag sollte einige Systemüberlegungen, die zu der bis heute bekannten Konzeption des Bildschirmtext-Systems geführt haben, transparent machen und ihren Bezug zu Nutzungsfragen aufzeigen. Er soll helfen, künftige Diskussionen zwischen Fachleuten verschiedener Disziplinen über die weitere Gestaltung des Bildschirmtext-Systems zu erleichtern.

Literatur

[1] Kommission für den Ausbau des technischen Kommunikationssystems (KtK): Telekommunikationsbericht, Anlageband 4: Neue Telekommunikationsformen in bestehenden Netzen. Verlag Dr. Heger, Bonn (1976)

[2] Vorstellungen der Bundesregierung zum weiteren Ausbau des technischen Kommunikationssystems.
Bundesministerium für das Post- und Fernmeldewesen, Pressestelle (1976)

[3] Kaiser, W.: Zukünftige Telekommunikation in der Bundesrepublik Deutschland - Ergebnisse der KtK-Beratungen.
Nachrichtentechn. Z. 29(1976)H. 3, S. 190 - 210

[4] Kanzow, J.: Technische Entwicklungslinien neuer Telekommunikationsformen.
Zeitschrift für das Post- und Fernmeldewesen (1977) H. 11, S. 4 - 9

[5] Spilger, H.: Fernkopieren mit dem neuen Telefaxdienst der DBP.
19. Post- und Fernmeldetechnische Fachtagung des VDPI, 1978

[6] Becker, D., Schneider, M., Zeidler, G.: Neue Wege der Text- und Bildkommunikation - Ein Konzept für die elektronische Briefübermittlung
Nachrichtentechn. Z. 29(1976)H. 3, S. 222 - 228

[7] Helmrich, H., Rupp, K.: Bürofernschreiben - eine Kommunikationsform der Zukunft.
Nachrichtentechn. Z. 29(1976)H. 3, S. 218 - 221

[8] Fedida, S.: Viewdata, an interactive information service for the general public.
Proc. European Computinn Conference on Communications Networks (1975), S. 261 - 282

[9] Marti, B., Mauduit, M.: Antiope, service de têlêtexte.
Revue de Radiodiffusion-Têlêvision 40(1975), S. 18 - 23

[10] Kanzow, J.: Die Einführung neuer Formen der Textkommunikation durch die Deutsche Bundespost.
Münchner Kreis, Symposium "Elektronische Textkommunikation", 12. - 15.06.78

[11] Bildschirmtext - Beschreibung und Anwendungsmöglichkeiten.
Broschüre zur Bildschirmtext-Demonstration auf der Internationalen Funkausstellung. Deutsche Bundespost (1977)

[12] Zimmermann, R.: Dialoge zwischen ungeübten Benutzern und rechnergesteuerten Informationssystemen.
Nachrichtentechn. Z. 30 (1977)H. 8, S. 632 - 636

[13] Becker, D.: Bildschirmtext - Ein neues Fernmeldesystem auf der Basis von Viewdata
19. Post- und Fernmeldetechnische Fachtagung des VDPI, 1978

Bildschirmtext-Nutzung
durch private Teilnehmer

Daher

- Niedrige Kosten und Gebühren
- Große Benutzerfreundlichkeit

Bild 1: Grundanforderungen an das Bildschirmtext-System

Fig. 1: Bildschirmtext system: Basic requirements

- Mitbenutzung Fernsehempfänger
- Mitbenutzung Fernsprechanschluß
- Neue Konzepte für
  - Datenübertragungseinrichtungen
  - Decoder
  - Zentralen
- Zweckmäßige Einführungsstrategie

Bild 2: Forderungen an das Systemkonzept

Fig. 2: Requirements to the system concept

- Automatischer Verbindungsaufbau
- Leicht erlernbarer Dialog
- Kurze Wartezeit
- Gute Darstellung
- Hohe Sicherheit gegen Mißbrauch

Bild 3: Weitere Forderungen an das Systemkonzept

Fig. 3: Additional requirements

Bildschirmtext
D-BT
Anschluß-dose
Bildschirmtext-Videotext-Decoder
Fernbedienung
erweiterte Fernbedienung
Eingabetastatur
—— Grundausstattung für Bildschirmtext-Teilnehmer
D-BT Bildschirmtext-Datenübertragungseinrichtung

Bild 4: Teilnehmerstation mit verschiedenen Tastaturen

Fig. 4: Subscriber station with alternative input devices

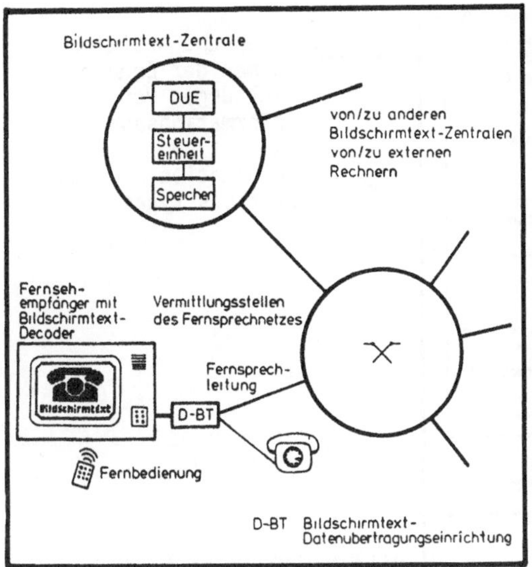

Bild 5: Gesamtsystem Bildschirmtext

Fig. 5: Bildschirmtext system

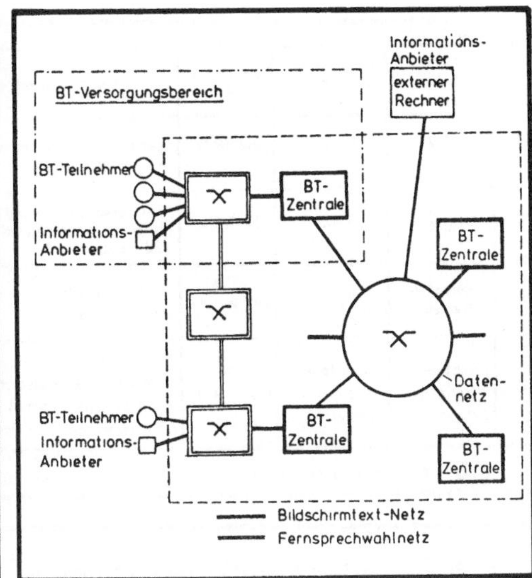

Bild 6: Bildschirmtext-Netz

Fig. 6: Bildschirmtext network

- Bildschirmtext ist bildschirmgebundene Textkommunikation
- Fernsehempfänger ist bevorzugte Teilnehmer-Station
- Teilnehmer-Stationen werden stets bedient betrieben
- Teilnehmer-Stationen sind am Fernsprechnetz angeschlossen
- Verbindungsaufbau stets von Teilnehmer-Station aus
- Indirekte Verbindung zu entfernten BT-Zentralen

Bild 7: Bildschirmtext-Funktionsmerkmale

Fig. 7: Functional characteristics of Bildschirmtext

- Abrufen aus Zentrale
  - Informationen aller Art
- Mitteilungen an andere Teilnehmer
  - Grußkarten, Verabredungen
  - Bestellungen, Buchungen
  - Schadensmeldungen
- Rechnerdialog mit Zentrale
  - Rechendienstleistungen
  - Aus- und Weiterbildung, Tests
  - Spiele

Bild 8: Bildschirmtext-Anwendungen

Fig. 8: Bildschirmtext application

Fall	Editiermöglichkeit in	Informationsspeicherung in	Anschluß an	bevorzugt geeignet bei
A	BT-Z	BT-Z	Fe-Netz	geringem Aufkommen an Informationen
B	Eingabestation	BT-Z	Fe-Netz	mittlerem Aufkommen an Informationen und hohem Editieraufwand
C	privatem Rechner	BT-Z	Datennetz	großem Aufkommen an Informationen
D	privatem Informationssystem	privatem Informationssystem	Datennetz	geschäftlichen Transaktionen (Handel, Banken, Versicherungen...) und Spezialinformationen (Fachverlage ..)

BT-Z: Bildschirmtext-Zentrale

Bild 9: Arten und Anschlußformen der Endeinrichtungen von Informationsanbietern

Fig. 9: Information provider stations types

- Benutzung von Bildschirmtext auf Kosten eines anderen Teilnehmers
- Zugang zu Mitteilungen oder zu geschützten Informationen durch unberechtigte Personen
- Fehlende oder falsche Urheberangaben in Informationsseiten
- Fehlende oder falsche Absenderangaben bei Mitteilungen; damit kein Schutz gegen Zusenden unerwünschter Mitteilungen
- Unbefugte Änderung von Informationsseiten
- Zerstören von Teilen der Suchstruktur

Bild 10: Mögliche Auswirkungen von Mißbrauch

Fig. 10: Consequences of misuse

Wegen der

niedrigen Kosten

bietet Bildschirmtext

Text- und Datenkommunikation für breite private Anwendung

Wegen der

einfachen Funktionsmerkmale

ist Bildschirmtext

weniger geeignet für Geschäftskommunikation und Datenfernverarbeitung

als heutige Dienstangebote

Bild 11: Abgrenzung zu Text- und Datenkommunikationsdiensten

Fig. 11: Bildschirmtext and other text and data communication services

- Automatische Wahl
- Automatische Stationskennung
- Bundesweit einheitliche Rufnummer
- Kein Gerätewechsel bei Umzug des Teilnehmers
- Verringerte Anforderungen an Modems
- Geringe Verkehrsbelastung im Fernsprechnetz
- Nah- bzw Ortstarif für die Fernmeldeverbindung
- Teilnehmerdatei an einer Stelle

Bild 12: Vorteile des Bildschirmtext-Systemkonzeptes

Fig. 12: System concept advantages

Bildschirmtext - Utilization Aspects in View of System Alternatives

D. Becker
Stuttgart

The basic requirements

Bildschirmtext is a new telecommunication system mainly to be used by private subscribers. Thus there are two basic requirements to be met:

- Low subscriber cost and tariffs
- User-optimized design.

Besides, high security against misuse is to be obtained for any kind of use.

Low cost and tariffs will be achieved by additional use of the TV set, by additional use of the telephone loop and of the telephone network, by cost efficient design of additional equipment, and by an introduction strategy requiring only little initial investment and allowing for flexible growth to actual demand.

User optimized design requires a simple, possibly automatic call set-up, an easy-to-lern, plausible dialogue with the Bildschirmtext-center, short delay times, acceptable picture set-up time, and good presentation on screen.

System concept and characteristics

The system concept is based on the above requirements. The basic concept ideas have already been published by the Deutsche Bundespost at the Berlin Radio and TV Exhibition 1977. This paper will in short present the actual planning status.

The system characteristics may be summarized as follows:

- Bildschirmtext is a screen based telecommunication service for text and coarse graphics
- Bildschirmtext is based on communication from and to Bildschirmtext-subscriber stations
- The TV set is the preferred Bildschirmtext subscriber station
- Subscriber stations always are manually operated; additional equipment also is manually operated
- Subscriber stations are connected to the public switched telephone network (in case via a PABX) and associated to one Bildschirmtext-center
- Connection to Bildschirmtext-center is always set-up by subscriber
- Connections to distant Bildschirmtext-centers are automatically set-up by center associated to the subscriber station.

Utilization aspects of Bildschirmtext

The use of TV sets as Bildschirmtext subscriber stations implies presentation and format of Bildschirmtext-pages. Colour design, flashing, and cursor applications are employed, however there are limitations in number of characters and in graphics. Improvements are not to be expected, since system parameters are related to these facts.

The dialogue protocol is aimed at unskilled subscribers. They may be guided by the search tree or may directly address a page. More sophisticated retrieval methods could be implemented later in few Bildschirmtext-centers.

Operational procedures at the subscriber's are clearly understandable. Normally, the telephone set is connected to the subscriber loop. Telephone set and Bildschirmtext-station cannot interrupt each other. A busy signal will ease the utilization as well as a message waiting indicator.

Security measures are required to prevent unauthorized use of Bildschirmtext, such as use at the expense of another subscriber, message or information access by unauthorized, message generation without correct originator declaration, or change of information by other parties. The security will be achieved by a combination of measures to be discussed in more detail.

The presentaion of utilization in view of technical alternatives intends to prepare further discussions with experts of other branches on the future design of Bildschirmtext.

Leistungsmerkmale, Systemkonfiguration und Schaltungstechnik für Bildschirmtext-Einrichtungen

H. H. Schüßler
Backnang

Zusammenfassung

Ein benutzerfreundlicher Bildschirmtext-Dienst verlangt nach neuen Lösungen für den Gesprächsaufbau zwischen Teilnehmer und Zentrale, eine gut lesbare Zeichen- und Bilddarstellung, eine für den Dienst spezifische Gebührenerfassung und flexible Abschaltungsmodalitäten. Besonders interessant wird ein solcher neuer Dienst für den Teilnehmer durch die Ergänzung der Teilnehmereinrichtungen durch neue Fernbedienungskonzepte, verschiedene anschließbare Tastaturen, einen Druckeranschluß und einen zusätzlichen Bandspeicher. Damit kann die Funktion einer Teilnehmerstation eines Verbundnetzes und eines autonomen Terminals mit einer modular aufgebauten Gerätefamilie realisiert werden. Für den Datenverkehr wird ein Halbduplexmodem mit Breakzusatz vorgeschlagen.

1. Einleitung

Bildschirmtext als möglicher neuer Dienst der Deutschen Bundespost wurde erstmals einer größeren Öffentlichkeit auf der Funkausstellung in Berlin vorgestellt /1/. Diese Präsentation hat inzwischen klar erkennen lassen, daß ein großes Publikumsinteresse vorliegt, daß aber auch noch viele Leistungen sowohl vom Netzträger als auch von den Informationsanbietern zu erbringen sind /2/.

Dieser Beitrag soll sich damit befassen, wie dieser mögliche Dienst benutzerfreundlich ausgebaut werden kann. Ein Benutzer des möglichen Dienstes soll deshalb beobachtet werden bei seinem Umgang mit dem neuen System.

2. Aufbau der Gesprächsverbindung

Der Teilnehmer hat gerade Nachrichten gehört und schaltet nunmehr den normalen Fernsehempfang ab, weil er sich im Bildschirmtextdienst über Reisemöglichkeiten informieren möchte.

Durch einen entsprechenden Tastendruck auf der in Bild 1 gezeigten Fernbedienung schaltet er auf den Bildschirmtextmodus um und leitet durch Drücken der Taste Verbindungsaufbau (VA) das Gespräch mit der Bildschirmtextzentrale ein. Während des Verbindungsaufbaus wird auf dem Bildschirm angezeigt, daß die Wahl einen kleinen Augenblick dauern wird. Die mittlere Wartezeit vom Drücken der Taste VA bis zum Aufbau der Verbindung mit der Bildschirmtextzentrale wird bei 5 Sekunden liegen.

Im Verlauf des nun durchgeführten Gesprächsaufbaus wird nach der Durchschaltung des Teilnehmers zur Datenbank der Teilnehmer identifiziert. In Bild 2 sind einige praktikabel erscheinende Möglichkeiten für diese Identifizierung, der wegen der Sicherung des Abrufdienstes gegen unberechtigten Zugriff, des Mitteilungsdienstes gegen mißbräuliche Nutzung und der Sicherung einer korrekten Gebührenzuweisung hohe Bedeutung zukommt. Drei Elemente der Sicherung sind denkbar:

- Geräteidentifizierung des Anrufers
- Teilnehmercode bestehend aus Teilnehmer-Nummer, die öffentlich ist, und einem Kennwort
- Codewort.

In Bild 2 ist ein Vorschlag gemacht, welche dieser Sicherungsmaßnahmen bei welchem Teildienst am zweckmäßigsten angewendet werden.

Nach der Geräteidentifizierung erhält der Benutzer die Eröffnungsseite. Der Teilnehmercode wird dann entweder automatisch von dem Teilnehmergerät oder aber vom Teilnehmer selbst individuell eingegeben. Hat die Datenbank den Teilnehmer erkannt, so erhält er Mitteilung darüber.

Welche Fallstricke gibt es bei dem Aufbau dieser Verbindung? Da das übliche Fernsprechnetz mitbenutzt wird, lauert das erste Problem bereits beim eigenen Fernsprechanschluß. Es könnte z.B. ein anderer Mitbewohner im Augenblick gerade das Telefon benutzen. Wie würde sich dann der Verbindungsaufbau abwickeln? Bei Druck auf die Taste Verbindungsaufbau erhält der Teilnehmer auf dem Bildschirm einen Hinweis, daß das Telefon gerade benutzt wird und daß deswegen keine Verbindung zur Datenbank aufgebaut werden kann. Sicherlich läßt sich durch eine Vereinbarung in der Wohnung dann regeln, welche der beiden Anfragen die größere Dringlichkeit haben wird. Bei stark belasteten Fernsprechanschlüssen kann durch einen zweiten Anschluß die Schwierigkeit behoben werden.

Es gibt darüber hinaus auch die Fragestellung, ob es immer gelingt, eine entsprechende Verbindung zur Datenbank aufzubauen. Nur soviel sei gesagt, unser Fernsprechnetz ist heute so ausgelegt, daß bei einer üblichen Verkehrssituation nur wenige Gesprächsversuche zu einem Besetztzeichen im Fernmeldenetz führen. Aufgabe bei der Gestaltung der Bildschirmtext-Datenbanken wird es daher sein, für diese Bildschirmtext-Datenbanken einen genügend groß dimensionierten Anschlußbereich zu schaffen und auch die Verarbeitungskapazität für die Bildschirmtext-Datenbanken so auszulegen, daß der Benutzer in der überwiegenden Zahl der Fälle nicht eine Besetztangabe auf dem Bildschirm von seinem Bildschirmtextgerät erhält.

3. Bilddarstellung, Informationsabruf und Druckerausgabe

Die Standbilddarstellung von Texten zeigt eine Schwäche unseres Fernsehsystems, die bei Bewegtbildübertragung nicht deutlich wird. Durch das Zeilensprungverfahren entsteht ein Flimmern mit einer Frequenz von 25 Hz, das vom Auge als sehr störend empfunden wird. Erst das deckungsgleiche Aufschreiben der beiden Halbbilder beseitigt diesen Effekt auf Kosten einer nicht störenden Auflösungsverringerung. Ein 50 Hz-Flimmern wird vom Auge nicht mehr erkannt. Mit dem Umschalten auf den Bildschirmtext-Dienst wird automatisch die Ablenkschaltung des Fernsehgerätes umgeschaltet.

Geht man davon aus, daß es gelungen ist, die Verbindung zur Zentrale herzustellen, dann wird die Teilnehmeridentifizierung durchgeführt. Anschließend kann mit dem eigentlichen Informationsabruf begonnen werden.

Eine Fahrplanauskunft soll eingeholt werden. Der Auswahlvorgang wird entsprechend der Suchbaumstruktur in der Bildschirmtext-Zentrale durchgeführt. Welche Zugverbindungen bestehen noch an diesem Abend von München nach Backnang? Auf dem Bildschirm werden die abgerufenen Fahrpläne dargestellt (Bilder 3 und 4). Unglücklicherweise hat der gewählte Zug 19.21 Uhr ab München in Stuttgart keinen sofortigen Anschluß, da bei einer Übergangszeit von 2 Minuten nicht mit dem Erreichen des Zuges nach Backnang gerechnet werden kann.

Es wird deswegen auch die Flugverbindung geprüft. Die Entscheidung fällt für den Flug 19.50 Uhr. Natürlich möchte man diese Zahlen nicht abschreiben, sondern in Form eines Zettels in die Tasche stecken. Die entsprechende Druckeinrichtung des Endgerätes erlaubt die Erfüllung dieses Wunsches. Eine Kopie des ausgegebenen Textinhaltes ist in Bild 5 wiedergegeben.

4. Mitteilungen und Eingabetastaturen

Doch nicht nur Fahrplanauskünfte können aus der Datenbank abgerufen werden. Vielmehr interessieren auch die Möglichkeiten der Mitteilungen an einen anderen Teilnehmer. Eine Mitteilung über den Flug nach Stuttgart mit der Bitte um Abholung am Flughafen um 20.30 Uhr soll abgesetzt werden. Nun zeigt sich das Dilemma der einfachen Fernbedienung. Lediglich ziffernmäßige Eingaben sind mit dieser einfachen Fernbedienung möglich. Aber bei den heutigen Möglichkeiten der Elektronik sind auch ähnlich handliche Fernbedienungen für die Übermittlung von Informationen denkbar.

Für die Eingabe von Mitteilungen stehen drei verschiedene Tastaturen zur Verfügung. Die technisch einfachste Tastatur ist abgeleitet von dem, was wir heute von den Taschenrechnern kennen. Sie erlaubt neben der Eingabe von Zahlen auch die Eingabe von Großbuchstaben und einige wenige Sonderzeichen, sowie die Darstellung einer Cursor-Bewegung beim Erstellen von Texten (Bild 6). Die gewünschte Mitteilung wird mit dieser Tastatur eingegeben. Da das Schriftbild dieser einfachen Eingabe mit Großbuchstaben für eine geschäftliche Mitteilung nicht befriedigt, benutzt man für solche Mitteilungen eine Tastatur, die von einer Schreibmaschine abgeleitet ist und die nun die Eingabe von alpha-numerischen Zeichen erlaubt, und darüber hinaus eine Cursor-Steuerung hat (Bild 7). Für einen Editierplatz werden darüber hinaus noch Tastaturen eingesetzt, die zusätzlich zur Eingabe von alpha-numerischen Zeichen, einer Cursorsteuerung, einem Zahlenfeld und einem Steuerfeld noch ein Feld für die Eingabe von graphischen Zeichen haben.

5. Verbindungsüberwachung und Gebührenerfassung

Während der durchgeführten Eingaben war die Verbindung zur Datenbank immer aufgebaut. Damit war aber auch der Fernsprechanschluß belegt und es konnte der Fernsprechteilnehmer in dieser Zeit deswegen nicht erreicht werden. Das System sollte für diesen Fall eine möglichst einfache Möglichkeit vorsehen, bei Inaktivität die Verbindung für den Teilnehmer aufzulösen, um die Dienstgüte im Fernsprechnetz möglichst wenig zu beeinträchtigen. Welche Voraussetzungen sind dabei zu erfüllen?

Die automatische Auflösung der Verbindung hat für den Teilnehmer verschiedene Vorteile. Einmal wird der Teilnehmeranschluß durch den zusätzlichen Bildschirmtext-Dienst weit kürzere Zeit belegt werden als beim Aufrechterhalten der Verbindung über ein gesamtes längeres Gespräch. Zweitens wird der Teilnehmer geschützt gegen unbeabsichtigstes Fehlbedienen des Systems insbesondere Entfernung von dem eigentlichen Bildschirmtextgerät aus verschiedensten Gründen und als Folge davon erhebliche Belegtzeiten des Anschlusses und ein hohes Gebührenaufkommen. Diese automatische Abschaltung kann unserer Meinung nach nur durch die Bildschirmtext-Zentrale gesteuert werden, weil nur dann die entsprechende Belegungsstrategie der Zentrale und des Fernsprechnetzes entsprechend gesteuert werden kann. Die dezentrale Möglichkeit eines solchen Schutzes ergibt die schwierige Frage der Akzeptanz durch den Benutzer, der sich vielfach in seinen Aktionen durch eine Automatik im Endgerät behindert fühlen wird. Ist die Automatik aber abschaltbar, bietet sie keinen Schutz mehr.

Mit dem Vorschlag der Unterbrechung einer Verbindung bei Inaktivität des Teilnehmers ergeben sich allerdings Schwierigkeiten mit der Gebührenberechnung. Es sollen an dieser Stelle neue Vorschläge zur Berechnung der Gebühren für die Benutzung eines Bildschirmtextdienstes gemacht werden. Eine Gebührenerfassung über die übliche Gebührenzählung im Fernsprechdienst für den Anteil der Gebühren, der ein Äquivalent darstellt für Benutzung des Fernmeldenetzes, erlaubt keine flexible Gestaltung des Dienstes und ist deswegen abzulehnen. Die Ausgestaltung des Fernsprechortsnetzes und die Auswahl der Rufnummer, die von der Bundespost bundeseinheitlich für die Bildschirmtext-Datenbanken vorgesehen ist, erlauben auf eine Gebührenzählung in der Ortsvermittlungsstelle zu verzichten und dafür die Gebührenerfassung in den Datenbanken mit der eigentlichen Abwicklung des Gesprächs zu koppeln. Im Bild 8 ist ein Vorschlag dargestellt, wie die Verbindungsgebühren zur Bildschirmtext-Zentrale unter Berücksichtigung einer Zwangsabschaltung durch die Zentrale erfaßt werden könnten. Unserer Meinung nach erscheint es gerechtfertigt, nur die kumulierten Gebühren einer Anruffolge zu berechnen und nicht jeweils für jede Einzelaktion in einer Anrufsfolge entsprechende Gebühren zu verlangen. Durch die Kürze der gewählten Rufnummer scheint uns dieses Verfahren auch bei der Benutzung konventioneller Ortsvermittlungstechnik gangbar und erlaubt es dem Kunden, den Bildschirmtextdienst möglichst freizügig zu nutzen.

6. Interaktives Arbeiten und Kommunikation

Eine andere mögliche Nutzung des Bildschirmtextdienstes ist die Übernahme von Informationen in einen Speicher beim Teilnehmer, wo sie dann auch mehrfach wieder ausgelesen werden können oder die autonome Erstellung von Texten, die lokal gespeichert werden können bzw. auch dann an die Datenbank übergeben werden können. Die erste Möglichkeit ist z.B. für Lernprogramme zweckmäßig. Für das Editieren von Texten ist die dezentrale Erstellung am wirtschaftlichsten. Der verwendete Speicher beim Teilnehmer kann eine ganz übliche Audiokassette oder auch Minikassette sein. Er erlaubt es, die von der Bildschirmtextzentrale kommenden Informationen in sehr dichter Form beim Teilnehmer zu speichern, so daß sie jederzeit ohne Aufbau einer Verbindung auf den Bildschirm wieder abgerufen werden können oder direkt ausgedruckt werden können. Eine Systemkonfiguration für die Teilnehmergeräte ist im Bild 9 dargestellt. Der Textdecoder im Fernsehgerät, der aus LSI-Halbleiterschaltungen (Bild 10) aufgebaut ist und nur durch die Fortschritte der Halbleitertechnologie sehr wirtschaftlich hergestellt werden kann, hat Eingänge für die Fernbedienung und Zusatztastaturen. Ferner sind Ein- und Ausgänge zur Bildschirmtextzentrale und einem Kassettengerät sowie ein Ausgang für Druckeranschluß vorgesehen. Mit der Fernbedienung kann ein Dreifachschalter jeweils einen dieser Anschlüsse mit dem Decoder verbinden. Dieses Verfahren erlaubt auch die Herstellung eigenen Materials und die Abspeicherung vorort, ohne daß entsprechende Verbindungen zur Zentrale aufgebaut werden müssen. Außerdem ergibt das billige Audio- oder Minikassettenmaterial eine wesentlich breitere Möglichkeit des Einsatzes von vorgefertigtem Programmaterial als es etwa durch Videokassetten möglich ist.

Wegen der Kompatibilität von Anschlußgeräten verschiedener Hersteller ist es nicht ausreichend, nur das verwendete Alphabet, die Codierung für die Übertragung und die Systemsteuerzeichen zu standardisieren /3/, sondern darüber hinaus sind auch Vereinbarungen für Gerätesteuerzeichen und Geräteschnittstellen zu treffen.

Wenn man eigene Entwürfe mit diesem System anfertigen will, Entwürfe, wie sie z.B. in den bereits gezeigten Texten dargestellt wurden, dann ist das auf zwei Wegen möglich:

1. In direkter Verbindung mit der Datenbank werden entsprechende Graphiken und Bilder Schritt für Schritt aufgebaut und dabei jeweils die eingegebenen Daten in die Bildschirmtextzentrale gespeichert und von dort aus zurückgesendet und dann auf dem Bildschirm dargestellt. Hier ergibt sich eine hohe Belegung des Fernsprechanschlusses und in der Bildschirmtext-Zentrale.

2. Im autonomen Betrieb ohne entsprechende Verbindung zur Zentrale werden die Texte entworfen, in dem Bildspeicher des Fernsehgerätes abgespeichert und von dort aus in einem Block zur Datenbank übertragen. Hier zeigen sich nun die Grenzen möglicher Systeme sehr deutlich. Während für die Übertragung eines Bildes zum Teilnehmer maximal 8 Sekunden vergehen, so dauert die Übertragung eines Bildes von dem Endgerät in die Zentrale über den viel schmäleren Rückkanal mehr als 2 Minuten.

7. Halbduplexmodem

Unserer Meinung nach kann aber eine wirtschaftliche Lösung für das Datenübertragungsgerät so realisiert werden, daß beide Übertragungsrichtungen, sowohl die Übertragungsrichtung von der Bildschirmtext-Zentrale zum Teilnehmer als auch vom Teilnehmer zur Zentrale mit gleicher Geschwindigkeit ablaufen können.

Im Bild 11 ist schematisch die Verbindung angedeutet. Bei der vom Viewdata-System der BPO benutzten Übertragung wird mit 1200 Schritten/Sekunde zum Teilnehmer und nur mit 75 Schritten/Sekunde zur Zentrale im Frequenzgetrenntlageverfahren übertragen, wobei sich diese Übertragungen nicht gegenseitig beeinflussen. Da für das Bildschirmtextsystem immer nur abwechselnd in eine der beiden Richtungen Informationen übertragen werden müssen, kann man das gleiche Frequenzband mit gleicher Geschwindigkeit in beide Richtungen benutzen, wenn man sicherstellt, daß der Teilnehmer zusätzlich die Möglichkeit erhält, die Übertragung von der Zentrale zu seinem Gerät zu unterbrechen, wenn er ein Steuersignal oder Mitteilung an die Zentrale geben will. Das geschieht mit dem Break-Ton.

8. Beenden des Gespräches

In Bild 12 ist dargestellt, welche Wege es zur Beendigung eines Gespräches geben kann:

- Wählen der entsprechenden Schlußseite
- Betätigen der ENDE-Taste der Fernbedienung
- automatisches Ende durch Steuersignal von der Datenbank bei Teilnehmerinaktivität
- Umschalten auf anderen Empfangsmodus

Wie das System nun im Einzelnen reagiert, entnimmt man dem Bild 12. Auf Wunsch wird die Schlußseite übertragen und gibt Kenntnis über die Nutzung des Dienstes. Dann wird die Verbindung gelöst.

9. Schrifttum

/1/ Bildschirmtext-Beschreibung und Anwendungsmöglichkeiten
Broschüre zur Bildschirmtext-Demonstration auf der Internationalen Funkausstellung, Deutsche Bundespost (1977)

/2/ Gabel, J.: Thesen zum "Bildschirmtext" (Bericht über Vorlage der Studiengruppe Bildschirmtext).
Nachrichtentechn. Z. 30(1977)H. 11, S. 826 und 828

/3/ International Character Set for Text Communication Systems
CCITT-Beitrag Questions: 8/1 und 8/VIII
Study Group I - Contribution No. 92
Study Group VIII - Contribution No. 45
vom 13.04.1978

10. Bilder

Bild 1. IR-Fernbedienung mit Systemsteuertasten

Fig. 1. Remote control device with function keys

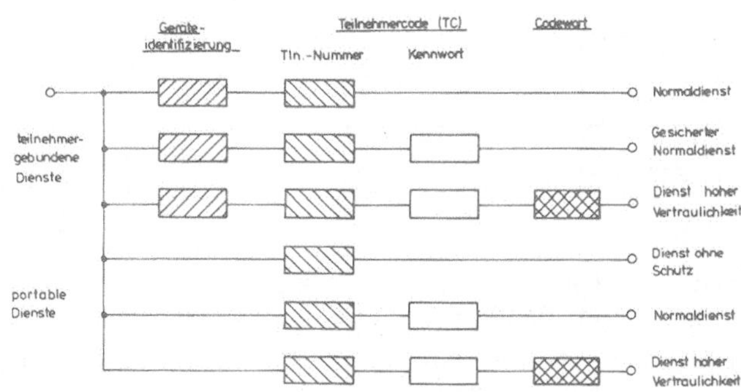

Bild 2. Teilnehmer-Identifizierung und Berechtigungen

Fig. 2. Subscriber identification and licence

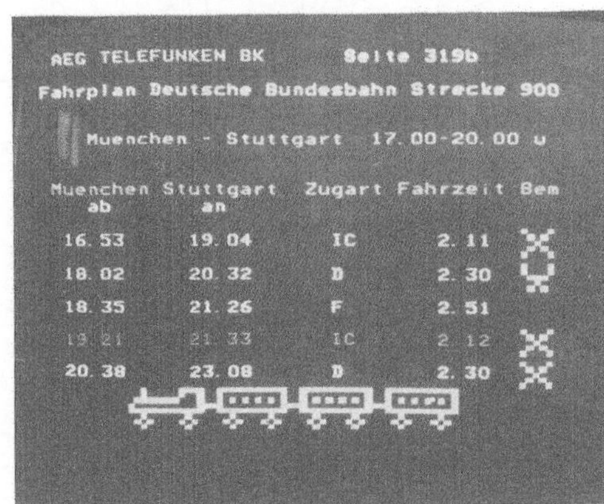

AEG TELEFUNKEN BK Seite 319b

Fahrplan Deutsche Bundesbahn Strecke 900

Muenchen - Stuttgart 17.00-20.00 u

Muenchen ab	Stuttgart an	Zugart	Fahrzeit	Bem
16.53	19.04	IC	2.11	
18.02	20.32	D	2.30	
18.35	21.26	F	2.51	
19.21	21.33	IC	2.12	
20.38	23.08	D	2.30	

Bild 3. Fahrplanauszug

Fig. 3. Excerpt of a time-table

AEG TELEFUNKEN BK Seite 319c

Fahrplan Deutsche Bundesbahn Strecke 785

Stuttgart - Backnang 19.00-24.00 u

Stuttgart ab	Backnang an	Zugart	Fahrzeit	Bem
18.55	19.34	N	0.39	
19.15	19.48	E	0.33	
19.55	20.23	E	0.28	
20.15	20.58	N	0.43	
21.07	21.42	N	0.40	
21.35	22.10	N	0.35	
22.26	23.03	N	0.39	
23.26	0.09	N	0.43	

Bild 4. Fahrplanauszug

Fig. 4. Excerpt of a time-table

Bildschirmtext SEITE 4508

Flugplan Lufthansa BRD

Muenchen - Stuttgart werktags

Muenchen ab	Stuttgart an	Flug	Type	Bem.
11.30	12.13	LH 958	B737	"1&
19.50	20.30	LH 819	B737	"1&

Bild 5. Flugplan-Ausdruck

Fig. 5. Print of a flight time-table

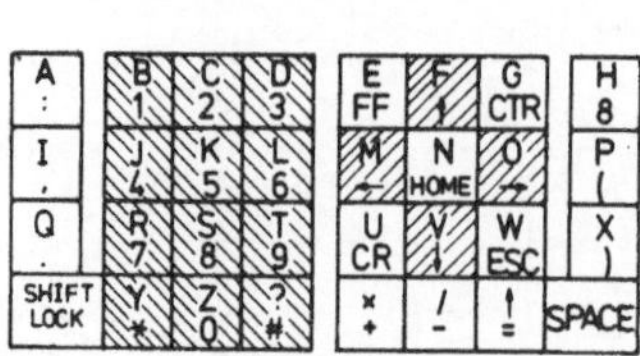

Bild 6. Alphanumerische Tastatur mit Großbuchstaben

Fig. 6. Keyboard for numerals and capital letters

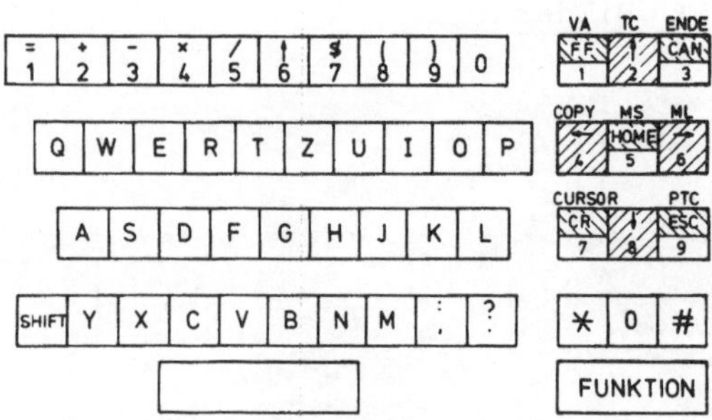

Bild 7. Schreibmaschinentastatur

Fig. 7. Keyboard for typewriting

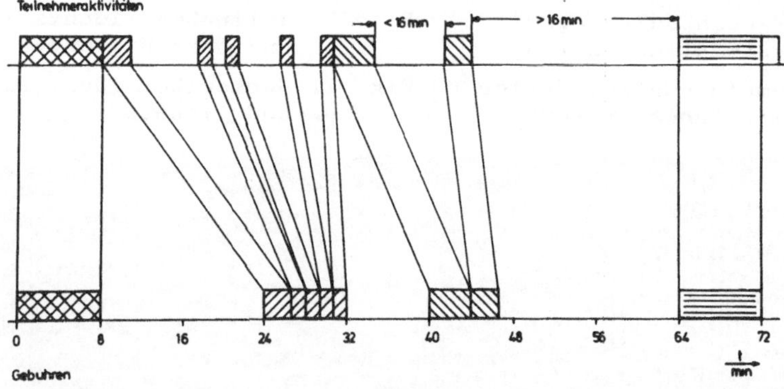

Bild 8. Ermittlung der Teilnehmergebühren

Fig. 8. Ascertainment of subscriber fees

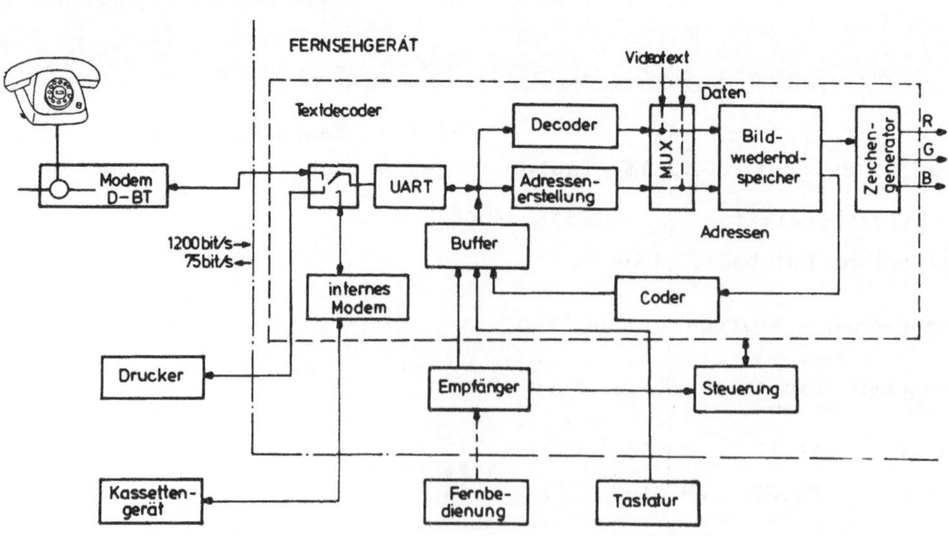

Bild 9. Bildschirmtext-System mit Anschlußmöglichkeiten für verschiedene Tastaturen, Drucker und Magnetkassettengeräte

Fig. 9. Bildschirmtext system with connection possibilities for different keyboards, printers and magnetic tape cassette memories

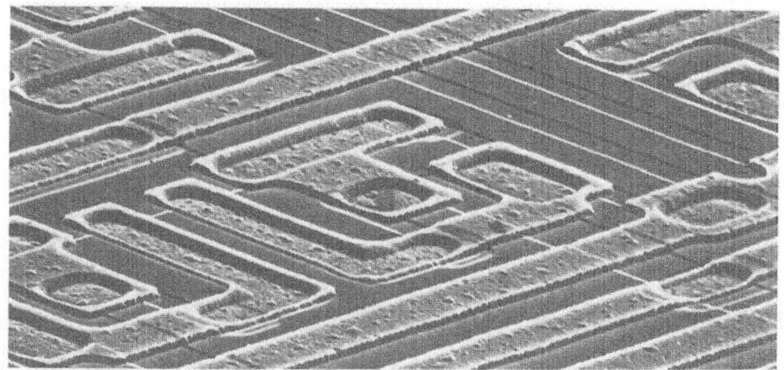

Bild 10. Mikroskopische Aufnahme einer Speicherzelle von einem Halbleiterspeicher-Baustein

Fig. 10. Microscopical picture of a storage cell for a semiconductor memory circuit

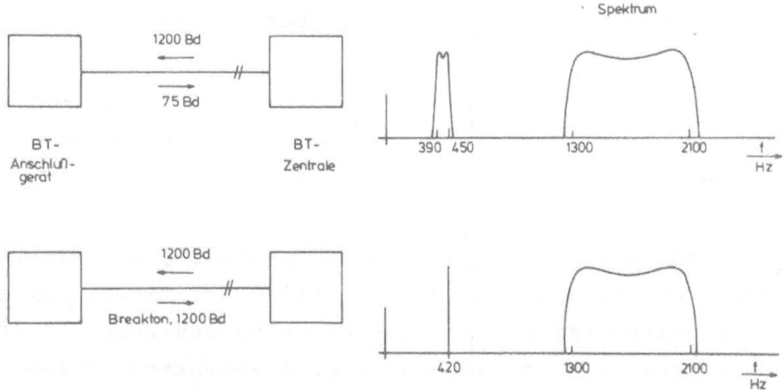

Bild 11. Duplex- und Halbduplexmodems für die Datenübertragung zwischen Teilnehmer und Zentrale

Fig. 11. Duplex and semiduplex modems for data transmission between subscriber and central office

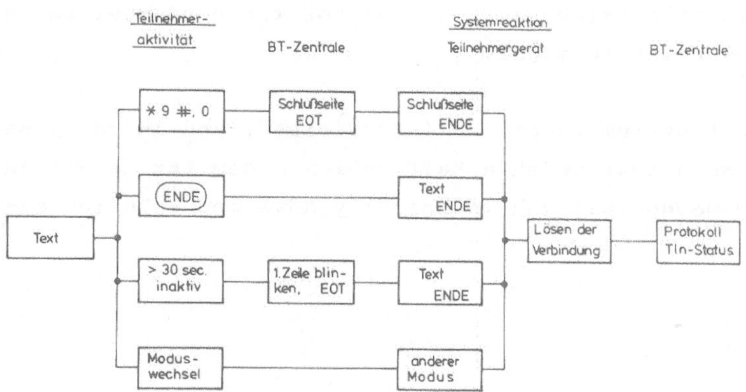

Bild 12. Lösen der Verbindung zur Bildschirmtext-Zentrale

Fig. 12. Disconnecting possibilities for the data transmission

Facilities, System Configuration and Circuit Design for "Bildschirmtext"

H. H. Schüßler
Backnang

A user-adapted "Bildschirmtext"system requires an uncomplicated installation method for a connection to the data center. A special remote control device with three additional functions permits setting up of the connection, subscriber identification and ending of the connection by actuating for each case one of the control keys. The status of the system, when setting up or canceling the connection, is displayed on the subscriber's screen.

Examples are given for information on a planned voyage and for communications to other subscribers. Various keyboards and a printer are connected to the system for this purpose.

In order not to impair too much the accessibility of telephone subscribers provided with "Bildschirmtext" as additional service, an automatic switch-off of the subscriber is envisaged if the subscriber's terminal becomes inactive. A summation of fees of several dialog segments is proposed so that the fees don't rise excessively as a result of this measure.

An expansion of the subscriber terminal by a simple magnetic tape cassette memory permits, besides an expanded participation in the "Bildschirmtext"service, also the use of the equipment as an indepently-working terminal.

The design of system functions is described, and in doing so, it was established that, with a half-duplex modem for data transmission, an economical and technically advanced solution can be achieved.

Das Bildschirmtext-Endgerät und seine mögliche zukünftige Entwicklung

P. Klein
München

Zusammenfassung

Die Voraussetzungen für den gegenwärtigen Stand des BT-Systems sind technisch bestimmt von den Gegebenheiten des Fernseh-Gerätes und des Telefon-Kanals. Die folgenden, sich bereits abzeichnenden Entwicklungen können diese Voraussetzungen beeinflussen:

weitere technologische Fortschritte in der Fernsehgerätetechnik und bei Bildspeichern.

Weiterentwicklung schneller Datenübertragungsverfahren.

wirtschaftliche Realisierung von redundanzmindernden Verfahren im Endgerät.

Damit wird man im BT-System auf der Seite des Teilnehmers zu besserer Grafik bei noch akzeptabler Bildaufbauzeit kommen und so dem System mehr Dienste-Möglichkeiten erschließen können. Eine Erweiterung der Intelligenz im BT-Endgerät führt zur Bedienungserleichterung beim Dialog mit BT-Datenbanken.

1. Einleitung

Mit dem System "Bildschirmtext" kann die Text- und Grafikkommunikation erstmals einer breiten Öffentlichkeit zugänglich gemacht werden. Dabei wurde das Gesamtsystem so ausgelegt, daß das Bildschirmtext-Endgerät unter Berücksichtigung des heutigen Standes der Elektronik und bei Verwendung des Heimfernseh-Gerätes und des Telefons preisgünstig verfügbar sein kann. Dem Systemkonzept liegen dabei aus der Sicht des Endgerätes zwei wesentliche Normen zugrunde: Die Bandbreite des Fernsprechkanals und die Abbildungsnorm des Fernsehens. Von ihnen hängen die Aufbauzeit und der Umfang der auf dem Bildschirm des Bildschirmtext-Endgerätes erscheinenden Text- oder Grafikseite ab. Somit bilden technische Normen und gegenwärtiger technologischer Stand die Voraussetzungen für den "friendly computer at home".

Im vorliegenden Referat soll näher betrachtet werden, welche Entwicklungen in Technologie und Technik einen Einfluß auf das Bildschirmtext-Endgerät nehmen könnten. Vor der Erörterung dieser technischen Probleme wird jedoch noch kurz auf einige visuelle Fähigkeiten des Menschen eingegangen.

2. Einige Anforderungen an die Bildschirm-Textausgabe

Wir sind gewohnt, Geschriebenes und Gedrucktes aus einer Entfernung von ca. 25 cm zu betrachten (Bild 1). Bei Schreibmaschinenschrift sehen wir die Buchstaben dann unter einem Winkel von ca. 27 Bogen-Minuten ('). Messungen haben ergeben, daß wir unter normalen Beleuchtungsbedingungen schwarze Buchstaben auf weißem Grund unter einem Winkel von 15 ' gerade noch lesen können. Das entspricht dann einer Buchstabenhöhe von ca. 1,1 mm und stellt einen Grenzwert dar, der nicht für das bequeme Lesen geeignet ist. Für farbige Vorlagen liegt dieser Minimalwert wesentlich höher. Aus Untersuchungen folgt weiter, daß es bei der Ausgabe von Texten nicht sinnvoll ist, mehr als 8 verschiedene Farben zu verwenden. Bei der Erörterung der Zeichenerkennbarkeit ist zu berücksichtigen, ob es sich um gelegentliches Lesen handelt (in unserem Fall: Gelegentlicher Bildschirmtext-Abruf bei privater Nutzung), oder um Daueranwendung im beruflichen Bereich. In diesem letzteren Fall sind wesentlich strengere Maßstäbe im Hinblick auf die Zeichenlesbarkeit anzulegen. Das wird dann auch in der getrennten Betrachtung von Bildschirmtext-Endgeräte-Versionen für einerseits Büro-, andererseits Privat-Anwendungen seinen Niederschlag finden.

Beim Fernsehen wird ein Betrachtungsabstand von 3- bis 4-facher Bildschirmdiagonale empfohlen. Betrachten wir aus dieser Entfernung "Bildschirmtext", so erscheinen die Zeichen unter einem Winkel von ca. 16', man liegt also relativ dicht an der Grenze der Lesbarkeit der Zeichen. Deshalb wird auch bei Bildschirmtext-Vorführungen die Erfahrung gemacht, daß die Benutzer wesentlich dichter an das Fernseh-Gerät herangehen, als sie es beim üblichen Fernsehen tun würden. Mit einer größeren Zeichenanzahl auf dem Bildschirm wären dem Benutzer eines Heim-Fernsehers also keine besonderen Vorteile geboten. Man kann demnach davon ausgehen, daß mit der Abbildungsnorm für Bildschirmtext mit ihren 24 Schriftzeilen à 40 Schriftzeichen für diesen Benutzerkreis bereits ein Optimalwert erreicht wurde. Bei der Grafik-Darstellung werden dagegen die Fähigkeiten des menschlichen Auges bezüglich seines Auflösungsvermögens nicht ausgeschöpft, zumal es sich um stehende Abbildungen handelt. An dieser Stelle könnten also dem Bildschirmtext-Endgerät im Laufe der Weiterentwicklung andere Ausgestaltungsmöglichkeiten gegeben werden.

Ausgehend davon sollen deshalb die folgenden drei Komponenten eines Bildschirmtext-Endgerätes, deren Funktionen in Wechselwirkung zueinander stehen, näher betrachtet werden (Bild 2): 1.) Text- und Grafikausgabe auf Bildschirm oder Paneel, 2.) Seitenspeicher, 3.) Technik der Auswertung empfangener Zeichen in einem Steuerungsteil.

3. Möglicher Einfluß von Technologie-Fortschritten auf das Bildschirmtext-Endgerät

3.1 Text- und Grafik-Ausgabe auf Bildschirm oder Paneel

Bei der technologischen Entwicklung der Bildausgabe sind zwei wesentliche Richtungen zu unterscheiden: Die Verbesserung der Katodenstrahlröhre und die Entwicklung des sog. "flachen Bildschirmes".

a) Katodenstrahlröhre
Die Wirkungsweise der Bilderzeugung einer als Fernsehröhre arbeitenden Katodenstrahlröhre wird hier als bekannt vorausgesetzt. Neben der einfachen Art der Ansteuerung und der Farbbild-Erzeugung ist ein weiteres Merkmal ihre gute Lichtausbeute, d.h. die hohe erreichbare Lichtleistung bezogen auf die zugeführte elektrische Leistung. Bild 3 vermittelt eine Vorstellung davon, wie die Helligkeit durch technologische Fortschritte um etwa den Faktor 50 gesteigert werden konnte. Gesteigerte Schirmhelligkeit infolge höherer Lichtausbeute (hauptsächlich erzielt durch verbesserte Phosphorschichten) kann jedoch gegen erhöhten Kontrast oder erhöhte Auflösung ausgehandelt werden und führt damit allgemein zu verbesserter Bildqualität. Gegenwärtig können Katodenstrahlröhren für die farbige Darstellung von Fernsehbildern mit Bildschirmdiagonalen zwischen 22 und 67 cm in Großserien und damit preisgünstig gefertigt werden.

b) Flacher Bildschirm
Unter diesen Sammelbegriff fällt eine Vielzahl von Bildausgabe-Prinzipien, von denen im folgenden drei beschrieben werden. Allen Prinzipien ist gemeinsam, daß ein flächenhaftes Bild aus einzelnen Bildpunkten zusammengesetzt wird, die über Zuführung elektrischer Energie entweder ihr optisches Verhalten (z.B. Lichtdurchlässigkeit) ändern oder zum Aufleuchten gebracht werden können. Zu den ersteren gehören Flüssigkristall-Bildschirme, zu den zweiten Elektrolumineszenz- und Plasma-Bildschirme. Für die gezielte Anregung der Bildpunkte wird in allen Fällen eine Matrix-Ansteuerung verwendet (Bild 4). Um den Bildpunkt P_{xy} anzusteuern, muß über die Anschlüsse x und y elektrische Energie zugeführt werden. Für die Auflösung eines normalen Fernsehbildes sind für die y-Koordinate 584 Anschlüsse

(das ist die Anzahl der sichtbaren Fernsehzeilen unserer 625-Zeilen-Norm) und bei gleicher Auflösung in x- und y-Richtung sowie einem Seitenverhältnis von 3:4 für die x-Koordinate 730 Anschlüsse aufzuwenden. Jedem Bildpunkt muß zur Vermeidung des Bildflimmerns 50 mal in der Sekunde Energie zugeführt werden. Würde man die Bildpunkte einzeln nacheinander anregen, dann stände jedem der 730 x 580 = 423400 Bildpunkte dafür weniger als der 10. Teil einer Mikrosekunde zur Verfügung. Es ist deshalb üblich, die Bildpunkte einer ganzen Zeile dieser Matrix gleichzeitig anzuregen. Damit verlängert sich die zur Verfügung stehende Einwirkungszeit auf den einzelnen Bildpunkt um den Faktor der Zeilenanzahl. Erst dadurch wird für einige Abbildungsprinzipien deren Einsatz zur Abbildung von Fernsehbildern (Bewegtbildern) überhaupt mehr oder weniger gut möglich. Der Flüssigkristall-Bildschirm konnte bisher unter Laborbedingungen für Fernsehbilder mit folgenden Werten realisiert werden: Unterteilung der Bildfläche in eine Matrix von ca. 150 x 150 Bildpunkten bei etwa 10 Graustufen, einem Kontrastverhältnis von 20:1 und einer Bildwechselfrequenz von 60 Hz. Beim Flüssigkristall-Bildschirm wird die an den einzelnen Bildpunkt herangeführte Energie nicht in sichtbares Licht umgesetzt, sondern sie ändert nur die optische Durchlässigkeit des Materials. Dadurch benötigt dieses Abbildungsprinzip nur wenig Leistung. Höhere Leistungen erfordern wegen der geringeren Lichtausbeute die Prinzipien von Gasentladung und Elektro-Lumineszenz, insbesondere, wenn Farb-Fernsehbilder erzeugt werden sollen. Unter Laborbedingungen sind Lichtausbeuten für flache Farbfernseh-Schirme erzielt worden, die noch nicht diejenigen der Katodenstrahlröhren erreichen. Dadurch führt ausreichende Schirmhelligkeit zu noch hoher thermischer Belastung der Bildschirmfläche. Die Bildausgabe auf flachen Bildschirmen, die bereits auf dem Markt verfügbar sind, beschränkt sich daher gegenwärtig auf einfarbige Darstellung von Zeichen und Grafiken. Damit sind dann auch (wenn man auf die Farbe verzichtet) Bildschirmtext-Anwendungen unter Ausnutzung der Vorteile des flachen Bildschirmes im kommerziellen Bereich denkbar. Allen auf dem Markt befindlichen flachen Bildschirmen ist aber gemeinsam, daß sie teurer sind als die Bildröhre des Heimfernseh-Gerätes. So können im Bereich privater Nutzung von "Bildschirmtext", bei der die Mitausnutzung des Fernsehgerätes im Vordergrund steht, die flachen Bildschirme erst dann attraktiv werden, wenn sie in Eigenschaften und Kosten der Katodenstrahlröhre gleichkommen. Verstärkter Einsatz von "Bildschirmtext" bei Büro-Anwendungen könnte jedoch zu höheren Stückzahlerwartungen für den flachen Bildschirm führen, und damit die Forschung auf diesem Gebiet noch intensivieren.

3.2 Seitenspeicher

Im Bildschirmtext-Endgerät nimmt der Seitenspeicher (Bild 2) einen wesentlichen Platz ein. Dieser Speicher enthält das elektronische Abbild dessen, was in der Funktion "Bildschirmtext" an Zeichen oder Grafik-Elementen auf dem Bildschirm zu sehen ist. In der einfachsten Organisation des Speichers, die hier nur betrachtet werden soll, ist jeder Schreibstelle auf dem Bildschirm eine Anzahl von Speicherstellen im Bildspeicher fest zugeordnet. Für Bildschirmtext und Videotext sind 960 Schreibstellen bei 24 Zeilen zu je 40 Zeichen vorgesehen. Eine Erhöhung dieser Zeichenanzahl wurde im vorigen Abschnitt aus Gründen der Zeichenerkennbarkeit als nicht sinnvoll angesehen. Jedoch ist eine komfortablere, d.h. höher aufgelöste Darstellung von Grafik-Elementen mit den Betrachtungsbedingungen und dem Auflösungsvermögen des menschlichen Auges vereinbar. Bei Bildschirmtext wird zur Grafik-Darstellung jede Schreibstelle in 6 Unterfelder aufgeteilt (Bild 5a). Dadurch wird im Grenzfall ein Schachbrettmuster bestehend aus 72 x 80 = 5760 Unterfeldern darstellbar. Die Aufteilung einer Schreibstelle in mehr als 6 Unterfelder findet wegen der Fernsehnorm nach Bild 5b bei 70 Unterfeldern eine Grenze. Damit läßt sich die gesamte Bildfläche in 240 x 280 Bildpunkte aufteilen. Um - wie gegenwärtig auch - in 7 verschiedenen Farben abbilden zu können, werden pro Bildpunkt 3 Bit benötigt, ein weiteres Bit soll für Sonderfunktionen reserviert bleiben. Somit wird ein Seitenspeicher mit einer Kapazität von 240 x 280 x 4 = 268800 Bit erforderlich. Gegenüber dem gegenwärtigen Seitenspeicher mit einer Kapazität von ca. 8 kBit ergibt sich also eine Vergrößerung um mehr als den Faktor 30. Die erhöhte Auflösung, die für diesen Aufwand zu erzielen ist, soll am Beispiel der Landkarte des folgenden Bildes verdeutlicht werden (Bild 6). Mit dieser höheren Auflösung dürften sich für Bildschirmtext weitere Anwendungsfälle erschließen. Gleichzeitig mit dem Speicheraufwand steigt auch der Aufwand für den Steuerungsteil. Diesem fallen die folgenden drei wesentlichen Aufgaben zu: 1.) Die von der Fernsprechleitung kommenden Signale werden im Steuerungsteil verarbeitet und dabei aus ihnen die im Seitenspeicher abzulegende Grafik-Information gewonnen. 2.) Der Steuerungsteil verwaltet den Speicher derart, daß letzterer statt einer fein aufgelösten Grafik den Inhalt mehrerer Textseiten, in unserem Beispiel: 30, aufnehmen kann. (Damit wird dem Benutzer die Möglichkeit geboten, mehrere Textseiten nacheinander abzurufen, um sie im Bildschirmtext-Endgerät zu speichern. Er kann diese Textseiten nun ohne weitere Verbindung zur Bildschirm-Zentrale und damit ohne weitere Fernsprechgebühr in beliebiger Reihenfolge und beliebig oft auf seinem Bildschirm betrachten.) 3.) Der Steuerungsteil versorgt die Bedienerführung des Endgerätes mit entsprechenden Daten über den jeweiligen Zustand des Speichers.

Für die flimmerfreie Wiedergabe des Bildes muß der Inhalt des Seitenspeichers mindestens 50 mal in der Sekunde (entsprechend der Bildwechselfrequenz des Fernsehens) ausgelesen werden. Beim Parallel-Auslesen der Bit zweier Bildpunkte stehen für das Auslesen eines jeden der 240 x 280 = 67200 Speicherplätze 0,59 Mikrosekunden zur Verfügung. Speicher dieser Zugriffszeit sind gegenwärtig in verschiedenen Technologien verfügbar. Innerhalb einer der modernen Speicher-Technologien kann man gegenwärtig mit einer Preis-Degression von etwa einer Größenordnung in 6 Jahren rechnen. Der für eine angedachte Speichervergrößerung zunächst sicher unrealistisch anmutende Faktor 30 wäre demnach in etwa 8 Jahren abgebaut und dieser Teil des Endgerätes dann nur genau so aufwendig wie heute.

3.3 Technik der Auswertung empfangener Zeichen

Im Fall der hier diskutierten höheren Auflösung von Grafik-Darstellungen oder der paketweisen Übernahme von mehreren Textseiten aus der Datei der Bildschirmtext-Zentrale stört die damit verbundene längere Übertragungszeit. Bei Bildschirmtext ergibt sich eine Übertragungszeit von 8 Sekunden, wenn man eine Übertragungsrate von 1,2 kbit/sek, 10 Bit pro Zeichen und eine vollgeschriebene Textseite von 960 Zeichen zugrundelegt. Die Übernahme von 30 Textseiten oder die einer feiner aufgelösten Grafik-Darstellung dauert unter diesen Voraussetzungen etwa 4 Minuten. Diese Wartezeit ist insbesondere bei Grafikausgabe im Dialogbetrieb nicht zumutbar. Das Bild 7 zeigt den allgemeinen Zusammenhang zwischen Auflösung und Übertragungszeit. In dieses Bild sind noch 2 weitere Übertragungsraten eingetragen: 9.6 kbit/sek ist die in Zukunft mögliche Übertragungsrate im "Integrierten Fernschreib- und Datennetz", IDN (es ist denkbar, daß Bildschirmtext für kommerzielle Anwendungen auch in diesem Netz übertragen wird). 64 kbit/sek ist die Übertragungsrate eines Fernsprechkanals in einem für die Zukunft denkbaren Netz für die digitale Telefonie. Mit diesen Übertragungsraten sind akzeptable Übertragungszeiten erreichbar. Die nach Bild 7 für eine feiner aufgelöste Grafik erforderliche Übertragungszeit kann durch Redundanzminderung verringert werden. Die einfachste Form der Redundanzminderung soll dabei anhand der Lauf-Längen-Codierung erläutert werden (Bild 8): Anstatt Bildpunkt für Bildpunkt werden nur die Bild-Änderungen längs einer Grafik-Zeile übertragen. Insbesondere bei wenigen oder großflächigen Bildelementen läßt sich mit diesem Verfahren ein erheblicher Teil der Übertragungszeit einsparen. Für die dargestellte Landkarte wären ca. 20 sek erforderlich.

Die erhöhte Detailauflösung hat naturgemäß auch Auswirkungen auf die Abspeicherung der Seiten in den Dateien der Bildschirmtext-Zentrale: Es ist zweckmäßig, die Grafikdarstellungen in den Seitenspeichern der Dateien nicht bildpunktweise, sondern in der Form abzuspeichern, wie sie über die Leitung zum Endgerät übertragen werden. Im Endgerät werden aus diesen Informationen die Speicherplätze errechnet, in denen die Bildelemente bildpunktweise abgelegt werden müssen. Dafür werden im Steuerungsteil des Endgerätes entsprechende Funktionen erforderlich, die jedoch mit Hilfe eines Mikroprozessors leicht zu realisieren sind. Dieser zusätzliche Aufwand im Bildschirmtext-Endgerät ist geringer als der erhöhte Speicher-Aufwand im vergrößerten Seitenspeicher und wird durch die zu erwartende Verbilligung der Elektronik ebenfalls abgedeckt.

4. Mögliche Ausgestaltung eines zukünftigen Endgerätes

a) privater Benutzer

Bildschirmtext beim privaten Benutzer ist im Zusammenhang mit seinem Fernsehgerät zu sehen. Dadurch sind hier die Nutzungsmöglichkeiten von farbiger Text- und feinaufgelöster Grafik-Ausgabe gegeben, und es ist zu erwarten, daß mit erhöhter Grafik-Auflösung des Endgerätes auch noch mehr neue Anwendungsfälle und die Ausweitung bestehender Nutzungsmöglichkeiten einhergehen. Der im Gerät vorhandene Mikroprozessor dient nicht nur der oben erwähnten Verwaltung des Bildspeichers und der Lösung übertragungstechnischer Aufgaben, sondern auch der Bedienerführung bei der Benutzung des Endgerätes. Beispielsweise könnten entsprechende Bedienungshinweise auf dem Bildschirm dabei mithelfen, daß der Teilnehmer die peripheren Geräte (Kassette, Drucker) richtig anschließt und betreibt. Texthinweise auf das Vorliegen von Nachrichten im Nachrichtenspeicher der Bildschirmtext-Zentrale (sofern dies einmal Leistungsmerkmal des Systems sein wird) könnten angezeigt werden. Mit Hilfe des Mikroprozessors können dem Teilnehmer auch die Prozeduren zum vermittlungstechnischen Erreichen der Bildschirmtext-Zentrale einschließlich der Hörtonerkennung abgenommen werden. Ein qualitativer Sprung zu noch höherem Grafik-Abbildungskomfort und eine Übertragungszeit-Verkürzung ist jedoch so lange nicht möglich bzw. sinnvoll, solange Bildschirmtext auf der Mitausnutzung des Fernsehgerätes beruht und bessere Bildausgabe-Medien, als es der Heimfernseher darstellt, nicht ebenso preiswert angeboten werden können.

b) kommerzieller Benutzer

Spezialgeräte für die Bildausgabe werden nur im kommerziellen Bereich gerechtfertigt sein. Die Bindung an das Fernsehgerät wird hier um so weniger gefordert, als an vielen Stellen in den Büros bereits für die alphanumerische Ausgabe Datensichtgeräte eingesetzt sind bzw. in zunehmendem Maße eingesetzt werden. Diese Geräte sind bereits in bezug auf Schirmhelligkeit, Kontrast, Flimmerfreiheit und Zeichengröße auf die kommerzielle Nutzung bei Dauerbetrieb abgestimmt. Der Zugang zum Bildschirmtext-Dienst wird bei Mitbenutzung von Datensichtgeräten nicht individuell von jedem Einzelgerät aus, sondern über den Rechner, an den die Datensichtgeräte angeschlossen sind, erfolgen. Dadurch wird dem Benutzer ein großer Teil von Leistungsmerkmalen eines Datensichtgerätes (z.B. lokale Textaufbereitung) zur Verfügung gestellt, und ihm auch die Möglichkeit gegeben, über ein Datennetz zur Bildschirmtext-Zentrale zu gelangen.

In den Bürobereichen, in denen erst mit "Bildschirmtext" die Textkommunikation per Bildschirm Eingang findet, sind andere Voraussetzungen gegeben. Hier wird das Bildschirmtext-Endgerät ein eigenständiges intelligentes Terminal mit eigener Bildausgabe sein. Die dazugehörige Tastatur und die Prozeduren werden - wie bei Datensichtgeräten - dem jeweiligen Anwendungsfall entsprechen. Die Wahl des Bildausgabe-Mediums richtet sich dabei nach den Abbildungsanforderungen und den konstruktiven Gegebenheiten. Flache Bildschirme mit dem Vorteil geringer Stellfläche und den damit gebotenen konstruktiven Freiheitsgraden können vorläufig nur bei alphanumerischer und Grafik-Ausgabe und dem Verzicht auf Mehrfarbigkeit der Abbildung eingesetzt werden. Wird Mehrfarbigkeit der Darstellung gewünscht, wird man in der nächsten Zukunft an Fernseh-Monitoren nicht vorbeikommen. Dem bei Büro-Anwendungen stärker störenden Bildflimmern kann im wesentlichen nur durch möglichst geringe geometrische Abmessungen des Bildschirmes und geeignete Abschirmung gegen Fremdlicht - da der Flimmereindruck mit abnehmender Bildgröße und Bildschirmhelligkeit geringer wird - begegnet werden.

Die angestellten Betrachtungen zeigen, daß umwälzende Entwicklungen auf dem Gebiet des Bildschirmtext-Endgerätes in allernächster Zukunft nicht zu erwarten sind, aber ein guter Spielraum für die Weiterentwicklung des Systems besteht. Das hat seine Ursache darin, daß man bei der Konzeption dieses Dienstes den gegenwärtigen technischen Randbedingungen bereits gut entsprochen hat. Grund genug, den Dienst "Bildschirmtext" nach dem gegenwärtigen Konzept unverzüglich einzuführen und im Zuge der technologischen Weiterentwicklung dem Benutzer schrittweise weitere attraktive Anwendungsmöglichkeiten zu bieten.

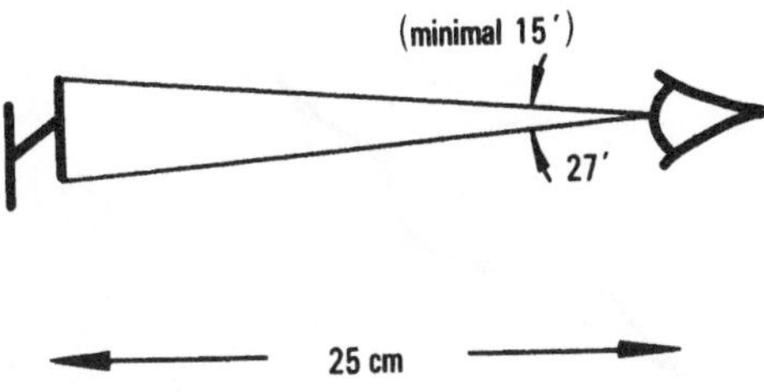

Bild 1. Auflösungsvermögen des menschlichen Auges

Fig. 1. Resolving capability of the human eye

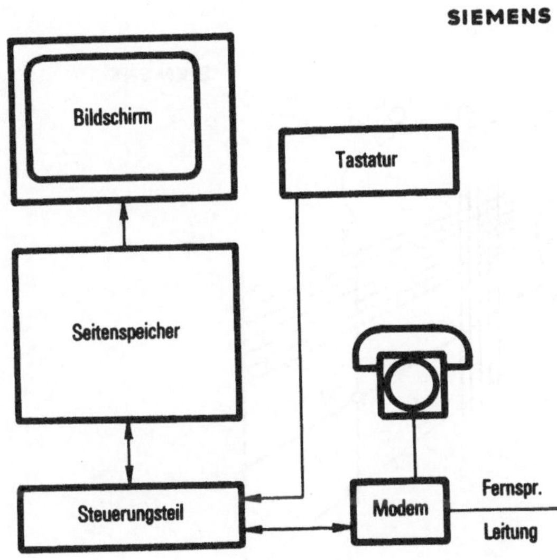

Bild 2. Blockschaltbild eines Bildschirmtext-Endgerätes

Fig. 2. Block diagram of a "Bildschirmtext" terminal

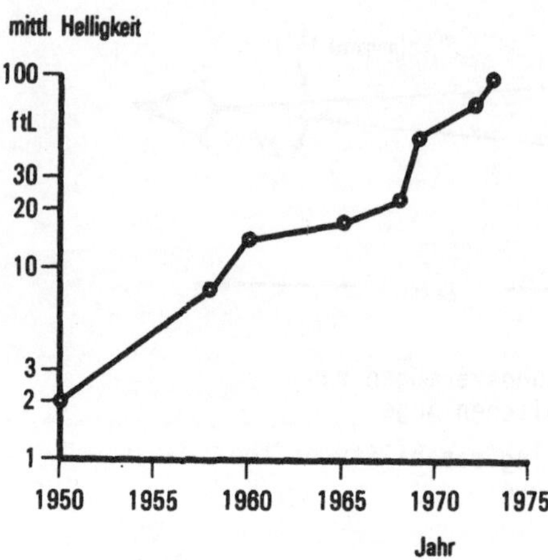

Bild 3. Verbesserung der mittleren Schirmhelligkeit

Fig. 3. Improvement in mean brightness

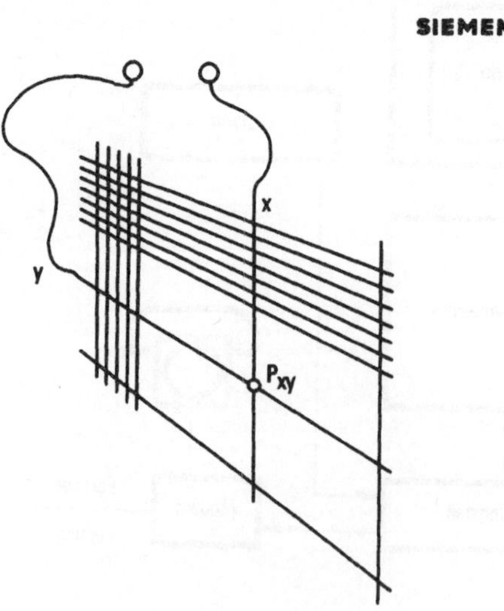

Bild 4. Ansteuerung der Bildpunkte beim flachen Bildschirm

Fig. 4. Display of image dots on a flat screen

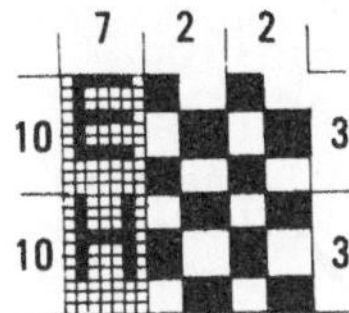

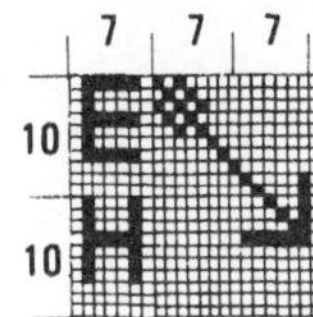

Bild 5. Aufteilung der Schreibstelle in Grafik-Elemente

Fig. 5. Division of a character position for graphic elements

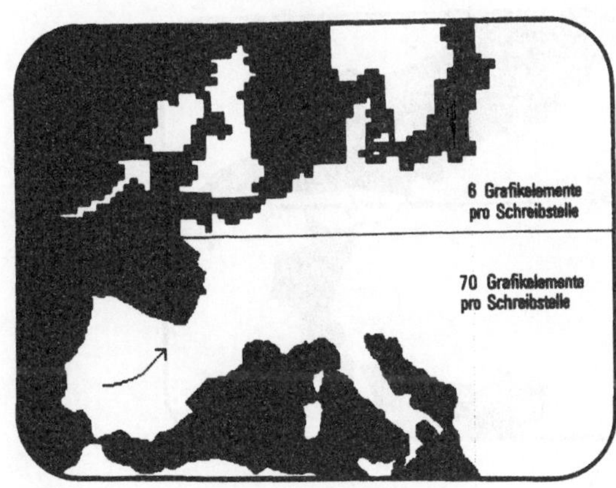

Bild 6. Beispiel für eine Grafik-Darstellung

Fig. 6. Example of a graphic display

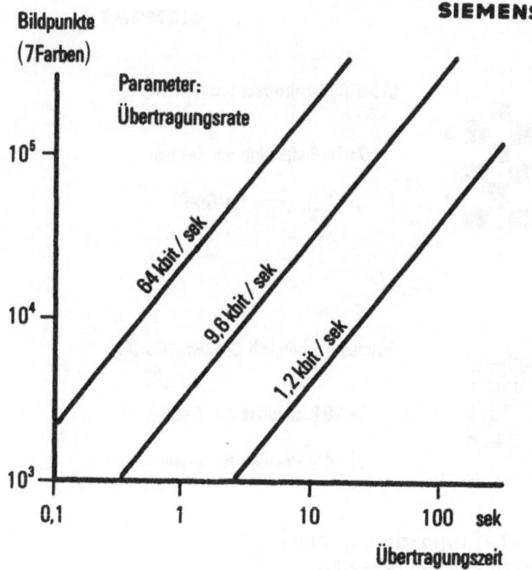

Bild 7. Zusammenhang zwischen Obertragungszeit und Auflösung bei mehrfarbiger Grafik

Fig. 7. Relationship between transmission time and resolution in the case of multi-coloured graphics

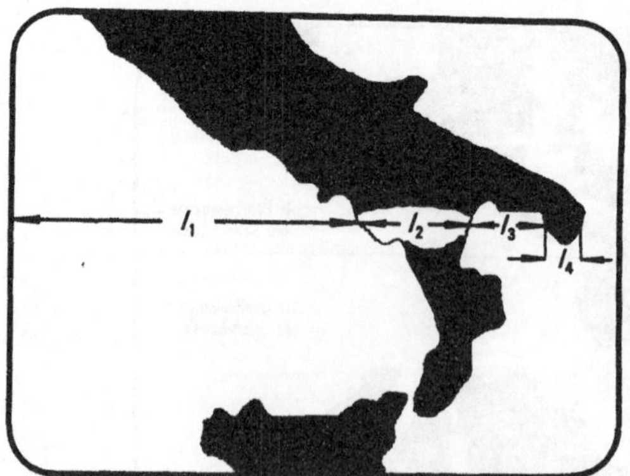

Bild 8. Grafik-Aufbau durch Obertragen der Abtastlänge gleicher Farben

Fig. 8. Build up of a graphic display by transmitting run lengths of the same colour

Schrifttum

1. Fedida, S.: Viewdata: an interactive information service for the general public. Proc. European Computing Conference on Communication Networks, 1975, S. 261...282

2. Bildschirmtext-Beschreibung und Anwendungsmöglichkeiten. Deutsche Bundespost 1977

3. Schauer, A.: New Optoelectronic Displays. Siemens Forsch.- u. Entwickl. Ber. 7 (1978) 2, S. 95...101

4. Tannas, L.E., Goede, W.F.: Flat Panel Displays: Six Major Problems and some Solutions. Stanford, society for Information Display (SID) Seminar 1978

5. Huang, Th.S.: Coding of Two Tone Images. IEEE Transactions on Communications, Vol. COM-25, No 11, Nov. 1977, S. 1406...1424

6. Musmann, H.G., Preuss, D.: Comparison of Redundancy Reducing Codes for Facsimile Transmission of Documents. IEEE Transactions on Communications, Vol COM-25, No 11, Nov 1977, S. 1425...1433

The Bildschirmtext Terminal and its Possible Future Development

P. Klein
München

A video text communication system operating via the telephone network will be made available to a vast number of users for the very first time. The "Bildschirmtext" terminal, as it exists today, provides private customers with electronic equipment, representing the latest state of the art, at a reasonable price. The influence which further technological developments will have on the "Bildschirmtext" system will be analyzed. Reading habits and environments play an important role in the reception and understanding of text.
Requirements differ considerably, depending on whether the text is received and evaluated in the commercial sector (used constantly if required) or in the private sector (occasional use). Three of the areas in which further technological development can be expected will be mentioned and their influence discussed:
Text and graphics reproduction, text and graphics store, control unit (Fig. 2)

a) Text and graphics reproduction

Cathode ray tube characteristics and their continuous improvement (e.g. brilliance as shown in Fig. 3) are compared with those of other reproduction systems (e.g. electroluminescence, gas discharge, liquid crystals) some of which are still in the laboratory stage.

b) Text and graphics store

The function of this part of the terminal is to store one or several pages of text

- o to give a flickerless reproduction following a long writing time resulting from a low transmission rate
- o to lower redundancy — modified information need not be retransmitted as a whole
- o to provide facilities for receiving several pages of text, one

after the other, which can then be called down locally in the required sequence after the link between terminal and computer has been disconnected.

The trend towards larger stores at lower prices gives an insight into the display facilities which will be available for future use.

c) Control unit

This unit is, amongst other things, responsible for the control of transmission functions. The relationship between transmission rate, picture build-up time and resolution in the case of graphic displays (or number of characters on the screen) indicates the requirements which have to be met by the transmission system (Fig. 7). If transmission equipment operating at 1.2 kbit/s in the telephone network is used, graphic displays with better resolution and a picture build-up time of a few seconds can only be achieved with a higher outlay in terms of logic circuitry (e.g. run-length coding) in order to reduce redundancy. The costs for the control section of the terminal and those for the store show approximately the same trend. For office applications, access to the "Bildschirmtext" system is feasible via the IDN (Data Network) using a transmission rate of 9.6 kbit/sec. The digital telephone network (64 kbit/sec) envisaged for the future could lead to a further increase in the number of applications.

Bearing further developments in the three areas mentioned in mind, the following terminals could be envisaged for the future:

a) Home terminals

Due to the cost factor, the cathode ray tube will remain important as far as domestic TV receivers are concerned for another 10 to 15 years. Since the TV standard is hardly likely to change during this period, the display format for alphanumeric characters will also remain the same. Lower production costs for electronic equipment will result in more sophisticated graphic displays with an increased number of picture elements. This in turn will increase the number of applications for "Bildschirmtext" (Fig. 6).

b) Office terminals

Office terminals under constant use will have to meet the same requirements as data display units (this is particularly true as far as viewing distance, flicker and character dimensions are concerned).

The development of "Bildschirmtext" office terminals is therefore closely connected with that for text communications. The range of applications therefore includes common data display units, which have access to the "Bildschirmtext" network via a computer interface, intelligent "Bildschirmtext" office terminals with a local data display unit, and simple office "Bildschirmtext" terminals with small TV receivers for the video display.

An Intelligent Home Information Terminal

G. T. Sharpless
Redhill, Surrey, England

Abstract

Recent progress in semiconductor technology is making possible public information systems such as Teletext and Viewdata. The home computer, which makes use of the microprocessor, is another important development which depends on the same technology. This paper describes a home information terminal called Micterm-2 which combines the features of a Viewdata terminal and a home computer. The use of local processing and local storage of information can make information services, such as Viewdata, easier and more economical to use. The terminal also provides additional facilities which do not need connection to an external computer. A particular feature of Micterm-2 is the menu which, together with a simple numeric keypad, can be used to control the operation of the terminal and associated peripherals.

1. Introduction

Recent technological advances in large scale integrated circuits are paving the way for a revolution in the electronics industry. The ability to put many tens of thousands of transistors on a single chip of silicon, about the size of a thumbnail, means that large electronic systems, in large quantities, can be made at a relatively low cost.

In Europe this progress in technology is being used for the new information services called, in the UK, Teletext(1) and Viewdata(2). Without the special large scale integrated circuits, the decoders needed in the home for receiving and displaying the information would be prohibitively expensive.

An important development arising from this technology is the microprocessor. In the USA there is a small but fast growing market for the home computer(3) which incorporates a microprocessor to carry out all its processing functions. Initially these are being used for TV games but later they may be used for home accounts, budgeting, personal files etc.

The Teletext/Viewdata receiver and the home computer have at least one thing in common. They both provide a display of text. One big difference is the way this text is derived. In Viewdata, information, as text and simple diagrams, is accessed from a remote computer. For the home computer, all text must be entered manually from the keyboard or derived from prerecorded cassettes. The home computer therefore needs a full alphanumeric keyboard while the Viewdata terminal, in its simplest form, needs only a numeric keyboard.

Viewdata and the home computer may be seen as complementary. The home computer is suitable for personal information such as a diary. However if the user wishes to store locally a train timetable, say, he will have to copy this manually from a printed version. The user of a Viewdata terminal, however, will be able to access the train timetable from the remote computer but will not be able to enter and store his own information locally.

A combination of the benefits of both would seem a logical step leading to the intelligent home information terminal which would have local storage and processing capabilities of its own but would use the public telephone network for external communication and access of information.

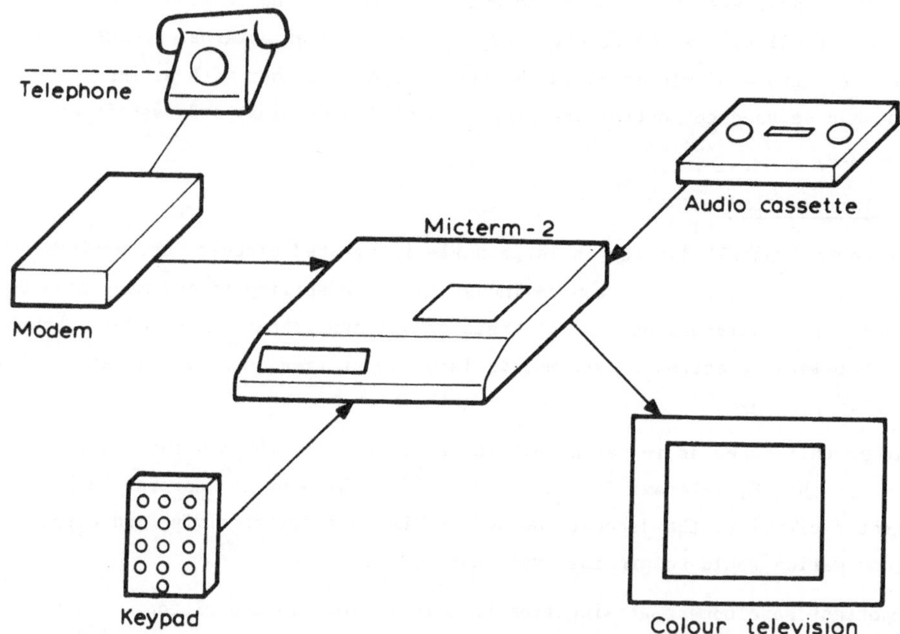

Fig. 1. Micterm-2: A home terminal for information communication, storage and display

Bild 1. Micterm-2: Ein Heimterminal für Informationsübertragung, -speicherung und -darstellung

2. Micterm-2 : A Prototype Intelligent Terminal

To investigate the validity of this concept we have designed and built a prototype terminal which can access and display Viewdata information and provide local storage and processing facilities. This has been called Micterm-2 and so far has proved itself as an experimental prototype which has many of the facilities which are believed should exist in any future intelligent home terminal (Fig. 1.).

Micterm-2 provides a number of functions in which the user may:

- Access information by telephone from a Viewdata computer
- Store up to 3 pages and an application program in the internal memory
- Store and retrieve information and programs on a remotely controlled audio cassette recorder
- Compose and edit messages on the screen
- Send messages via the telephone network
- Load and run special application programs for games, home accounting, etc.

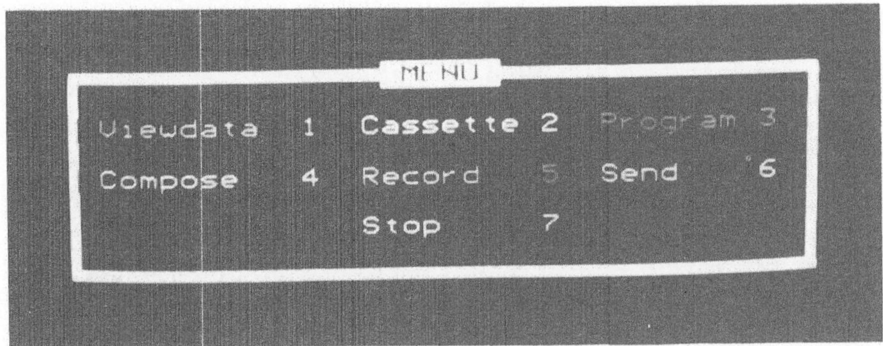

Fig. 2. Menu for Micterm-2

Bild 2. Auswahlmöglichkeiten für Micterm-2

2.1 Menu Control

These functions are controlled by a microprocessor according to a program stored permanently in read only memory. The required function is selected from a keypad which may comprise numbers, * and #, which are the 12 keys required for Viewdata, plus MENU and NEWPAGE which are used for controlling the terminal. By keying MENU, the available functions are displayed on the screen as a menu (Fig.2.). This comprises seven different functions any of which may be selected by keying the corresponding numeral. These functions are, in numerical order:

1) VIEWDATA mode which allows the user to select and receive information from the telephone line and display it on the screen.

2) CASSETTE mode in which the user can access a page anywhere on the cassette.

3) PROGRAM mode which restarts a program previously loaded.

4) COMPOSE mode in which the user can type directly onto the screen.

5) RECORD mode for recording a displayed page on cassette.

6) SEND mode for transmitting the displayed page via the modem and the telephone network,

7) STOP mode which cancels all other modes.

In addition to the menu, the display includes a 25th row which is used for status messages to the user.

The NEWPAGE key is used to select a new page for display on the screen. Successive keying of NEWPAGE will rotate the three pages stored in the memory.

2.2 Display Facilities

The function and facilities provided by Micterm-2 depend on the presentation of text and diagrams displayed on a colour television receiver. Teletext and Viewdata are information services and so the display facilities comprise, essentially, text supported by simple graphics. The result is a very efficient use of available hardware and transmission time. However, it is still possible to improve these facilities without seriously affecting the economics.

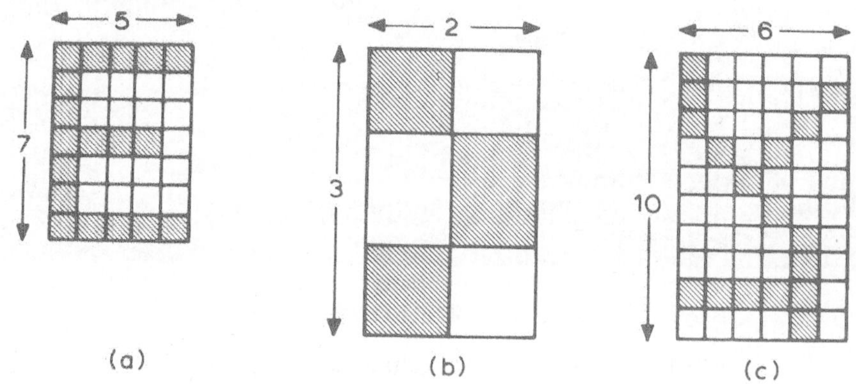

Fig. 3. Display fonts for (a) Alphanumeric characters, (b) Graphics and (c) Enhanced Graphics

Bild 3. Anzeigeraster für (a) alphanumerische Zeichen, (b) graphische Darstellung und (c) erweiterte graphische Darstellung

One possible enhancement, which has been proposed previously, is the addition of a programmable character generator (Fig. 3.). Alphanumeric characters are displayed on a 5 x 7 matrix within a 6 x 10 character rectangle (Fig. 3a.). Graphics characters use only a 2 x 3 format per character but any combination is possible in all character locations (Fig. 3b.). By using the full 6 x 10 matrix for the programmable character set, it is possible to display characters and symbols with a larger format by butting together two or more character rectangles. In addition, a higher resolution graphics display is possible using ten times as many elements as the simple graphics.

In Micterm-2, this enhanced graphics facility is possible by programming the shapes of up to 63 different characters which may then be used anywhere and in any combination on the display. Transmission time of a full page with enhanced graphics takes only about 70% longer than a full Viewdata page. An example is shown in Fig. 4.

Fig. 4. Example of use of Enhanced Graphics

Bild 4. Beispiel für den Einsatz der erweiterten graphischen Darstellung

2.3 Application Programs

Micterm-2 provides facilities for the communication, storage and display of information. The microprocessor may be used for controlling the main function of the terminal as described.

In addition, application programs may be loaded into the internal memory and which instruct the microprocessor to perform a wide range of additional functions using the same display and peripherals.

Some of the many examples of application programs are:

- Games where the user plays against the terminal
- More sophisticated text and graphics editing facilities
- Special calculations and home accounting programs
- Teach-yourself programs and other educational applications

The complexity of individual programs is limited by the somewhat modest amount of memory available. This means, therefore, the programs have to be written for a closely defined, rather than general purpose, application. For example a number of simple word and skill games have been implemented where the user plays against the terminal.

In addition, there is a program which lets the user draw simple pictures on the screen using the standard graphics facility of 72 by 80 elementary rectangles. The simple numeric keypad plus the * and #, are sufficient for the user to draw lines in any of eight directions, select and change the colour and fill in closed areas. An example which takes only a few seconds to draw is shown in Fig. 5.

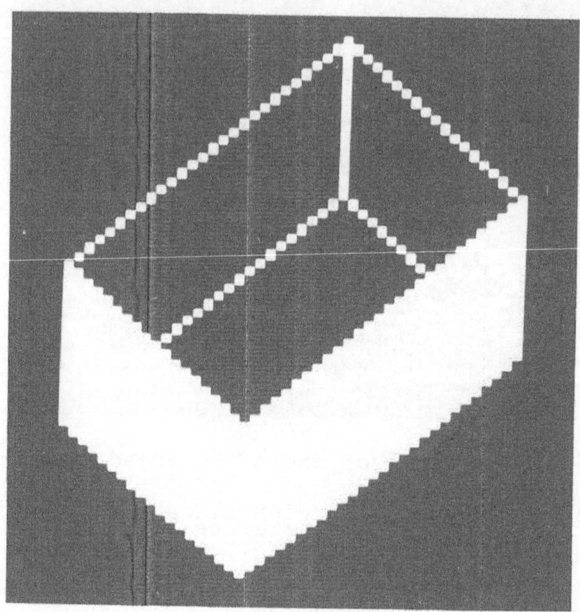

Fig. 5. Example of a simple graphics display created using the "Draw" program

Bild 5. Beispiel für eine einfache graphische Darstellung unter Verwendung des "Draw" Programms

A third type of program illustrates the use of the terminal to make special purpose calculations. In this case the consumer's electricity bill may be calculated from the number of units used (Fig. 6.). All parts of the calculation are displayed together with the final total in the same format used on the electricity bill.

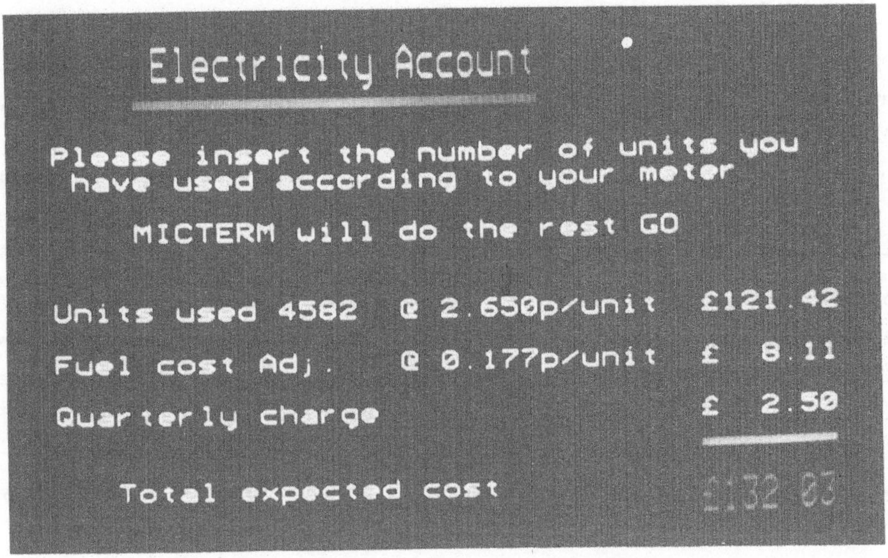

Fig. 6. Display of electricity account application program

Bild 6. Anzeige einer Programmanwendung zur Elektizitäts-abrechnung

3. Information Communication and Storage

Two major functions of Micterm-2 are the communication and long-term storage of information. Both make use of the hardware and processing power which have been described.

3.1 Text Communications

Micterm-2 includes connection to the public telephone network via a modem. For Viewdata this modem allows reception of data at the rate of 120 characters/s, and will transmit data at up to 7.5 characters/s. These data rates are suitable for Viewdata since the fast data rate is from the computer, where the information is stored. However, Micterm-2 provides a means for preparing and transmitting messages which may comprise up to a full page of text. At the slow rate of 7.5 characters/s a full page takes over 2 minutes to transmit.

For fast message sending, especially to another terminal directly, a higher transmission speed is required. With a suitable modem, Micterm-2 can be used to send messages at 120 characters/s to another similar terminal. The same terminal can also receive information at the same rate although not at the same time. In this way information may be transmitted at high speed from one home to another via the telephone network.

3.2 Storage of Information

The display memory in Micterm-2 will store up to 3 pages of data plus the menu. Data may also be stored on the audio cassette recorder which provides long term, non-volatile storage. This extra storage, both temporary and long-term, may be used to reduce the connection time to Viewdata, especially when comparing information on two or more pages. The long term store provides repeated access to the same page without re-dialling the computer.

The storage capacity of an ordinary C60 audio cassette is about 100-150 pages per side depending on the space left between pages. However using an ordinary cassette it would be very difficult to access any one page at random. Micterm-2 includes a built-in audio cassette recorder with complete electrical control of the mechanics. There is also a position counter whose output is displayed on the status row. Any page, whose position is known may, therefore, be accessed accurately and swiftly by keying in the position number.

3.2.1 Information Access and Organisation

In addition to pages accessed from a Viewdata computer, the cassette recorder may be used for storing programs, diary information, telephone numbers, bank statements and other information connected with home information. Whatever the information it will have to be indexed so that it can be found again.

Special application programs may be used to assist the user to organise his information. For example, a telephone directory can be constructed automatically from the information given by the user in response to relevant questions. Access of information can be simplified by arranging the entries in alphabetical order. In this way processing power can help the user to maintain his private records and files in order.

4. Conclusion

Micterm-2 demonstrates the potential of a terminal with some intelligence. However, there is a long way to go before the various technical and social problems have been adequately overcome. To be acceptable to a wide market, a home terminal should not only be low cost but provide the required facilities and be simple to use. One of the advantages of Micterm-2 is that it can be programmed to assist the user. In the longer term, control programs may have sufficient 'intelligence' to cope with the imprecise and incomplete data that is characteristic of human communication.

References

1. BBC, IBA and BREMA, Broadcast Teletext Specification, Sept. 1976.

2. Fedida, S: VIEWDATA - a Post Office interactive information medium for the general public - Electronics and Power, June 1977.

3. Warren, J: personal and hobby computing an overview - IEEE Computer, March 1977.

Ein intelligentes Heimterminal für Informationszwecke

G. T. Sharpless
Redhill, Surrey, England

Die jüngsten technologischen Fortschritte auf dem Gebiet der integrierten Schaltungen mit hohem Integrationsgrad sind für die Elektronik bahnbrechend. Wenn auf einem einzigen Silizium-Chip Zehntausende von Transistoren untergebracht werden können, dann kann man zu einem vergleichsweise günstigen Preis große elektronische Systeme in großer Anzahl fertigen.

In Europa macht man von diesem Technologiefortschritt bei den neuen Informationsdiensten Gebrauch, die in Großbritannien Teletext und Viewdata genannt werden. In den Vereinigten Staaten ist der Markt für Heimcomputer mit einem Mikroprozessor für die Ausführung aller Verarbeitungsfunktionen noch klein, wächst jedoch rasch an. Zunächst werden diese Heimcomputer bei Fernsehspielen eingesetzt, sollen jedoch später auch Anwendung für Berechnungen zu Hause, Budgeterstellung, persönliche Aktenablage usw. finden.

Die Leistungsmerkmale von Viewdata und dem Heimcomputer ergänzen sich. Vereinigt man die Vorteile beider Verfahren, so ergibt sich das intelligente Heimterminal für Informationszwecke. Dieses Gerät verfügt über eigene lokale Speicher- und Verarbeitungsmöglichkeiten, muß für externe Kommunikationszwecke und den Zugriff zu Informationen jedoch das öffentliche Fernsprechnetz benutzen.

Von uns wurde ein Prototyp-Terminal entwickelt und gebaut, das Viewdata-Informationen empfangen und wiedergeben kann und zusätzlich örtlich stationierte Speicher- und Verarbeitungsmöglichkeiten besitzt. Unser Gerät mit dem Namen Micterm-2 (Abb.1.) verfügt über eine Anzahl von Funktionen, die dem Benutzer folgendes ermöglichen:

- Zugriff zu Informationen im Viewdata-Computer über eine Fernsprechverbindung
- Speichervermögen von bis zu 3 Seiten im internen Arbeitsspeicher
- Speichern und späteres Abrufen von Informationen mittels einer Audiokassette
- Zusammensetzen und Aufbereiten von Mitteilungen auf dem Bildschirm
- Senden der Mitteilungen über das Fernsprechnetz

- Laden und Ablaufenlassen von besonderen Anwendungsprogrammen

Diese Funktionen werden von einem Tastatur-Eingabegerät aus gesteuert, dessen Auswahlmöglichkeiten (Menü) auf dem Bildschirm betrachtet werden können (Abb.2).

Teletext und Viewdata ermöglichen die Wiedergabe von Texten, die durch einfache graphische Symbole ergänzt werden. Dabei erzielt man eine große Effizienz bei der Ausnutzung der verfügbaren Hardware und der Übertragungszeit. Eine darüber hinaus gehende Verbesserung kann durch einen zusätzlichen programmierbaren Zeichengenerator erreicht werden (Abb.3). Die alphanumerischen Zeichen werden mittels einer 5 x 7 -Matrix (Abb.3a.) abgebildet, während graphische Symbole lediglich in einem Format von 2 x 3 (Abb.3b) dargestellt werden.

Beim Micterm-2 wird die gesamte 6 x 10-Matrix für 63 verschiedene Programmierbare Zeichen genutzt. Damit können entweder nicht standardisierte Zeichen oder Graphikdarstellungen mit einer höheren Auflösung abgebildet werden. (Abb.4)

Ein im Micterm-2 vorhandener Zusatzspeicher gestattet es, weitere Anwendungsprogramme zu verwenden, die eine weite Skala zusätzlicher Funktionen bei Nutzung desselben Bildschirms und derselben Peripheriegeräte ermöglichen. Über die bekannten Spiele hinaus kann der Benutzer mittels eines Programms einfache Bilder auf dem Bildschirm mit Hilfe der Graphikelemente zeichnen. Über die einfach gestaltete numerische Tastatur, einschließlich der Zeichen ✳ und #, kann der Benutzer Linien in acht verschiedenen Richtungen ziehen, die Farben auswählen und wechseln sowie Felder ausfüllen. Abb.5 zeigt ein Beispiel, das innerhalb von wenigen Sekunden gezeichnet werden kann. In einem weiteren Programm wird illustriert, wie mit dem Terminal Berechnungen für besondere Zwecke durchgeführt werden können. Im gezeigten Beispiel wird die Stromrechnung für den Verbraucher anhand der verbrauchten Einheiten errechnet (Abb. 6).

Zwei wichtige Funktionen des Micterm-2 sind die Kommunikation und die Langzeitspeicherung von Informationen. In beiden Fällen stützt man sich auf die beschriebene Hardware und die Verarbeitungsmöglichkeiten. Mit einem passenden Modem ist die Übertragung und der Empfang von Nachrichten mit einer Geschwindigkeit von 120 Zeichen/Sekunde von Micterm-2 aus zu einem ähnlichen Terminal möglich. Auf diese Weise ist eine schnelle Informationsübertragung zwischen zwei Heimterminals über das Fernsprechnetz gegeben.

Im Anzeigespeicher des Micterm-2 können bis zu 3 Seiten mit Daten, einschließlich des Menüs, gespeichert werden. Ferner enthält es einen eingebauten Tonkassettenrecorder mit einer rein elektronisch gesteuerten Mechanik. Weiterhin gibt es eine Schreibmarke, die auf dem Schirm in der bearbeiteten Zeile eingeblendet wird. Auf der Kassette können Programme gespeichert werden, Tagebuchinformationen, Telefonnummern, Kontoauszüge usw. festgehalten werden. Zur Unterstützung bei der Organisation der individuellen Informationen dienen spezielle Anwendungsprogramme.

Micterm-2 demonstriert die Leistungsfähigkeit, die ein Terminal mit Intelligenz haben kann. Es wird jedoch einige Zeit in Anspruch nehmen, bis die verschiedenen technischen und gesellschaftlichen Hindernisse genügend gut überwunden sind. Ein großer Vorteil des Micterm-2 für den Benutzer besteht in der auf seine Bedürfnisse abgestimmten Programmierung. Auf die Dauer gesehen, werden Steuerprogramme über genügend Intelligenz verfügen, um die für die menschliche Kommunikation typischen, unpräzisen und unvollständigen Informationen verarbeiten zu können.

Nutzungsmöglichkeiten von Bildschirmtext im Versandhandel

E. Lammers
Hamburg

Die Aufgabenstellung der technologischen Entwicklung folgt der Intention, dem Menschen zu dienen.

Die Lebensqualität definiert sich zunehmend in der Anwendung technischer Möglichkeiten als Hilfe für den Menschen in wichtigen Lebensbereichen, auch dem seiner persönlichen Bedarfsdeckung.

Es ist offensichtlich, daß sich die Einstellung des Handels zum Verbraucher in unserer Gesellschaft wandelt. Diese ist abhängig von dem Wachstum des verfügbaren Einkommens, aber auch von der Qualität des Angebotes und seiner Präsentation.

In der augenblicklich deutlichen Differenz zwischen Kaufkraft und Kaufbereitschaft findet sich die Herausforderung für die verschiedenen Handelsformen, die beträchtliche Nachfragemacht auf sich aufmerksam zu machen. Der Versandhandel hat sich mit systemkonformen Mitteln den veränderten Verbrauchergewohnheiten ständig angepaßt.

Das Studium des Angebots in den umfangreichen Vollsortiments- und Spezialkatalogen,

ungestört durch den einengenden
gesetzlichen Ladenschluß,

hat für eine steigende Anzahl von Verbrauchern seinen Reiz, obwohl die räumliche Distanz des Versandhandels zum Verbraucher ein spezielles Hindernis für diese Handelsform ist.

Durch sie entfällt das einfachste Mittel der Verständigung: das persönliche Gespräch. Es bedarf daher in dieser Vertriebsform anderer Arten der Kommunikation.

Gegenwärtig vollzieht sich der Informationsaustausch - wozu auch der Bestellvorgang gehört - weitgehend auf schriftlichem Wege.

Das Versandhaus von gestern

kannte nur diesen Weg. Die vom Umfang und ihrer Gestaltung recht unterschiedlichen Kataloge wurden an interessierte Verbraucher verteilt. Die Aufträge wurden vom Kunden in ein Bestell-Formular eingetragen und dem Versandhaus im Brief zugeschickt. Die Auslieferung der Artikel an die Kunden erfolgte durch die Paketzustellung der Post.

Das Versandhaus von heute

steht laufend im harten Wettbewerb mit anderen Betriebsformen des Einzelhandels. Konsequent und systematisch nutzt es die technischen Möglichkeiten, um

- den Dialog mit dem Kunden,

  insbesondere

- die Lieferinformation

zu ermöglichen.

Einen Weg zur Überwindung der räumlichen Distanz stellt deshalb die Dezentralisierung der Kundenbetreuung dar, durch die - unter Einbeziehung der elektronischen Datenverarbeitung - das Versandhaus dem Kunden näherkommt.

In Kundennähe kann der Dialog telefonisch in heimischer Mundart und kostengünstiger geführt werden. Bereits heute wird ein großer Teil der Versandhauskunden telefonisch betreut.

Es galt, auch das Problem der zeitlichen Verschiebung zwischen Kaufentscheidung und Lieferzusage zu bewältigen. Auch hier wurde deutlich, daß durch Nutzung aller zur Verfügung stehenden technischen Hilfsmittel eine Lösung möglich ist:
Die Versorgung regionaler Service-Stützpunkte mit allen für den Kunden erforderlichen Daten durch Zugriff auf einen zentralen Großrechner.

Ein weiterer Schritt in diese Richtung ist die telefonische Bestell-Annahme mit Aussagen zur Lieferfähigkeit, sofortiger Artikel-Reservierung und verbindlicher Lieferzusage. Der persönliche Kontakt entspricht damit schon fast dem eines Verkaufsgespräches im Ladengeschäft, ohne daß der Kunde seine Wohnung verlassen muß.

Das Versandhaus von morgen

wird dieser Strategie des Erfolges weiter folgen und bereitet sich schon jetzt auf die Zukunft vor.

Letzte technische Entwicklungen - wie Computer - Sprachausgabe für standardisierte Bestelleingabe (Touch-Tone) - sind bereits in der praktischen Erprobung und bieten den hohen Service-Standard des Versandhandels heute schon fast 'rund um die Uhr' an.
Die Entwicklungskette

- Brief
- Telefon
- Touch-Tone-Terminal

findet ihre natürliche Fortsetzung im System

'Bildschirmtext'

durch die Verbindung der beiden Medien Telefon und Fernsehen. Wenn dieses System in den 80er Jahren eingeführt wird, bedeutet dies aber nicht, daß der Katalog als 'Erstverkäufer' des Versandhandels abgelöst wird.

Die technischen Möglichkeiten zur Kommunikation werden ausgeweitet und damit vielfältiger.

Voraussetzungen für die Einführung von 'Bildschirmtext' sind

- der Dialogverkehr mit externen Rechnern des Versandhandels
- die im Telekommunikationsbericht empfohlene Telefon-Vollversorgung der Bevölkerung
- die Ausstattung von serienreifen Fernseh-Geräten mit Zusatzeinrichtung für 'Bildschirmtext'.

'Bildschirmtext' wird sich nicht nur auf den Bestellvorgang beschränken, sondern dem Kunden durch ein Angebot von wichtigen und gezielt abrufbaren Marktdaten seine Kaufentscheidung erleichtern.

'Bildschirmtext' bietet allen Telefon-/Fernsehbesitzern Informationen und Angebote

- in ihrer häuslichen Umgebung
- im individuell gewünschten Umfang
- zum selbstgewählten Zeitpunkt
- nach aktuellstem Stand.

Aus Sicht des Versandhandels bieten sich die im folgenden dargestellten Anwendungsmöglichkeiten für die 'Bildschirmtext'-Präsentation an.

Nach dem Aufruf des 'Bildschirmtextes' verschafft das

* Inhaltsverzeichnis

dem Kunden einen Überblick über alle angebotenen Informationen. Durch die Eingabe der Kennziffer des "Versandhandels" bekommt der Interessent eine Zusammenfassung der am 'Bildschirmtext' beteiligten Versandhäuser. Für das Unternehmen seiner Wahl erhält er sofort eine Übersicht zum 'Bildschirmtext'-Angebot. Dieses 'Inhaltsverzeichnis' ist Leitfaden und Ausgangspunkt aller Informationen und Funktionen, derer sich der 'Bildschirmtext'-Teilnehmer bedienen kann.

* Allgemeine Angebote

mit Bezug auf den Katalog, z.B. Textilien, Möbel, technische Geräte, Pflanzen u.ä., eignen sich ebenso für den Abruf per Bildschirm wie besonders preisgünstige,

aktuelle Sonderangebote.

* Detaillierte Produktinformationen

vermitteln dem Verbraucher über die Katalogbeschreibung hinausgehende wesentliche Daten.

* Der aktuelle Kontostand,

den sich der Versandhauskunde durch Eingabe seiner persönlichen Kundennummer auf dem Bildschirm zeigen lassen kann, bildet eine weitere, wesentliche Entscheidungshilfe.
Die Prüfung

- des aktuellen Saldos
- der Rechnungsbuchungen
- der Zahlungsentlastungen
- der Gutschriftsbuchungen
- der nächsten fälligen Raten

ermöglichen eine schnelle, der finanziellen Situation angepaßte Kaufentscheidung.

* Die Bestelleingabe

erfolgt in einen vorgegebenen Raster. Der Kunde fügt in den 'Bildschirmtext'

- den Ratenwunsch
- die Bestell-Nummer
- die benötigte Größe
- die Anzahl

ein und erhält sofort eine Bestätigung des Versandhauses durch Einblenden

- der Artikelbezeichnung
- des Preises
- der Lieferaussage.

Aus dem Lagerbestand wird die Ware noch während des Bestellvorganges für den Kunden reserviert.

Ist ein Artikel nicht vorrätig, wird unmittelbar ein in Art, Qualität und Preis vergleichbarer

Empfehlungsartikel angeboten.

Damit wird die für den Versandhandel nachteilige zeitliche Verschiebung zwischen Kaufentscheidung und Lieferzusage, die gelegentlich zu Enttäuschungen bei Kunden führen kann, ausgeglichen. Alle eingegebenen und bestätigten Artikel werden unmittelbar für den Kunden reserviert und gelangen am nächsten Morgen zur Auslieferung.

Daneben wird die direkte, persönliche Textansprache des Kunden durch das Versandhaus ebenso möglich sein wie Mitteilungen des Kunden via Bildschirm, z.B. zur Kundendienst-Anforderung.

Wir sehen, daß die Wohnung als Einkaufsplatz durch den 'Bildschirmtext' zusätzlich attraktiv und an Bedeutung gewinnen wird.
'Bildschirmtext' ermöglicht dem Versandhandel, einer noch größeren Verbrauchergruppe ein umfassendes Sortiment vorzustellen und durch verbesserte Information und den Dialog das Versandhandelsangebot noch attraktiver zu gestalten.

Dem Verbraucher eröffnet sich ein bequemer, wirtschaftlicher Weg zum Einkauf im Versandhandel und darüberhinaus zu der von ihm erwarteten Vollbetreuung.

Damit sind für den Versandhandel weitgehend gleiche Voraussetzungen zur Verbesserung der Chancengleichheit und Wettbewerbsfähigkeit möglich.

Die technischen Erweiterungs-Investitionen in Verbindung mit innerbetrieblichen Anstrengungen des Versandhandels gehen eindeutig in die Richtung der Service-Verbesserung. Aussichtsreich wird die Zukunft nur für die Handelsform sein, die den Anschluß an die technische Entwicklung gewinnt und durch eine rationelle Leistungserstellung ihre Wettbewerbsfähigkeit sichert.

Gesunde Wettbewerbsfähigkeit bedeutet Wirtschaftlichkeit, auch im Interesse des Verbrauchers, dem damit weiterhin kostensparende 'Einkaufswege' offenstehen.

Der Versandhandel ist auf rasche technologische Entwicklung und auf den Strukturwandel im Verbraucherverhalten vorbereitet und begrüßt die hier vorgestellte Verfahrenstechnik als eine Bereicherung für seinen Wirtschaftszweig.

The Utilization of Viewdata in the Mail-Order Business

E. Lammers
Hamburg

Setting the tasks for technological development, follows the intention to serve mankind in general.

Quality of life is defining itself increasingly in the application of technical facilities and possibilities as an aid for man in all important spheres of life, including those of satisfaction of his personal requirements and demands.

It is quite obvious that the attitude of trade towards the consumer is changing in our society. A factor that is depending on the growth of available income, but also on the quality of supplies and its presentation.

The challenge for the various types of trading is found in the, at the present time, distinct difference between buying power and readiness to buy, with the ultimate objective to draw attention from a considerable power of demand. With the aid of systems-conforming means, the mail-order trade has continually adapted itself to the ever changing habits of the consumer.

The studying of offers in the voluminous full line of products and range of goods and speciality catalogues,

quietly, and undisturbed by any
hampering and restricting legal shop closing times,

is exerting its appeal and attraction to an increasing number of consumers, although, the spatial distance between mail-order house and consumer is representing a special type of hinderance in this type of trading.

The main disadvantage is the lack of the simplest means of communication: the talk from person to person. Hence, this type of distribution is requiring other ways of communication.

At the present time, exchange of information - including the process of placing an order - is to the largest extent effected in writing.

Yesterday's mail-order house

did not know anything else, but this way and approach!

The catalogues, being quite diversefied in volume as well as in design and layout, were merely distributed to consumers who were genuinely interested. Orders were entered by the customer on an order form and mailed to the mail-order house in an envelope. Delivery to the customers was carried out by way of parcel service of the post office (= surface mail).

Todays mail-order house

is incessently fighting a hard competition with other types of businesses of the retail trade. Consequentially and systematically it is exploiting all technical facilities to make possible the

- dialogue to the customer,

  especially

- on the actual supply.

Decentralization of customer service offers one way to overcome spatial distancing, by means of which - in utilization of electronic data processing - the mail-order house is getting closer to the prospective customer.

In close proximity to the customer, any dialogue can be held by telephone, in native tongue and dialect and more priceworthy too. Already today, a large portion of mail-order house customers is being attended to via telephone.

Another issue has been to solve the problem of the temporal shifting, occurring between decision-made to buy and verification and/or conformation of supply. Here too, it became apparent that, by utilization of all available technical auxiliary means, a solution would be feasible: the supply to regionally set-up service bases of all necessary data by having access to a centrally located large-capacity computer.

Another step into that direction is made by the telephonic ordering service, providing statements as to possible delivery, immediate reservation of articles ordered and binding confirmation of delivery. Such personal contact will then become almost identical with a sales-talk in a shop, without the customer having to leave the home.

The mail-order house of tomorrow

will continue to follow the strategy of success, and is preparing for the future already now.

Latest technological developments, such as computer -language output for standardized input of orders received (Touch-Tone) are already being tested-out in practice, thereby offering the high standard of service of the mail-order house trade already today, and around the clock.

The chain of development

- letter
- telephone
- Touch-Tone Terminal

is finding its natural successor in the

"View Data System"

by connecting the two media of telephone and television. When this system is introduced during the eighties, it will not mean, however, that the catalogue will have lost its place as the "Initial Seller" of the mail order house business.

Technological facilities for communication will be extended and thereby become mutifold and more versatile.

Essential prerequisites for the introduction of the screentext "view data system" are the following:

- dialogue-communication with external computers of the mail order house business

- the Full-telephone-service to the public as recommended in the telecommunications report
- provision of series-adaptable television-sets with auxiliary device vor "screen-text"/"View-data"

"View Data" will not merely be confined to the order placing process, but will, by an offer of important and selectively call-up type market data facilitate the customer's decision to buy.

"View Data" is offering information and offers (sales offers) to all telephone-/ and television-owners

- within the privacy of their homes
- in an individually desired scope
- at the self-appointed time
- by the status and standard that is most topical.

From an aspect of the mail-order business, the types of application depicted in the following, are regarded to be the most suitable for "View Data" presentation.

After call-up instruction for "View Data" the

Table of Contents

will provide the customer with a review of all information offered. By input of the code digit of the "mail-order trade", the interested party will obtain a compilation and/or summary of all mail-order houses participating in the "View Data". With reference to the company of his choice, the customer will immediately receive a survey of the "view data"-offers. This "Table of Contents" will serve as a guideline and as a starting point for all information and functions, of which the "View Data" participant can avail himself.

General Offers

with respect to the catalogue, such as textiles, furniture, technical equipment and appliances, plants or similar, are just as well qualifying for call-up via screen, as are particularly advantageous and favourable

topical special (sales) offers.

Detailed product information

will convey to the customer and consumer essential data, beyond the description contained in the catalogue.

The current balance on the account

which the mail-order house customer may inquire by input of his personal customers number, and have displayed on the screen, constitutes another important aid to decision making.

The checking of:

- the actual balance
- recording of invoices
- easy payment terms
- crediting accounting
- the next installments due and payable

facilitate a quick decision on buying or not buying, tailored to the respectiv financial status.

Input of Order

is put in to a predetermined grid. Into the screen text, the customer inserts any and/or all of the following:

- special requests as to installments
- the order number
- the size needed
- the quantity

and will obtain, by return of signal, an immediate confirmation from the mail-order house, by displaying the following:

- designation of article
- the price
- statement as to delivery (date).

Whilst the order is being processed, the merchandise is reserved for the customer from stock.
In case any article should not be available, a comparable article, similar in quality and price, is offered as

Recommended Article immediately.

With that feature , the temporal shift or postponement prevailing between decision to buy, and confirmation of delivery, which on occasion may cause disappointment with the customer, will be compensated for.

In addition to that , all requested arti cles and confirmed articles will be reserved for the customer directly, and will be delivered the next morning.

Another feature is the possibility to personally address the customer by the text on the screen on behalf of the mail order house, and the customer may, vice versa, convey his/her information to the mail order house via screen (view-data), such as for example request the services of the Customer Service. From this, we can readily conceive that the home will be in addition become attractive by the "screen view data text" and gain in importance too.

"Screen text" will allow the despatch trade to present a.voluminous selection of merchandise to a larger circle of consumers and to make the mail order offers more attractive by better informations and direct dialogue.

The consumer is granted access to a convenient, economic way of purchasing in the mail-order business, and in addition to that he will be accorded such satisfying attendance as he may expect and deserve.

On the virtue of that, essentially similar prerequisites for an improvement of the chances to meet on equal ground and competitivity are offered for the mail-order trade.

Investments for technical expansion in conjunction with company-internal efforts of the mail-order business, are unequivocally pointing into the direction of an improvement in services. Only that kind of trade may expect a promising future, that is keeping in touch and gains connection to todays technological developments, and which safeguards its competitivity by rational performance of work and services.

Sound competitivity means economy, also in the interest of the consumer, who, with that, will be provided with money saving "ways of buying".

The mail-order business is prepared for a rapid technological development and for the structural change in consumers' behaviour, and therefore welcomes the type of process-engineering introduced herein as an enrichment to its branche of business.

Bildschirmtext, Compunications und Fachpresse

H. Großmann
Frankfurt am Main

Zusammenfassung

1. Unter den traditionellen Printmedien, die sich mit den verschiedenen Technologien, mit Anwendungsmöglichkeiten und gesellschaftlichen Aspekten der elektronischen Textkommunikation, mit den sogenannten Neuen Medien also , auseinanderzusetzen haben, ist die Fachpresse eine besonders interessante Kategorie ; denn die allein in Deutschland mit mehr als 3 000 Titeln nach Berufsgruppen und Technologien, nach Wirtschaftszweigen und Wirtschaftsstufen , nach wissenschaftlichen Disziplinen und anderen Wissensgebieten breit gefächerte Fachpresse ist im Gegensatz zu den sogenannten

Massenmedien das wohl typischste Beispiel für die Gattung der Zielgruppen-Medien.

1.1. Die zielgruppen-orientierte Verbreitung oder Abruf-Bereithaltung zielgruppen-spezifischer Informationsinhalte ist aber genau das, was auch einige der neuen telekommunikativen Technologien ermöglichen, insbesondere dann, wenn ein Computer in das Telekommunikations-System einbezogen wird, also Computer + Communications , eine Paarung, für die im Rahmen eines Forschungsprogramms an der Harvard-Universität der hierzulande noch weniger gebräuchliche Begriff der Compunications geprägt worden ist. Diejenige Compunications-Technologie aber , die einer alsbaldigen Realisierung am nächsten steht, ist Bildschirmtext .

1.2. Was aus Sicht der Fachpresse heute für Bildschirmtext gilt, wird genau so oder möglicherweise in noch größerem Umfange gelten,wenn wir eines Tages eine breitband-verkabelte Gesellschaft werden sollten . Im Hinblick darauf und auf die damit verbundenen Möglichkeiten durch Kabeltext ist die Fachpresse auch an den Pilotmodellen interessiert , in deren Rahmen die Erprobung des Kabeltextes nicht fehlen darf .

2. Dabei ist das Interesse der Fachpresse daran, daß ihr der Zugang zu den Pilotmodellen ermöglicht wird, ganz gewiß größer als die Finanzkraft dieser bis auf ganz wenige Ausnahmen durchweg mittelständisch strukturierten Mediengattung . Bei den anstehenden Diskussionen und Entscheidungen über die Finanzierung von Programmen

und Technologie der Pilotmodelle ist das unbedingt zu berücksichtigen. Darauf sollten die Medienpolitiker drängen, wenn die Entscheidungsgremien der Exekutive nicht von sich aus diesen in einer modernen Industriegesellschaft so wichtigen Bereich der Fachkommunikation angemessen berücksichtigen sollten .

2.1. Denkbar wäre es, hier auf Möglichkeiten zurückzugreifen, die seitens des Bundesministers für Forschung und Technologie mit der Innovations-Förderung für mittelständische Unternehmen in Verbindung mit den sogenannten Wagnis-Finanzierungs-Gesellschaften angeboten werden .

2.2. Fachzeitschriften haben in aller Regel eine überregionale Verbreitung, und wie alle überregional verbreiteten Medien muß darum auch die Fachpresse größten Wert darauf legen, daß der Zugang zu breitband-verkabelten Telekommunikations-Systemen von vorn herein bundes-einheitlich geregelt wird . Unterschiedliche Zulassungs - bestimmungen in den einzelnen Bundesländern würden die telekommunikative Verbreitung fachpresse - spezifischer Informationsinhalte zumindest per Breitbandkabel in einer Weise behindern ,die wahrscheinlich im Gegensatz zu Artikel 5 des Grundgesetzes steht . Darum ist in der medienpolitischen Diskussion die Forderung zu erheben, daß bei einer Breitband-Verkabelung von vorn herein auf bundeseinheitliche Zulassungsregelungen hingearbeitet werden muß .

2.3. An die Adresse der Medienpolitiker richtet sich aber noch ein zweites nicht minder ernstes Anliegen: In die medienpolitische Diskussion, in alle medienpolitischen Entscheidungen im Zusammenhang mit den sogenannten Neuen Medien muß über den telekommunikativen Transportweg hinaus auch der Computer als Neues Medium mit einbezogen werden .

2.3.1.Daß die Forderung, den Computer in alle Diskussionen über das einzubeziehen was wir Neue Medien nennen, ausgerechnet von der Fachpresse kommt, ist leicht zu erklären : Im Jahre 1974 wurde das Programm der Bundesregierung zur Förderung der Information und Dokumentation vorgelegt , kurz IuD-Programm genannt. Im Rahmen dieses Programms ist ein bundesweites Netz von sogenannten Fach-Informations-Zentren im Entstehen, ein Netz von Computern, die übrigens schon alsbald in das europäische Euronet eingebunden werden sollen. Hier ist der Computer, in dem Fachinformationen, insbesondere auch fachpresse-spezifische Informationsinhalte gespeichert werden, schon zu einem neuen Medium neben dem traditionellen Printmedium Fachpresse geworden .

Zwar gehen die Diskussionen zwischen den Initiatoren dieses IuD-Programms und der Fachpresse gegenwärtig noch um Fragen derart , wie den urheberrechtlichen Forderungen von Autoren und Verlagen gerecht zu werden ist, wenn die vom Computer nachgewiesenen Quellen per Fotokopie oder per Computer-Ausdruck verbreitet werden . Es gehört aber angesichts der rasanten Entwicklung im telekommunikativen Bereich wenig Phantasie dazu sich vorzustellen , daß spätestens bei Einführung des breitbandigen Kabeltextes an die Stelle von Fotokopie oder Computer-Ausdruck auch der Bildschirm treten kann . Hier wird deutlich, daß der Computer solcher Fach-Informations-Zentren in der Tat längst zu dem gehört , was wir uns angewöhnt haben, Neue Medien zu nennen .

3. Wie aufmerksam seitens der Fachpresse die Entwicklungen in allen telekommunikativen Bereichen von Anfang an verfolgt worden sind, ist nicht zuletzt daran zu erkennen , daß bereits 1975 , im Jahre der Vorlage des Telekommunikationsberichtet und ein knappes Jahr nach Veröffentlichung des Programms der Bundesregierung zur Förderung der Information und Dokumentation von einem Fachzeitschriftenverlag, vom Deutschen Fachverlag in Frankfurt, eine Basis-Studie über " Das Medium Fachpresse , die Telekommunikation und der ökonomisch-gesellschaftliche Wandel zwischen 1975 und dem Jahre 2 000 " vorgelegt worden ist. Es ist bezeichnend, daß diese Basis-Studie schon seinerzeit vom " Börsenblatt für den Deutschen Buchhandel " auszugsweise veröffentlicht wurde unter dem Titel " Der Computer wirft lange Schatten voraus " . Damals, im Jahre 1975 , kannte man lediglich den viel treffenderen Begriff der Compunications noch nicht .

3.1. Wenn man den durch empirische Untersuchungen abgesicherten Erkenntnissen des us-amerikanischen Soziologen Professor Richard

Meisel folgt, sind geringere Wachstumsraten der Massenkommunikation , aber steigende Zuwachsraten der Kommunikation mit und zwischen kleineren homogenen Gruppen typisch für hochentwickelte Industriegesellschaften, die an der Schwelle zur postindustriellen Dienstleistungsgesellschaft stehen . Der Fachkommunikation und den dieser Kommunikation dienenden Medien, fachlich ausgerichteten Zielgruppen-Medien, dürfte unter diesen Aspekten besondere Bedeutung zukommen, sei es als klassisches Printmedium Fachpresse, sei es als das Neue Medium Fach-Computer der Fach-Informations-Zentren, sei es insbesondere die Nutzung von Bildschirmtext zur Verbreitung fachpresse-spezifischer Informationsinhalte .

3.2.Bildschirmtext eröffnet der Fachpresse eine ganze Reihe von zusätzlichen Möglichkeiten der Kommunikation mit dem Leser :

I. Aktuelle Fachinformationen können zwischen den in der Regel ein -oder mehrwöchigen Erscheinungsintervallen den Fachlesern zum Abruf angeboten werden .

II.Über die in einer Fachzeitschrift veröffentlichten Fachinformationen hinaus können ausführliche Zusatzinformationen für Leser mit größeren bzw. speziellerem Informationsbedürfnis angeboten werden .

III.Innerhalb der Zielgruppe einer bestimmten Fachzeitschrift kann noch viel weitergehend zielgruppen-spezifisch informiert werden. Der Leser kann einzelne Interessenprofile abonnieren .

Das können Standardprofile sein, die die Redaktion erstellt hat. Das können aber auch Spezialprofile nach den individuellen Bedürfnissen einzelner Leser sein.

IV. Dem Leser kann der Zugriff auf die Datenbestände in Archiven und Dokumentationsabteilungen der Fachzeitschriftenverlage ermöglicht werden.

V. Außerdem ist es natürlich denkbar, Bildschirmtext auch als Medium für die Fachwerbung zu nutzen, so wie es ja in einer Fachzeitschrift den redaktionellen Teil und den Anzeigenteil gibt.

3.3. Welchen Umfang ein Bildschirmtext-Service seitens der Fachzeitschriften-Verlage eines Tages annnehmen wird, ist heute noch nicht annähernd abzuschätzen. Zumindest im Anfangsstadium dürfte es für viele Fachverlage begrüßenswert sein, daß die Deutsche Bundespost ein Netz von Bildschirmtext-Computern in der Bundesrepublik zu installieren gedenkt, nicht zuletzt, um die Fernverbindungen für den einzelnen Benutzer so kurz und damit billig zu halten wie möglich. Ebenso begrüßenswert ist es aber, daß sich das Bundesministerium für das Post-und Fernmeldewesen aufgeschlossen zeigt für den Fall, daß einzelne Fachverlage oder mehrere Fachverlage in Kooperation ihre eigenen Computer an das Bildschirmtext-Netz anhängen wollen.

4. Weil auf dem Gebiet der elektronischen Textkommunikation aus dem

Blickwinkel der Fachpresse insbesondere die computergesteuerte Telekommunikation, also Computer + Communications, von aktuellem Interesse ist, wurden zwischenzeitlich die Berichte aufmerksam studiert , die über das bereits seit dem Jahre 1972 an der Harvard-Universität laufende " Program on Information Resources Policy " vorliegen . Was darüber von mir insbesondere im "Handelsblatt " Ende 1977 und Anfang 1978 veröffentlicht worden ist , löste bei Fachleuten nicht nur in der Bundesrepublik, sondern auch in Nachbarländern wie Österreich und den Niederlanden ein so lebhaftes Interesse aus, daß es gerechtfertigt ist, zumindest zudem aus Sicht der Fachpresse besonders interessanten Programm-Sektor Compunications, also Computer + Communications , einige Anmerkungen zu machen .

Einige sechzig Forschungsprojekte werden in Harvard in 12 Forschergruppen bearbeitet. Daß den Compunications überragende Bedeutung beigemessen wird, zeigt sich allein daraus , daß Mitwirkende dieses Forschungsbereiches innerhalb des letzten Jahres allein viermal vom US-Kongreß zu Hearings gebeten worden sind .

4.1. Interessant ist übrigens die in diesem Jahresbericht deutlich ausgesprochene Feststellung, daß sich eine " Konfrontation zwi - schen zwei Giganten abzeichnet, zwischen der Telefongesellschaften unter Führung der AT & T und der Computerindustrie unter Führung von IBM "; denn - so heißt es wörtlich - " Kommunikationstechno - logien und Computertechnologien gehen immer mehr ineinander über , beides sei nicht mehr zu trennen, alte politische Vorstellungen würden dahinwelken, neue institutionelle und politische Kämpfe würden sich national wie international abzeichnen ."

Schrifttum

Telekommunikationsbericht, Bonn 1976 , Seite 51 .

Programm der Bundesregierung zur Förderung der Information und Dokumentation (IuD-Programm), Bonn 1974.

Deutscher Fachverlag: Das Medium Fachpresse, die Telekommunikation und der ökonomisch-gesellschaftliche Wandel zwischen 1975 und dem Jahre 2 000 Frankfurt am Main 1975 .

Hans Großmann : Die Zukunft der Fachpresse, in Handbuch der Fachpresse, Lorch-Verlag, Frankfurt am Main, 1977 .

Stellungnahmen des Verbandes Deutscher Zeitschriftenverleger ,Bonn, und des Börsenvereins des Deutschen Buchhandels , Frankfurt, zu einem Fragenkatalog der Interministeriellen Arbeitsgruppe " Bildschirmgebundene Textinformation ", im März 1978 .

Bildschirmtext und Fachpresse / Eine Auswahl-Bibliographie des Deutschen Fachverlages , in ZV+ZV Nr. 47/ 1977

div. Berichte des British Post Office Research Centre über Viewdata, aus den Jahren 1974 bis 1976 .

Oettinger, Bermann, Read : High and Low Politics / Information Resources for the 80s, Cambridge/ Massachusetts 1977

Program on Information Resources Policy, Annual Report 1976-1977, Harvard-University

Bildschirmtext, Compunications and Periodical Press

H. Großmann
Frankfurt am Main

Of all the traditional print media, the trade press in particular is interested in the various technologies, applications and social aspects of electronic text-transmission systems - the "New Media". Trade journals are typical target-group media. The preparation and storage of information for specific target groups is exactly what some of the new telecommunication systems make possible, especially when a computer is integrated into the telecommunication system. This pairing of computer and communications led to the coining of the word "compunications" within the framework of a research program at Harvard University, a concept which is still unfamiliar here in Germany.

The impact of "Bildschirmtext" on today's trade press will perhaps increase, if we one day become a society linked together with wideband cables. Bearing this in mind, therefore, the trade press is especially interested in pilot models which include trials with cable text communication. The interest the trade press has taken in developments in all areas of telecommunication from the beginning is evident by the fact that the Deutscher Fachverlag in Frankfurt, a publisher of trade journals, published a study on "The Trade Press, Telecommunication and Socio-Economic Change between 1975 and the Year 2000" as early as 1975, the year the report on telecommunication was presented and a year after the publication of the Federal Government's program for furthering information and documentation.

"Bildschirmtext" offers the trade press a large number of additional possibilities for communicating with the reader:

I. Up -to-date specialist information can be offered between regular publishing dates.

II. More comprehensive information than that published in a trade journal can be offered to readers with a need for more or more detailed information.

III. The reader can subscribe to information on specific subjects. This can be standard information prepared by the editorial staff or special information catering to the needs of the individual reader.

IV. The reader can gain access to data available in the archives and documentation departments of trade journal publishers.

V. It is also possible to use "Bildschirmtext" for advertising, just as a trade journal is divided into an editorial and an advertising section.

Since computer-controlled telecommunication, i.e. computer and communications, is of special interest to the trade press the reports published by Harvard University's "Program on Information Resources Policy" were studied carefully. The program has been in existence since 1972.

Viewdata Applications

A. Felix
London, England

The New Opportunity Press are specialist publishers of careers and courses media for school leavers, graduates and the work experienced job changer. The publications range from annual encyclopaedic presentations of employers to more frequent, and even fortnightly, vacancy notifications. We have been doing this since 1971.

Throughout this period, though, the constraints imposed on us by the printed word have become quite clear. In dealing with vacancy information they seem to be threefold. The first being that of timing: when a vacancy on a course of study or in employment occurs within an organisation, they wish that vacancy to be communicated at the earliest possible opportunity.

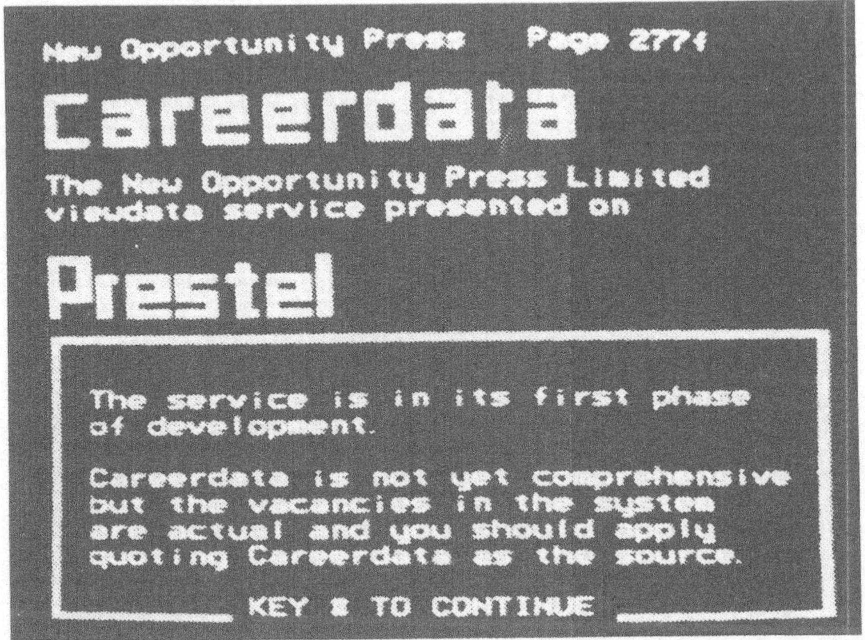

The second constraint is that of the information retrieval systems into which vacancy notifications are fed, particularly in schools careers offices and university and polytechnic careers services. One can appreciate in these bureaux that all manner of notification, by letter from employers, by vacancy list and by published media, are fed into and have to be coped with as a manual filing exercise. For the student visiting those career services there is a heavy task ahead of him in sifting through all of the appropriate vacancies that he might consider.

The third constraint is that of not being able to catch up with something that you have had printed and distributed after you have done so. One knows in employment that there is considerable frustration when you receive far too many applications for a particular post, or indeed if you have decided in the event to cancel that post; or if any key parameter of that post has changed.

When evaluating Viewdata, when some years ago it first came to our attention, we saw with this new medium of communication the opportunity to overcome some of these earlier difficulties. So we set up, within our organisation, a new company called Careerdata Limited, to act as an information provider and to deal with these topics. One can see immediately how, with Viewdata, the three constraints can be overcome. A vacancy can be phoned into us and, within hours, put into the system, the length of time solely depending on the length of the queue that exists at that point for people wanting to have information edited into the data base. In essence, it perhaps takes only ten minutes to key in that information.

The second constraint of information retrieval is coped with for us automatically; without our having to be skilled in the operation of the computer, the simple routing and indexing support our evaluation and at all times are presenting the total data base for us to interrogate, and not, as with a fortnightly publication be restricted to that information that has been published that fortnight.

Finally, to deal with information that has already been published; with our on-line facility to the data base there is no difficulty in correcting, deleting, or posting a vacancy as no longer being applicable. That choice, of course, depends on the individual employer's circumstances and how well known it may be for him to be recruiting. Take for example the Civil Service. The competition for appointment into the diplomatic service is so well known that were the student to enter the system and find no information on the diplomatic service, he may be forgiven for believing that no one had put it in and apply irrespective.

If, however, one leaves the information in the system but posts across the bottom of the screen "No more applications required" or "Entry closed", this can quite effectively turn off the tap of further applications, and can be very easily edited out again if it is decided to reopen the competition.

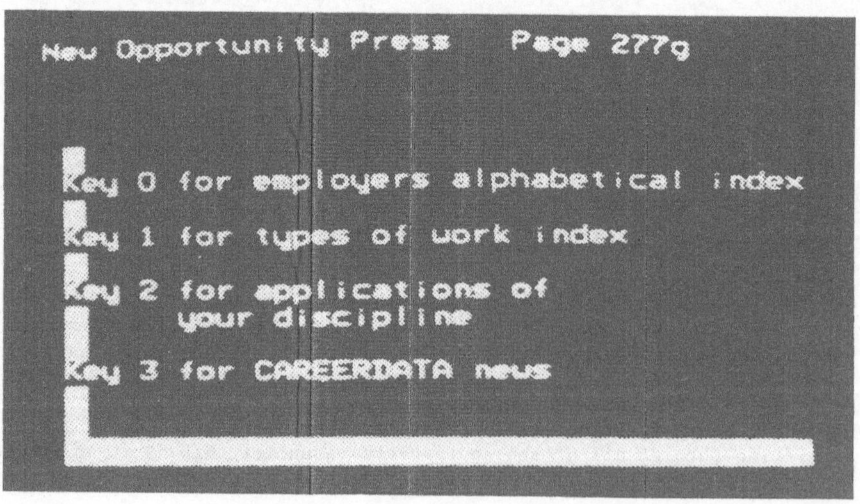

The first set of choices that we enable the student to follow is that of recognising that he may know a particular organisation or organisations in which he is interested. He may already have heard of GEC and know of its considerable interest in graduate recruits, and may wish immediately to go to GEC to see what particular vacancies are available.

He may not know that, but he may know what type of work - and for he also read she - he is interested in: a personnel management post; accountancy; research and development.

Again, having studied biology for the last three years, our student would be expected to want to apply that discipline, and would like to see the kind of opportunities that exist for students from a particular course of study.

Finally, we will provide, on a daily updated basis, a news service, headlining the daily changes that there have been, and so enabling frequent users of the system to see to what extent the data base has changed since the last occasion: "new vacancies in GEC"; "no more vacancies in the Civil Service"; "opportunities in the USA now provided"; whatever, can be featured on a news basis and then routed by cross-referral into the system.

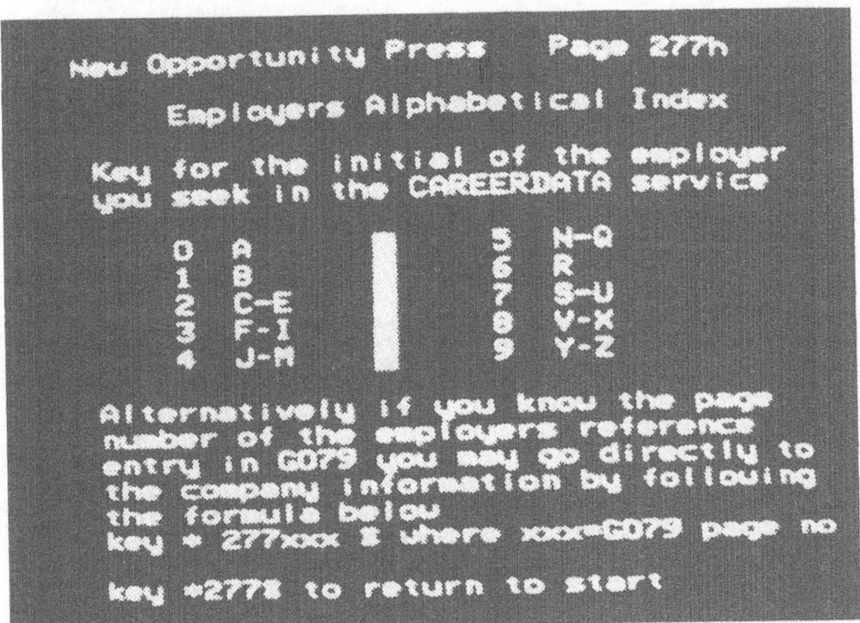

Having raised GEC, let us follow that through, In the alphabetical selection we provide the standard breakdown of alphabetical indices, and we explain how cross referral works in our own market place. Firstly, we have an entry point in the system, which is No.277. Every page for graduate recruitment information that we input is 277-something.

Our annual publication 'Graduate Opportunities' (GO) has something in excess of 80% of the vacancies that exist for graduates represented by the firms in the book. The cross-reference facility harnesses the page number upon which that organisation appears in this annual publication. So we can either go through alphabetically, as we see on the screen; or by knowing that GEC are on page 284, we key 277 as the NOP entry point, then 284, and we go directly into the start point of the GEC information.

Incidentally we have not yet been beaten by a company's logo type in translating it to the Viewdata graphics. Colours are sometimes a problem but the shapes are usually acceptable.

New Opportunity Press Page 277j

GEC GRADUATE VACANCIES 1979

KEY
0 ELECTRICAL ENGINEERING
1 ELECTRONIC ENGINEERING
2 MECHANICAL ENGINEERING
3 PRODUCTION ENGINEERING
4 MATERIAL SCIENCES/CHEMISTRY
5 MATHEMATICS/COMPUTER SCIENCE/STATISTICS
6 PHYSICS
7 BUSINESS STUDIES/ARTS

Key the subject that describes, or most nearly describes, your discipline.

So we are looking for a job in GEC and the first question that GEC asks of us is, "What discipline have you pursued?" These stages that we are now going to go through will, of course, vary from one employer to another, depending on the constraints that exist in their own selection policies. If this is a retailing organisation recruiting graduates, they may have little concern for the individual discipline that a student has followed; but being a technological industry, this is not the case.

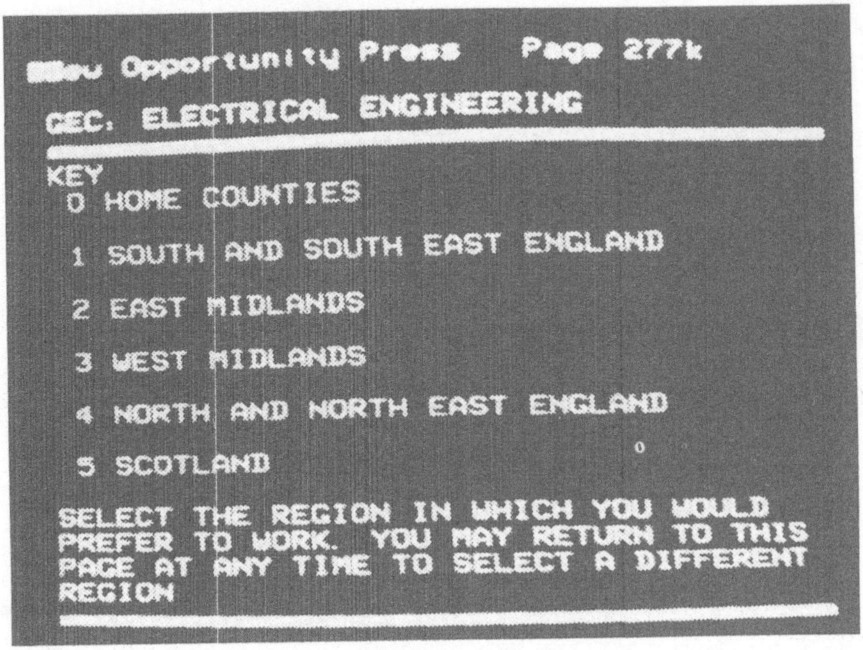

New Opportunity Press Page 277k
GEC, ELECTRICAL ENGINEERING
KEY
0 HOME COUNTIES
1 SOUTH AND SOUTH EAST ENGLAND
2 EAST MIDLANDS
3 WEST MIDLANDS
4 NORTH AND NORTH EAST ENGLAND
5 SCOTLAND
SELECT THE REGION IN WHICH YOU WOULD PREFER TO WORK. YOU MAY RETURN TO THIS PAGE AT ANY TIME TO SELECT A DIFFERENT REGION

If we were to select electrical engineering as our base, then because of the wide-ranging spread of locations in GEC we are able to make some selection as to where in the country we would wish to work. If we were to choose the East Midlands we are shown an index of the GEC companies with locations in the East Midlands, all of which are recruiting electrical engineers.

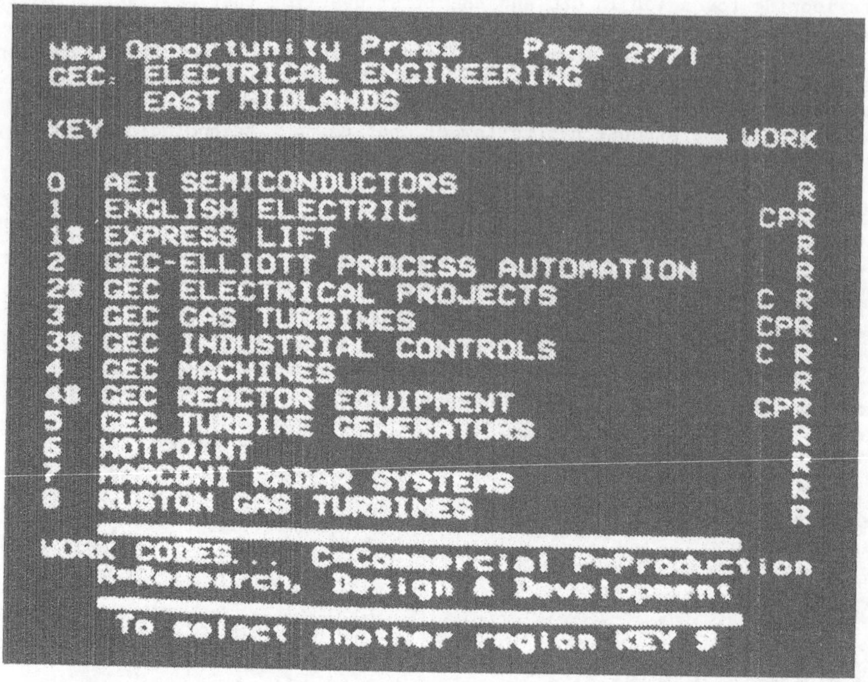

New Opportunity Press Page 2771
GEC: ELECTRICAL ENGINEERING
EAST MIDLANDS

KEY		WORK
0	AEI SEMICONDUCTORS	R
1	ENGLISH ELECTRIC	CPR
1*	EXPRESS LIFT	R
2	GEC-ELLIOTT PROCESS AUTOMATION	R
2*	GEC ELECTRICAL PROJECTS	C R
3	GEC GAS TURBINES	CPR
3*	GEC INDUSTRIAL CONTROLS	C R
4	GEC MACHINES	R
4*	GEC REACTOR EQUIPMENT	CPR
5	GEC TURBINE GENERATORS	R
6	HOTPOINT	R
7	MARCONI RADAR SYSTEMS	R
8	RUSTON GAS TURBINES	R

WORK CODES... C=Commercial P=Production
R=Research, Design & Development

To select another region KEY 9

Interestingly, against each company is a code letter to indicate the type of work which is offered to the electrical engineer at that location. This is a quite useful way of indicating to the technologist that he may, for example, seek a commercial application of his skill. All too often one finds the scientist or the technologist overlooking commercial applications and following the somewhat conveyor belt process towards eventual careers in research and production.* One does not need to explain that if one is going to go out and sell reactor equipment, one really ought to know a little bit about how it works and not just how to sell.

If we were to look through these companies and select those to which we would wish to apply, or decide those on which we would like further information, we key accordingly.

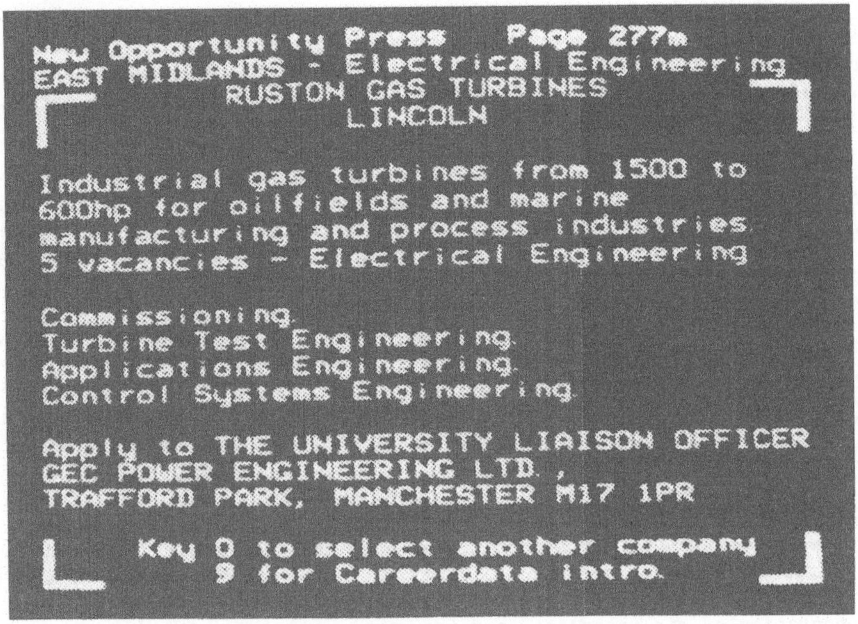

New Opportunity Press Page 277m
EAST MIDLANDS - Electrical Engineering
RUSTON GAS TURBINES
LINCOLN

Industrial gas turbines from 1500 to 600hp for oilfields and marine manufacturing and process industries.
5 vacancies - Electrical Engineering

Commissioning
Turbine Test Engineering
Applications Engineering
Control Systems Engineering

Apply to THE UNIVERSITY LIAISON OFFICER
GEC POWER ENGINEERING LTD.,
TRAFFORD PARK, MANCHESTER M17 1PR

Key 0 to select another company
9 for Careerdata intro.

To look at Ruston Gas Turbines, on the basis that we had not heard of it before perhaps, we get a very quick snapshot picture of what that company does; the vacancies that exist there; the summary of contents within those vacancies; and the point to which an application should be addressed. We can if we wish go back to the previous page where another selection can be made. If we have exhausted that entire list and still not seen that which we required, we could again step and relax our regional constraint and be prepared to consider opportunities in the West Midlands, for example.

So the commercial implications of providing this service principally derive, in our area, from establishing an audience. We first lifted the wraps on Viewdata presenting it at a careers conference in Nottingham University, some two years ago; and from that time, to some months ago, we were a party to an endless loop discussion of saying to the universities on the one hand, "Would you be prepared to provide these terminals, to provide this service to your students?" and they would say, "Yes, as long as there's an ample base of employers there for the information to justify that investment." Then when one goes back to the conferences of employers and says to them, "Would you be prepared to pay to communicate your vacancies for graduates in this way?" they would say, "Yes, as long as the audience is there to justify our investment in the information."

You have to break out of that loop somehow. With the convenient fact that undergraduates in this country are neatly collected in some hundred locations, we have decided to invest in providing the capital equipment for the universities and polytechnic careers services ourselves, requiring no more from the careers services than payment for the local call charge of the telephone connection time that they use accessing the information.

One can see the very valuable application of the hard copy print out facility as soon as this is available; because this will speed up the rate of throughput of students on terminals, enabling a copy of a vacancy specification to be taken without having to sit there and take longhand notes of the contents of the vacancies. The number of terminals that are required is of course a key component to our investment, because we must provide - this is our responsibility to our employer clients - an adequate service of accessibility to the student population. It is for this reason that we have started with the graduate employment market place.

Our next step is to provide similar information for the school leaver. But with some seven thousand secondary schools and some hundreds of local authority careers offices, it is obviously not appropriate for us to invest in the capital equipment for all of these locations. What we can do, however, is to encourage the Department of Education and Science and Directors of Education in local authorities to recognise the opportunities that there are within Viewdata, not solely with careers but also with other aspects of education work on which basis an audience may be established for us. Where the qualified work experienced job changer is concerned, I think that the prime market will be the residential area, notwithstanding the fact that these terminals will no doubt be in industry and reference libraries and post offices. For this service we must await the build up of a residential population of sets.

We as information providers are currently at the zero cost level to the user. We can give away copies of "GO" to students, one each to every final year student in university and polytechnic, because the pages in the book are paid for by the recruiters that they represent. So, too, in this system the employer pays for the representation of his vacancies, and from that revenue we discount the cost of the equipment, we edit, and we meet the handling charges for information put on the system by the Post Office.

Let me finish by going back to the point that I raised at the beginning in suggesting why Viewdata seemed to us a very good idea. I highlighted areas of shortcoming in the printed word. I don't want to suggest that Viewdata represents extreme competition to the printed word. Our own view, and especially within our own organisation, is that Viewdata offers supplementary and complementary services to those that we produce in print. There is no way that an annual publication appearing in the September of the year prior to the students' leaving can contain vacancy information which does not materialise until far closer to the end of the academic year. By the same token the depth of information that we provide about the employer in the printed literature would be difficult to sustain in a Viewdata service.

Let us look at the one constraint on the operation of the Viewdata information package. The effectiveness depends on the user having a reasonably clear idea of what he is looking for. If he is not prepared to answer simple questions like, "Do you know what employer you want? Do you know what job you want? Are you prepared to look for a job on the basis of what you have studied?" there really is no point in playing with the set; because with three or four thousand pages of vacancy information, he would be lucky in the extreme to happen upon the right vacancy with the right employer purely on the basis of random selection. He needs to have some basis of decision making before using the system. That decision making can be aided significantly by the printed word and, of course, by the careers counselling that is provided.

I think it may well be appropriate for reconsideration of the use of print now there is an alternative for some types of information. If a 'horses for courses' consideration is applied to each type of information which is to be conveyed, then that which should be printed and that which should be posted within Viewdata will become clear. I think that the future for Viewdata is rosy, and if I were a printing concern I would not be upset about the implications for my own business.

Viewdata Anwendungen

A. Felix
London, England

Die "New Opportunity Press" ist Herausgeber spezieller Medien zur beruflichen Bildung für Schulabgänger, Hochschulabsolventen und Berufserfahrene mit dem Wunsch nach Stellungswechsel.

Bei der Vermittlung von Stellenangeboten scheinen sich durch die Verwendung des gedruckten Wortes Schwierigkeiten in drei Punkten zu ergeben. Als erstes wäre der Zeitfaktor zu nennen: Eine freigewordene Stelle in einem Unternehmen muß zum frühestmöglichen Zeitpunkt bekanntgemacht werden.

Die zweite Schwierigkeit liegt in der Abfrage der Informationssysteme, in die die Stellenangebote eingegeben werden. Man kann davon ausgehen, daß jede Art von Mitteilung, seien es Briefe des Unternehmens, Stellenangebots-Listen oder veröffentlichte Schriften von Hand abgelegt und verwaltet werden muß.

Die dritte Schwierigkeit besteht darin, mit dem einmal gedruckten und verteilten Material Schritt zu halten.

Wir sahen in Viewdata eine Möglichkeit, einige dieser Schwierigkeiten zu überwinden. So erstellten wir in unserer Organisation ein System, "Careerdata", das als Informationslieferant dient und das die obengenannten Probleme löst. Eine freie Stelle kann uns telefonisch mitgeteilt und innerhalb von Stunden ins System eingegeben werden.

Die Informationsabfrage wird durch ein einfaches System des Datentransports und der Kennzeichnung ermöglicht. Die Auswahlmöglichkeiten des Benutzers sind zunächst nach folgenden Kriterien geordnet:

- nach Firmen (alphabetisch)
- nach Art der Arbeit und
- nach Fachrichtungen

Wir können gegenwärtig dem Verbraucher die Information kostenlos liefern; so können wir jedem Studenten des Abschlußjahres an Universitäten und Fachhochschulen (polytechnic) ein Exemplar des "GO", eine Übersicht über Stellenangebote für Hochschulabsolventen überreichen, da jeweils der Stellenanbieter die entsprechenden Seiten bezahlt. So bezahlt also der Arbeitgeber für die Verbreitung seiner Stellenangebote und aus diesen Einkünften bestreiten wir dann die Kosten für die Anlagen und die Veröffentlichung, sowie die Postgebühren.

Es soll hier nicht der Eindruck entstehen, als ob Viewdata dem gedruckten Wort den Rang ablaufen wollte. Wir sehen in Viewdata nichts weiter, als eine Ergänzung und Vervollständigung dessen, was von uns in Druck erscheint. Ein jährlicher Überblick von aktuellen Stellenangeboten, rechtzeitig zum Ende des akademischen Jahres im September, kann anders nicht herausgegeben werden. In gleicher Weise kann Viewdata nicht die Hintergrundinformationen über das jeweilige Unternehmen liefern, die über den Druck möglich sind.

Textkommunikation im Bildungswesen

K. Haefner
Berlin

Gliederung

1. Textkommunikation im Bildungswesen, Fernunterricht und computerunterstützter Unterricht

Lehren und Lernen im Bildungswesen sind eng verknüpft mit der Kommunikation von Zeichenketten ("Textkommunikation"). Rechnet man zu den Zeichen auch einfache grafische Symbole, aus denen sich Strichzeichnungen generieren lassen, so kann man überschlägig davon ausgehen, daß im Bereich der Primarstufe und der Sekundarstufe I ca. 20% des Informationsaustausch zwischen Lehrenden und Lernenden auf der Basis von Textkommunikationen erfolgt, der Rest ist im wesentlichen auditive und audiovisuelle Kommunikation zwischen Personen. Im Bereich der Sekundarstufe II und im Tertiären Bildungsbereich nimmt das Lernen mit Zeichenketten erheblich zu, man kann grob einen Anteil von 50% des Informationsaustausches mittels dieser Technik ansetzen.

Die Möglichkeit mittels Texten auch ohne personale Anleitung zu lehren und zu lernen wird z.Z. im wesentlichen durch drei Konzepte systematisch betrieben:

- durch das Lehrbuch bzw. die gedruckte Veröffentlichung in allen Ausprägungsformen /1/,

- durch die Fernunterrichtssysteme /2/ und durch
- den computerunterstützten Unterricht /3/.

In allen drei Bereichen handelt es sich in der Regel um eine Form der Telekommunikation, Lehrende und Lernende stehen nicht im unmittelbaren persönlichen Kontakt miteinander, vielmehr arbeitet der Lernende mit Texten, die ihm über ein Medium übermittelt werden. Als Übermittler dienen beim Lehrbuch und schwerpunktsmäßig auch beim Fernunterricht das gedruckte Material. Beim computerunterstützten Unterricht wird das Lehrprogramm in der Regel elektronisch gespeichert, der Lernende kommuniziert mit diesem über eine Dialogstation, gedruckte Texte entstehen nur, wenn die Dialogstation ein Fernschreiber ist.

Fragen wir nach den Grenzen, Möglichkeiten und Problemen der Textkommunikation im Bildungswesen im Rahmen der "neuen Medien"(hier insbesondere im Bildschirmtext-(Viewdata-)System), so können wir also auf einer breiten Basis konkreter Erfahrungen und Untersuchungen aufbauen. Der hier relevante Stand des Wissens soll in diesem Abschnitt kurz zusammengefaßt werden.

Im Fernunterricht, den es seit ca. 100 Jahren in organisierter Form gibt, erhält der Lernende regelmäßig schriftliches Lernmaterial; dieses wird von ihm durchgearbeitet, er löst Übungsaufgaben, sendet diese an eine Zentrale, dort werden sie korrigiert und in der Regel mit Musterlösungen zurückgesandt. U.U. werden personale Lernphasen eingeschoben (siehe z.B. Open University und Fernuniversität).- Der Lernerfolg ist, gemessen an den Prüfungserfolgen, in der Regel mäßig, nur ein relativ bescheidener Anteil aller Anfänger erreicht das Prüfungsziel. Vereinsamung, Mangel an personaler Kommunikation, Zeitzwänge und ein recht abstrakter, formatierter Umfang mit der Information führt zu vielen Abbrechern.- Für das Studium von 18 - 19-Jährigen gibt es deutliche Hinweise der Open University, daß das Fernstudium dem Lernen an einer konventionellen Hochschule unterlegen ist.- Große Erfolge kann der Fernunterricht in der Weiterbildung verbuchen, wo es gilt, spezielle Qualifikationen an Personen zu vermitteln, die bereits Erfahrung im autonomen Lernen haben.

Mangelnde Individualität und Adaptivität sowie geringe Rückkopplung zwischen Lernendem und Lehrsystem im Fernunterricht und in der programmierten Instruktion in Buchform haben am Ende der 50er Jahre dazu geführt, dialogfähige Computersysteme für das Lehren und Lernen zu entwickeln und zu nutzen. In den 60er Jahren entstand eine breite Palette technischer und didaktischer Konzepte für den computerunterstützten Unterricht (CUU), der sich insbesondere in den USA und in der Ausbildung größerer Firmen (z.B. Lufthansa, Boeing, Kodak, IBM) einen Anteil am Lernen erobert hat.

Die Grundidee des CUU ist einfach: In einem Rechner wird ein Programm (Courseware) abgelegt, welches es dem Lernenden interaktiv erlaubt, an einer entsprechenden

Dialogstation (z.B. Bildschirm mit Tastatur) den vorbereiteten Lehrstoff durchzuarbeiten. Der Lernende erhält vom Computer Information (in der Regel Texte) und antwortet auf Anfragen mit Texten, die von der Courseware im Computer verarbeitet werden und zu neuen Ausgaben aus der Courseware an den Lernenden führen.

Es entsteht ein gewisser "Dialog", dessen Qualität sehr stark von der Komplexität der vom Autor erstellten Courseware abhängt, der aber in der Regel recht gut ist, da er sich jeweils nur auf einen sehr begrenzten Kontext des betreffenden"Lernschrittes" bezieht.

Die wichtigsten Strategien des computerunterstützten Unterrichts sind seit vielen Jahren (siehe hierzu im Detail /4/):

- Das Übungsprogramm, in dem der Lernende einen geordneten Satz an Übungen zu einem Thema angeboten bekommt. Diese erlauben im wesentlichen einen "Selbsttest", aber unterstützen auch das Lernen.
- Die programmierte Instruktion, in der ein größerer Lernbereich in Blöcke zerlegt dem Lernenden angeboten und durch geeignete Zwischenteste sichergestellt wird, daß der Lernende nur fortschreitet, wenn er den Stoff erfolgreich bearbeitet hat (auch tutorieller CUU genannt).
- Die Simulation als Lehrsystem ermöglicht es dem Lernenden ein im Rechner abgelegtes Modell (den "Simulator") zu nutzen,um zu lernen. Von der Simulation einfacher physikalischer Experimente über die Simulation von Wirtschaftssystemen bis hin zum Flugsimulator sind hier zahlreiche Möglichkeiten realisiert worden.
- Das lernerorientierte Informationssystem stellt eine moderne Form des Lernens dar, in dem der Lernende die Lernstrategie m.E. selbst bestimmt. Die Coursware bietet Informationsmöglichkeiten und ein semantisches Netzwerk ("Map"), in dem sich der Lernende bewegt. Strukturierte Banken von Übungsaufgaben ermöglichen jeweils eine Feststellung seines Lernfortschrittes.
- Das interaktive Problemlösen schließlich gestattet es dem Lernenden mittels einer geeigneten (in der Regel einfachen) problemorientierten Programmiersprache ein Programm zur Lösung seines Problems selbst an der Dialogstation zu entwerfen und dabei Komponenten des Problemlösungsprozesses zu erlernen.

Es existieren mehrere weltweit verbreitete technische Systeme für den CUU. Insbesondere sind zu nennen: PLATO/TUTOR von CDC mit ca. 2000 Dialogstationen an grossen Rechnernetzen; das System der "Computer Curriculum Corporation" mit 500 Schulen und ca. 4000 Dialogstationen in USA; BASIC,auf vielen Rechnern mit weltweit ca. 10 000 Dialogstationen für den CUU; APL, z.B. an der Stiftung Rehabilitation in Heidelberg mit ca. 275 Dialogstationen; CUL der Lufthansa auf dem Platzbuchungsrechner mit ca. 1 800 Dialogstationen; COURSEWRITER und Nachfolger auf IBM-Anlagen mit einigen tausend Dialogstationen.

Die Zahl der weltweit verfügbaren Courseware-Blöcke dürfte heute bei ca. 2 000 liegen, wobei einige Blöcke mehrjährige Kurse umfassen. Neuere amerikanische Analysen gehen davon aus, daß ca. 2 Millionen amerikanischer Schüler Computer im Unterricht benutzen, das ist eine Marktsättigung von 4%.- In der Bundesrepublik hat es bis Mitte der 70er Jahre durch die Förderung des Bundesministeriums für Forschung und Technologie zahlreiche Projekte im CUU gegeben,die allerdings von den zuständigen Ländern in der Regel nicht weitergeführt wurden.- Systematische Evaluationen haben gezeigt, daß mittlere und gute Courseware in vielen Bereichen gleiche Lernerfolge ergibt wie personaler Unterricht.

In den letzten Jahren hat es einen deutlichen Trend weg von Großrechner-Netz-Lösungen im CUU und hin zur Nutzung von Kleinrechnersystemen gegeben. Deutsche Schulen beginnen, Kleinrechner zunehmend für den Informatik-Unterricht anzuschaffen.

2. Nutzung der Textkommunikation mittels Bildschirmtext

Das derzeitig bekannte Bildschirmtext-Angebot der Bundespost für die 80er Jahre zerfällt in zwei Teilbereiche: (1) den Bildschirmtextanteil, der von den Bildschirmtext-Zentralen selbst abgewickelt wird und (2) die Dienste, die zwar durch die Bildschirmtext-Zentralen vermittelt, aber ansonsten von externen Rechnern über ein Rechnernetz abgewickelt werden /5/.

Für den ersten Bereich stellt die Bundespost z.Z. einen Satz von jeweils ca. 10 000 Bildschirmseiten in den Zentralen zur Verfügung, die baumartig miteinander verknüpft werden können /6/. Dieses Angebot in den Bildschirmtext-Zentralen ist für das Lehren und Lernen im Sinne des auf anderen Systemen erfolgreichen CUU im wesentlichen unbrauchbar.

Hierfür gibt es zahlreiche Gründe, u.a.:

- Die Erfahrungen mit vergleichbaren Systemen in den USA (z.B. TICCIT /7/) haben eindeutig gezeigt, daß der Lernende als Zugang zur Information mehr Steuerungsmöglichkeiten als das Blättern in einem Baum aus Texten braucht.
- Es muß möglich sein, Zeichenketteneingaben des Lernenden im System direkt zu verarbeiten (Antwortanalyse).
- Der Autor von Courseware muß ein flexibles Dienstentwicklungssystem verfübar haben, welches es ihm gestattet, Lernmaterial zu erstellen, zu testen und zu modifizieren; dies leisten die jetzige Datenbank und die Eingabeprozeduren nicht.
- Das lokal verfügbare Informationsvolumen (Anteil an den ca. 100 000 Bildschirmseiten) ist für größere Unterrichtspakete zu klein.

Falls die Bundespost die Bildschirmtext-Zentralen soft- und hardwaremäßig nicht besser ausstattet, verbleiben also für das eigentliche Lehren und Lernen nur die "Externen Rechner" im Bildschirmtext-Netz.

Das Bildungswesen kann das Angebot des "100 000-Seiten-Buches" in den Bildschirmtext-Zentralen allerdings für vielfältige Information nutzen, z.B.:

- Übersichten über das Bildungsangebot,
- lokale Schul- und Hochschulinformation,
- bildungsorientierter Veranstaltungskalender,
- aktuelle Information für Schüler, Studenten und Lehrer,
- elektronischer Briefkasten für den Fernunterricht,
- Information über Ausbildungsplätze,
- aktuelle Weiterbildungsinformation für die Lehrenden,
- Lehrbuchübersichten, etc.

Auf der Basis der Externen Rechner im Bildschirmtext-Netz stehen dem Bildungswesen und dem Lernenden die Teilbereiche des CUU zur Verfügung, bei denen keine aufwendige Grahik, kein Ton und keine Video-Bild-Information genutzt werden muß. Dies ist ein interessanter Teil.- Organisatorisch bieten sich für den Betrieb Externer Rechner an:

- Anwahl bereits existierender (dann auszubauender) CUU-Systeme
- Angebot von Courseware durch die Verlage (auf Rechnern, die die Verlage betreiben)
- Aufbau eines Rechnerverbundes der Hochschulen mit den Kommunen als Träger der Schulen.

In jedem Fall wird es notwendig sein, zu geeigneten Courseware-Bibliotheken zu kommen. Es sollte der Versuch unternommen werden, hier möglichst bald gewisse Standards festzulegen, um nicht zu viele,dafür aber qualitativ gute Programme zur Verfügung zu haben.

3. Perspektiven der 80er Jahre

Die Entwicklung der Textkommunikation im Bildungswesen der 80er Jahre wird im wesentlichen durch drei Kraftfelder bestimmt werden:

- Trends in der Entwicklung des Bildungswesens,
- die Entwicklung interaktiver Netze und des Mikroprozessors und
- das zukünftige Verhältnis von Lernen und Arbeiten.

Hierzu sollen im folgenden einige Ausführungen gemacht werden.

Das Bildschirmtext-System als Netz-Lösung auf der einen Seite und autonome, "dialogfähige" Heimcomputer-Systeme auf der Basis von Fernseher und Mikroprozessor auf der anderen Seite, werden in den 80er Jahren wirtschaftliche und attraktive Alternativen zum personalen Unterricht bieten. Während die reinen Rechenkosten (also ohne Coursware) für den CUU heute oberhalb von DM 3,-- pro Stunde Interaktion liegen, werden sie Mitte der 80er Jahre mit Mikroprozessoren im Bereich von und unter DM 2,-- und damit unterhalb der reinen Personalkosten im Bildungswesen liegen. (Bei einem Bruttojahresgehalt von ca. DM 50.000,-- eines Lehrers mit 25 Wochenstunden Lehrdeputat, 40 Wochen Unterricht pro Jahr und 30 Kindern pro Klasse liegen heute die unmittelbaren Personalkosten bei 50.000/(40 x 25 x 30) = ca. DM 1,70, die wirklichen Kosten oberhalb von DM 2,50 pro Kind und Stunde in der Schule.).- Billige Massenspeicher - sowohl für AV-, wie mittelfristig auch für digitale Information - werden eine einfache Speicherung und Verbreitung von Courseware erlauben /8/.- Das Zweiweg-Kabelfernsehen schließlich wird als dritte, technisch mächtige, aber von der Einführungsstrategie her schwerfällige Lösung im Bildungswesen neue Lernformen ermöglichen /9, 12/.

Das Schwergewicht der Nutzung bildungsorientierter Informationstechnik wird bei den interaktiven Systemen liegen, in Weiterentwicklung der nicht-interaktiven Verteilsysteme der 60er und 70er Jahre (z.B. 3. Bildungsfernsehprogramm, Schulfunk). Technisch wird die Textkommunikation eine Möglichkeit sein. Es ist klar erkennbar, daß Massenspeicher, wie die Videolangspielplatte, bald den ökonomischen Zugriff zur AV-Information ermöglichen werden.- Die Erkennung eines begrenzten Vokabulars eines definierten Personenkreises (einer Familie) und die Möglichkeiten synthetischer Sprachausgabe werden es mittelfristig erlauben, Lehrsysteme zu konzipieren, die einen vergleichbaren Mix zwischen Text, auditiver und audiovisueller Information nutzen wie der aus der Geschichte der Menschheit gewachsene Mix im traditionellen Unterricht.

Vergegenwärtigt man sich Trends im Bildungswesen, die im nächsten Jahrzehnt für die Frage der Textkommunikation im Bildungswesen eine Rolle spielen, so sind hier insbesondere zu nennen:

(1) Das "autonome" Lernen - das Lernen dessen, was ein Lernender in einer konkreten Situation braucht und welches er sich auf der Basis vorhandener Informationseinheiten selbst organisiert - wird weiterhin zunehmen. Hieran ist zum einen die gewaltige Zunahme der Informationen Schuld (z.B. Verdoppelung der wissenschaftlichen Information alle 7 Jahre), zum anderen aber ein generell höherer Bildungsstand, von dem aus der Bürger Vertiefungen vornehmen wird.

(2) Der Kontext curricular geschlossener, inhaltlich begründeter Lernbereiche wird zunehmend zerfallen, da immer deutlicher wird, daß eigentlich jeder Inhalt mit jedem zusammenhängt und dadurch eine simple Aneinanderreihung problematisch wird.

(3) Die Kinder des Geburtenberges werden auf Weiterbildung drängen, da sie selbst nur begrenzt vom Bildungswesen ausgebildet wurden. Da diese Forderung mit einer deutlichen Reduktion der Schüler- und später der Studentenzahlen in den Endachtziger Jahren zusammenfällt, wird das Bildungswesen sich stärker der Weiterbildung zuwenden.

(4) Die kleinen Schülerzahlen der späten 80er Jahre werden Schwierigkeiten in der personalen Vollversorgung mit einem breiten Lehrangebot machen; als Konsequenz wird man nach alternativen Formen suchen und auch den interaktiven Fernunterricht zuhause über die neuen Medien nutzen.

(5) Verbesserte Möglichkeiten problemorientiert zu lernen, werden dazu führen, daß das "Lernen-auf-Vorrat" und damit die Regelausbildungszeiten reduziert werden zugunsten eines Wechsels zwischen Lern- und Arbeitsphasen.

(6) Das private Lehrangebot im Bildungsbereich wird zunehmen und mannigfaltiger werden, da formalisierte Ausbildungsgänge gegenüber dem "richtigen Wissen zur richtigen Zeit" langsam an Bedeutung verlieren werden.

(7) Eine zunehmende Verbesserung der Volltext-Speicherung der Information mit guten Zugriffsmöglichkeiten zu flexiblen Informationssystemen ("Question Answering Systems" /10/) wird das Lernen von Faktenwissen weiter zurückdrängen zugunsten methodischer, affektiver und psychomentorischer Lernzielbereiche.

Die Entwicklung des Verhältnisses von Bildungs- und Beschäftigungssystem wird im nächsten Jahrzehnt zu einer größeren Durchdringung beider Bereiche führen. Konkret wird zum einen die Grundarbeitszeit verkürzt und gleichzeitig der Anteil der Arbeitszeit, der zur Fort- und Weiterbildung dient, vergrößert werden.-Dialogstationen (mit oder ohne Netzanschluß), die es erlauben, am Arbeitsplatz gezielt zu relevanter Information zuzugreifen und die die Problemlösung unmittelbar unterstützen (wie heute z.B. beim Computer Aided Design), werden einen Teil der Ausbildung obsulet machen (in gleicher Weise, wie wir heute autofahren, ohne z.B. die Kurbelwelle auswechseln zu können). Es wird zu einer verstärkten Integration von menschlicher Geistesarbeit und Computerleistung kommen.

Die Programmierung von Computersystemen als Hilfsmittel des Lernenden und Arbeitenden wird eine zunehmend gewichtigere Aufgabe werden. Der Krise des Bildungswesens wird sich die Krise der"Ausbildung der Computer" hinzugesellen.

Es muß sehr deutlich darauf verwiesen werden, daß die anstehende Integration der elektronischen Textkommunikation, d.h. u.a. des CUU, in das Bildungswesen zu einer Reihe grundsätzlicher Probleme führen wird, die hier leider aus Zeitgründen nicht weiter erörtert werden können (siehe hierzu einiges in /11/ und /12/). Diese Probleme bedürfen einer sorgfältigen Analyse und Bewältigung, wenn es zu einer kontinuierlichen und fruchtbaren Weiterentwicklung des Bildungswesens kommen soll und keine Zustände wie z.B. im Energiebereich entstehen sollen.

4. Thesen- Anstelle einer Zusammenfassung

Versucht man die im vorigen Abschnitt angedeuteten Trends zusammenzufassen und fragt nach der Zukunft der Textkommunikation im Bildungswesen in diesem Kräftespiel, so erscheinen folgende Thesen begründbar:

(1) Das autonome Lernen (mit Texten) wird weiter zunehmen. Hierfür werden autonome Computersysteme und interaktive Netze in gleicher Weise genutzt werden.

(2) Das Problemlösen mit Textkommunikationen an Dialogstationen am Lern- und Arbeitsplatz wird in vielen Bereichen zunehmen und das "Lernen-auf-Vorrat" zu verdrängen beginnen.

(3) Der erweiterte Heimfernseher wird zum Informations- und Lernsystem werden, hierbei wird aber auch der Zugriff zu auditiver und individueller Information im Rahmen eines Medienmixes eine gewichtige Rolle spielen.

(4) Durch die Nutzung interaktiver Netze und leistungsfähiger autonomer Mikroprozessor-Systeme wird das Bildungswesen erheblichen strukturellen und curricularen Wandlungsprozessen ausgesetzt werden.

Abschließend sei darauf verwiesen, daß die Entwicklungen und Untersuchungen im CUU einen reichen Fundus an Ergebnissen über die Interaktionen von EDV-Laien mit dialogfähigen Rechnersystemen erbracht haben, der genutzt werden sollte, wenn es darum geht, Textkommunikation im privaten Bereich zu entwickeln; es gibt sonst wohl keine empirischen Ergebnisse dieser Breite und Komplexität.

5. Schrifttum

/1/ Als Übersichten sind geeignet: Eyferth, K. et al.: Computer im Unterricht. Klett, Stuttgart (1974). - Freibichler, H. (Hrsg.): Computerunterstützter Unterricht. Schroedel, Hannover (1974).- Keil, K.A. (Hrsg.): Das Projekt Computerunterstützter Unterricht Augsburg. Zentralstelle für Programmierten Unterricht, Augsburg (1976). - Bitzer, D.: The Wide World of Computer-Based Education. Advances in Computers 15, 239 (1976). - Hunter, B. et al.: Learning Alternatives in U.S. Education: Where Student and Computer Meet. ET Publication. Englewood Cliffs (1975). - Haefner, K.: Status und Zukunft des CUU in der Bundesrepublik. In: Schneider, V. (Hrsg.): CUU in der Lehrerbildung. Burg Verlag, Freiburg (1977). Arlt, W. (Hrsg.) EDV-Einsatz in Schule und Ausbildung. Band 1: Datenverarbeitung im Bildungswesen. Oldenburg, München (1978).

/2/ Als Übersichten sind geeignet: Peters, O.: Die didaktische Struktur des Fernunterrichts. Beltz, Weinheim (1973). - Tunstall, J.

(Ed.): The Open University Opens. Routledge a. Kegan Paul, London (1974).- Rau, J.: Die Neue Fernuniversität. Econ, Düsseldorf (1974).- Schneider, W. u. H. Sigelen: Zur Ökonomie des Fernstudiums. DIFF, Tübingen (1973). - Wolf, F. (Hrsg.): Fernstudium - Eine Anleitung. Verlag "Die Mitte", Saarbrücken (1976)

/3/ Als Übersicht mit Kommunikations-Ansatz: Groeben, N.: Die Verständlichkeit von Unterrichtstesten. Aschendorff, Münster (1972)

/4/ Haefner, K.: Status und Zukunft des Computerunterstützten Hochschulunterrichts in Naturwissenschaften und Medizin. In: Meyer, E.(Hrsg.): Hochschuldidaktik. Klett Stuttgart (1972)

/5/ Deutsche Bundespost: Bildschirmtext - Beschreibung und Anwendungsmöglichkeiten. Bonn (1977)

/6/ Fernmeldetechnisches Zentralamt der Deutschen Bundespost: Entwurf: Bildschirmtext - Anweisung für Informationslieferanten. FTZ A 31-5 (ohne Datum, 1978 erhalten)

/7/ Bunderson, C.V.: The TICCIT Project: Design Strategy for Educational Innovation. ICUE Technical Report No. 4. ICUE Brigham Young University. Provo, Utah (1973)

/8/ Heuston, D.H.: The Promise and Inevability of the Videodisc in Education. WICAT, Orem, Utah (1977)

/9/ Vöge, K: The Two-Way CATV Laboratory Project of the Heinrich-Hertz-Institute Berlin. In: Kaiser, W., Marko, H. a. E. Witte: Two-Way Cable Television. Springer Berlin (1977)

/10/ Bobrow, D. a. A. Collins: Representation and Understanding. Acad. Press, New York (1975)

/11/ Haefner, K.: Vorschläge für die Förderung und Weiterentwicklung des Bereichs Datenverarbeitung im Bildungswesen als Konsequenz einer Bestandsaufnahme. FEoLL, Paderborn (1975)

/12/ Haefner, K., L. Issing u. V. Preuß: Breitbandkommunikation im Bildungswesen. BMFT T76-76. Zentralstelle für Luft- und Raumfahrtdokumentation. München (1976)

Text Communication in Education

K. Haefner
Berlin

This paper surveys the possibilities of using electronic telecommunication with character strings in education within the next decade.- Distant education and computer based learning (CBL) are considered as existing practice of text communication in education and as models for further developments. Particularly CBL teaching and learning strategies (i.e. drill and practice, programmed instruction, simulation, learner oriented information systems, interactive programming) are taken as example of existing and successfully used text communication.

From the experience in CBL it is derived that the present Viewdata System itself ("Bildschirmtext" of the German Post Office /5/) will not be appropriate as an interactive computer system for delivering education to the learner. The super-page-turner in the "Bildschirmtext" centers is much to inflexible and particularly lacks the possibility of an appropriate learner response processor. The authoring facilities are unexeptable under present day standards. However, it is possible to link dedicated computers to the planned German "Bildschirmtext"-network. Those will allow for most of the applications of CBL. It is possible that educational institutions or the publisher of educational material hook their computers on to the network delivering courseware to the learner in the private home or at the job.

From a brief analysis of important trends for information technology developments, the educational system and in the integration of the educational and the professional system to come, four conclusions are drawn:

(1) The amount of self study (with text communication) will increase in the next decade. Stand alone microprocessor based systems as well as terminals using networks will be used increasingly in education.

(2) There will be more problem solving on the job using communication with information systems. This causes a decrease of "training-in-advance" done traditionally today.

(3) The home TV-set will become an information and learning centre, more text communication will be inbedded in a media mix with audio and audiovisual information which will be available from cheap mass storage (e.g. the video-disc).

(4) Penetration of interactive information delivering networks and the widespread use of microprocessors will cause the educational system to change its goals. There will be more emphasis on methods learning, affective and psychomotoric objectives. Learning facts seems to become a task with limited merrits, since facts will be accessible more easily through computer systems.

Attention is drawn to computer based learning as a model for text communication in the private area. Experience gathered in this field might help to develop appropriate text communication systems in other important areas.

Arbeitsmedizinische und ergonomische Aspekte der Bildschirmarbeit

Th. Peters
Bochum

Zusammenfassung

Der Einsatz von Bildschirmen nimmt "exponentiell" zu. Man schätzt die jährlichen Zuwachsraten zwischen 3o - 5o %. Diese Entwicklung hat nicht nur positive Wirkungen (z.B. hinsichtlich Leistungssteigerung, Schnelligkeit, Kostenminderung), sondern auch negative Wirkungen wie z.B. Verlust an sozialen Kommunikationen (Kontakten), Einengung von Entscheidungsspielräumen mit gefährlicher Überspezialisierung, Arbeitsmonotonie u. a. ..

Die Konstanz der Arbeitsbedingungen bei Bildschirmarbeit einerseits und die meist nicht ausreichende Vorbereitung der vom Einsatz der neuen Technologien Betroffenen andererseits schaffen Probleme.

Bei Bildschirmarbeit ist das Auge das entscheidende Organ bzw. Organsystem für die Informationsaufnahme, sowohl seitens des Informationsträgers Papier als auch seitens des Informationsträgers Display. Weiter werden durch Bildschirmarbeit, die praktisch immer sitzend ausgeführt wird, Arme, Schultergürtel und die gesamte Wirbelsäule (von der Hals- bis zur Lendenwirbelsäule) stark belastet. Um diese gesundheitsrelevanten besonderen Belastungen abzubauen und zu minimieren sind an die Qualität der Bildschirme (Displays) aber auch an die Qualität des Gesamtarbeitsplatzes vom Aufstelltisch bis zum Arbeitsstuhl bestimmte arbeitsmedizinische und ergonomische Anforderungen zu stellen.

Am Bildschirm stehen Forderungen hinsichtlich Farbe, Kontrast, Darstellungsart der Ziffern und Zeichen (Charakters) sowie hinsichtlich Reflexarmut im Vordergrund.

Außerdem sind - in Abhängigkeit von der Art der Bildschirmarbeit (z.B. Eingabe, Dialogverkehr etc.) - hohe Anforderungen an unterschiedliche Positionierungsmöglichkeiten des Bildschirms zu stellen sowie entsprechende Anforderungen an die Flexibilität der übrigen Arbeitsmittel wie Tischhöhen und Stuhleinstellungen.

Über den Bildschirm und den Arbeitsplatz im engeren Sinne hinaus sind arbeitsmedizinische und ergonomische Anforderungen auch an die Umgebung der Bildschirmarbeitsplätze zu stellen. So müssen die Leuchtdichteverhältnisse des unmittelbaren Arbeitsbereiches und der Umgebung aufeinander abgestimmt sein. Die mit Bildschirmarbeit "konfrontierten" Personen müssen nicht nur ausbildungsmäßig, sondern auch bezüglich ihrer Sehfähigkeit optimal auf die Arbeit am Bildschirm eingestellt werden. Die richtige Korrektur vorhandener Sehfehler ist eine entscheidende Voraussetzung zur Minimierung der Beanspruchung des Sehorgans.

Ober die vorgenannten Maßnahmen hinaus sind auch organisatorische Möglichkeiten auszuschöpfen, um Bildschirmarbeit nicht zum Risiko werden zu lassen. Als solche sind u. a. Arbeitszeitbegrenzungen, Arbeitsplatzwechsel (jobrotation), Durchbrechung von Arbeitsmonotonien, keine zu weitgehende Zergliederung der Arbeitsaufgaben, Ausweitung der Arbeitsinhalte zu nennen.

Der Einsatz von Bildschirmen nimmt "exponentiell" zu. Marktforscher haben Ende 1976 in Deutschland 23.ooo Bildschirmstationen gezählt und prognostizierten für

1977 - 3o.ooo
1978 - 36.ooo
1979 - 48.ooo Bildschirmstationen.

Ein namhafter Hersteller von Datenterminals nennt jährliche Zuwachsraten von 3o %, Fuhrmann schätzt sogar 5o %-ige Zuwachsraten pro Jahr.

Sei dem wie es sei! Die genannte Entwicklung führt dahin, daß immer mehr Menschen nicht nur in der Freizeit (beim üblichen Fernsehen), sondern auch in vielen anderen Bereichen mit Bildschirmen konfrontiert werden. Auf die in der Gruppe 2.2 dieses Symposiums gehaltenen Referate sei in diesem Zusammenhang ebenso verwiesen wie auf die übrige Arbeitswelt, in der sich der Bildschirm nicht nur den "klassischen" Bürobereich zu erobern anschickt, sondern auch den Bereich der Produktion (Fertigungssteuerung) und des gesamten Handelsverkehrs.

Für immer mehr Menschen wird somit der Bildschirm zum Gesprächspartner Nr. 1 mit allen Konsequenzen im positiven Sinne (z.B. bezüglich Leistung, Schnelligkeit, Kostenminimierung), aber auch im negativen Sinne, z.B. Verlust an sozialen Kontakten, Einengung von Entscheidungsspielräumen, Spezialisierung bis zu monotonen Arbeitsbedingungen.

Lassen Sie mich kurz auf die letztgenannten Konsequenzen der Bildschirmarbeit eingehen, weil sich in der Praxis immer wieder zeigt, daß man zwar an den Geräten selbst, evtl. auch noch hinsichtlich der unmittelbaren Arbeitsplatzbedingungen etwas zu tuen bereit ist, kaum jedoch im vorgenannten Bereich, obwohl diese Aspekte für die arbeitsmedizinisch ergonomische Gesamtsituation der Bildschirmarbeit von mindestens der gleichen Relevanz sind wie die Arbeitsplatzsituation im engeren Sinne.

Zu psychischen Belastungen führen alle jene Einflußfaktoren, die im Menschen das Erlebnis der Anstrengung (oder der "inneren Anspannung") hervorrufen. Bei der Tätigkeit am Bildschirm sind dies z.B. die Schwierigkeit der Arbeitsaufgabe (Arbeitsinhalte), Zeitdruck, große Helligkeitskontraste zwischen Bildschirm und Umgebung oder auch Lärm im Arbeitsraum. Auch ein hohes Anspruchsniveau (Ehrgeiz) kann psychisch belastend wirken (Radl).

Bild 1 zeigt einen schematischen Oberblick über die Belastungseinflüsse und Beanspruchungsrelevanzen.

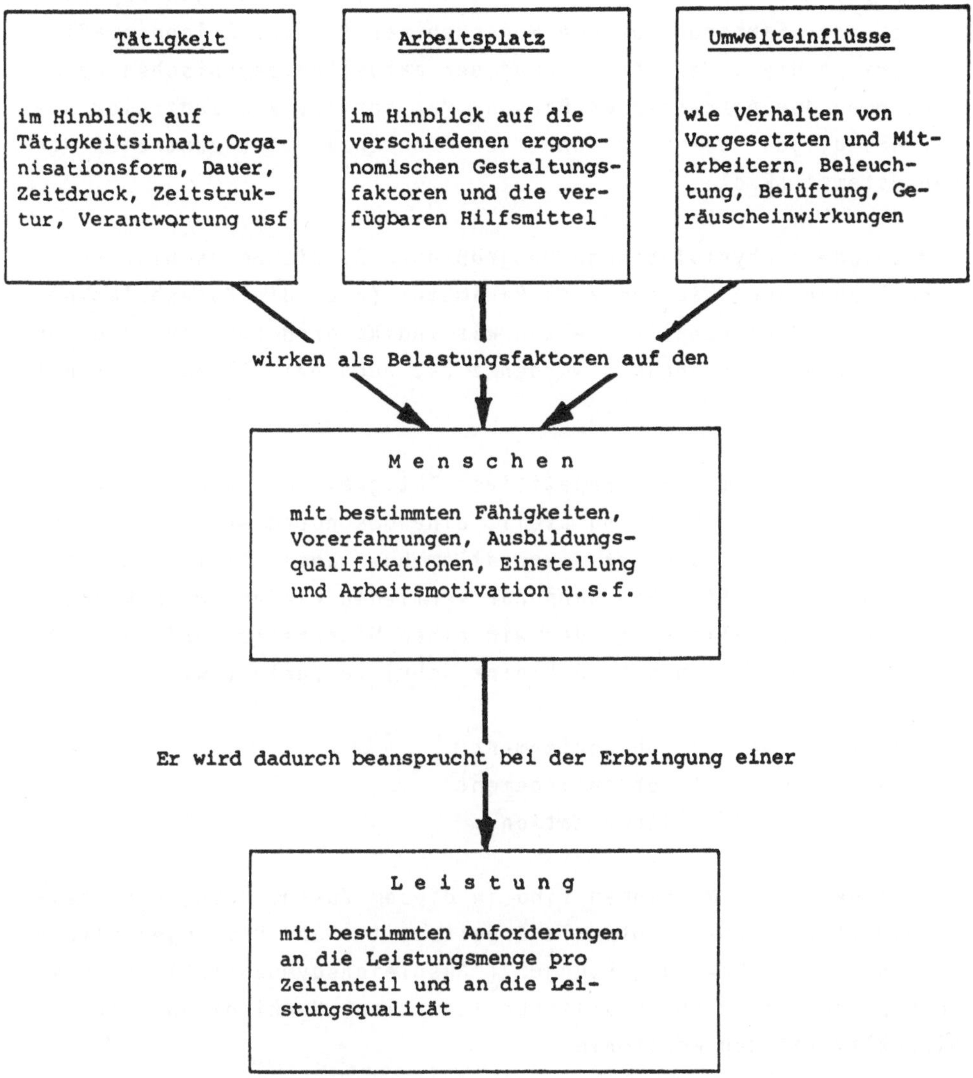

Bild 1: Eine bestimmte Tätigkeit wirkt im Hinblick auf den Tätigkeitsinhalt, die Organisationsform, die Dauer oder die damit verbundene Verantwortung im Zusammenhang mit den Arbeitsplatzbedingungen und den verfügbaren Arbeitsmitteln als Arbeitsbelastung auf den Menschen. In Wechselwirkung dazu können auch Umwelteinflüsse, z.B. das "Betriebsklima", das Verhalten von Vorgesetzten und Kollegen im sozialen Bereich und Beleuchtung, Mikroklima im Arbeitsraum, Lärm, Belüftung u.s.f. im physikalischen Bereich als Belastungsfaktoren wirken. Ein Mensch wird durch die Belastungen beansprucht, wenn er eine bestimmte Arbeitsleistung erbringen soll. Es ist jedoch auch zu berücksichtigen, welche Fähigkeiten, welche Qualifikation durch die Ausbildung, welche Vorerfahrungen oder welche Einstellungen und Motive bei der Arbeit der betreffende Mitarbeiter hat, wenn man etwas über seine Beanspruchung bei der Erbringung einer bestimmten Leistung aussagen will (nach Radl).

Unter psychischer Beanspruchung werden die Auswirkungen psychisch belastender Faktoren auf den Menschen verstanden. Erlebnismäßig entspricht die innere Anspannung der aktuellen psychischen Beanspruchung der betreffenden Person. Man spricht von zentraler Aktivierung, gewissermaßen von hoher "Tourenzahl des zentralen Nervensystems" (Radl).

Verschiedene physiologische Meßgrößen (z.B. die Herzschlagfrequenz) aber auch biochemische Parameter (z.B. die Katecholamine Adrenalin, Noradrenalin) gelten als Indikatoren für den Grad der zentralen Aktivierung und werden z.Zt. auch bei Bildschirmarbeit untersucht.

Monotonie in Form stark repetitiver Tätigkeit mit kurzer Zykluszeit in reizarmer Umgebung stellt eine besondere Art psychischer Beanspruchung dar und ist - vor allem bei langen Tätigkeiten am Bildschirm - häufig. Sie kann nur vermieden werden, wenn keine zu starke Spezialisierung der einzelnen Mitarbeiter erfolgt und wenn die Arbeit in nicht zu kleine Schritte zerlegt wird.

Stichworte hierzu: job enrichment
job enlargement
job rotation.

Als flankierende Maßnahmen sind in diesem Zusammenhang noch beispielhaft zu nennen: optimale Arbeitszeit - und Pausengestaltung einschließlich Bewegungsübungen ("Ausgleichsgymnastik"), Vermeidung persönlicher und räumlicher Isolation, Verhinderung einer mikroklimatischen Monotonie.

Ich habe eingangs schon darauf hingewiesen, daß sich der Bildschirm immer schneller immer mehr Anwendungsbereiche erobert. Wo die "schnelle Technik" die Maßstäbe setzt muß sich der "langsame Mensch" anpassen, d. h. er muß konzentrierter, schneller und unter Zeitdruck arbeiten ("hohe Tourenzahl des zentralen Nervensystems" nach (Radl)); trotzdem hat er das Gefühl - und nicht selten ist es auch so - mit seiner Arbeit nicht fertig zu werden (Frustration). Ständig neue Datenmengen fallen an. Nach Busch besteht eine direkte Proportionalität zwischen dem Grad der psychischen Ermüdung und den zu verarbeitenden Datenmengen. Auch besteht das Problem der Isolierung vom Betrieb und von den übrigen Mitarbeitern (Fuhrmann). Aus den Konflikten im Spannungsfeld technischer Vorgaben (hier der Bildschirmarbeit) und begrenzter menschlicher Anpassungs- und Leistungsfähigkeit resultieren auch viele arbeitsmedizinische Probleme. Konflikte machen Angst und Angst macht Konflikte, die sich in vielgestaltigen Beschwerdebildern ausdrücken können. So können subjektive Beschwerden verursacht, vorhandene leichte Gesundheitsstörungen zum Leiden verstärkt, Krankheiten unterhalten und Genesung gehemmt werden (Peters).

Doch nun zu den arbeitsmedizinisch ergonomischen Aspekten der Bildschirmarbeit im engeren Sinne. Um diese zu verstehen, sind einige sinnesphysiologische Aussagen zu machen. Bei der Arbeit am Bildschirm steht das Auge als Informationsaufnahmeorgan absolut im Vordergrund. Dieses Auge ist in sehr vielen Fällen (nach Schätzungen bei mehr als der Hälfte aller Bundesbürger) nicht normalsichtig. Viele wissen dies gar nicht. Nach Östberg sind etwa 8o % aller Büroangestellten fehlsichtig, jeder über 4o Jahre alte Mensch ist mehr oder weniger alterssichtig. Bei dieser Situation ist die Korrektur einer Fehlsichtigkeit eine unabdingbare Voraussetzung für optimale Sehbedingungen, erst recht an einem Bildschirmarbeitsplatz mit höchsten Anforderungen an das Sehorgan.

Außer durch Fehlsichtigkeiten, die bei Bildschirmarbeit unbedingt korrigiert werden müssen, ergeben sich bei Bildschirmarbeit wesentliche Belastungen auch aus dem Zwang, häufig in eine bestimmte Richtung zu blicken (Permanenz der Kopfhaltung), aus der Konstanz der Stellung der beiden Augen zueinander (statische Beanspruchung der Augenmuskelpaare), da der Bildschirm immer an einer Stelle positioniert ist und aus dem Zwang, sich immer auf eine bestimmte Sehentfernung (Abstand-Auge-Display) einstellen zu müssen, was zu permanenter Beanspruchung des Ciliarmuskels führt. Letztere wirkt sich vor allem dann ungünstig aus, wenn außer wegen des Objekt - Auge - Abstandes auch noch wegen nicht korrigierter Sehfehler zusätzliche Akkomodationsleistungen seitens des Ciliarmuskels erbracht werden müssen.

Über die Wirkungen der Bildschirmarbeit auf den Menschen gibt es inzwischen zahlreiche Untersuchungen und Veröffentlichungen, über die an anderer Stelle berichtet wurde und berichtet wird (Peters, Peters u. Radl). Zusammenfassend sind u. a. Wirkungen auf das Gesamtbefinden (generelle und/oder schnelle Ermüdung, Reizbarkeit,

Kopfschmerzen, allgemeine körperliche Beschwerden etc.), Wirkungen am bzw. auf das Sehorgan (asthenopische Beschwerden, Augenermüdung, funktionelle Augenbeschwerden, Nachlassen der Sehleistung, Blendungsbeschwerden etc.), Wirkungen auf die Binde- und Stützgewebe einschließlich Muskulatur (speziell im Bereich der Wirbelsäule) aber auch Wirkungen auf das ZNS und die Psyche (Verhaltensänderungen bis zu Aggressivität, "Befindenssymptome" in Form willkürlicher oder unwillkürlicher Reaktionen) nachgewiesen worden.

Die vorgenannten Wirkungen der Bildschirmarbeit und deren Folgen zwingen zu eingehenden Oberlegungen und zu weiteren Untersuchungen, wie die Bildschirmarbeit für den Menschen optimiert und die sich daraus ergebenden Belastungen/Beanspruchungen reduziert und schließlich minimiert werden können. Dabei ist an dieser Stelle zu betonen, daß diese Bemühungen nicht nur von einer Seite kommen dürfen, z.B. vom Hersteller von Bildschirmarbeitsplätzen. Ein Bildschirmarbeitsplatz ist kein Sammelsurium von Einzelelementen; er muß als Arbeitssystem gesehen werden einschließlich des daran und damit arbeitenden Menschen. Nur eine sehr komplexe Betrachtungsweise des Bildschirmarbeitsplatzes und die volle Einbeziehung sowohl der Arbeitsumgebung, der Arbeitsorganisation, der Arbeitszeit- und Pausenregelung, soziologischer und nicht zuletzt auch tarifpolitischer Gesichtspunkte in die Aktivitäten zur Verbesserung der Arbeitsbedingungen, läßt Fortschritte in Richtung auf die Humanisierung dieser Arbeitsplätze erwarten. Ein guter Bildschirmarbeitsplatz ist mehr als die Summe seiner Teile!

Die arbeitsmedizinischen und ergonomischen Forderungen an Bildschirmarbeitsplätze lassen sich wie folgt zusammenfassen:

1. Leseentfernung

   Die Leseentfernung soll so gewählt werden, daß

   1.1 die kleinsten Zeichen auf dem Bildschirm unter den Beleuchtungsbedingungen am Aufstellungsort des Gerätes noch mühelos lesbar sind,

   1.2 vor dem Gerät (im sogenannten optimalen Greifraum) noch die Tastatur und erforderlichenfalls weitere Arbeitsmittel (Belege, Manuskripte) Platz finden.

   Es ist nicht möglich, einen festen Wert für die maximale Leseentfernung anzugeben.

2. Anordnung von Bildschirm und Tastatur
Vom Bildschirm getrennte Tastaturen sind starrer Verbindung vorzuziehen. Möglichst flexible Positionierungsmöglichkeiten des Bildschirmes sowohl in der Höhe, wie nach den Seiten als auch im Winkel. Ausreichend Platz für Arbeitsgut rechts und links neben der Tastatur, evtl. auch zwischen Bildschirm und Tastatur (was ebenfalls für deren Trennung spricht). Der Bildschirm soll parallel zur Sitzvorderkante in der Hauptsehlinie stehen.

3. Bildzeichen (Ausmaß und Form)
Aus Untersuchungen von Vartebedian geht hervor, daß die Darstellung der Charakters im 7 x 9 Raster gegenüber dem gegenwärtig üblichen 5 x 7 Raster dann wesentliche Vorteile bringt, wenn eine schnelle Ablesezeit erforderlich ist. Ein Zeilenraster von 1o Zeilen am Bildschirm ist günstig, wenn es auf die Erkennungszeit entscheidend ankommt, 8 Zeilen, wenn die Erkennungszeit weniger wichtig ist.

Die Charakters sollen aus mindestens 5 x 7, besser aus 7 x 9 Rasterpunkten bestehen.
Punktrasterdarstellung ist besser als Strichrasterdarstellung.

4. Bildzeichenfarbe
Farbige Bildzeichen werden gegenüber schwarz/weißen bevorzugt. Sie wirken "interessanter", besser motivierend und können deshalb über psychologische Mechanismen günstige Auswirkungen in Richtung Minimierung der Arbeitsbeanspruchung haben (Radl).
Bildzeichenfarben im Bereich von gelb/grün sind zu bevorzugen (größte Leistungsfähigkeit des menschlichen Auges in diesem Bereich).
Blaue Bildzeichenfarbe ist ungeeignet (Blautöne stellen höchste Anforderungen an den Mechanismus der Scharfeinstellung auf der Netzhaut).

"Schockfarben" (d.h. Farben mit hoher Sättigung) sind nur als seltene Warninformationen einzusetzen.

5. Leuchtdichtesituation
Die Bildschirmhelligkeit muß natürlich stets im Zusammenhang mit der Helligkeit des Bildschirmhintergrundes und der Umgebungsbeleuchtung im Arbeitsraum gesehen werden. Bei der Findung ergonomisch akzeptabler Verhältnisse in Form eines Kompromisses

ist folgendes zu beachten:

Zu geringe Helligkeit der Bildzeichen erschwert das Lesen.

Geringe Helligkeit des gesamten Schirmes erhöht die Wahrscheinlichkeit der Blendung durch helle Flächen in der Umgebung und erschwert die Bildschirmtätigkeit, wenn der Blick zwischen Schirm und einer hellbeleuchteten Papiervorlage hin und her wandert.

Starke Helligkeit der Bildzeichen auf dunklem Schirmhintergrund (= großer Kontrast Bildzeichen/Hintergrund) kann ebenfalls zu Blendung und damit zu verstärkter Beanspruchung führen.

Die Erhöhung der Helligkeit von Schirm und Hintergrund würde sowohl das Problem der Blendung durch den Kontrast von Bildzeichen und Hintergrund als auch des zu großen Kontrastes zwischen Bildschirm und Umgebung lösen. Bedauerlicherweise führt sie jedoch bei der gegenwärtigen Technologie zum unerwünschten Nebeneffekt des Qualitätsverlustes der Darstellung auf dem Schirm.

Je heller die Darstellung ist, desto leichter macht sich auf dem Schirm (unter sonst gleichen Bedingungen) Flimmern bemerkbar.

Der grundsätzlich ebenfalls sehr wahrscheinlich ergonomisch günstige Weg, auf dem Bildschirm dunkle Zeichen auf einem hellen Hintergrund darzustellen, ist gegenwärtig noch nicht wirtschaftlich gangbar. Bei dieser Art der Darstellung würden zudem bei den gegenwärtig üblichen Bildwiederholfrequenzen Flimmereffekte für den Betrachter auftreten.

6. Vermeidung von Reflexionen

Lichtquellen oder helle Flächen (z.B. weiße Blusen oder Hemden) stören häufig. Deshalb mattierte Glasoberflächen oder mattlackierte Glasoberflächen einsetzen. Alternative sind Filtervorsätze, z.B. in Form von textiler Gaze, Wabenfiltern oder auch von Blenden (Tubus). Tubusblenden sind allerdings auch Grenzen zu setzen, um keinen Tunneleffekt zu erzeugen und auch die soziale Isolierung zu vermeiden.

7. Minimierung des Bildschirmflimmerns
Günstige Kombination der Phosphor-Nachleuchtdauer und Bildwiederholfrequenz, letztere mindestens 5o Hz, besser = 6o Hz. Da durch Alterung oder Dejustierung technischer Bauelemente ebenfalls Flimmern auftreten kann, ist rechtzeitige Wartung und evtl. Ersatz verbrauchter Elemente sicherzustellen.

8. Forderungen an den Gesamtarbeitsplatz
Die Grundforderungen an den Gesamtarbeitsplatz sind an anderer Stelle ausführlich dargestellt worden (Peters). Die Tätigkeiten an Bildschirmen sind so unterschiedlich, daß nur höchste Flexibilität der einzelnen Arbeitsplatzelemente eine ergonomisch arbeitsmedizinisch optimale Arbeitsplatzgestaltung ergibt. Es lassen sich bei Bildschirmarbeit 3 Hauptarbeitsverrichtungen unterscheiden:
a) Informationen von Display aufnehmen (Datenausgabe)
b) Daten in EDV einspeichern (Datenerfassung)
c) Daten auf Display mit Daten auf Informationsträger Papier vergleichen, d.h. Informationsaustausch zwischen Mensch und EDV (Dialogarbeitsplatz).

Jede dieser Arbeitsverrichtungen, insbesondere deren Kombinationen, erfordern unterschiedliche "Einstellungen" des Arbeitsplatzes.Deshalb sind verstellbare Arbeitsstühle (z.B. nach DIN 4551 und DIN 4552) zwingend. Der Tisch mit Drehplatte, auf dem der Bildschirm steht, ist noch keine ausreichende Lösung. Dies kann nur der Anfang für weitergehendere Lösungen hinsichtlich der Flexibilität aller Elemente des Arbeitsplatzes sein.

9. Arbeitsumgebung der Bildschirmarbeitsplätze
Beleuchtungsstärke bei wechselnder Arbeit (zwischen Display und Informationsträger Papier) 3oo Lux. Ein ständiger Wechsel zwischen hellem Papier und dunklem Display ist ungünstig. Die durchschnittliche Leuchtdichte eines Bildschirmes beträgt 1o cd/m^2. Die Leuchtdichte von weißem Papier (Reflexionsgrad 8o%) bei Raumbeleuchtungsstärken von 4oo Lux 1oo cd/m^2 - von grauem Papier (Reflexionsgrad 5o%) unter vorgenannten Bedingungen 4o cd/m^2 von schwarzem Papier (Reflexionsgrad 4%) unter vorgenannten Bedingungen 4 cd/m^2.

Bildschirmgeräte nie vor hellen Fensterflächen aufstellen (Østberg).

Ständiger Wechsel zwischen Informationsträger Papier und Bildschirm ist ein großes Belastungsmoment, und zwar nicht nur wegen der Leuchtdichteunterschiede zwischen den beiden Informationsträgern (s.o.), sondern auch wegen der unterschiedlichen Sehentfernungen, die die Gefahr der Akkomodationsüberlastung ergeben (Höller et. al.).

Lesestationen fern von Fenstern aufstellen. Fenster mit lichtabsorbierenden Vorhängen abdunkeln. Niedrige Raumbeleuchtung (vorzugsweise 3oo-4oo Lux) mit Farbtemperatur von 3.ooo Kelvin (warm-weiße Röhren). Jede Station soll eine einstellbare Individualbeleuchtung haben. Deckenbeleuchtung muß stark streuen. Vorzugsweise innenverspiegelte Leuchten einsetzen (Hultgren u. Knare). Bildschirmgeräte nicht in abgedunkelten Räumen aufstellen, blendfreie Beleuchtung wählen. Spiegelungen ausschalten.

Leuchtdichteverhältnis 1:3 zwischen Bildschirm und Arbeitsumgebung in der Praxis schwer erreichbar. Bei diesem Wert sollte die Allgemeinbeleuchtungsstärke 1oo-2oo Lux betragen, bei einem Reflexionsgrad großer Flächen (Wände) von o,3-o,4. Tageslichtbeleuchtungsstärke muß mit Jalousien regelbar sein. Individuelle Arbeitsplatzbeleuchtung ist erforderlich. Keine Reflexion der Deckenbeleuchtung. Kontraste reduzieren, z.B. durch gelbes statt weißes Papier für die Vorlage (Hultgren u. Knare).

Zur Arbeitsumgebung gehört auch die mikroklimatische Situation. Sie beeinflußt das Wohlbefinden in erheblichem Maße, weshalb das Raumklima hinsichtlich Raumtemperatur, relativer Luftfeuchte und Luftgeschwindigkeit im Komfortbereich liegen muß. Zusätzlich ist bei der Auslegung der Räume in klimatechnischer Hinsicht an die Wärmelast sowohl seitens der Bildschirmgeräte als auch von Zusatzaggregaten wie Druckern und Kopierern zu denken. Im Zusammenhang mit Druckern ist darüber hinaus deren Lärmemmission bedeutungsvoll. Hier sind Kapselungen meist unvermeidlich, insbesondere im Hinblick auf die hohen Anforderungen der Arb.Stätt.VO (§ 15), die vor allem im Bürobereich enge Grenzen setzt (Beurteilungspegel bei überwiegend geistig-nervl. Tätigkeit max. 55 dB(A).

1o. Personelle Voraussetzungen

Auf die Bedeutung der Korrektur von Sehfehlern wurde bereits hingewiesen, ebenso auf die arbeitsorganisatorischen Aspekte. Lassen

Sie mich hier noch sagen, daß viele Probleme einschließlich psychische und emotionale Belastungen bei allen Beteiligten vermeidbar sind, wenn die betroffenen Mitarbeiter langfristig über die beabsichtigte Einführung von Bildschirmterminals informiert und bei der Entscheidung über die anstehenden Änderungen von Arbeitsorganisation und Arbeitsplatzgestaltung mitbeteiligt werden. Aus dem bisher Gesagten geht auch hervor, daß die Beanspruchung des einzelnen Mitarbeiters unter definierten Belastungsbedingungen ganz wesentlich von seiner Qualifikation abhängt. Die gründliche Ausbildung aller, die in entsprechenden Arbeitssystemen tätig sind, ist deshalb sehr wichtig.

Meine sehr verehrten Damen und Herren! Ich hoffe, Ihnen trotz der gerafften Darstellung der arbeitsmedizinischen und ergonomischen Aspekte der Bildschirmarbeit gezeigt zu haben, wie komplex das Problem Bildschirmarbeit ist und wie komplex es deshalb angegangen werden muß. Nur die gemeinsamen Anstrengungen aller Beteiligten einschl. derjenigen, die die Bildschirmarbeit verrichten müssen, können zu einem optimierten Arbeitsplatzsystem führen und gesundheitsschädliche Auswirkungen der Bildschirmarbeit vermeiden.

Literaturverzeichnis

Busch, G.K.: "Probleme der Ergonomie bei der Anwendung von Sichtanzeigegeräten im Bank- und Versicherungswesen". Bericht über die Fachgruppenausschußtagungen der Bank- und Versicherungsangestellten am 25. u. 26.1o.1976 in Paris. Internationaler Bund der Privatangestellten Fiet Genf 1977.

Fuhrmann, J.:""Kurzschluß" vor dem Schirm des Datensichtgerätes". Anmerkungen eines Soziologen. Computerwoche Nr. 47 (1975).

Fuhrmann, J.: "Auswirkungen der Bildschirmarbeit auf Menschen". Handnotizen über Expertengespräch des DGB am 3. u. 4.11.1975 in Ahaus.

Höller, H.: "Arbeitsbeanspruchung und Augenbelastung an Bildschirmgeräten". Bericht über eine arbeitsphysiologische Untersuchung im Auftrag der Gewerkschaft der Privatangestellten. Verlag des ÖGB Wien, Mai 1975.

Hultgren, G.V.: "Eye discomfort when reading microfilm in different enlargers". Applied Ergonomics, 5.4 (1974) 194-2oo

Hultgren, G.V.: "Arbeitsplätze mit Datenterminals". STANSAAB Broschüre der Stansaab Elektronik AG, Veddestavägen 13, Järfälla Schweden AT 2o6-41o, 1976 - o4-o9

Östberg, O.: "Fatigue in clerical work with CRT display terminals" Göteborg Psychological Reports Nr. 19 Vol 4 (1974) 1-14

Östberg, O.: "CRTs pose health problems for operators". The international journal of occupational health and safety. Vol 44, No.6 (1975) 24-26 u. 44-46

Östberg, O.: "Bericht über visuelle Anstrengung unter besonderer Berücksichtigung des Bildschirmlesens". Vortrag auf Internationalem Mikrographie Kongreß, Stockholm Schweden vom 28.-31.9.1976

Peters, Th.: Arbeitswissenschaft für die Büropraxis. Handbuch der Büromedizin und- Ergonomie. F. Kiehl Vlg. Ludwigshafen, 2. Aufl.76

Peters, Th.: Arbeitsmedizinische Forderungen an die Bildschirmtextverarbeitung. 5. Europäischer Kongreß für Textverarbeitung 6.-9.11.77. Friedrichshafen/Bodensee, Kongreßbericht S. 113-123

Radl, G.W.: Psychische Beanspruchung am Bildschirmarbeitsplatz. 5. Europäischer Kongreß für Textverarbeitung 6.-9.11.1977. Friedrichshafen/Bodensee. Kongreßbericht S. 125-183

Vartebedian, A.G.: "The effects of letter size, case and generation method on CRT display search time". Human Factors 13 (1971) 363-368

Working with the Viewing Screen in the Light of Industrial Medicine and Ergonomics

Th. Peters
Bochum

Use of viewing screens increases "exponentially".
The ratio of increase is estimated to be 30 to 50 % yearly. This development has not positive effects only (e. g. increase in efficiency, quickness, saving of expenses) but also negative ones (e. g. loss of social communication, limitation of personal decisions combined with, perhaps, a dangerous over-specialization, monotony of working etc.).

Constancy of working conditions at the viewing screen on the one hand and, in most cases, insufficient preparation of workers, who are concerned with new technologies, on the other hand, are the source of problems.

In case of working with the viewing screen the eye is the important organ or organ system resp. for the uptake of information with regard to both, the paper and the display as the bearer of information.
In addition to this strain arises by working with the viewing screen, which is to be done in a sitting position, for the arms, shoulder-girdle, spine (from the neck to the lumbar vertebra).
In order to minimize this strain certain ergonomical requirements are to be met regarding quality of displays and working places from the supporting table to the office chair. Concerning the viewing screen itself there are requirements to meet as to colour, contrast, character of figures and signs as well as to cutting down reflection in the foreground.

Depending on the kind of screening work (e. g. feeding, dialogue etc.) high demands are to make on different possibilities of positioning the viewing screen and flexibility of all other working appliances as table height and chair adjustment.

In addition to the mentioned requirements which are to be made on viewing screen and working place in a narrow sense those are to apply to the surrounding too.

So luminous density of working place and surrounding have to meet.

People engaged in viewing screen work have to be prepared for this not only with regard to their training but also to their vision. Correction of defective vision is the indispensable pre-condition for minimizing strain to the eyes.

To render working with the viewing screen riskless use has to be made of all organizational possibilities. Such are among others: limitation of working time, job rotation, breaking of working monotony, limitation of splitting the working tasks etc.

Elektronische Fernschreiber - Heutiger Stand und Entwicklungstendenzen

B. Cramer
Pforzheim

Die Telegraphie ist der älteste Zweig der elektrischen Nachrichtentechnik. Lange bevor es möglich war, etwa die von der menschlichen Stimme erzeugten Schallsignale in analoge elektrische Grössen umzuwandeln und in dieser Form über grosse Entfernungen zu übertragen, gelang es, die Buchstaben als Bestandteile der Schrift bestimmten elektrischen Grössen zuzuordnen, diese auf dem Leitungswege zu übermitteln und sie in eine Buchstabenfolge zurückzuverwandeln. Am Beginn des Übertragungsweges wird für jeden Buchstaben des Alphabetes eine andere Zuordnungsregel angewendet. Man spricht von der Codierung. Am Ende des Übertragungsweges muss eine Rückübersetzung, eine sogenannte Decodierung, erfolgen. Die allerersten Versuche der elektrischen Telegraphie bedienten sich eines besonders einfachen Codierungsverfahrens. Man verband nämlich Sender und Empfänger mit ebenso vielen Drähten wie das Alphabet Buchstaben besitzt und ordnete jedem dieser Drähte einen bestimmten Buchstaben zu. Die Codierungsregel bestand darin, dass auf der Sendeseite eine elektrische Spannung entsprechend der zu übertragenden Buchstabenfolge nacheinander an jeweils einen der Drähte gelegt wurde. Zum Empfang der Nachricht wurde festgestellt, in welcher Reihenfolge die einzelnen Leitungen Spannung führten. Der übertragene Text setzte sich dann durch eine Aneinanderreihung der einzelnen Buchstaben zusammen (Bild 1).

Dieses von dem Münchner Professor Sömmering bereits im ersten Jahrzehnt des vorigen Jahrhunderts vorgeschlagene Verfahren verwendete allerdings eine sehr unökonomische Codierung, was die Zahl der parallelen Übertragungswege betraf. So ist es verständlich, dass sich in der Folgezeit viele Erfinder darum bemühten, durch eine geschicktere Zuordnung von Buchstaben und elektrischen Signalen die Zahl der notwendigen Drähte zu verringern. Es dauerte nicht lange bis man erkannt hatte, dass fünf Leitungen für die

Übertragung aller Buchstaben des Alphabetes ausreichen, wenn man jede mögliche Kombination von spannungsführenden und nichtspannungsführenden Leitungen benutzt. Da jede Leitung zwei Zustände annehmen kann, können fünf Leitungen $2^5 = 32$ Kombinationen annehmen, genügend, um allen Buchstaben je eine Kombination zuzuordnen (Bild 2). Es ist übrigens interessant, dass bereits die ersten Überlegungen zur elektrischen Telegraphie davon ausgingen, auf einer Leitung jeweils nur zwei elektrische Zustände (z.B. Spannung/keine Spannung) zuzulassen. Es wurde also das gleiche Prinzip verwendet, das heute in der Digitaltechnik breiteste Anwendung findet.

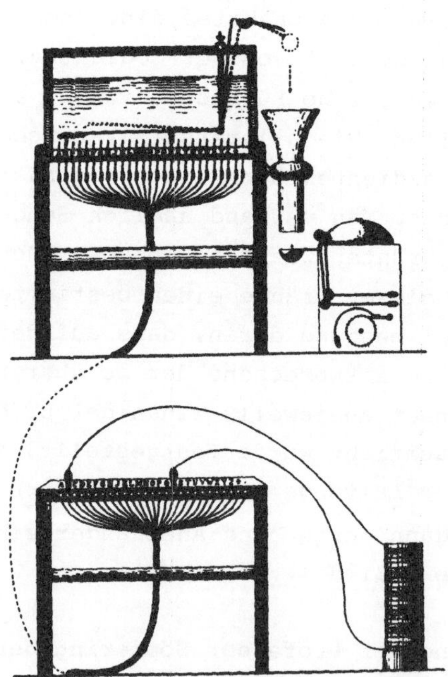

Bild 1: Telegraph von Sömmering

Fig. 1: Sömmering-Telegraph

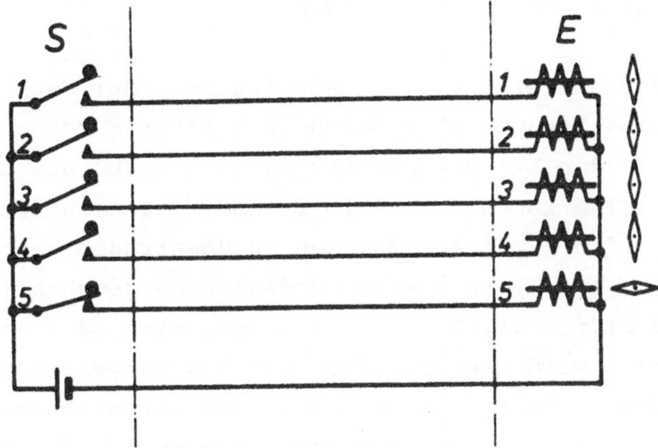

Bild 2: Telegraph von Schilling von Cannstadt
Fig. 2: Schilling von Cannstadt Telegraph

Eine weitere Vereinfachung des Übertragungsweges wurde möglich, als man begann, anstelle einer parallelen Übertragung von Zustandskombinationen auf einer entsprechenden Anzahl von Drähten auf nur einem einzigen Draht die einzelnen Zustände einer Kombination nacheinander zu übertragen. Das Prinzip der seriellen Übertragung ermöglichte erst die praktische Nutzung der Telegraphie, da sie den Aufwand für den Leitungsweg auf ein Minimum verringerte.

Auf der Sendeseite muss bei der seriellen Übertragung nicht nur eine Codierung, sondern auch eine sogenannte Parallel-Serienwandlung durchgeführt werden. Da eine Decodierung nur dann möglich ist, wenn eine Zustandskombination gleichzeitig, das heisst parallel vorliegt, muss auf der Empfangsseite eine Serienparallel-Wandlung erfolgen. Diese Grundfunktionen finden sich in allen Telegraphensystemen, angefangen beim Morseapparat bis hin zum modernen Fernschreiber. Beim bekannten Morsealphabet werden die zu übertragenden Buchstaben und Zahlen als Kombinationen von Punkten und Strichen codiert, die dann als kurze und lange Spannungsimpulse nacheinander übertragen werden.

Im heute verwendeten Fernschreibalphabet wird jeder Buchstabe durch eine Kombination von fünf Zeichenschritten dargestellt, die nacheinander über die Leitung übertragen werden. Da auf diese Weise nur 32 Kombinationen darstellbar sind, was nicht ausreicht, um Buchstaben, Ziffern und Satzzeichen zu übertragen, hat man jeder Kombination zwei verschiedene Bedeutungen gegeben (z.B. Buchstabe E und Ziffer 3). Ob es sich um die eine oder andere Bedeutung handelt, wird dem Empfänger durch vorangestellte Steuerzeichen übermittelt, die auch aus fünf Stromschritten bestehen. Ausserdem sind einige Codekombinationen für die Steuerung von Funktionen des Fernschreibers, wie Wagenrücklauf, Zeilenwechsel und dem Abruf der Teilnehmeridentifizierung vorgesehen.

Verfolgt man, welche Technologien in der langen Geschichte der Telegraphie zum Einsatz kamen, so stellt man fest, dass, angefangen beim Morseschreiber um die Mitte des vergangenen Jahrhunderts bis zum modernen Blattfernschreiber 120 Jahre später, die beschriebenen Funktionen vorwiegend mit feinwerktechnischen Mitteln dargestellt wurden (Bild 3). Codierung, Parallel-Serien-

Bild 3: Morseschreiber von Lewert
Fig. 3: Morsecode recorder by Lewert

Bild 4: Empfangsmagnete 1851 und 1961

Fig. 4: Receiver magnets 1851 and 1961

wandlung, Serien-Parallelwandlung, Decodierung und die beim Blattschreiber hinzukommende Erkennung solcher Codekombinationen, die bestimmte Gerätefunktionen auslösen, wurden durchweg mit feinmechanischen Getrieben realisiert. Telegraphenapparate besassen nur dort elektrische Bauelemente, wo die elektrische Übertragung eine Umwandlung mechanischer Bewegungen in elektrische Grössen und umgekehrt unumgänglich notwendig machte. So enthielt z.B. sowohl ein Morseschreiber aus der Mitte des vergangenen Jahrhunderts als auch der Empfangsteil einer Fernschreibmaschine vor wenigen Jahren nur einen Elektromagneten als einziges elektrisches Bauelement (Bild 4). Die Fernschreiber entwickelten sich auf dieser Basis zu Spitzenprodukten der Feinwerktechnik. Ihre grosse Zuverlässigkeit trug dazu bei, dass das internationale öffentliche Fernschreibnetz (Telex) in den zurückliegenden beiden Jahrzehnten einen stürmischen Aufschwung nahm und der Fernschreiber in vielen Sonderanwendungen eingesetzt wurde (Bild 5). Die überzeugende Entwicklung des Telexdienstes in der Vergangenheit hat allerdings auch ihren Grund in einer sehr frühzeitigen vorausschauenden Festlegung verbindlicher Normen für Netz- und Endgeräte, die eine internationale Kompatibilität sicherstellten.

Erst vor wenigen Jahren wurde die Feinmechanik aus ihrer Schlüsselposition in der Fernschreibtechnik verdrängt. Drei wesentliche Einflüsse trugen dazu bei:

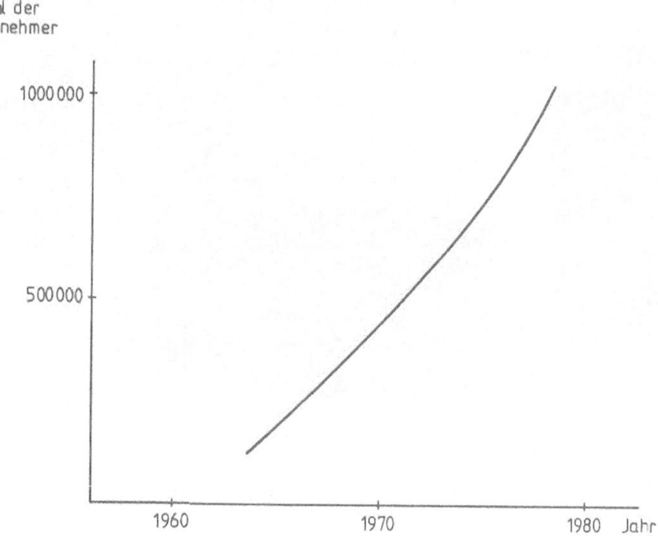

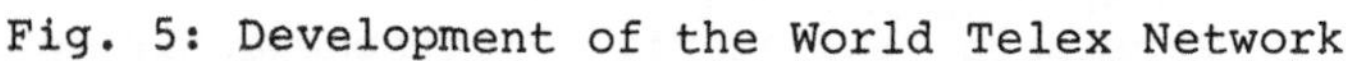

Bild 5: Entwicklung des Welt-Telexnetzes
Fig. 5: Development of the World Telex Network

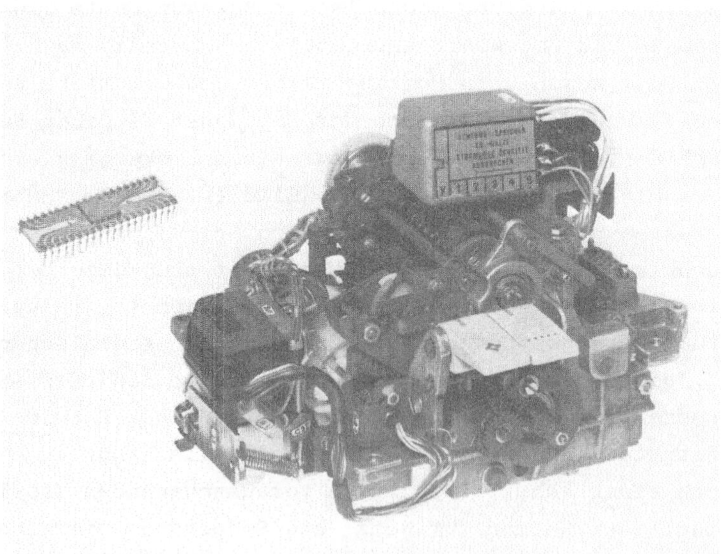

Bild 6: Speichersender mechanisch und elektronisch
Fig. 6: Mechanical and Electronic Storage Transmitter

- Höhere Anforderungen der Benutzer an die "Bürofreundlichkeit" des Fernschreibers (z.B. Bedienungskomfort, Geräuscharmut), die mit der bisherigen Technologie nicht zu realisieren sind,

- stark steigende Kosten für das Herstellen feinmechanischer Produkte,

- Die Entwicklung hochintegrierter MOS-Schaltungen, deren Eigenschaften den Anforderungen, die an Fernschreiber-Bauelemente gestellt werden müssen, optimal entsprechen.

Hochintegrierte MOS-Schaltungen erlauben es, eine ausserordentlich grosse Zahl von Transistorfunktionen bzw. logischen Verknüpfungen auf der Oberfläche eines Siliziumkristalls unterzubringen. Man spricht deshalb von LSI-Schaltungen (LSI = Large Scale Integration).

Die Vorteile des grossen Integrationsgrades lassen sich besonders dadurch nutzen, dass die LSI-Schaltungen speziell für den jeweiligen Anwendungszweck entworfen und dadurch der Struktur des Gerätes angepasst werden können. Für den Fernschreiber brachten sie einen echten Generationswechsel in der Gerätetechnik. Mit früheren graduellen Verbesserungen, die mit der Einführung neuer Modelle verbunden waren, ist eine solche Umstellung nicht vergleichbar.

Frühere Fernschreiber enthielten komplizierte mechanische Baugruppen, die die beschriebenen Zeichenverarbeitungsschritte wie z.B. Codieren, Serialisieren oder Decodieren durchführten. Solche Baugruppen wurden beim elektronischen Fernschreiber selbstverständlich durch Schaltungen in hochintegrierter Technik ersetzt. Bild 6 zeigt als Beispiel dafür eine Speicher- und Parallel-Serienwandler-Baugruppe des Fernschreibers LO 133, der 1966 auf den Markt kam, im Vergleich zu einer hochintegrierten MOS-Schaltung, die im elektronischen SEL-Fernschreiber LO 2000 die gleichen Funktionen übernimmt. Die mechanische Baugruppe bestand aus nahezu 1000 Einzelteilen. Sie musste von einem Motor mit hoher Drehzahlkonstanz angetrieben werden und bedurfte einer regelmässigen Wartung. Das elektronische Äquivalent arbeitet wartungsfrei, geräuschlos und mit einem minimalen Leistungsbedarf.

Im Falle des Fernschreibers LO 2000 werden die wesentlichen logischen Funktionen in 4 LSI-Schaltungen mit je etwa 20 mm^2 Kristallfläche und 40 Anschlüssen realisiert. Jede Schaltung enthält ca. 2500 Transistorfunktionen. (Bild 7)

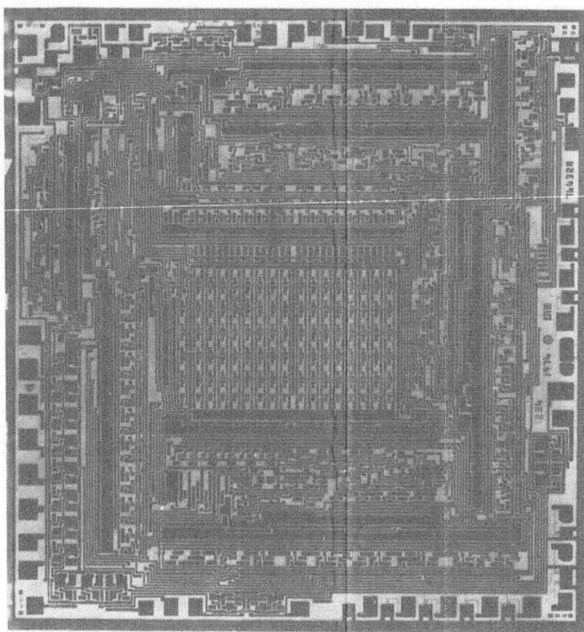

Bild 7: LSI-Schaltkreis

Fig. 7: LSI-Circuit

Neben direkt ersetzbaren Baugruppen finden sich im Fernschreiber natürlich auch solche, deren mechanische Funktionen in direkter Verbindung mit dem eigentlichen Ein- und Ausgabevorgang stehen und deren Substitution durch elektronische Mittel schwierig oder unmöglich ist. Insbesondere sind die üblicherweise als "vollelektronisch" bezeichneten Schreibverfahren (also solche, bei denen die Schrift ohne mechanischen Anschlag auf dem Papier erzeugt wird) für die Fernschreibanwendung mit ihren Anforderungen an Druckqualität, Kopienherstellung und Zweifarbendruck ungeeignet. Daraus ergibt sich, dass auch der moderne elektronische Fernschreiber noch Baugruppen mit mechanischen Funktionen, wie z.B. Drucker, Tastatur, Streifenlocher und Lochstreifenleser hat.

In der Gesamtfunktion des elektronischen Fernschreibers jedoch nimmt die elektronische Steuerung eine zentrale Position ein. Von ihr werden die peripheren Einheiten wie Tastatur, Drucker, Lochstreifengeräte etc., aber auch die Vorgänge auf der Übertragungsleitung ständig überwacht und koordiniert.

Das bedeutet, dass auch das Konzept der verbleibenden Mechanik mit dem Ziel eines optimalen Zusammenwirkens mit der Elektronik neu durchdacht werden muss. Eine Übernahme dieser Baugruppen aus den bisherigen Fernschreibern kam deshalb nicht in Frage. Illustriert sei dies am Beispiel der Tastatur.

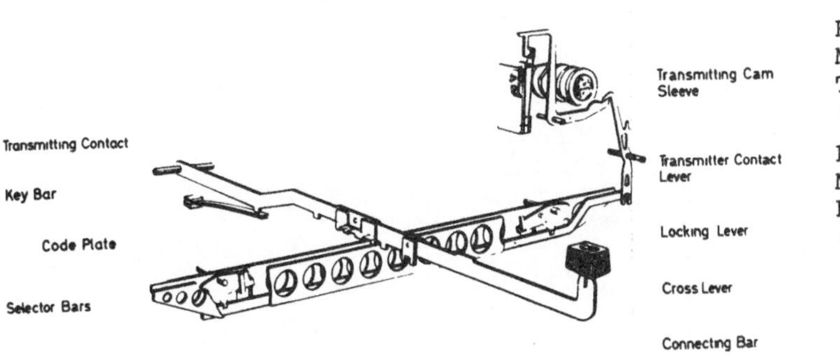

Bild 8:
Mechanische Tastatur (LO 133)

Fig. 8:
Mechanical Keyboard (LO 133)

Bild 8 zeigt die Wirkungsweise der Tastatur eines elektromechanischen Fernschreibers. Die Tastenhebel stehen mit einem Satz von Wählschienenpaaren in Verbindung. Durch Tastendruck wird jedes der Wählschienpaare in eine von zwei möglichen Stellungen gebracht. Jedes Schienenpaar entspricht einem der fünf Schritte des auszusendenden Zeichens. Die Lage aller Wählschienenpaare wird durch Verbindungsschienen zur mechanischen Senderbaugruppe übertragen. Die Anordnung hat den Nachteil, dass infolge der mechanischen Codierung die bei modernen Schreibmaschinen übliche überlappende Eingabe nicht möglich ist, und dass bewegte Massen- und Lagerreibungen zu Tastenkräften führen, die erheblich über denen guter elektrischer Schreibmaschinen liegen.

Bild 9 erläutert das völlig verschiedene Tastaturprinzip eines elektronischen Fernschreibers. Sie arbeitet mit trägheitslosen Lichtstrahlen statt der mechanischen Schienen und ist aus Codierelementen zusammengesetzt, die jeweils einer Taste zugeordnet sind (Bild 10). Jedes Codierelement besitzt eine bestimmte Anzahl Löcher, die beim Aneinanderreihen Lichtkanäle durch die gesamte Breite der Tastatur bilden. Vor den linken Enden der Lichtkanäle befinden sich Leuchtdioden als Lichtsender und vor den rechten Enden Fototransistoren als Lichtempfänger.

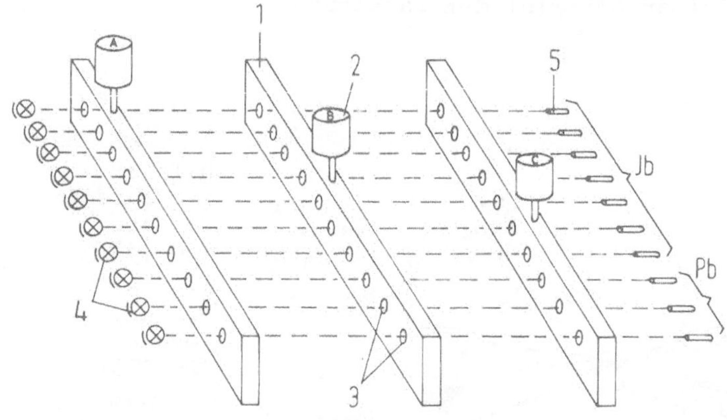

Bild 9: Optoelektronische Tastatur (LO 2000)
Fig. 9: Optoelectronic Keyboard (LO 2000)

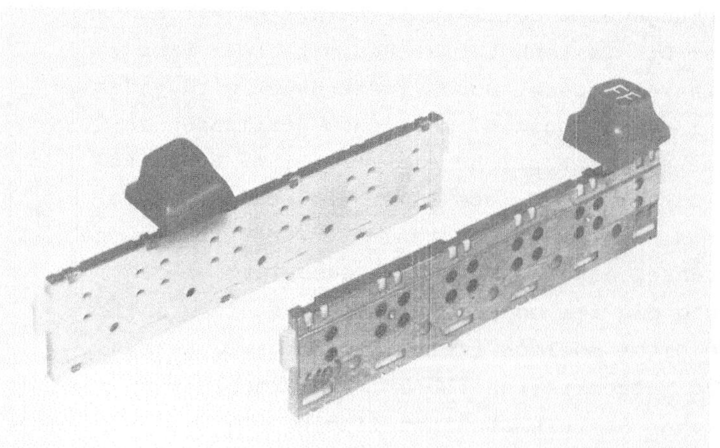

Bild 10: Tastenelement LO 2000

Fig. 10: Keyboard Element LO 2000

Beim Drücken einer Taste erfolgt im zugehörigen Codierelement ein kurzzeitiger Verschluss von Lichtkanälen entsprechend der zu erzeugenden Codekombination. Diese wird von den Lichtempfängern erkannt und an die Senderelektronik weitergeleitet. Der gesamte Vorgang benötigt nur drei Millisekunden pro Anschlag. Ausserdem ist ein beliebig überlappendes Eingeben (legato) möglich. Der mit 20 Speicherstellen grosszügig bemessene elektronische Tastaturspeicher macht den Eingabetakt der Bedienung vom Sendetakt des Fernschreibers unabhängig. Bedienungsfehler erkennt und unterdrückt ein Prüfrechner, der gemeinsam mit dem Tastaturspeicher und anderen Tastaturfunktionen in einem LSI-Schaltkreis der Sendereinheit untergebracht ist.

Ebenso wie am Beispiel der Tastatur gezeigt, unterscheiden sich auch die anderen verbleibenden mechanischen Baugruppen des modernen elektronischen Fernschreibers in ihrer Konstruktion grundsätzlich von ihren Vorgängern. Nur so wurde es möglich, technisch optimale Schnittstellen zwischen der zentralen elektronischen Steuerung der Geräte und ihren peripheren mechanischen Baugruppen zu schaffen. Die dadurch ermöglichte Modularisierung stellt eine wesentliche Erleichterung für das Wartungspersonal bei eventueller Fehlersuche und Störungsbeseitigung dar. So lässt sich z.B. das komplette neuartige Druckorgan eines elektronischen Fernschreibers innerhalb kürzester Zeit austauschen, ohne dass damit die Notwendigkeit von Justagearbeiten verbunden wäre (Bild 11).

Eine regelmässige vorbeugende Wartung, wie sie bei mechanischen Geräten zur Erhaltung der Betriebssicherheit notwendig war, kann bei den elektronischen Fernschreibern entfallen. Ein Umstand, dem die Deutsche Bundespost durch eine drastische Senkung der Wartungsgebühren Rechnung trug. Der wesentliche Vorteil der neuen Fernschreibergeneration für den Anwender dürfte jedoch jenes Bündel von Eigenschaften sein, die man unter dem Begriff "Bürofreundlichkeit" zusammenfassen kann. Das Arbeitsgeräusch liegt weit niedriger als das moderner elektrischer Schreibmaschinen, die Tastaturen wurden nach ergonomischen Gesichtspunkten so gestaltet und die Bedienungsabläufe so vereinfacht, dass eine besondere Fernschreibausbildung sich erübrigt.

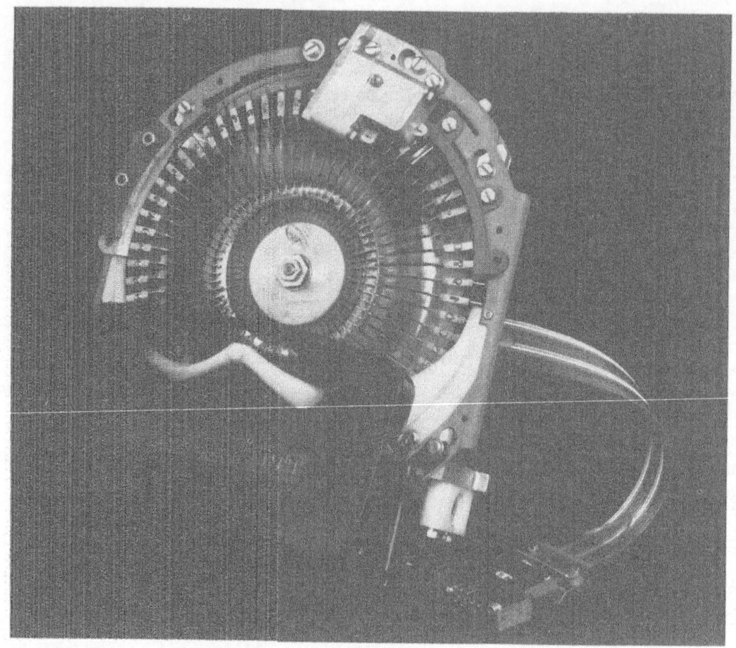

Bild 11: Druckwerk LO 2000
Fig. 11: Print Unit LO 2000

Die Elektronik hat den Fernschreiber aus der Verbannung hinter dicke, schallschluckende Mauern befreit und ihn zu einem Textkommunikationsmittel mitten im Büro gemacht. Es sei hier nur am Rande erwähnt, dass der Schritt in die neue Fernschreibergeneration den Herstellerfirmen die Lösung schwieriger Strukturprobleme, insbesondere im Fertigungsbereich, abverlangte.

Jede technische Lösung ist, wie Sie wissen, eine Übergangslösung. Dies gilt sicher auch für die noch junge elektronische Fernschreibergeneration. Wir haben uns also die Frage zu stellen, in welche Richtung sich die Fernschreibtechnik weiter entwickeln wird. Dabei ist in Betracht zu ziehen, dass die umfassende und vorausschauende internationale Normung, die in den vergangenen Jahrzehnten den Aufbau des Welttelexnetzes entscheidend dadurch gefördert hat, dass sie die Kompatibilität aller Teilnehmer sicherstellte, auf viele heute nicht mehr gültige technische Einschränkungen der mechanischen Fernschreibtechnik Rücksicht zu nehmen hatte. Dies gilt insbesondere für die Übertragungsgeschwindigkeit und den übertragbaren Zeichenvorrat. Konsequenterweise wird heute die Standardisierung von erheblich erweiterten technischen Möglichkeiten für neue Textkommunikationsformen vorgeschlagen. Über sie wird in anderen Vorträgen berichtet werden. Es ist jedoch sicher realistisch anzunehmen, dass auch bei optimalem Fortschritt der Normungsarbeit Jahrzehnte vergehen werden, ehe ein Textkommunikationsdienst, der vollen Gebrauch von den neuen technologischen Möglichkeiten macht, den Telexdienst hinsichtlich internationaler Verbreitung und Zuverlässigkeit überflügeln wird. Die Hersteller werden bemüht sein, alle technischen Fortschritte auch den Endgeräten des Telexdienstes zugute kommen zu lassen, soweit sich dies mit der Kompatibilität mit den bereits vorhandenen Systemen vereinbaren lässt. Als Beispiele für solche zukünftigen Schritte in der Fernschreibtechnik seien genannt:

1. Die Verwendung von Mikroprozessoren kann dem Fernschreibgerät eine grosse Flexibilität hinsichtlich der vom Anwender gewünschten speziellen Eigenschaften verleihen. Funktionen, die bisher grösseren rechnergesteuerten Fernschreibvermittlungsstellen vorgehalten waren, wie z.B. die automatische Aussendung von Nachrichten, werden sich in Zukunft im Endgerät selbst realisieren lassen.

2. Moderne Speichermedien können den Lochstreifen ersetzen und dem Bedienenden die aus der Textbearbeitung gewohnten Korrektur- und Editiermöglichkeiten bieten. Bereits heute stehen Festkörperspeicher ausreichender Kapazität zur Verfügung. Die Magnetblasenspeicher werden in Zukunft die in einem preiswerten Endgerät realisierbaren Speicherkapazitäten vervielfachen. Wenn für Archivierzwecke austauschbare Speicher benötigt werden, können anstelle des bisherigen Lochstreifens in Zukunft Flexible Magnetscheibenspeicher Verwendung finden (Bild 12).

Bild 12: Speicher mit flexibler Magnetscheibe
Fig. 12: Storage with Flexible Magnetic Disc

3. Neue Technologien der Sichtanzeige werden möglicherweise auch im Fernschreibgerät Eingang finden und somit den Dialog zwischen Mensch und Maschine, der beim bisherigen Fernschreiber auf dem Abdruck auf Papier basiert, wesentlich vereinfachen.

Es wird also nicht bei der heute auf dem Markt befindlichen ersten Generation von elektronischen Fernschreibgeräten bleiben. Der Telexdienst als bisher einziges, weltweit funktionierendes Textkommunikationsmedium wird durch den Einsatz neuer Technologien positive Impulse erhalten, bis zu einem Zeitpunkt, den vorauszusehen wir alle heute nicht in der Lage sind, neue Formen der Textkommunikation an seine Stelle treten.

Electronic Teleprinters - Current Situation and Development Tendencies

B. Cramer
Pforzheim

Until 1976 the development of the international telex network to the most used and most reliable media for text communication has exclusively been performed by electromechanical terminals. Only the technique of large scale integrated circuits allowed the development of teleprinters whose existing mechanical sub-units were replaced by electronic components.

Simple operation and low noise generation of electronic teleprinters resulted in an increasing application in offices. Simplified maintenance and high flexibility with respect to networks' interfaces are important features of the electronic teleprinter for Post administrations.

The very early and future-oriented standardisation of teleprinter technique, which guaranteed the international compatibility - an important base for the worldwide propagation of the telex service - was limited by the technical possibilities of mechanical teleprinters. Since many of the technical limitations have been eliminated by electronic solutions, it is necessary to create new standards which guarantee not only the future compatibility between all subscribers to telex service but also to benefit from the use of new technologies. There is no lack of interesting contributions to international standardisation committees, even though the teleprinter technique has been considered as settled for many years.

Operation of a Teleprinter Terminal can be improved by applying new storage technologies, printing techniques, displays and microcomputers. This offers the possibility of introducing text editing facilities, as far as can be economically justified.

Mindestausstattung und Ausbaustufen der TELETEX-Station (Bürofernschreiber)

H. Helmrich
München

Zusammenfassung

Bei der Übertragung schriftlicher Informationen wird man noch über lange Zeit hinweg nicht auf beschriebenes Papier verzichten können. Moderne elektronische und fernmeldetechnische Mittel erlauben eine entscheidende Verbesserung und Beschleunigung der Textkommunikation, wofür vor allem im geschäftlichen Bereich ein deutlicher Bedarf besteht. Ein ständig steigender Anteil der Geschäftsbriefe wird heute schon per Fernschreiben übertragen. Der neue Textkommunikationsdienst TELETEX (Bürofernschreiben) setzt sich zum Ziel, dieses Volumen erheblich auszuweiten. Dazu soll am Arbeitsplatz der Sekretärin oder der Schreibkraft eine TELETEX-Station stehen, die sowohl für die üblichen Schreibarbeiten als auch zum Übertragen von Texten geeignet ist. Während die Kommunikationseigenschaften aller Stationen standardisiert werden müssen, gibt es bei den Bedienfunktionen und der lokalen Texterstellung viele Freiheitsgrade.

1. Einführung

Text- und Bildkommunikation sind aus unserer täglichen Praxis der Entscheidungsfindung nicht wegzudenken. Die Entwicklung von Bildschirmsystemen legt die Frage nahe, ob wir auf dem Wege zum papierlosen Büro sind. Nach allem aber, was wir heute wissen, werden auch in Zukunft die meisten wichtigen Informationen, die einer Weiterbearbeitung bedürfen, immer noch auf Papier geschrieben werden. Es bleibt also auch langfristig die Aufgabe, den Austausch schriftlicher Informationen mittels elektronischer Techniken zu beschleunigen und zu verbessern. Das ist nicht nur wichtig für schnellere Abläufe bei unseren immer komplizierter werdenden Geschäftsvorgängen und für raschere Entscheidungsfindungen, sondern dient auch der Entlastung der mit diesen Informationen umgehenden Menschen, die sich heute häufig immer wieder in einen Vorgang neu einarbeiten müssen, wenn er erst nach längerer Zeit wieder an ihren Arbeitsplatz zurückkommt. Auch die Kontrolle und Reproduzierbarkeit des Informationsflusses läßt sich mit elektronischen Mitteln verbessern und erleichtern.

2. Textvolumen

Heute werden in der Bundesrepublik Deutschland an mehr als 2,8 Mio. berufsmäßigen Schreibplätzen an jedem Arbeitstag etwa 15 Mio. Briefe geschrieben (Bild 1), die mit der Briefpost verschickt werden.

Bild 1. Elektronisch übertragbares Briefaufkommen im Inland

Fig. 1. Volume of electronically transferable mail (FRG)

Dazu kommen etwa 5 Mio. Sendungen, welche auf Schreibautomaten und Datenverarbeitungsanlagen entstehen. Beides zusammen ergibt die von der Kommission für technische Kommunikation KtK /1/ angegebenen 20 Mio. elektronisch übertragbaren Briefsendungen pro Tag im Inland. Ebenfalls aus dem KtK-Bericht wissen wir, daß 2/5 dieses Volumens, also 8 Mio. Sendungen, wiederum an Empfänger in Wirtschaft und Verwaltung gehen.

3. Bedeutung von Telex

Es liegt sehr nahe vorzuschlagen, alle an der Erzeugung dieses Schriftgutes beteiligten Schreibmaschinen und EDV-Einrichtungen mit bereits vorhandenen nachrichtentechnischen Mitteln zu verbinden, sie also zu Sende- und Empfangseinrichtungen zu machen und damit die erwünschte elektronische Textkommunikation herbeizuführen. Leider erfüllt jedoch keine normale Büroschreibmaschine und nur ein Teil der EDV-Einrichtungen die für eine Kommunikation erforderlichen Voraussetzungen. Ehe wir diese Voraussetzungen diskutieren, wollen wir einen bereits weltweit eingeführten und bestens funktionierenden Textkommunikationsdienst, nämlich den Telex-Dienst, betrachten.

Am internationalen Telex-Netz sind heute ca. 1 Mio. Teilnehmer angeschlossen; davon befinden sich allein 120 000 in der Bundesrepublik Deutschland.

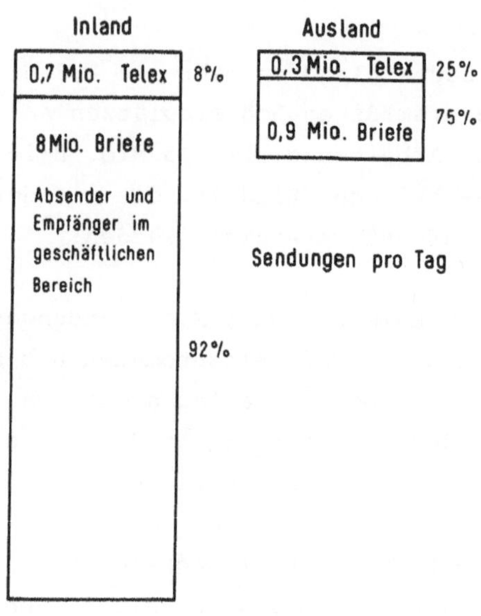

Bild 2. Telexsendungen und elektronisch übertragbare Briefe im geschäftlichen Bereich

Fig. 2. Telex transmissions and electronically transferable letters in the business field

Die Teilnehmer in Deutschland tauschen arbeitstäglich etwa 700 000 Fernschreiben miteinander aus. Dieses Volumen ist also den genannten 8 Mio. als elektronisch übertragbar angesehenen Briefsendungen in Wirtschaft und Verwaltung hinzuzuzählen (Bild 2). Das bedeutet, daß heute schon 8 % des Schriftverkehrs zwischen Geschäftspartnern über Telex abgewickelt wird. Noch viel ausgeprägter ist dieses Verhältnis beim Textverkehr mit dem Ausland. Hier werden bereits 25 % der elektronisch übertragbaren Sendungen im geschäftlichen Bereich mit Telex erledigt.
Es steht fest, daß die Möglichkeiten von Telex noch lange nicht ausgeschöpft sind, dafür spricht auch das ungebrochene Wachstum von weltweit 10 % p. a..

Die in den elektronischen Fernschreibern eingesetzten neuen Technologien und die Dezentralisierung des Fernschreibverkehrs in größeren Organisationen mittels Nebenstellenanlagen haben zum Fernschreiber mitten im Büro geführt und damit bewirkt, daß sich die Kommunikationsgewohnheiten in diesen Bereichen ändern. Begünstigt wird diese Entwicklung durch das Ergebnis einer Infratest-Untersuchung, daß ein Telexanschluß bereits bei drei abgehenden Fernschreiben pro Tag im Vergleich mit der Briefpost Kostenvorteile bringt /2,3/ und durch die Erkenntnis, daß der gebührenfreie Internverkehr über Nebenstellenanlagen ein hervorragendes Rationalisierungsmittel darstellt.

4. Erweiterte Textkommunikation

Es wird eine Vielzahl von potentiellen Teilnehmern an der elektronischen Textkommunikation geben, die weder genügend viel noch genügend dringendes Nachrichtenaufkommen für einen Telexanschluß haben, oder die Wert auf eine Übertragung von Texten legen, die den vollen Zeichenvorrat einer Büroschreibmaschine umfassen /4/.

Ein großer Teil der noch nicht am fernmeldetechnischen Textverkehr via Telex beteiligten Stellen in Wirtschaft und Behörden wird sich die Vorteile der elektronischen Textübermittlung zunutze machen, wenn man ihnen einen erweiterten Textkommunikationsdienst mit folgenden Möglichkeiten bietet:
Am Arbeitsplatz der Sekretärin oder der Schreibkraft steht anstelle der heute üblichen Schreibmaschine eine "Kommunikations-Schreibmaschine", die sowohl für die üblichen Schreibarbeiten als auch zum Übertragen von Texten geeignet ist. Damit wird die Text-Kommunikation stärker, als das mit Telex je möglich ist, in das Bürogeschehen integriert. Attraktivität und Wirtschaftlichkeit lassen sich weiter verbessern, wenn man die bei den Fernschreibmaschinen seit jeher übliche "Textvorbereitung" zur Textbearbeitung weiterentwickelt. Dies träfe mit den Bestrebungen zusammen, Büroschreibmaschinen mit Speichern sowie Korrigier- und Redigiereinrichtungen auszustatten.

5. TELETEX als neuer Textkommunikationsdienst

Die KtK hat diese Kommunikationsform, die Textniederschrift und Textbearbeitung mit Textübertragung verbindet, als "Bürofernschreiben" bezeichnet. Im CCITT und in anderen Gremien ist für diesen neu einzuführenden Fernmeldedienst der internationale Begriff TELETEX geprägt worden /5/.

Für die Einführung von TELETEX ist entscheidend, daß es eine allgemein und überall zugängliche Kommunikation "Jeder mit Jedem" wird - so, wie das bei Fernsprechen und Fernschreiben der Fall ist. Daraus leiten sich folgende Grundforderungen ab:

5.1 Grundforderungen an die TELETEX-Station

Wichtigstes Kriterium ist die Kompatibilität aller an den TELETEX-Dienst angeschlossenen Stationen. Das betrifft vor allem die übertragbaren Schriftzeichen, die Steuerzeichen, die für den richtigen Ablauf des Kommunikationsvorganges sorgen, die Übertragungsgeschwindigkeit sowie Übertragungsprozeduren und Fehlersicherungsverfahren, Formatfestlegungen für das Papier und für die Anordnung des Textes, ein für alle Teilnehmer verbindlicher Kennungstext, der die Rufnummer und ein mnemotechnisches Kürzel für den Teilnehmernamen enthält. Die Möglichkeit, Nachrichten an unbediente Empfangsstationen abzusetzen, ist wesentlicher Bestandteil eines Textkommunikationsdienstes. Dabei muß der Absender, nachdem er sich anhand des von der gerufenen Station zurückgesandten Kennungstextes davon überzeugt hat, daß die gewünschte Verbindung zustandegekommen ist, die Sicherheit haben, daß der von ihm gesendete Text vollständig aufgenommen wird, solange er eine vorgegebene Länge nicht überschreitet. Außerdem muß sichergestellt sein, daß die Nachricht - falls sie in einen Speicher eingeschrieben wird - bis zum Ausdrucken für den Empfänger auch bei Störungen, z. B. Netzausfall, nicht verlorengeht.

Die TELETEX-Station soll, wie ausgeführt, sowohl für die Kommunikation als auch für das Schreiben von büroüblichen Schriftstücken eingesetzt werden können. Dazu muß es möglich sein, einen einmal angefangenen Text auch beim Eintreffen einer Nachricht ohne Störung zu Ende zu schreiben. Trotzdem muß dem Absender die empfangene Nachricht sofort quittiert werden und sichergestellt sein, daß nach Beendigung des Lokalbetriebes bzw. nach einer vorgegebenen Zeit die Nachricht automatisch ausgedruckt wird.

Es ist geplant, mit der Einführung des TELETEX-Dienstes Übergangsmöglichkeiten zum vorhandenen Telexnetz zu schaffen. Dadurch kann der TELETEX-Teilnehmer von Anfang an mit 1 Mio. Telexteilnehmern weltweit im Telex-Modus korrespondieren. Die TELETEX-Station muß sich in diesem Fall bezüglich Zeichenvorrat und Textformate wie eine Telexstation verhalten. Die Umwandlung der Codierung, der Geschwindigkeit und der Signalisierungsprozeduren soll im Netz vorgenommen werden.

Es ist mit Sicherheit damit zu rechnen, daß bei größerer Verbreitung des TELETEX-Dienstes Verkehr mit Textverarbeitungsanlagen und Informationsbanken gewünscht wird. Zu diesem Zweck muß die Station für solchen Dialogverkehr eingerichtet sein.

5.2 Standardisierung

Alle aufgeführten Eigenschaften müssen streng genormt werden. Daß dies möglich ist, zeigt das Beispiel Telex. Allerdings hat man sich bei der Einführung von Telex vor mehr als 40 Jahren einigen die Kommunikation vereinfachenden Einschränkungen unterworfen. Zum Beispiel hat man sich bei den übertragbaren Schriftzeichen auf lateinische Klein- bzw. Großbuchstaben ohne nationale Sonderbuchstaben, auf die arabischen Ziffern und auf wenige Satz- und Sonderzeichen beschränkt. Bei TELETEX geht man dagegen davon aus, daß - zumindest im lateinisch schreibenden Sprachraum - die Zeichensätze der üblichen Schreibmaschinentastaturen übertragen werden können. Dabei gibt es zwar eine große gemeinsame internationale Grundmenge, z. B. repräsentiert durch die 94 Schriftzeichen des CCITT-Alphabetes Nr. 5. Für eine Reihe von nationalen Belangen reicht das jedoch nicht aus.

	à	á	â	ä	å	ą	ã	ă	æ	è	é	ê	ë	ě	ę	ĥ	••	ß	••	ž	ź	ż	69
ALBANIAN			•										•										3
CZECH		•									•			•						•			15
DANISH					•				•														4
DUTCH (HOLLAND)										•	•	•	•										8
DUTCH (FLANDERS)													•										3
ENGLISH									•														2
ESPERANTO																•							6
FINNISH				•	•																		3
FRENCH	•								•	•	•	•	•										16
GAELIC	•		•								•												6
GALLIC				•								•	•										11
GERMAN				•														•					4
HUNGARIAN		•									•												8
ICELANDIC		•							•		•												10
ITALIAN	•									•	•												10
NORWEGIAN					•				•														3
POLISH						•									•						•	•	9
PORTUGUESE	•	•	•				•			•	•	•											16
ROUMANIAN	•		•					•		•													9
SERBO-CROATIAN																				•			5
SLOVAKIAN		•		•							•									•			19
SPANISH		•									•												7
SWEDISH				•	•						•												5
TURKISH				•																			8

Summe

Bild 3 soll davon einen kleinen Eindruck vermitteln. Es zeigt einen Ausschnitt aus insgesamt 69 nationalen Sonderzeichen aus 24 europäischen Sprachen.

Bild 3. Nationale Sonderzeichen aus 24 Sprachen (Ausschnitt)

Fig. 3. National special characters out of 24 languages (cut-out)

Bild 4. Französische Schreibmaschinentastatur

Fig. 4. French typewriter keybord

Die nationalen Schreibmaschinentastaturen enthalten in der Regel die jeweiligen Sonderzeichen (Bild 4) als eigene Buchstaben. Da die überwiegende Anzahl der Sonderzeichen aus Grundbuchstaben und sogenannten "diakritischen Zeichen" zusammengesetzt ist, kommt man bei TELETEX mit einem relativ kleinen Zusatzzeichenvorrat aus, der hauptsächlich eben diese diakritischen Zeichen enthält. Man überträgt die Zeichen getrennt und setzt sie beim Empfänger durch Kombinationsdruck wieder zusammen.

Auch bei der Formatierung verwendet man bei Telex eine sehr einfache Prozedur, die darin besteht, daß die Zeilenlänge auf maximal 69 Zeichen beschränkt ist, daß beim Steuerzeichen 'Wagenrücklauf' die neue Zeile an Schreibstelle 1 beginnt und daß das Steuerzeichen

'Zeilenvorschub' den an der Maschine lokal eingestellten Zeilenvorschub bewirkt. Auf 'Repräsentanz' des Schriftbildes wird kein besonderer Wert gelegt. Bei TELETEX will man dagegen den Text formatgetreu vom Sender zum Empfänger übertragen, ohne sich bei der Textgestaltung irgendwelchen Einschränkungen zu unterwerfen. Man soll sich innerhalb eines A4-Formates frei bewegen können, das heißt wechselnde Zeilenvorschübe, Hoch- und Tiefstellungen, Tabulatorsprünge, Zeile oder Wagen rückwärts usw. müssen übertragen werden können.

Der unbediente Empfang war bei Telex schon immer üblich, die Empfangsbereitschaft ist durch einen genügenden Papiervorrat gesichert, und durch den schritthaltenden Ausdruck der ankommenden Zeichen wird die Nachricht sofort für den Menschen lesbar festgehalten. Durch die vorgesehene hohe Übertragungsgeschwindigkeit von 2400 bit/s bei TELETEX und durch die Forderung nach ungestörtem Lokalbetrieb wird man hier mit elektronischem Empfangsspeicher arbeiten. Dabei muß durch zwischenzeitlichen Ausdruck oder Übertragen der Nachricht auf einen Sekundärspeicher stets dafür gesorgt sein, daß eine Mindestempfangskapazität im Empfangsspeicher vorhanden ist. Sollte das einmal nicht möglich sein, darf ein ankommender Ruf nicht angenommen werden.

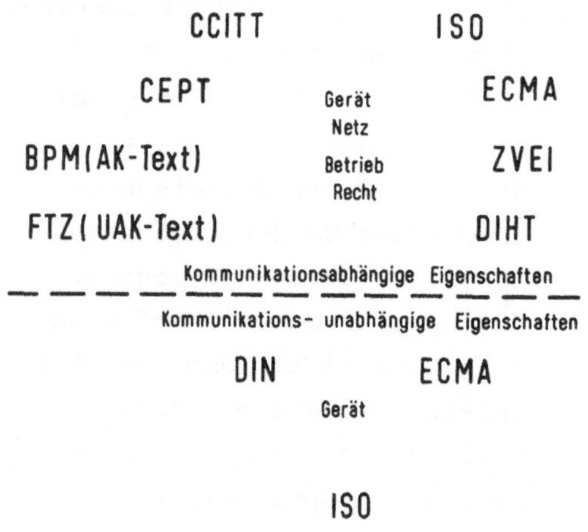

CCITT ISO
CEPT Gerät ECMA
Netz
BPM(AK-Text) Betrieb ZVEI
Recht
FTZ(UAK-Text) DIHT
Kommunikationsabhängige Eigenschaften
Kommunikations- unabhängige Eigenschaften
DIN ECMA
Gerät
ISO

Bild 5. An der TELETEX-Normung beteiligte Gremien

Fig. 5. Organizations concerned with TELETEX standards

Alle hier angesprochenen Fragen werden seit längerer Zeit in verschiedenen nationalen und internationalen Normengremien und Fachkreisen diskutiert. Durch die große Anzahl interessierter und sich verantwortlich fühlender Gremien und Verbände (Bild 5) sind die Diskussionen im Vergleich zu früher sehr viel vielschichtiger geworden; die Normung von Telex wurde z. B. ausschließlich im CCITT, dem internationalen Standardisierungsgremium der Postverwaltungen und Betriebsgesellschaften, vorgenommen.

6. Aggregate und Bedienfunktionen

Neben den besprochenen, für die Kommunikation unbedingt erforderlichen Leistungsmerkmale der TELETEX-Station sind natürlich alle die Funktionen von Interesse, die mit der Bedienung des Gerätes zu tun haben. Sie brauchen zwar nicht genormt zu werden und sind auch nicht alle unabdingbar, werden aber eine entscheidende Rolle bei der Akzeptanz des neuen Dienstes spielen. Zunächst benötigt man für die Texterstellung selbstverständlich alle Funktionen einer modernen Büroschreibmaschine. Dazu gehören eine Tastatur mit Schreibhilfen wie Tabulator, Wiederholfunktionen und dergleichen und natürlich auch ein Drucker, der die heute geforderte Korrespondenzqualität liefert. 'Speichern und Textbearbeitung' dürfte für die Wirtschaftlichkeit einer solchen Station eine große Rolle spielen. Man muß bedenken, daß für die Kommunikation ohnehin Speicher und Ablaufsteuerung vonnöten sind. Mit einem erträglichen Zusatzaufwand können Eigenschaften wie Sofortkorrektur und nachträgliches Redigieren, das heißt Ein- und Ausfügen von Textteilen, realisiert werden. Sehr hilfreich für solche Operationen ist natürlich ein Bildschirm; leider sind seine Kosten auch in absehbarer Zukunft noch ein merkliches Hindernis für eine breite Einführung.

Wichtig erscheint, daß alle Bedienfunktionen, die über das eigentliche Schreiben hinausgehen, leicht zu erlernen und zu behalten sind.

7. Ausbaustufen der TELETEX-Station

Die in Abschnitt 6 aufgeführten Funktionen sind einer Standardisierung schwer zugänglich, hier wird sich im Gegenteil ein Wettbewerb abspielen. Natürlich kann man die einfache Textbearbeitung bis zur komfortablen Textverarbeitung entwickeln und sicher wird man auch komplette Textcomputer an den TELETEX-Dienst anschließen wollen.

Auch ein erhöhter Kommunikationskomfort, verglichen mit den Möglichkeiten des Telexdienstes, wird die Akzeptanz von TELETEX günstig beeinflussen, so lange die zusätzlichen Kosten sich in vernünftigen Grenzen halten lassen. So bietet es sich z. B. an, die Adresse des gewünschten Teilnehmers mit dem abzusendenden Text zu verbinden, um dann die Kommunikation vollautomatisch ablaufen zu lassen. Dieses erfordert unter anderem den automatischen Kennungsvergleich, eine automatische Rufwiederholung im Besetztfall und eine Buchführung über die erfolgreichen und erfolglosen Rufe. Auch hier kann man den Komfort weiter ausbauen und Funktionen, wie sie heute z. B. von Fernschreibnebenstellenanlagen geboten werden, also Absetzen der Nachricht zur gebührengünstigen Zeit oder Mehrfachadressierung, das heißt Absetzen der gleichen Nachricht an verschiedene Empfänger, vorsehen. Vermutlich wird sich auch in diesem Bereich der Leistungsmerkmale ein gewisses Spektrum von TELETEX-Geräten herausbilden.

8. Schlußbemerkung

Grundsätzlich muß man gerade bei einer neuen, auf weite Verbreitung angelegte Kommunikationsform, bei der man eine wesentliche Änderung des Kommunikationsverhaltens der damit befaßten Menschen erwartet, besondere Aufmerksamkeit der Schnittstelle Mensch - Maschine widmen. Das fängt bei leisen Druckern und arbeitsphysiologisch günstigen Tastaturen an, verlangt flimmerfreie Bildschirme und führt zu den aufgezählten bedienungsfreundlichen Prozeduren. Das ist jedoch nicht umsonst zu haben. Man kann zwar davon ausgehen, daß elektronisch zu realisierende Funktionen durch sinkende Kosten für Speicher und Mikroprozessoren immer billiger werden. Man darf aber weder die nötigen Entwicklungsaufwendungen, die Komplexität des Gerätes mit der zugehörigen Software, z. B. im Wartungsfall, und die Zuverlässigkeit aus den Augen verlieren. Auf jeden Fall müssen die jetzt auf Hochtouren laufenden Gespräche zur Festlegung von Standards und Leistungsmerkmalen des TELETEX-Dienstes in einen vernünftigen Rahmen auf die angesprochenen Einsatzfälle und Erweiterungsmöglichkeiten Rücksicht nehmen. Das ist keine ganz leichte Aufgabe, die aber bei dem Engagement aller Beteiligten die besten Aussichten hat, zum vollen Erfolg zu führen und damit den Bedarf nach "electronic mail" im geschäftlichen Bereich zusammen mit Telex und dem gerade in Einführung begriffenen Telefax-Dienst in großem Umfang abzudecken.

Schrifttum

/1/ Kommission für den Ausbau des technischen Kommunikationssystems. Telekommunikationsbericht, S. 95, Verlag Dr. H. Heger, Bonn, 1976

/2/ Grösser, H.-D.: Rentabel bei dreien. bit 14 (1978) H. 12, S. 64 - 68

/3/ Bergbach, N. und Grösser, H.-D.: Brief und Fernschreiben im Kostenvergleich. bit 14 (1978) H. 4, S. 66 - 84

/4/ Helmrich, H. und Rupp, K.-H.: Bürofernschreiben - eine Kommunikationsform der Zukunft. Nachrichtentechn. Z. 29 (1976), S. 218 - 221

/5/ CCITT, TELETEX Rapporteurs' Group, Meeting report, Apr. 1978, S. 2 u. 12

Minimum Equipment Requirements and Expansion Stages of the TELETEX-Terminal

H. Helmrich
München

Despite all the progress expected to be made in the field of screen systems, the conveyance of text information will not be possible, for a long time to come, without the use of printed paper. Advanced electronic and telecommunication means allow a significant improvement and speed-up of text communications, for which an obvious need exists in the business area in particular. As Fig. 1 shows, 8 Million letters per day could be electronically transferred in the Federal Republic of Germany. An ever-increasing proportion of business correspondence is already handled by telex (Fig. 2). TELETEX, the new text communications service, aims at expanding this volume appreciably. For this purpose the secretary or typist will have a TELETEX terminal at hand which is suitable for both everyday clerical work and the transmission of texts.

The future growth of TELETEX decisively depends on whether it will emerge as a generally and readily accessible 'each-to-any' communications service, its most important characteristic being the compatibility between all the connected TELETEX terminals. This relates to the printable characters that can be transmitted, in which case special emphasis has to be put towards the requirement of also using the national special characters as far as they are normally on typewriter keybords (Fig. 3 and 4). Further have to be standardized control characters, the transmission speed, transmission procedures and error control methods, format definitions for paper and text and an identification code format mandantory for all users. The possibility of sending message to unattended terminals and the assurance that the text is printed out there within a given period of time are essential requirements.

The planned capability of the TELETEX service of interworking with the existing international telex network will from the beginning ensure that the new service is attractive for very many users. The TELETEX terminal must therefore be able to operate in the telex mode.

Apart from these fundamental requirements, there are special features which ease communication. Thus it is possible, for instance, to fully automate the delivery of a message inclusive of the connection setup to the called party. However, these and similar operator conveniences can be provided only if the necessary prerequisites are established and standardized in the communications network and for the communication procedures.

In addition to these communication features to be standardized, the man-machine interfaces connected with the preparation of the texts play an important part in the acceptance of the new service. The minimum requirements are the characteristics of a modern office typewriter; very desirable are the facilities for correcting and editing the input texts in a simple manner. Here, however, a wide range of features up to complete text computers can be visualized. These features, which concern text preparation, are not easy to standardize, nor is there any need for standardization. More importantly, competition will guarantee that the equipment offered is in line with the market and thus will go a long way towards ensuring that TELETEX, along with TELEX and TELEFAX, will fill the needs of electronic mail in the business field.

Technische Aspekte des Einsatzes von Schreibautomaten als Kommunikationsgeräte (Bürofernschreiber) aus internationaler Sicht

P. Michel
Wien, Österreich

ZUSAMMENFASSUNG

Ausgehend von den Anforderungen, die heute im Büro international an die Textkommunikation gestellt werden, wird der Einsatz von Textautomaten als Kommunikationsgeräte untersucht.

Es werden Aufbau und Merkmale des Textautomaten beschrieben und die Spezifikation eines Kommunikationszusatzes definiert.

Dabei werden besonders die Parameter diskutiert, welche für die weltweite Verbreitung dieses Gerätetyps berücksichtigt werden müssen. Im wesentlichen handelt es sich dabei um die Festlegung von Standards betreffend die Übertragungsparameter, Übertragungsverfahren und Übertragungswege. Erst diese schafft die Voraussetzung für den internationalen Verkehr.

Als Beispiel für einen solchen Gerätetyp wird der Textautomat WP 5001 mit Datenübertragungszusatz beschrieben.

Den Abschluß bildet eine Standortbestimmung der textgebundenen Kommunikation aus internationaler Sicht und ein Ausblick auf zukünftige Entwicklungsmöglichkeiten.

1. EINLEITUNG

Die Vorstellung von Kommunikation im Büro verbinden wir heute mit den drei Begriffen: Briefpost, Telex und Telefon.

In der Folge sollen die Möglichkeiten aufgezeigt werden, die sich durch den Einsatz von Textautomaten für die Bürokommunikation unter Berücksichtigung eines internationalen Einsatzes ergeben.

2. KOMMUNIKATION IM BÜRO

Aus der Sicht der Kommunikation werden im Büro einerseits Informationen (Texte) erzeugt und verschickt, andererseits Informationen erhalten und verarbeitet.

Abhängig von der Art der Informationsübertragung stehen heute drei Möglichkeiten zur Verfügung (Bild 1).

- die Briefpost, für Texte mit hohen Ansprüchen an Form, Schriftbild und Dokumentcharakter des Inhalts, bei Verzicht auf rasche Beförderung und gegebenenfalls Beantwortung,

- der Fernschreiber, für Texte, die rasch übermittelt werden müssen, die eine unmittelbare Beantwortung ermöglichen, allerdings auf Kosten der Schriftbildqualität und schließlich,

- das Telefon, über das zwar der Informationsaustausch unmittelbar vorgenommen werden kann, das aber keine Möglichkeit bietet, den Dialog auch zu dokumentieren.

Da in den meisten Büros Briefpost und Fernschreibdienst zentralisiert sind, hängt die Güte der Kommunikation obendrein von der innerbetrieblichen Organisation ab und ist dem Einfluss des Kommunikationsteilnehmers weitgehend entzogen.

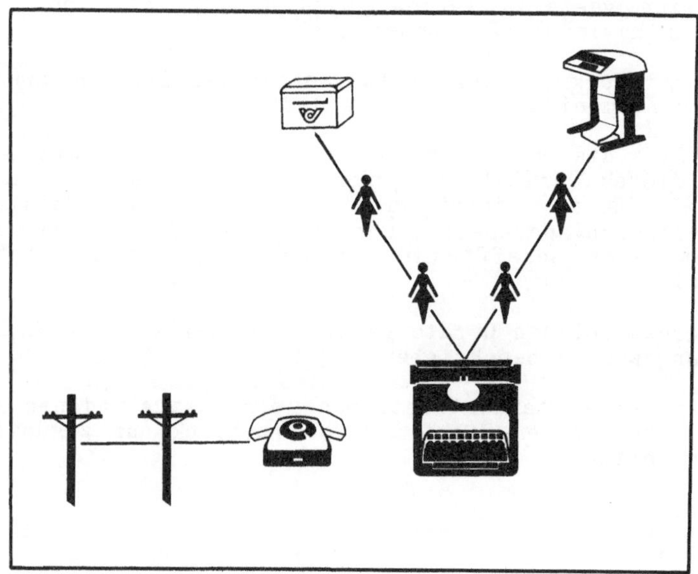

Bild 1: Kommunikation im Büro
Fig. 1: Communication in the office

Eine Effektivierung der innerbetrieblichen Bürokommunikation müßte somit folgenden Bedingungen entsprechen:

- individuelle, dezentralisierte Kommunikationsplätze
- Textübertragung mit dem im Büro üblichen Qualitätsstandard
- schnelle Textübertragung, mit der Möglichkeit der unmittelbaren schriftlichen Beantwortung
- internationale Verbreitung.

Ein weiterer Gesichtspunkt, der Anbieter und Benützer von Kommunikationsdiensten gleichermaßen betrifft, ist der, die Textkommunikation wirtschaftlich zu gestalten. Das bedeutet aber, die weitgehende Adaption bestehender technischer Einrichtungen für die Textkommunikation.

Was das Endgerät betrifft, sind wir mit dem heutigen Stand der Technik in der Lage, die aufgestellten Forderungen wirtschaftlich zu erfüllen. Besonders bietet die künftige Verbreitung der Textautomaten neue Möglichkeiten für die Textkommunikation im Büro.

3. DER TEXTAUTOMAT

Der Textautomat stellt eine Weiterentwicklung der Schreibmaschine dar, mit dem Zweck, die Textbe- und Verarbeitung im Büro zu effektivieren. Der Textautomat entlastet die Schreibkraft wesentlich von den bei der Texterstellung, Textgestaltung und Korrektur bisher erforderlichen zeitraubenden Routinearbeiten.

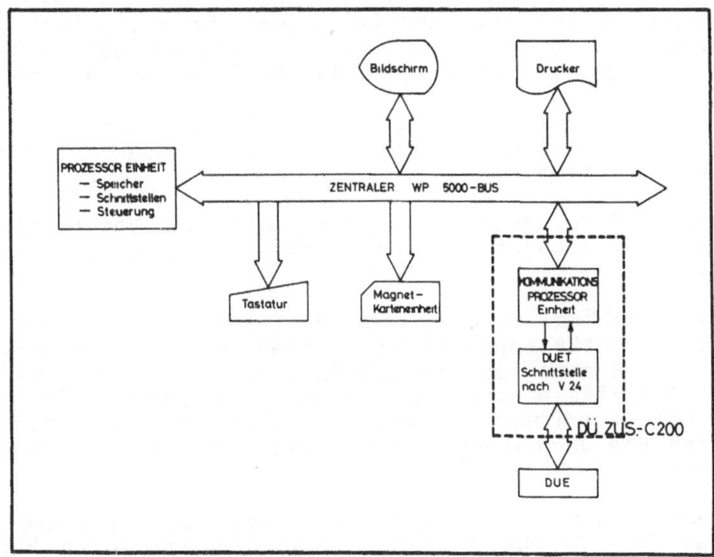

Bild 2: Blockschaltbild eines Textautomaten mit Kommunikation
Fig. 2: Schematic of a Word-Processor with Communication.

Betrachtet man die Funktionseinheiten aus welchen sich ein Textautomat zusammensetzt (Bild 2), so findet man:

- eine Schreibmaschinentastatur und die zur Steuerung des Automaten erforderlichen Tasten und Schalter,
- einen Bildschirm zur visuellen Kontrolle des elektronisch gespeicherten Textes,
- einen elektronischen Arbeitsspeicher,
- ein Druckwerk, gegebenenfalls mit Endlospapierzuführung,
- ein oder mehrere externe Textspeicher, zur Archivierung und zum Abruf von Texten.

4. TEXTAUTOMATEN ALS KOMMUNIKATIONSGERÄTE.

Fragt man nach den Funktionseinheiten eines Gerätes für Textkommunikation im Büro, so sind diese weitgehend mit denen eines Textautomaten identisch. Der Unterschied besteht im Hinzufügen einer Baugruppe, die den Textautomaten um das Leistungsmerkmal "Kommunikation" erweitert.

4.1 Konzept der Kommunikationseinheit.

Die Grundfunktion der Kommunikationseinheit besteht darin, die Prozedur, nach welcher die Textübertragung zwischen zwei Maschinen ablaufen soll, zu steuern. Darüber hinaus besitzt die Kommunikationseinheit eine Schnittstelle zum Textautomaten zum Austausch von Text und Steuerinformation. Weiters ist auch eine Schnittstelle zur Datenübertragungseinheit (Modem), vorgesehen, welche Steuersignale und Textinformation in der Art übernimmt, wie sie im Textautomaten verarbeitet werden und entsprechend den Anforderungen des nachgeschalteten Verbindungsweges umformt, aussendet beziehungsweise empfängt.

Der Kommunikationszusatz ist mit den Mitteln der Elekronik, mit Mikroprocessor-Bausteinen und hochintegrierten Schaltkreisen, wirtschaftlich zu realisieren.

Problematisch wird es, geht man an die Festlegung von Übertragungsweg und Übertragungsverfahren, unter Berücksichtigung internationaler Verbreitung.

International gesehen gibt es neben Telefon und Telex die verschiedensten Kommunikationswege und Verfahren /1/. Dies erklärt sich daraus, daß die Hersteller von EDV-Anlagen schon lange darum bemüht waren, ihre Computer kommunikationsfähig zu machen. Es entstanden eine Reihe von Datenübertragungsprotokollen, die es jedoch nur gestatteten, daß die Maschinen eines Herstellers miteinander kommunizieren konnten.

Die ersten derartigen Verbindungen erfolgten über private Leitungen bzw. über das öffentliche Fernsprechnetz. In der Folge kam es dann weltweit zum Aufbau verschiedener nationaler oder regionaler Datennetze /2/.

Während die ersten Datennetze auf dem Prinzip direkt durchschaltender Verbindungen basierten, hat der Fortschritt auf dem Gebiet der Computertechnologie eine neue Netzwerkstruktur ermöglicht das Teilstreckenvermittlungsnetz (Paketvermittlungsnetz) /3/.

Jede dieser Entwicklungen hatte ihre Rückwirkungen auf die Schnittstellen und Prozeduren der Endgeräte, welche an diese Netze angeschlossen wurden.

Eine besondere Aktualität hat die Frage nach einer einheitlichen Vorgangweise bei der Textübertragung dadurch erfahren, daß international daran gearbeitet wird, die Briefpost teilweise durch "elektronische Post" zu ersetzen /4/. Diese Vorhaben setzen allerdings voraus, daß es gelingt, eine Standardisierung für diese Art der Dienste zu erreichen.

Eine Festlegung des Übertragungsweges und der Übertragungsprozedur ist jedoch für eine weltweite Textübertragung noch nicht ausreichend.

Um den uneingeschränkten Texttransfer zwischen zwei beliebigen Stationen sicherzustellen, müssen noch der Schriftzeichensatz, die Steuerzeichen und die diesen zugeordneten Codes festgelegt werden. Erst dann können Teilnehmer verschiedener Nationalitäten eindeutig miteinander kommunizieren.

Die Bewältigung dieser Situation erfordert internationale Bemühungen um die Schaffung der dementsprechenden Standards. Diese Themen werden derzeit in Ausschüssen des CCITT, der ISO und ECMA bearbeitet.

Vom Gerät her ist gegenwärtig ein modulares oder quasi frei programmierbares Konzept der Kommunikationseinheit notwendig, um die einfache Anpassung an die verschiedenen nationalen Netzkonfigurationen und Übertragungsverfahren zu ermöglichen.

5. DAS KOMMUNIKATIONSGERÄT WP 5001-C

Der Textautomat WP 5001 mit Datenübertragungszusatz ist ein Beispiel für die Ausführung des bisher Gesagten.

Bei dieser Anlage handelt es sich um eine Bildschirmmaschine mit externem Magnetkartenspeicher und Typenraddruckwerk. Mit diesem Schreibautomaten können Texte auf dem Bildschirm erstellt und korrigiert, auf Magnetkarte gespeichert bzw. mit dem Schreibwerk ausgedruckt werden. Mit dem Datenübertragungszusatz kann das Gerät zu anderen Textautomaten WP 5001 oder zu EDV-Anlagen über Telefon- oder Standleitungen Texte übertragen.

Bild 3: Textautomat mit Kommunikationszusatz.
Fig. 3: Wordprocessor with Communication Option

Die Betriebsart automatischer Empfang erlaubt es, bei unbesetzter Station, Texte selbsttätig zu empfangen und auszudrucken. Diese Eigenschaft ist für den internationalen Verkehr besonders wichtig, da erst durch sie auftretende Zeitverschiebungen kompensiert werden können und somit Texte auch außerhalb der Bürozeiten des Empfängers absetzbar sind.

Der Datenübertragungszusatz besteht bei diesem Gerät aus zwei Einheiten, dem Kommunikationsprozessor (Bild 4) und der Datenübertragungskarte.

Während der Kommunikationsprozessor die Steuerung der Textübertragung und die Zwischenspeicherung empfangener oder zu versendender Texte vornimmt, bildet die Datenübertragungskarte die Schnittstelle zum verwendeten Modem.

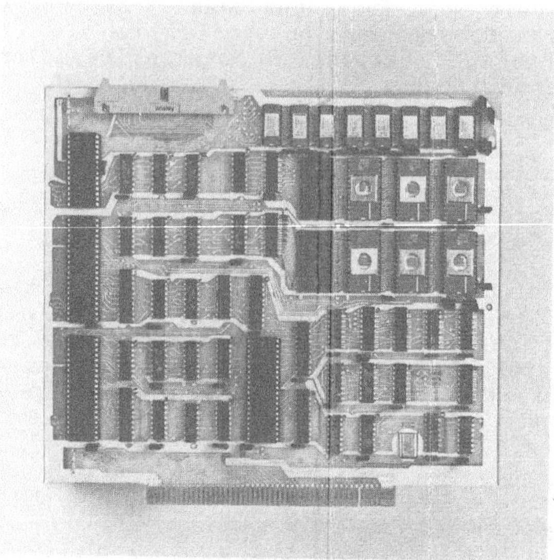

Bild 4:
Kommunikations-Prozessor.

Fig. 4:
Communication Processor

5.1 Bedienung der Kommunikationseinheit

Betrachtet man die menschliche Seite des Einsatzes von Textautomaten mit Kommunikation, so erfordert die Textübertragung von der Schreibkraft die Bewältigung einer neuen Situation. Es hängt nun weitgehend vom Bedienungskomfort des Gerätes ab, ob die Textübertragung eine Belastung oder aber eine nützliche Erweiterung des Büroalltags wird.

Der Bedienungsfreundlichkeit wurde beim Entwurf des Kommunikationszusatzes für den Textautomaten WP 5001 durch die Entwicklung eines kommentarunterstützten Arbeitsablaufes Rechnung getragen.

Weiter wurden die für die Textkommunikation zusätzlich erforderlichen Bedienungselemente auf einen Schalter zur Wahl der Betriebsart und drei Tasten beschränkt (Bild 5).

Über Kommentar am Bildschirm werden die an der Übertragung beteiligten Personen über den Fortgang der Prozedur informiert. Nach erfolgter Übertragung eines Textes, wird dies bei der sendenden und empfangenden Stelle angezeigt. Der Sender kann nun weitere Folgedokumente übertragen, wieder in den Gesprächszustand zurückschalten, oder die Verbindung trennen.

Hat der empfangende Teilnehmer den Wunsch auch Text zu übertragen, so genügt ein Tastendruck und bei der sendenden Station wird der Sendewunsch des Empfängers angezeigt. Anschließend kann die Textübertragung in Gegenrichtung vorgenommen werden.

Bild: 5
Kommunikations-Tasten (1)

Fig.: 5
Communication Keys (1)

6. ZUKUNFTSASPEKTE DER BÜROKOMMUNIKATION

Die gegenwärtige Situation ist international durch die Existenz verschiedener Übertragungswege und das Vorhandensein einer Vielzahl von Übertragungsverfahren charakterisiert. Dadurch bedingt wird der Benutzer heute auch mit einer Reihe unterschiedlicher Endgeräte konfrontiert.

6.1 Internationale Trends.

Es ist zu erwarten, daß die Einführung der "elektronischen Briefpost" einen entscheidenden Einfluß auf die Schaffung des erforderlichen Datennetzes und der notwendigen übertragungstechnischen Normen und Standards haben wird.

Betrachtet man die Situation in Europa, so sind die einzelnen Postverwaltungen an der Einführung der Textübertragung (Teletex) interessiert.

Erschwert wird die internationale Standardisierung allerdings durch die verschiedenen technischen Einrichtungen und nationalen Gegebenheiten die bei der Realisierung eines solchen Dienstes berücksichtigt werden müssen.

In den USA und in Canada ist die Lage ähnlich. Es sind dort die Telefongesellschaften und die Gesellschaften, welche Datennetze unterhalten, die heute ihren Kunden die Textübertragung in verschiedenen Formen anbieten.

Im wesentlichen handelt es sich bei den zu diesem Zweck entwickelten Geräten um Terminals, welche neben den Kommunikationseigenschaften auch einfache Textbearbeitung und Speicherung des Textes erlauben.

Extrapoliert man diese Entwicklungen, so bedeutet das für die Zukunft den Zusammenschluß bestehender und den Aufbau neuer Datennetze unter Berücksichtigung der Erfordernisse internationaler Datenübertragung (Textkommunikation). Weiters die Standardisierung der übertragungstechnischen Parameter, des verwendeten Alphabets, der Codes und der Gerätebedienung, mit dem Ziel, internationale Textkommunikation zu ermöglichen /5/.

Dabei wird sicherlich das Fernsprechnetz seine Bedeutung als Übertragungsmittel für die Bürokommunikation und die Textkommunikation behaupten können. Das Telexnetz hingegen, welches im Anfangsstadium für die Verbreitung der Textkommunikation eine wichtige Rolle spielen wird, dürfte diese jedoch mit zunehmendem Ausbau des internationalen Datennetzes verlieren.

6.2. Trends bei der Geräteentwicklung

Vom Standpunkt der Bürokommunikation ist der Bürofernschreiber eine Weiterentwicklung des Fernschreibers, der Textautomat mit Kommunikation eine Erweiterung des Textautomaten. Unterschied dieser beiden Gerätefamilien bilden dabei die kommunikationsunabhängigen Merkmale.

Eine Komponente, die ihren Einfluß auf die Gestaltung der Textkommunikationsgeräte in Zukunft immer stärker geltend machen wird, ist das EDV-Terminal. Hier geht die Entwicklung in die Richtung, neben zweckorientierten Terminals entsprechend adaptierte Textautomaten einzusetzen, die es ihren Benutzern ermöglichen, direkt vom Schreibplatz aus auf zentrale Dateien zuzugreifen und gegebenenfalls auch Programme abzurufen.

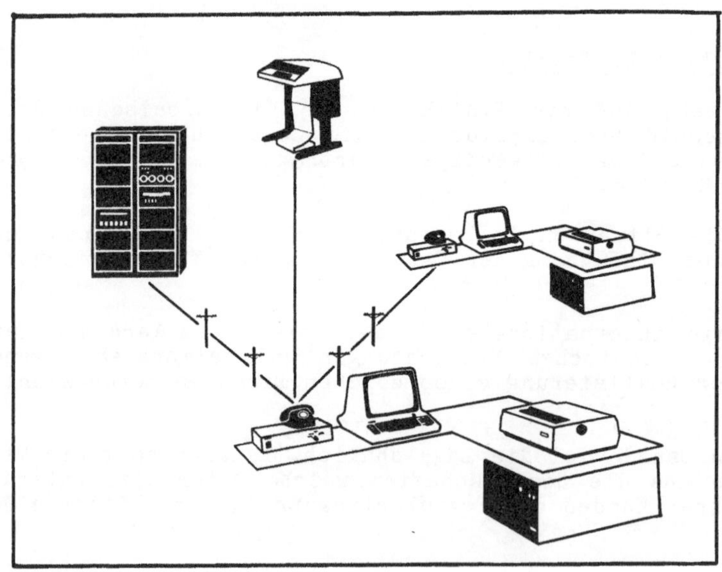

Bild 6: Zukünftige Textkommunikation im Büro
Fig. 6: Communication in the Office of the Future

Der Bürofernschreiber, der Textautomat mit Kommunikation und im weiteren Sinne auch noch das EDV-Terminal, sind von der Funktion her intelligente Terminals.

Durch Verwendung von Mikroprocessorstrukturen ist diese Gerätefamilie in der Lage Aufgaben zu erfüllen, die noch vor einigen Jahren den Einsatz von Computern erforderten /6/.

Betrachtet man die Technologie, welche diesen Entwicklungen zu Grunde liegt, so wird auch in Zukunft der Fortschritt bei den elektronischen Bauelementen, den Mikroprocessoren, der Trend zur erhöhten Integrationsdichte und die damit verbundene Kostenreduktion anhalten. Damit ist auch von dieser Seite her ein massgeblicher Einfluss auf die Leistungsmerkmale neuer Geräte für die Bürokommunikation zu erwarten.

Weiter werden in Zukunft die Funktionen Schreibautomat, Bürofernschreiber und EDV-Terminal in einem Gerät integriert sein. Das bedeutet für den Arbeitsplatz der Zukunft, was die Kommunikation betrifft, Zugriffsmöglichkeiten zu Telefon-, Fernschreib- und Datennetz wie auch zu EDV-Anlagen und bietet damit alle Voraussetzungen für einen flexiblen und rationellen Arbeitsablauf.

Schrifttum

1. Doll, R, Dixon: Telecommunication Turbulence and the Computer Network
   Evaluation. Computer, Feb. 1974, 13 - 22 .

2. Kirstein, T, Peter: Planned new Public Data Networks. Computer Networks 1 (1976), 79 - 94 .

3. Hovey, B, Richard: Packet - Switched Networks agree on standard Interface. Data Communication, May/June 1976, 25 - 39 .

4. Bundesministerium für Post und Fermeldewesen, Telekommunikationsbericht, Verlag Dr. Hans Heger, 1976 .

5. Diebold Research Programm, Telecommunication - the Future, Doc. No. E137 .

6. George, R, Davies: What the Future holds for smart Terminals. Data Communication, Nov. 1977, 38 - 49 .

Technical Aspects for the Use of Communication Typewriters from an International Viewpoint

P. Michel
Wien, Österreich

Speaking about communication in an office environment one thinks presently in terms of sending an receiving letters, telex messages and communicating via telephone. The present need however is a more economic and fast textcommunication without the drawbacks concered with mail and telex service. The international acceptance of word processing equipment in the offices presents a new solution for text-communication.

The article covers some technical aspects of on line word processing especially the features necessary to provide for communication between different countries.

A brief introduction about structure and technology of wordprocessors is given. Followed by the discussion of the communication parameters mandatory to specify a communication option which enables word processing to go on line internationally.

The technological design of the communication option is mentioned and it shows that the far more important decisions are not technological ones but have to be solved in accordance to specify the equipment for international use.

Regarding text transfer going abroad, there are presently a variety of codes, procedures, network-structures and interfaces to name only a few of them, one has to match designing the communication unit for a word processor.

This situation is in need for international cooperation to achieve standardisation of text communication parameteres on a world wide basis. For the manufacturers the present situation could be answered only by a very flexible design of the communication unit.

For illustration the word processor WP 5001 with communication option is presented. This machine can be connected on line either to other WP 5001 word processors, to a computer or terminal system. Connection can be done either by public telephone network or via direct lines featuring a point to point mode of operation.

Besides manual operation, the machine is capable to receive text automatically. This feature compensates for the time lag the internationl text transfer may be exposed to.

An overview of the present situation concerning textcommunication internationally and the efforts which are under way by international organisations to achieve an agreement about world wide textransfer are presented.

Future trends of textcommunication from the view point of further technological developments and their influence on the structure of the office are finaly discussed.

Schnell und lautlos drucken mit dem Tintenstrahl

J. Heinzl
München

Zusammenfassung

In der Technik, Tintentröpfchen auf ein Blatt Papier zu schießen und damit Schriftzeichen zu erzeugen, zeichnen sich derzeit beachtliche Fortschritte ab. Weltweit werden die verschiedensten Verfahren erforscht, entwickelt und auch angeboten.

Der eine Weg, der verfolgt wird, besteht darin, einen Tintenstrahl mit hohem Druck durch eine enge Düse zu pressen, ihn in elektrisch geladene Tröpfchen zerfallen zu lassen und diese elektrostatisch abzulenken Dieser Weg führt zu aufwendigen und empfindlichen Geräten.

Der andere Weg, den man beschreiten kann, ist der,Tröpfchen einzeln elektronisch aus Düsen abzurufen, und die Düsen wie die Nadelsysteme bei einem Nadeldruckkopf dicht übereinander anzuordnen. Dieser Weg führt zu einfachen, robusten und besonders zuverlässigen Schreibwerken. Am weitesten ist diese Technik derzeit in dem Tintenschreibwerk PT 80 von Siemens entwickelt. Das Schreibwerk wiegt 200 g, fährt mit 0,8 m/s über das Papier und schreibt dabei 300 Zeichen/s in einer Matrix von 12 x 9 Punkten. Es kann bei Eingabe über Tastatur nach jedem Zeichen anhalten und es führt in einer auswechselbaren Flasche Tinte für 5 Millionen Zeichen mit sich.

Vorzüge des Tintendruckes

Verglichen mit anderen Druckverfahren bietet der Tintendruck beachtliche Vorteile. Beim Tintendruck werden Tintentröpfchen von einem Schreibkopf aus einer oder mehreren Düsen gezielt auf das Papier geschossen, so daß die Schriftzeichen entstehen. Bei den meisten nichtmechanischen Druckverfahren benötigt man Spezialpapiere; beim Tintendruck nicht. Beim elektrostatischen Druck werden die Schriftzeichen erst nach dem Entwicklen sichtbar und müssen fixiert werden. Beim Tintendruck ist auch das zuletzt geschriebene Zeichen sofort

sichtbar und wird ohne Fixierung wischfest und dokumentenecht. Gegenüber den mechanischen Druckverfahren zeichnet sich der Tintendruck vor allem durch seine Schreibgeschwindigkeit und seine Geräuschlosigkeit aus. Beim mechanischen Nadeldruck sind im Schreibkopf hoch beanspruchte Verschleißteile. Beim Tintendruck tritt im Schreibkopf keinerlei Verschleiß auf. Die von einem Tintenschreibkopf aufgenommene Leistung ist kleiner als 1 Promille der Leistung, die ein mechanischer Nadelkopf bei vergleichbarer Schreibleistung aufnimmt. Die Schriftqualität kann dabei weit über der des mechanischen Nadeldruckes liegen. Es lassen sich beim Tintendruck erheblich feinere Raster verwirklichen als beim Nadeldruck, so daß man die Schriftqualität des Typendruckes erreichen kann. Eine Begrenzung in der Zeichenauswahl, wie sie beim Typendruck durch den begrenzten Typenvorrat gegeben ist, entfällt beim Tintendruck. Neben Schriftzeichen kann man praktisch jedes grafische Muster erzeugen, das sich aus feinen schwarzen oder farbigen Punkten zusammensetzen läßt. Nachteil des Tintendruckes gegenüber dem mechanischen Druck: Man muß auf mechanische Durchschläge verzichten. Sieht man von diesem Punkt ab, so kann man ohne Übertreibung sagen, daß der Tintendruck alle wesentlichen Vorteile des nichtmechanischen Druckes mit den Vorteilen des Nadeldruckes und des mechanischen Typendruckes verbindet, wenn man ihn beherrscht.
Es verwundert deshalb nicht, daß heute so viele Teams weltweit an der Technik des Tintendruckes arbeiten.

Zunächst ein Überblick über die Verfahren, an denen gearbeitet wird und an denen gearbeitet wurde. Man kann die Verfahren nach der Art einteilen, wie die Tintentröpfchen an der Düse vereinzelt werden. In Bild 1 sind 3 Typen von Düsen dargestellt. Sie unterscheiden sich grundlegend durch den Druck, mit dem die Tinte zugeführt wird.

Niederdruckverfahren

Bei der Düse in der Mitte von Bild 1 wird die Tinte mit einem Druck von etwa 3 cm Wassersäule oder $3 \cdot 10^2$ Pa zugeführt. Nach diesem Niederdruck ist das Verfahren benannt. Die Tinte benetzt die Stirnseite der Düse und bildet einen konvexen Meniskus. Von diesem Meniskus lassen sich im elektrischen Feld Tröpfchen abziehen. Vor 5 Jahren schien es, als würden sich Hard-Copy-Drucker nach diesem Verfahren durchsetzen. 3 verschiedene Firmen stellten fast gleichzeitig kompakte Drucker vor, bei denen eine Niederdruckdüse entlang

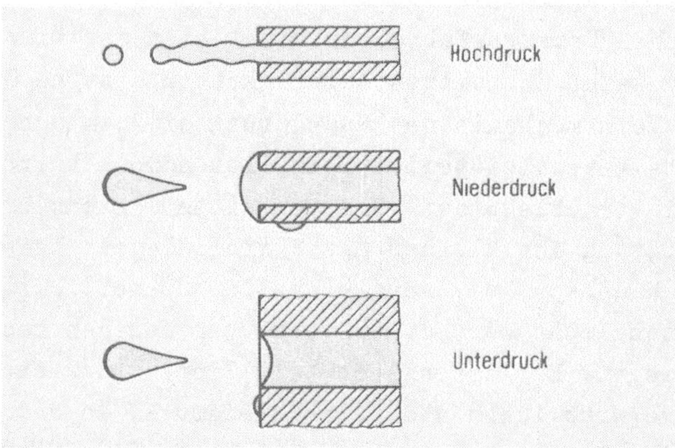

Bild 1 Düsen für Tintendruck nach dem Hochdruck-, Niederdruck- und Unterdruckverfahren.

Fig. 1 The nozzles for high-pressure, low-pressure and vacuum method ink jet printing.

der Zeile bewegt wurde,und die mit 30 Zeichen/s schrieb.Die Tröpfchen wurden elektrostatisch in zwei Richtungen zur Zeichenerzeugung abgelenkt. Es wurden aber nur Mustergeräte ausgeliefert. Die Drucker waren nicht zuverlässig genug. Sobald nämlich bei der Niederdruckdüse Tinte auf die zylindrische Außenfläche der Düse gelangt, bleibt der Meniskus nicht länger auf die Stirnfläche begrenzt und die Tröpfchenerzeugung bricht zusammen. Bisher wurde kein Weg gefunden, um die Verunreinigung der Außenfläche im elektrischen Feld zu unterbinden. Deshalb ist es sehr ruhig geworden um das Niederdruckverfahren.

Hochdruckverfahren

Eine Hochdruckdüse ist in Bild 1 oben dargestellt. Beim Hochdruckverfahren steht die Tinte in der Düse unter hohem Druck von 3 bis 30 atü oder $3 \cdot 10^5 - 3 \cdot 10^6$ Pa. Sie tritt aus einer engen Düsenöffnung aus und läßt die Stirnseite der Düse unbenetzt. Der Strahl zerfällt in geladene Einzeltröpfchen, die sich elektrostatisch ablenken lassen. Durch Ultraschallanregung der Düse lassen sich regelmäßige Einschnürungen im Flüssigkeitsstrahl und dadurch eine gleichmäßige Tröpfchenbildung erzielen. Der Tröpfchenstrom kann nicht beliebig unterbrochen werden. Tröpfchen, die man nicht zum Schreiben benötigt, müssen so weit abgelenkt werden, daß man sie abfangen kann. In der Druckstation 46/40 von IBM ist das Hochdruckverfahren bisher am weitesten vervollkommnet. Das Schreibwerk mit einer Hochdruckdüse fährt entlang der Zeile und stößt 110 000 Tröpfchen/s aus. Die Tröpfchen werden in einer Art Fernsehraster über die Zeile verteilt. Die schnelle senkrechte Ablenkung erfolgt elektrostatisch, die langsame waagrechte Verteilung bewirkt die Bewegung des Schreibwerkes entlang der Zeile. Rund 98 % der Tintentröpfchen werden nicht benötigt und werden deshalb zu einem Fänger abgelenkt, gefiltert und für den Tintenkreislauf rückgewonnen. Das Gerät schreibt mit 90 Zeichen/s. Die Schriftqualität ist ausgezeichnet. Die gegenseitige Beeinflussung der fliegenden geladenen Tröpfchen und die genaue Flugrichtung durch die lange Ablenkstrecke werden durch Regelvorgänge und Justage beherrscht. Die dünnflüssige Tinte verdunstet schnell, daher wird die Düse in Schreibpausen geflutet. Nach Schreibpausen muß sich die Düse erst wieder frei husten, bevor die Fluggeschwindigkeit und Flugrichtung automatisch nachgeregelt werden und die Ablenkstrecke freigegeben werden kann. Das Schreibwerk kann nicht zeichenweise angehalten werden. Das Gerät kann man nach Preis und Größe eher mit einer kleinen Hausdruckerei, als mit einem Terminal vergleichen. Das Hochdruckverfahren bedingt eine sehr diffizile und aufwendige Technik.

Unterdruckverfahren

Unten in Bild 1 ist eine Düse dargestellt, der die Tinte mit einem leichten statischen Unterdruck von 3 - 6 cm WS oder 300 - 600 Pa zugeführt wird. Diese Unterdruckdüse hat sehr interessante Eigenschaften. Der Unterdruck sorgt für einen konkaven Meniskus in der Düsenöffnung. Beim gleichen Durchmesser des Meniskus kann die Düsenöffnung deutlich größer sein als bei der Niederdruckdüse. Der Meniskus ist von der Ausdehnung der Stirnfläche unabhängig. Tinte, die versehentlich auf die Stirnfläche gelangt, wird durch den Unterdruck zurückgesaugt, sobald sie den Meniskus stört. Die Unterdruckdüse ist also selbstreinigend.

Da die Stirnseite unbenetzt bleibt, lassen sich beliebig viele Düsenöffnungen dicht beieinander anordnen, ohne daß sie sich gegenseitig stören. Dadurch wird es möglich, auf eine Ablenkung der Tröpfchen während des Fluges zum Papier zu verzichten. Soll aus der Düse ein Tröpfchen austreten, so wird der Druck der Tinte durch eine Stoßwelle kurzzeitig erhöht. Dadurch wird es möglich, die Tröpfchen einzeln abzurufen. Ein Abfangen von unerwünschten Tröpfchen wird überflüssig. Die Stoßwelle in der Tinte erzeugt man durch piezoelektrische Wandler. Bild 2 zeigt oben eine Anordnung, wie sie zuerst 1971 von Stemme angegeben wurde.

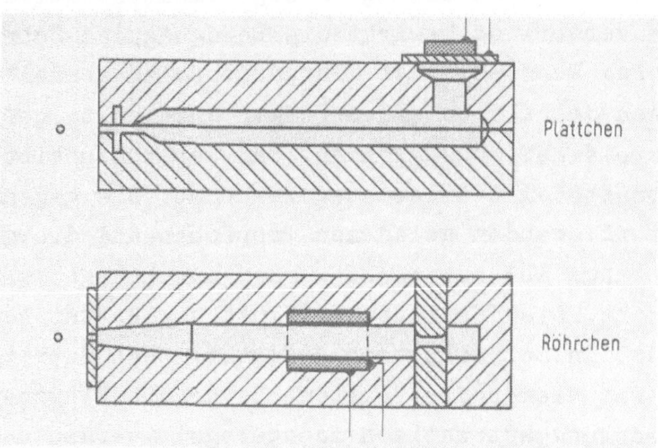

Bild 2 Plättchen und Röhrchen als piezoelektrische Wandler zur Erzeugung von Stoßwellen beim Unterdruckverfahren.

Fig. 2 Piezoceramic plates or tubes generate the pressure ware that eject the ink droplets.

Plättchen als Wandler

An die Düsenöffnung schließt sich ein tintengefüllter Hohlraum an. Der Hohlraum ist durch eine Membran abgeschlossen, auf die das Keramikplättchen aufgeklebt ist. Legt man an das Plättchen ein elektrisches Feld an, so verbiegen sich Plättchen und Membran. Eine Druckwelle durchläuft die Tinte,und aus der Düse wird ein Tröpfchen ausgestoßen. Durch einen Kanal, senkrecht zur Bildebene, unmittelbar hinter der Düsenöffnung wird Tinte aus dem Vorratsgefäß nachgezogen, wenn die Membran in ihre Ausgangsstellung zurückgeht. Diese Anordnung arbeitet sehr zuverlässig. Es lassen sich bis zu 1000 Tröpfchen/s abrufen. Bei höheren Frequenzen machen sich die vielen Reflexion bei der Ausbreitung der Druckwelle störend bemerkbar. Ein Schönheitsfehler dieser Anordnung besteht darin, daß der Wandler an einem Sackloch angeordnet ist und sich deshalb der Hohlraum nur mit beträchtlichem Aufwand luftfrei mit Tinte füllen läßt.

Piezoröhrchen als Wandler

Die unten in Bild 2 abgebildete Anordnung stellt eine Weiterentwicklung der oberen Anordnung dar. Der tintengefüllte Hohlraum erweitert sich hinter der Düse konisch und geht in einen zylindrischen Hohlraum über. Ein Teil dieses Hohlraumes ist konzentrisch von einem Röhrchen aus Piezokeramik umschlossen. Als Elektroden dienen die versilberten Mantelflächen des Röhrchens. Das Röhrchen ist in Gießharz eingegossen,und es ist so dimensioniert, daß es vor allem seinen Innendurchmesser verändert, wenn man die Elektroden umlädt. Verglichen mit Membran und Plättchen ist das Röhrchen erheblich steifer. Die Stoßwelle, die es auslöst, erreicht ohne Reflexionen die Düsenöffnung. Die Tintenversorgung erfolgt durch eine enge Drossel, die die Düse gegen äußere Beschleunigung und Durchstöße aus dem Tintensystem abschließt. Beim Füllen mit Tinte wird an keiner Stelle Luft eingeschlossen. Bild 3 zeigt das Ausstoßen eines Tintentropfens. Etwa 50 μs nach dem Anlegen des elektrischen Feldes an den Wandler wölbt sich der Meniskus nach außen. Dann springt eine Tintenkeule aus der Düse hervor. Sie formt sich zu einem Tropfen, der einen langen Schwanz nachzieht, sich von der Düse löst und als rundes Tröpfchen wegfliegt. Dieser Vorgang läßt sich 3000 mal pro s wiederholen, ohne daß die Fluggeschwindigkeit der Tröpfchen durch Restschwingungen in der Düse beeinflußt wird. In Bild 3 sind jeweils einige hun-

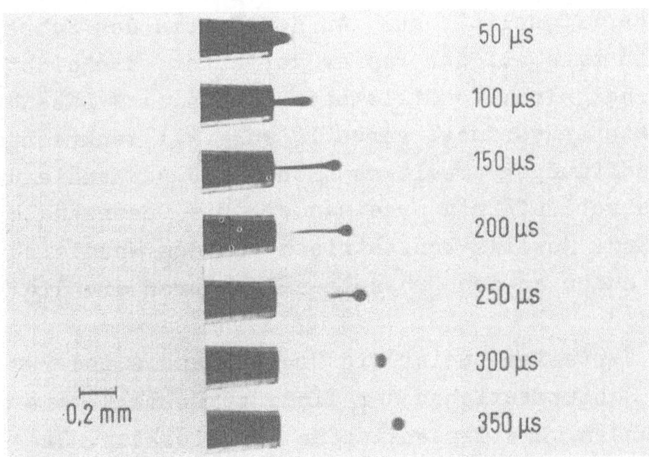

Bild 3 Austritt des Tintentröpfchens aus der Düse.

Fig. 3 Ejection of the ink droplet from the nozzle.

dert Tröpfchen bei synchronisiertem Blitzlicht übereinander aufgenommen. Die Schärfe der Kontur zeigt, wie stabil und gleichmäßig dieser Vorgang ist.

In Verbindung mit neuentwickelten Tinten, die an der Luft nicht eindicken, aber rasch in das Papier einziehen, ermöglicht diese Unterdruckdüse den Aufbau von sehr einfachen, robusten und besonders zuverlässigen Schreibwerken.

Tintenschreibwerk

Am weitesten ist diese Technik derzeit in dem Tintenschreibwerk PT 80 von Siemens entwickelt. Deshalb soll dieses Schreibwerk hier näher beschrieben werden. Das Schreibwerk wiegt 200 g, fährt mit 0,8 m/s entlang der Zeile über das Papier und schreibt dabei 300 Zeichen/s in einer Matrix von 12 x 9 Punkten. Es kann bei Eingabe über Tastatur nach jedem Zeichen anhalten . Es führt in einer auswechselbaren Flasche Tinte für 5 Millionen Zeichen mit sich und hat eine rein elektrische Schnittstelle zum übrigen Drucker. Von Siemens wird dieses Schreibwerk derzeit als geräuschlose Alternative zu dem Nadeldrucker des Terminals PT 80 angeboten.
Bild 4 zeigt schematisch seinen Aufbau. Es besteht aus Schreibkopf und Tintenversorgung. Aus nur einem Millimeter Entfernung werden die Tintentröpfchen auf das Papier geschossen. Geringe Abweichungen in der Flugrichtung und Fluggeschwindigkeit wirken sich daher nicht auf die Schriftqualität aus. An der Spitze des Schreibkopfes sind 12 Düsenöffnungen auf das Papier gerichtet, die dicht übereinander angeordnet sind. Je Millimeter Höhe sind 4 Düsenöffnungen in der Düsenplatte angeordnet, verteilt auf zwei senkrechte Reihen. Hinter den Düsenöffnungen erweitern sich die Düsenkanäle und laufen in zwei Ebenen strahlenförmig auseinander. Die Düsenkanäle sind an ihrem hinteren Ende jeweils konzentrisch von dem Wandlerröhrchen umschlossen und enden an den Drosselkanälen,durch die die Tinte nachgesogen wird.
Ein gemeinsamer Verteiler speist die Drosselkanäle und ist über ein Filter, das Schmutzteilchen der Tinte zurückhält, mit der Tintenflasche verbunden. Die Tintenflasche ist steckbar. Sie enthält die Tinte in einer schüsselförmigen Mulde, von einer flexiblen Kunststoffhaut abgedeckt. Beim Stecken der Flasche durchsticht eine Hohlnadel den Gummistopfen im Boden der Flasche und stellt so die Verbindung zwischen Tintenflasche und Verteiler her. Der Tintenbeu-

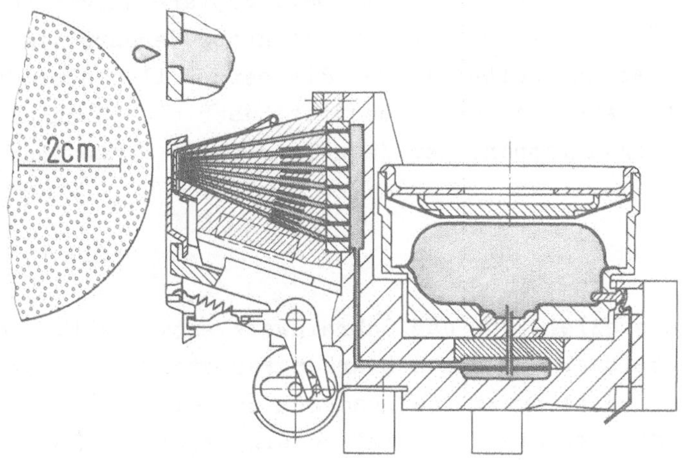

Bild 4 Tintenschreibwerk des PT 80.

Fig. 4 Structure of ink jet mechanism of PT 80.

tel in der Tintenflasche liegt etwa 4 cm tiefer als die Düsenöffnungen im Schreibwerk. Dadurch wird der statische Unterdruck an den Düsenöffnungen erzeugt. Ist der Schreibkopf einmal gefüllt, dann verhindert die Oberflächenspannung an den engen Düsenöffnungen, daß die Tinte zurückläuft, auch wenn man die Flasche wechselt.

Zusatzeinrichtungen

Wenn man ein Farbband immer weiter ausschreibt, nimmt der Kontrast ab, und man merkt, daß man das alte Farbband durch ein neues ersetzen muß. Beim Tintendruck wird Zeichen für Zeichen mit der gleichen schwarzen Farbe geschrieben, bis die Flasche leer ist. Das Ende des Tintenvorrats kündigt sich also nicht am Schriftbild an. Deshalb sind in den Boden der Tintenflasche Elektroden eingelassen und durch eine Widerstandsmessung wird festgestellt, wann die Tintenflasche ausgetauscht werden muß.

Der Deckel der Tintenflasche läßt sich mit dem Finger gegen die Kunststoffblase drücken, die die Tinte umschließt. So ist es möglich, ohne weitere Hilfsmittel im Gerät einen leeren Schreibkopf zu füllen. Die Tinte füllt die Filterkammer und steigt dann im Verteiler, füllt Düsenkanal auf Düsenkanal, bis sie schließlich den Entlüftungskanal am oberen Ende des Verteilers kapillarisch verschließt. Ein Abweisblech wird beim Abschalten des Gerätes und beim

Öffnen des Deckels automatisch zwischen die Düsenöffnungen und das Papier geschoben. Es verhindert, daß beim Papiereinlegen Papier und Düsenplatte in Kontakt kommen, es wischt grobe Verunreinigungen von der Düsenplatte ab und leitet Tinte, die beim Füllen oder Spülen des Schreibkopfes aus den Düsen austritt, über eine Rücklaufrinne in einen saugfähigen Tampon, der jeweils mit der Tintenflasche weggeworfen wird.

Tinte

Die Tinte wurde speziell für das Schreibwerk entwickelt. Sie enthält als Lösungsmittel für den schwarzen Farbstoff ein netzendes, hygroskopisches Frostschutzmittel. Dadurch ist die Tinte auch bei -70°C noch lagerfähig. Die Tinte ist so eingestellt, daß sie verdunstendes Lösungsmittel durch Wasseraufnahme aus der Luft ersetzt. Auch wenn man wochenlang nicht schreibt, trocknet die Tinte nicht ein. Damit Viskosität und Oberflächenspannung beim Verspritzen der Tinte von der Umgebungstemperatur unabhängig sind, wird die Düsenplatte über einen Heizwiderstand und einen Kaltleiter auf einer konstanten Temperatur von etwa 40°C gehalten. So ist das Schreibwerk ohne Einschränkungen bei Umgebungstemperaturen von -15°C bis 50°C einsatzfähig. In das Papier dringt die Tinte besonders rasch ein, und der Farbstoff zieht in den Fasern auf. So sind die Schriftzeichen rasch wischfest und lassen sich selbst mit dem Lösungsmittel der Tinte nicht wieder aus dem Papier herauswaschen.

Ein Tropfen Tinte von 0,1 mm Durchmesser ergibt auf dem Papier einen schwarzen Fleck von 0,3 mm Durchmesser. Während er mit 4 m/s gegen das Papier fliegt, enthält er 10^{-8}Ws in Form von kinetischer Energie und Oberflächenenergie. Um den Tropfen aus der Düsenöffnung von 70 µm Durchmesser auszustoßen, muß man 10^{-5} Ws in den Wandler stecken, der dann seinen Innendurchmesser um 0,4 µm verengt. Bei der Grenzfrequenz von 3000 Tröpfchen/s nimmt der Wandler 30 mW Leistung auf.

Ausblick

Bild 5 zeigt Schriftproben des beschriebenen Tintenschreibwerkes im Raster 12 x 9. Sicher lassen sich ähnlich einfache Schreibköpfe auch für noch feinere Schriftraster verwirklichen. Der Tintendruck ist dazu prädestiniert in vielen Anwendungen den mechanischen Nadeldruck abzulösen, vielleicht auch da oder dort den Typendruck. Es ist zu erwarten, daß das Unterdruckverfahren sich durchsetzt, weil es zu besonders einfachen, robusten und zuverlässigen Geräten führt. Die Erfahrung zeigt, daß jeder, der mit einem solchen Drucker arbeitet, sehr schnell besonders die Geräuschlosigkeit schätzen lernt.

NORMALSCHRIFT GROSSBUCHSTABEN DJKPQVWXYZ 1234567890 ;:,./ÜÄ§Ö-^+*

normalschrift kleinbuchstaben dgjpqvwxyz 1234567890 ;:,./ÜÄ§Ö-^+*

KURSIVSCHRIFT GROSSBUCHSTABEN DJLMPQWXYZ 1234567890 ;:,./ÜÄ§Ö-^+

kursivschrift kleinbuchstaben dgjopqwxyz 1234567890 ;:,./ÜÄ§Ö-^+

NORMALSCHRIFT HOCH GROSSBUCHSTABEN DJKPQVWXYZ 1234567890 ;:,./ÜÄ§

KURSIVSCHRIFT HOCH GROSSBUCHSTABEN DJLMPQWXYZ 1234567890 ;:,./ÜÄ§

Bild 5 Schriftprobe des Tintenschreibwerkes PT 80.

Fig. 5 Print specimen of printer terminal PT 80 with ink jet mechanism.

Schrifttum

1. Kamphoefner, F.J.: Ink jet printing.
IEEE Transact. on Electron Devices 19 (1972) S. 584 - 593

2. Bodenstein,C.; Otto, R.: Der Tintenstrahlschreiber als Hard-Copy-Drucker für Datensichtgeräte.
Feinwerktechnik 75 (1971) S. 365 - 368

3. Bruce, C.A.: Dependence of ink jet dynamics on fluid characteristics.
IBM J. Res. Develop. 20 (1976) S. 258 - 270

4. Stemme, E.; Larrson, S.G.: The Piezoelectric Capillary Injector - A New Hydrodynamic Method for Dot Pattern Generation.
IEEE Transact. on Electron Devices 20 (1973) S. 14 - 19

5. Heinzl, J.; Rosenstock, G.: Lautloser Tintendruck für Schreibstationen.
Siemens-Z 51 (1977) S. 219 - 221

oder englisch: Silent Ink Jet Printing for Printer Terminals.
Siemens Rev. XLIV (1977) S. 402 - 404.

High-Speed Silent Printing with Ink Jet

J. Heinzl
München

At present considerable progress can be recorded in the technique of squirting ink droplets on a piece of paper and of thus producing alphanumerical characters. All over the world methods of various descriptions are examined, developed and offered.

One method that is being applied consists in pressing an ink jet through a narrow nozzle, breaking it up into electrically charged droplets and deflecting these droplets by electrostatical means (high-pressure method). This method requires expensive and highly sensitive printers.

The other method that is being applied consists in pulling off a single droplet from the nozzles by electronical means, the nozzles being arranged like the needles in a needle printhead in a dense array one above the other. This so-called vacuum method allows simple, robust and particularly reliable printers. At present this technique can be seen at its best in the Siemens PT 80. The ink jet mechanism weighs 200 g and travels across the paper at a speed of 0,8 m/s printing 300 characters per second in a matrix of 12 x 9 dots. It is equipped with a replaceable ink bottle that contains ink for 5 million characters.Compared to other printing methods ink jet printing offers substantial advantages. Quickly and silently the characters are printed on untreated paper. In contrast to the electrostatic printing method even the very last individual character is instantly visible and smearproof as well as indelible without fixing. In comparison to needle printing considerably finer patterns of dots can be achieved so that the print quality of type printing can be attained without any restriction as to the variety of characters.

Elektrostatische Druckverfahren

U. Rothgordt
Hamburg

Zusammenfassung

Es wird über elektrostatische Druckverfahren berichtet, bei denen die auszugebende Information zunächst als latentes Ladungsbild durch geeignet ausgebildete Elektrodensysteme erzeugt wird. Nach der Erläuterung des Aufzeichnungsprinzips werden verschiedene Ausführungsformen beschrieben. Das letzte Kapitel ist dem Anwendungsaspekt gewidmet, wobei die Möglichkeiten für die Textkommunikation und für die Fernübertragung graphischer Information mittels moderner Fernkopiersysteme besonders betont werden.

1. Einführung

Unter den nichtmechanischen Schreib- und Druckverfahren nimmt der elektrostatische Aufzeichnungsprozeß wegen seiner vielseitigen Anwendbarkeit eine wichtige Stellung ein. Er liefert infolge der möglichen hohen Auflösung ein sauberes, detailliertes Schriftbild auf einem Papier, das sich äußerlich kaum von normalem Schreibpapier unterscheidet und relativ preiswert ist. Die für die Erzeugung eines einzelnen Schreibpunktes erforderliche Zeit ist sehr kurz und erlaubt daher eine hohe Druckgeschwindigkeit.

Der elektrostatische Aufzeichnungsprozeß ist nahe verwandt mit den elektrophotographischen Verfahren, die vor allem im Bereich des Bürokopierens anzutreffen sind und auch als "elektrostatische Kopierverfahren" bezeichnet werden. Die stärkste Verwandtschaft zu diesen Kopierverfahren haben die sogenannten Laserdrucker, bei denen ein scharf gebündelter Lichtstrahl in der Art eines Fernsehrasters über eine elektrophotographische Schicht (meistens eine Selentrommel) geführt und dabei in seiner Helligkeit moduliert wird /1/. Elektrostatische Drucker im engeren Sinne, über die hier berichtet werden soll, benutzen zur Erzeugung des Ladungsbildes kein Licht, sondern liefern durch geeignete Elektrodenanordnungen aus einem elektrischen

Signal unmittelbar ein elektrostatisches Ladungsbild /2/. Das Prinzip eines derartigen Druckers ist in Bild 1 dargestellt.

Das Ladungsbild entsteht auf einem speziellen Aufzeichnungsträger, dessen Basis ein durch chemische Zusätze etwas leitfähig gemachtes Papier ist, und dessen ladungsbildtragende Schicht an der Oberseite aus einer dünnen Lage eines dielektrischen Kunstharzes besteht. Das Papier befindet sich zwischen einem Elektrodensystem, bestehend aus einer Grundelektrode und einer zeichenerzeugenden Elektrodenanordnung. Durch eine ausreichend hohe Spannung an ausgewählten Elektroden des Elektrodensystems kann eine elektrische Entladung zwischen der Papieroberfläche und den betreffenden Elektroden bewirkt werden, die zu einer bildmäßigen Aufladung der dielektrischen Schicht führt. Die weiteren Schritte des elektrostatischen Druckens gleichen denen der elektrophotographischen Kopierverfahren. Das zunächst unsichtbare und allmählich wieder verschwindende Ladungsbild wird durch eine Entwicklungsvorrichtung dauerhaft sichtbar gemacht. Hierfür werden die vom Ladungsbild ausgehenden elektrostatischen Kräfte ausgenutzt, indem entgegengesetzt geladene Farbteilchen in einer flüssigen Suspension oder als Pulver gemischt mit groben Trägerteilchen direkt an die Papieroberfläche herangeführt werden und an den aufgeladenen Bezirken haften bleiben. Anschließend werden diese sogenannten Tonerteilchen durch einen Schmelz- oder Verklebungsprozeß noch dauerhaft mit dem Papier verbunden.

Abgesehen von den beiden Entwicklungsmethoden (trocken oder naß) unterscheiden sich die verschiedenen elektrostatischen Druckverfahren im wesentlichen durch ihre Aufladesysteme.

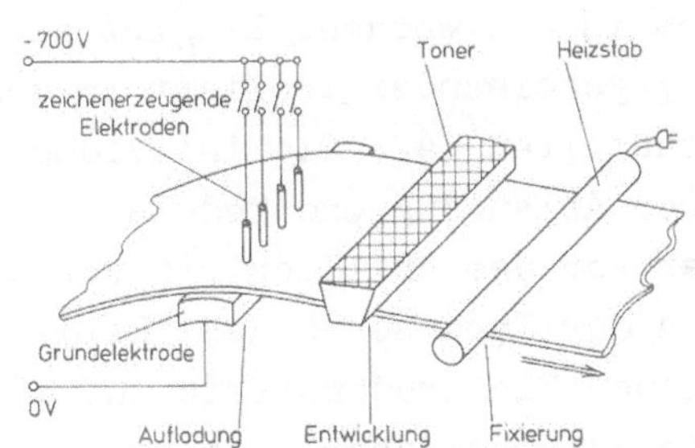

Bild 1. Prinzip eines elektrostatischen Druckers

Fig. 1. Principle of an electrostatic printer

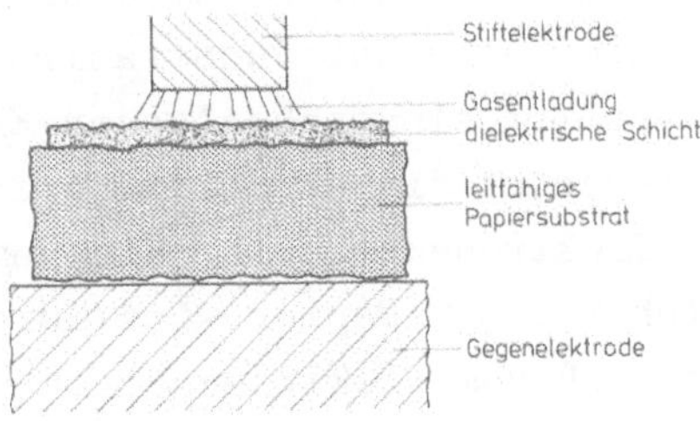

Bild 2. Aufladung durch Gasentladung

Fig. 2. Basic charging process by gas discharge

2. Ladungsbilderzeugung

Bild 2 veranschaulicht das Prinzip der elektrostatischen Aufladung eines dielektrisch beschichteten Papiers (DEC-Papier). Infolge des leitfähig gemachten Papiersubstrats kann eine zwischen einer Gegenelektrode und einer Stiftelektrode angelegte Spannung ein elektrisches Feld erzeugen, das praktisch auf die dielektrische Schicht und den Luftspalt beschränkt ist. Eine Aufladung der Schicht erfolgt jedoch erst, wenn die Spannung über dem Luftspalt eine gewisse Schwelle überschritten hat, bei der eine sog. Gasentladung gezündet wird /3/. Diese Zündspannung ist von der Länge des Luftspaltes abhängig und beträgt unter Normalbedingungen minimal etwa 350 V, und zwar bei einer Luftspaltlänge von etwa 8 µm. Bild 3 zeigt die Zündkennlinie einer derartigen Entladung. Die gezündete Gasentladung brennt nur so lange, bis durch Aufladung der Schicht die Spannung über dem Luftspalt unter die Brennspannung abfällt, ein Vorgang, der sich in µs abspielt. Die bei diesem Vorgang umgesetzte Energie ist äußerst gering, so daß absolut kein elektrischer Verschleiß der Elektrodenstifte erfolgt.

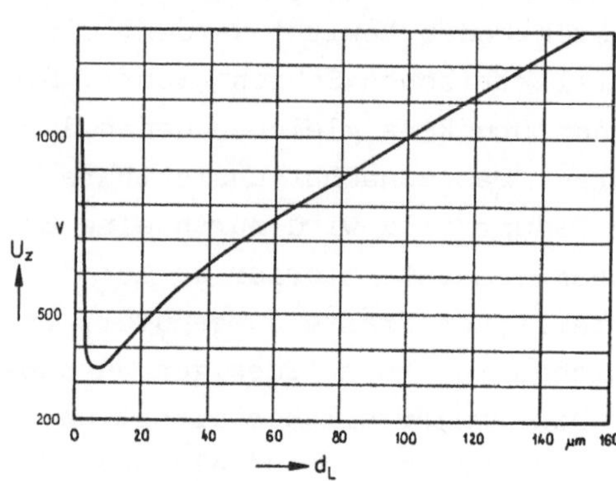

Bild 3. Zündspannung einer Gasentladung als Funktion der Luftspaltlänge

Fig. 3. Ignition voltage of a gas discharge versus air gap length

Eine zeichenerzeugende Elektrodenanordnung kann nun auf verschiedene Weise mittels der Elektrodenstifte realisiert werden. Es gibt zum Beispiel eine Katodenstrahlröhre mit gegeneinander isoliert in den Bildschirm eingeschmolzenen Elektrodenstiften /4/. Die individuelle Ansteuerung dieser Stifte erfolgt durch Ablenkung und Modulation des Elektronenstrahls. Ein unmittelbar vor dem "Bildschirm" vorbeigeführtes DEC-Papier wird durch die an der Innenseite des "Bildschirms" vom Elektronenstrahl getroffenen Elektrodenstifte aufgeladen. Eine solche Röhre wurde bereits vor ungefähr 20 Jahren von der Firma A.B. Dick für einen Etiketten-Drucker verwendet.

Im Forschungslabor der Philips GmbH haben wir einen anderen Weg eingeschlagen. In Bild 4 ist ein schematischer Schnitt durch einen von uns entworfenen elektrostatischen Drucker dargestellt.

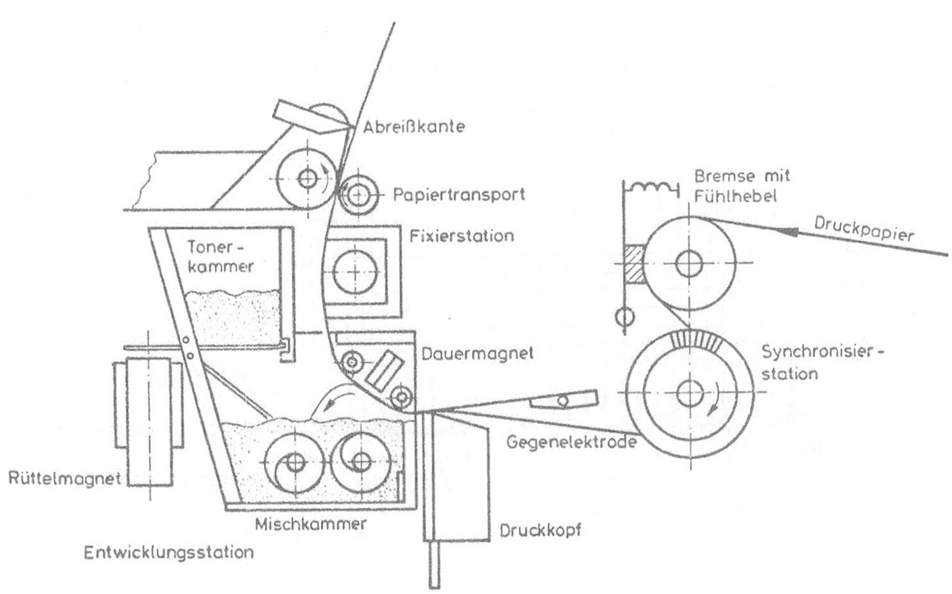

Bild 4. Querschnitt durch einen elektrostatischen Drucker

Fig. 4. Cross-section of an electrostatic printer

Das zu bedruckende und mit einer dielektrischen Schicht versehene Papier wird von den Transportwalzen durch die Maschine gezogen, die Spann- und Synchronisierrollen sorgen für die Papierspannung sowie für das schrittweise Vorrücken der Papierbahn. Der Druckkopf bewirkt zusammen mit der Gegenelektrode die Aufladung. Danach läuft das Papier in die Entwicklungsstation ein. Hier wird in der Mischkammer Toner und Eisenpulver ständig durchmischt und das Gemisch vom Magneten gegen das Papier gezogen. Durch kurze Erhitzung in der Fixierstation wird der an den aufgeladenen Stellen haften gebliebene Toner geschmolzen und dabei fixiert. Aus der Tonerkammer wird nach und nach Tonerpulver geliefert, um den Verbrauch zu kompensieren.

Der für die Aufladung wesentliche Teil dieses Druckers ist der Elektrodenkamm, auf den im folgenden etwas näher eingegangen werden soll. Die zwecks guter Schriftqualität bzw. hoher Auflösung erforderliche Anzahl von 1000 bis 2000 Stiften für einen auf A4-Format arbeitenden Drucker würde ohne weitere Maßnahmen einen sehr hohen Aufwand an elektronischen Schaltern bedeuten. Unter Ausnutzung der anhand von Bild 2 und 3 erläuterten Schwellenspannung für die Zündung einer Gasentladung kann ein Koinzidenzprinzip angewandt werden, bei dem die Elektrodenstifte gruppenweise zusammengefaßt sind und die Gegenelektrode in getrennt schaltbare Segmente aufgeteilt ist /5/. Bild 5 zeigt das Prinzip einer derartigen Elektrodenanordnung.

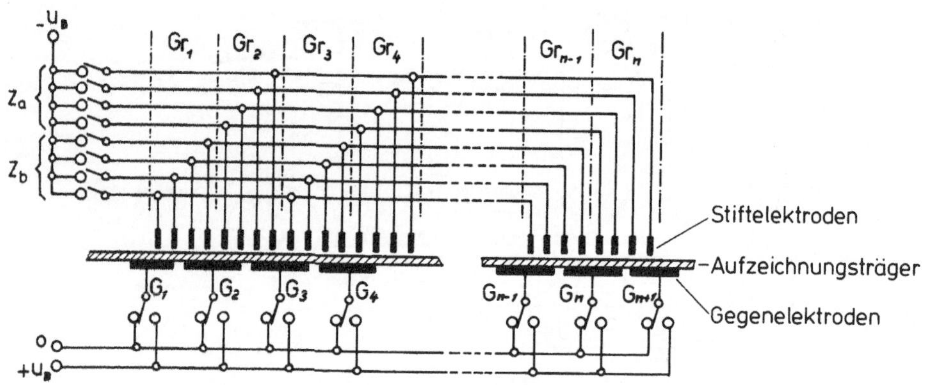

Bild 5. Anordnung der Auflade-Elektroden

Fig. 5. Array of charging electrodes

Von den Zeichenschaltern werden stets die Gruppen Z_a und Z_b abwechselnd benutzt. Sollen z B. die Elektroden der Gruppe 3 geschaltet werden, so müssen neben den Zeichenschaltern Z_b auch die Gegenelektroden G_3 und G_4 eingeschaltet werden. Hierdurch wird erreicht, daß das Potential des Substrats im Bereich der Gruppe 3 überall genügend hoch ist, um eine Gasentladung zu zünden. Im Bereich von gleichzeitig eingeschalteten Stiften der Gruppen 1 und 5 reicht das Potential jedoch nicht zur Zündung einer Gasentladung aus /6/.

Eine weitere Möglichkeit zur Realisierung von feststehenden Elektrodenanordnungen wird in einem der folgenden Beiträge erläutert werden. Hier wird eine spezielle Gasentladungsröhre zur selektiven Ansteuerung der einzelnen Elektrodenstifte benutzt /7/.

Nicht unerwähnt soll ein Verfahren bleiben, bei dem statt vieler, in einer linearen Anordnung die gesamte Papierbreite überdeckender Stifte ein einziger Stift verwendet wird, der mechanisch über das Papier bewegt wird.

In Bild 6 ist ein derartiges System dargestellt. Auf einem umlaufenden Riemen befinden sich mehrere Einzelstifte, die abwechselnd in den Schreibbereich gelangen.

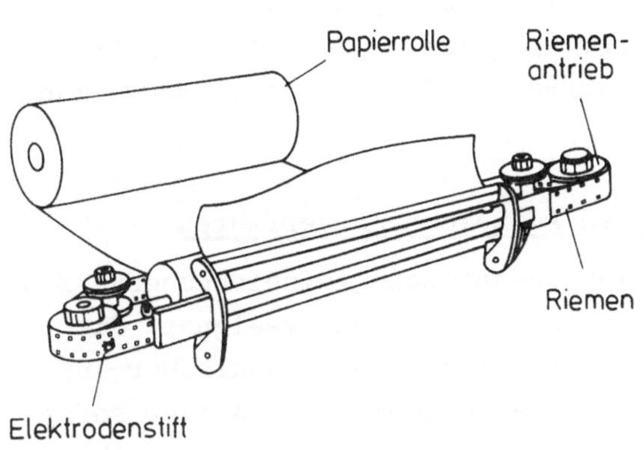

Bild 6. Drucker mit bewegtem Einzelstift

Fig. 6. Printer with moving stylus

Der elektronische Aufwand wird bei diesem Verfahren stark reduziert, allerdings auf Kosten mechanischen Aufwands, der sicher wartungsanfälliger ist. Auch wird die Geschwindigkeit sowie die Flexibilität derartiger Anordnungen beschränkt sein, da z.B. kein wahlfreier Zugriff zu den einzelnen Punkten einer Linie möglich ist, weil alle Punkte einer Linie nur seriell aufgezeichnet werden.

3. Entwicklung und Fixierung

Auf die im Anschluß an die Ladungsbilderzeugung notwendige Sichtbarmachung des latenten Bildes durch die schon erwähnten Entwicklungs- und Fixierprozesse soll in diesem Bericht nur kurz eingegangen werden, da sie einen geringeren Einfluß auf die möglichen Anwendungen haben als der Aufladeprozeß. Es soll lediglich bemerkt werden, daß die beiden Entwicklungsarten, nämlich Flüssigentwicklung und Pulverentwicklung, beide ihre Vor- und Nachteile haben. Bei der Flüssigentwicklung werden die kleinen Tonerteilchen in einer organischen Flüssigkeit suspendiert und mittels der Flüssigkeit durch Düsen, Schlitze oder Walzen an die bildmäßig geladene Oberfläche des DEC-Papiers herangeführt, wobei durch Pumpen für eine ständige Durchmischung des Entwicklers gesorgt werden muß. Das Papier verläßt die Entwicklungsstation in feuchtem Zustand, so daß eine Trocknung zum Verdunsten der Trägerflüssigkeit notwendig ist.

Bei der Trockenentwicklung wird im allgemeinen ein Gemisch aus gröberen Trägerteilchen, meistens Eisenpulver, und den feineren Tonerteilchen verwendet, die sich bei der Durchmischung mit dem Eisenpulver elektrisch aufladen. Bei langsamen Papiergeschwindigkeiten kann das Gemisch durch sog. "Magnetbürsten" an die Papieroberfläche herangetragen werden. Für höhere Geschwindigkeiten haben wir ein sog. "Wirbelkammer"-Verfahren entwickelt, das ohne von außen angetriebene rotierende Elemente auskommt /8/. Da die Tonerteilchen aufgrund elektrostatischer Kräfte nur lose am Papier haften, ist nach der Entwicklung noch ein Fixierprozeß erforderlich, bei dem beispielsweise durch Anwendung von Wärme die Tonerteilchen schmelzen und mit dem Papier verkleben.

4. Anwendung der elektrostatischen Aufzeichnungsverfahren

Wegen ihrer Flexibilität sind elektrostatische Aufzeichnungsverfahren für solche Anwendungsbereiche interessant und geeignet, die eine schnelle Darstellung sehr unterschiedlicher graphischer Information erfordern. Es darf lediglich keine unmittelbare oder sofortige Sichtbarkeit der Aufzeichnung, wie z.B. bei einer Schreibmaschine, verlangt werden. Die besonderen Vorteile liegen in der Geschwindigkeit des eigentlichen Aufzeichnungsprozesses, die auch im Vergleich zu anderen nichtmechanischen Verfahren sehr hoch ist, sowie in der Geräuscharmut der bei der Aufzeichnung ablaufenden Vorgänge. Die äußeren Abmessungen eines mittelschnellen elektrostatischen Druckers sind mit denen einer elektrischen Schreibmaschine vergleichbar.

Die Unterschiede der im folgenden beschriebenen Anwendungsbeispiele liegen weniger in den Aufzeichnungsvorrichtungen selbst als vielmehr in der Art der Datenaufbereitung, durch die die darzustellende Information in eine für den elektrostatischen Druckprozeß geeignete Form gebracht wird.

Für die alphanumerische Datenausgabe werden vorwiegend Aufzeichnungsanordnungen mit feststehenden Elektrodenkämmen verwendet. Je nach gewünschter Schriftqualität besitzen diese Kämme 4 bis 10 Stifte pro mm. Die Zeichen werden aus einer Punktmatrix mit 7 × 9 bis etwa 20 x 25 Punkten zusammengesetzt, wobei die Zeichen in der Art eines Fernsehzeilenrasters Linie für Linie aufgebaut werden. Die folgenden Bilder 7a und 7b sollen den Eindruck der Schriftgüte bei 4 bzw. 8 Stiften pro mm vermitteln. Der bei mechanischen Druckern in Form von Typenhebeln, -rädern, -trommeln und -ketten vorhandene Vorrat von druckbaren Zeichen liegt bei den nichtmechanischen Druckern als sog. "Read Only Memory" (ROM) vor, das ohne Einschränkung der Druckgeschwindigkeit einen erheblich größeren Zeichensatz

DIES IST EINE DRUCKPROBE
SCHEN DRUCKERS.BEI DIESE
FOERMIGER SCHRIFTZEICHEN
SPEZIALPAPIERS DURCH EIN
ERZEUGT.DIESES LATENTE E
HILFE EINES TONER_EISENG
DURCH WAERME AUF DEM PAP
ARBEITET GERAEUSCHLOS UN

SCHRIFTPROBE eines elektro-
statischen Druckers mit einer
Aufloesung von 8 Punkten pro
Millimeter und 8 Linien pro
Millimeter

A B C D E F G H I J K L M
N O P Q R S T U V W X Y Z
a b c d e f g h i j k l m
n o p q r s t u v w x y z
1 2 3 4 5 6 7 8 9 0 ! " =
? % & ' ( ) * + , - . / ;

Bild 7a+b. Schriftproben mit einer Auflösung von 4 Punkten/mm (a) bzw. 8 Punkten/mm (b)

Fig. 7a+b. Printing samples with a resolution of 4 dots/mm (a) and 8 dots/mm (b) respectively

aufnehmen kann. Für eine schnelle Ausgabe in einem auch die vielen nationalen Varianten des Alphabets liefernden Kommunikationsnetz ist daher das elektrostatische Druckverfahren besonders geeignet. Selbst die langsamen Geräte dieser Art erlauben eine Druckgeschwindigkeit von 1000 Zeichen/s, während die praktische Grenze für größere Geräte bei einigen 10 000 Zeilen/min liegt.

Eine weitere interessante Anwendung ist die Kombination eines Datensichtgerätes und eines elektrostatischen "Hardcopy"-Druckers. Da viele Datensichtgeräte das Prinzip des Fernsehzeilenrasters zur Darstellung der Information auf dem Bildschirm benutzen, die Zeichen also auch matrixartig aus einzelnen Punkten zusammensetzen, läßt sich die im Datensichtgerät vorhandene Elektronik zur Umwandlung der codiert ankommenden Zeichen durch nur wenige Zusätze auch für die Druckerausgabe einsetzen. Eine derartige Kombination liefert den Bildschirminhalt in weniger als 5 s.

Das gleiche Verfahren kann auch in Verbindung mit Geräten für den Videotext und für den Bildschirmtext zur schnellen Herstellung einer "Hardcopy" angewandt werden. Auch hier liegt die Information bereits in einer für die Druckerausgabe geeigneten Form vor. Es ist lediglich die Zwischenspeicherung einer Fernsehzeile erforderlich, um die Darstellung auf dem Bildschirm an die Geschwindigkeit des Druckers anzupassen.

Auch für ein anderes Gebiet graphischer Datenausgabe gewinnen die elektrostatischen Aufzeichnungsverfahren zunehmend an Bedeutung, und zwar für Fernkopiersysteme. Bei diesen Systemen wird auf der Senderseite ein Dokument Punkt für Punkt abgetastet, der Helligkeitswert des Punktes über eine Fernsprechleitung an einen Empfänger übertragen und dort wieder aufgezeichnet. Im einfachsten, jedoch meistverbreiteten Fall handelt es sich um Systeme, die nur zwei Helligkeitswerte unterscheiden: schwarz und weiß. Als Aufzeichnungsvorrichtung für ein derartiges System eignet sich in hervorragender Weise ein elektrostatischer Drucker mit Elektrodenkammanordnung; sie erlaubt einen schnellen, quasi wahlfreien Zugriff zu jeder Stiftelektrode, der für moderne digital arbeitende Fernkopierer mit ihren zeitsparenden Codierungsverfahren erforderlich ist. Eine mit einem solchen System elektrostatisch aufgezeichnete Fernkopie mit Pseudo-Halbtönen ist in Bild 8 wiedergegeben. Bei den langsameren, analog arbeitenden Fernkopiergeräten kann auch das zuletzt erwähnte elektrostatische Verfahren mit umlaufendem Riemen benutzt werden, da hier nur eine rein serielle Aufzeichnung durch lineare Bewegung zwischen Schreibstift und Aufzeichnungsträger erforderlich ist.

Bild 8.
Beispiel einer Fernkopie mit Pseudo-Halbtönen

Fig. 8.
Example of a telecopy with pseudo-greytones

Die angeführten Beispiele stellen nur einen kleinen Ausschnitt der Anwendungen elektrostatischer Druckverfahren dar. Sie mögen jedoch dazu dienen, die Möglichkeiten des im ersten Teil erläuterten elektrostatischen Aufzeichnungsprozesses zu demonstrieren. Darüber hinaus gibt es noch eine Reihe von Varianten der elektrostatischen Aufzeichnung, die z.B. eine Modulation der Ladungsdichte und damit eine echte Halbtondarstellung erlauben /9/ oder durch innige Berührung zwischen Elektroden und Aufzeichnungsträger bei niedriger Spannung eine Auflösung bis zu 100 Linien/mm ermöglichen /10/, auf die in diesem Rahmen jedoch nicht näher eingegangen werden kann.

Schrifttum

1. Fink, W., Graf, P.: Laser-Aufzeichnungsverfahren für nichtmechanische Schnelldrucker. 4. Internationaler Kongreß für Reprographie und Information 1975, Fachvortragsband, 37-40, Hannover 1975'

2. Rothgordt, U.: Electrostatic Printing. Phil. Techn. Rev. 36, 57-70 (1976)'

3. Schramm, J., Witter, K.: Gas discharge in very small gaps in relation to electrography. Appl. Phys. 1, 331-337 (1973)'

4. Crews, R.W., Rice, P.: The videograph tube - a new component for high-speed printing. IRE Trans. ED-8, 406-414 (1961)'

5. Rothgordt, U.: Anordnung zur elektrostatischen Aufladung. DBP 1 946 815, Sept. 1969

6. Rothgordt, U.: The influence of the contact impedance between base paper and back electrode on the electrostatic recording process. Phil. Res. Repts. 29, 139-151 (1974)'

7. Junge, W., Schiekel, M., Süßenbach, H.: Plasmaschreibköpfe - Baugruppen für künftige Faksimiletechnik. In diesem Tagungsband.

8. Lorenz, R., Schönefeldt, J., Witter, K.: Vorrichtung zum Entwickeln latenter elektrostatischer Ladungsbilder. DBP 15 22 670, Juli 1966

9. Krekow, G., Schramm, J.: Electrostatic gray-scale facsimile recording. IEEE Trans. ED-21, 189-192 (1974)'

10. Rothgordt, U., Hinz, H.-D., Witter, K.: Triboelectric charging of thin foils and its application to a new recording principle. IEEE Trans. IA-13, 223-226 (1977)'

Electrostatic Printing Methods

U. Rothgordt
Hamburg

The electrostatic printing process is one of the most important non-impact printing methods because of its versatility and the possibility of high resolution at high printing speeds. The dielectric coated paper (DEC-paper) necessary for this process looks like plain paper and is not expensive. The principle of an electrostatic printer is shown in the first figure. The DEC-paper has to pass two or three stages, the first being the charging process by an electrode system, which generates a gas discharge from selected electrodes. In a second step the latent charge image has to be made visible by a dry or wet developing process, where fine toner particles are forced to adhere to the charged areas. The final step serves to fix the toner image, e.g. by melting of dry toner particles by application of heat.

The basic charging process is depicted in figure 2 and 3. The ignition of a gas discharge depends on the voltage across an air gap and the length of this gap. In normal air there is a minimum of this voltage of about 350 V at an air gap length of 8 μm. Therefore the charging electrode has to be rather close to the paper without having an intimate contact. The natural roughness of the paper maintains the necessary air gap.

The cross-section of an electrostatic printer in figure 4 gives a somewhat more detailed impression of the three stages. The developing station e.g. contains means for mixing toner and iron powder. A magnet which attracts the mixture to the surface of the paper is mounted on the rear side of the developing chamber.

Special attention has to be paid to the electrode system generating the charge image. The most important methods are to use a fixed comb of 1000 to 2000 stylii (fig. 5) or to mount a few stylii on a rotating belt (fig. 6). The latter method allows for mechanical reasons only limited speed. It is, however, rather inexpensive. The linear array of stylii would require a large number of electronic switches, if one could not make use of the threshold effect, which is characteristic for the gas discharge mechanism. This threshold allows to use a coincidence principle depicted in fig. 5, which reduces the number of switches considerably. Thus a medium speed printer can be made rather inexpensive. The size of such a printer is comparable to that of an electric typewriter. The characters of such a printer are formed in a matrix of 7 × 9 to 20 × 25 dots, the latter yielding a print quality near to closed font characters. However, the matrix character set can be made much larger than that of closed font printers without affecting the printing speed. Figures 7a and b give an impression of the print quality at 4 dots/mm and 8 dots/mm respectively. Printers of this kind can be used e.g. as terminal printers and has hardcopy printers in combination with CRT-displays or with Teletext and Viewdata. Less than 5 seconds are required for printing the whole screen of a display.

For another application the electrostatic recording process gains an increasing interest, namely for the receiver in a digital facsimile system. Time saving transmission of coded graphic information requires a recording process with possibilities for random access to every point on a line. This can be achieved very easily by the fixed multistylus printhead of an electrostatic recorder. The last figure shows an example of a digital pseudo-greytone telecopy.

Continuous Speech Recognition for Text Applications

F. Jelinek
Yorktown Heights, N.Y., USA

1. Introduction

Continuous Speech Recognition is an attempt to develop a "voice-actuated typewriter" that automatically transcribes naturally spoken utterances into correct English orthography. The current IBM objective is to transform (not necessarily in real time) speech signals recorded by a known speaker in a high fidelity environment into reasonably error free text.

Two continuing experiments are being worked on. The first concerns the recognition of an artificially generated text, the other that of a natural English text. The purpose of the first task is to provide a vehicle for the trying out of modules implementing novel ideas. The solution of the second task is the current short term goal of the project.

The undertaking of this research is essentially motivated by the observation that speech is the natural medium of human communication. Speech recognition is thus interesting per se, since it yields information about human language, learning, and behavior. From a more utilitarian point of view, transcription would be very useful in the automation of office and industrial processes, and would facilitate man – machine interactions of many kinds. The telephone which is readily available would gain in importance as a general purpose terminal. The do-it-yourself creation of documents would be made vastly easier. Managers and other principals, who dislike the use of keyboards, would be given a flexible dictating tool which especially in conjunction with a video display would allow them to interactively create and edit written output. The well known problems of current dictating machines such as the necessarily serial access to the dictated data, the frequent necessity of complete review after dictation interruption etc., would be obviated. Eventually, written protocols and confirmations of conversations would become instantly available. Finally, speech transcription would facilitate the most efficient manner of data compression for transmission and storage purposes.

2. The Recognition

Figure 1 diagrams process when it is assumed that a Speaker is a transducer that transforms into speech the text of thoughts he intends to communicate. The acoustic signal put out by the speaker is first transformed into some digital string by an *acoustic processor.* That string is then analyzed by the *linguistic decoder* whose output is the best estimate (in a probabilistic sense) of the text "inputted" into the speaker. For its analysis the linguistic decoder needs a model of text generation by the source (the *language model*), of phonetic production by the speaker, and of the acoustic processor's performance. We will describe these models here and show how to estimate their statistical parameters.

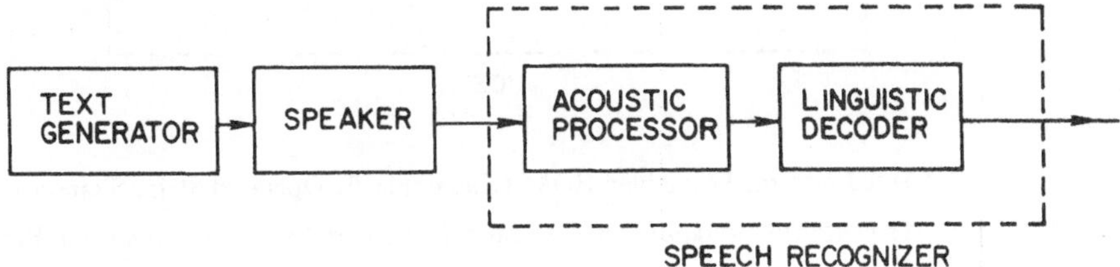

Figure 1

The diagram of Figure 1 is reminiscent of the usual description of an information transmission system that involves a source, a channel, and a decoder. Indeed, our methods are in great part inspired by those developed in Information Theory. Thus, we regard the speaker-acoustic processor combination as an *acoustic channel,* albeit with somewhat unusual statistical properties. The *text generator* is viewed as a combination of the usual *information source* with a *channel encoder. The search procedures of the linguistic decoder are based on the Stack Algorithm of Sequential Decoding.*

3. The Acoustic Processor

A standard acoustic processor attempts to transcribe speech into a string of symbols taken from a moderately large (about 60 for English) phonetic alphabet. The underlying assumption is that the symbols can be selected so that in some appropriate space their acoustic shapes fall into separable regions and that sets of strings of these symbols can be used to describe pronunciations of continuously spoken words.

A schematic diagram of our *Modular Acoustic Processor* (MAP) is given in Figure 2. The first box, called SPCA (Second Parametrically Controlled Analyzer) transforms the acoustic input into an essentially spectrographic output to which are added energy, pitch, and spectral change indicators. The spectrogram is based on a short-term FFT analysis of the prefiltered acoustic waveform. A 20 millisecond wide Hamming window is used and an 80 element spectral vector, called STS (Spectral Time Sample), is produced once every centisecond. The computation of the latter is based on a 20 KHZ sampling rate of the acoustic waveform.

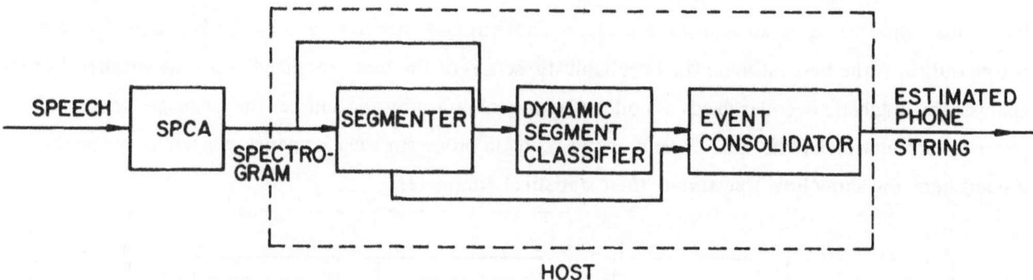

Figure 2

The output of the SPCA is fed into the box labled HOST (Hierarchically Operated String Transcriber) that consists of three stages: *segmentation, dynamic segment classification,* and *event consolidation.* For each phone, the *segmenter* stores an STS-type prototype. The relative similarity of the STS input string to the prototypes, as well as the energy and spectral change indicators put out by the SPCA are used by the segmenter to mark the center of each phone. The same data are also used to generate one list of five most likely phone classifications for each center-mark. The STS subsequences between inserted center-marks are normalized by interpolation to fixed image width, employing a measure of spectral change as the normalizing function. Measurements of similarity of these *transemes* to stored prototypes, one for each phone pair, are used by the *dynamic segment classifier* to generate for each center-mark two additional lists of five most likely phones. The first of these lists corresponds to measurement results on the transeme preceding the center-mark, and the second to those following the center-mark. Finally, the above three lists for each center-mark are examined by the *event consolidator* which puts out its best estimate of the identity of the corresponding phone.

4. The Linguistic Decoder

The text generator puts out sentences $w^* = w_1 w_2 \ldots w_i$ where w_i is the ith spoken word. The speaker reads some sentence w^* which is then processed by the acoustic processor, and the latter puts out an estimated phone sequence U. It is the task of the *linguistic decoder* (LD) to determine that sentence w which has most probably caused the observed sequence U, i.e. one which maximize the aposteriori probability $P\ w|U$. Now by Bayes rule,

$$P w|\ U \ = \ P U|w \ / \ P U \qquad (1)$$

In (1), the probability $P\ U|\ w$ reflects the channel model, and thus the interaction of the acoustic processor with the speaker, while $P\ w$ corresponds the a priori probability of generation of the sentence w. The distribution $P\ U$ is really unimportant for decoding, since $P\ U$ remains fixed as the LD varies w trying to maximize (3).

It is the function of the *language model* (LM) to provide us with estimates of P w for all word strings w. We assume that the LM is a Markov chain whose state transitions are associated with word output probability distributions.

An example of a very simple (and artificial) language model is given in Figure 3 which diagrams the so called *New Raleigh Language*. The graph branches have state transition probabilities attached to them. The boxes on the transitions list the words that can be put out when that transition is taken. The output probability is uniformly distributed over the list.

In order to compute the probabilities P U | w , speaker and acoustic processor performance models must be specified. The former is implemented as a *pronouncing lexicon* consisting of directed graphs corresponding to different words that can be put out by the Language Model. Graph arcs are labeled by phones. A probability distribution over outgoing arcs is attached to each node. Figure 4 is an example of such a graph for the word *apprentice.* The graph is drawn so that every left-to-right path through it corresponds to a possible pronunciation of the word, the latter being formed by a concatenation of phone labels associated with the arcs of the path.

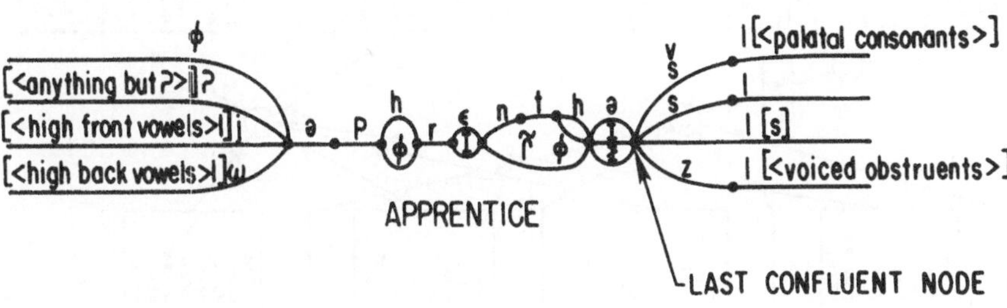

Figure 4

(Figure 3 see next page)

Figure 3

approaches engineers girls issues locations operations plans problems sites zones
airplane business engine machine missile moment order product use year
capitol concern cover day interval life purpose sacrifice vehicle week
camps fields houses interests methods scientists services soldiers systems techniques
those
the
the
those
across at from on toward under
against for in into through to
around before during over past with
about after among between by without
building captain cause city country letter major man nation officer report thought
bus campaign food gun motion name radio ship state telephone thing weapon
again excessively least majorly merely mostly not only principally properly sometimes truly
always finally frequently less more never occasionally often once usually rarely seldomly
the
changes does fights feels goes lives proposes votes
appears approves drinks has is looks takes works
ask get know make pay ran survive were
believe come do direct follow proceed seem stand
constituted created gave liked made moved permitted wanted
contributed criticised disturbed forgot governed had showed took
accepted applied brought detected found outlawed rejected saved
be call carry control have think try turn
condition duration general private sergeant train village
division part period power time town war
matters men people practices streets treaties workers
actions bases battles commands forms grounds places
condition duration general private sergeant train village
division part period power time town war
matters men people practices streets treaties workers
actions bases battles commands forms grounds places
bad black gentle great primary proficient quiet recognition small sufficient
distant eager kind large new other tiny tired true ugly
active democratic fair little practical poor real safe short strong
backward big close good important old passive rugged separate useless
one
each
some
should

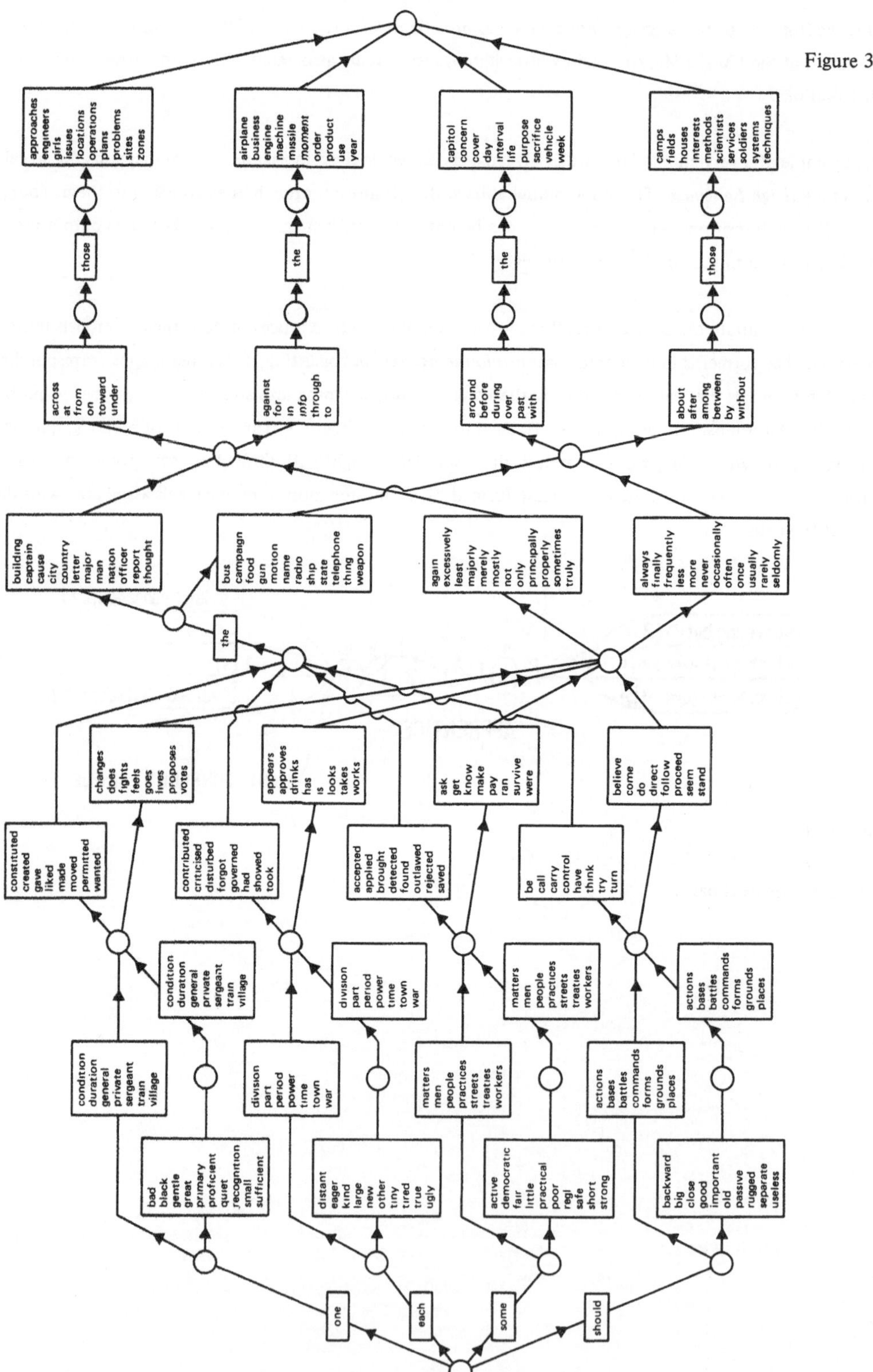

It will be noticed that the arcs at both ends of the graph of Figure 4 have conditions (such as <palatal consonants>) associated with them. These terminal arcs are called *hooks* and are needed to take care of the influence of the neighboring word context on the pronunciation of the given word.

Since the speaker model puts out phone strings, the acoustic processor (MAP) model must relate input and output phones. As a first approximation, we suppose MAP to be memoryless, and that a single phone input may result in zero, one, or more phone outputs. We then say that a deletion, substitution, or insertion, respectively, has taken place. The probabilistic finite state machine of Figure 5 is a simple statistical model for the output generating process initiated by a single input phone. It is started in the initial state S_1 and terminated when the final state S_3 is reached. The dashed *null* transition corresponds to no output, each solid transition to a single phone output. To each solid transition $S_i \rightarrow S_j$ there corresponds an output probability distribution $(\beta| S_i \rightarrow S_j)$ over the phones β. The subscript α denotes the phone input to the acoustic processor and identifies the machine. Denoting the probabilities of deletion, substitution, and insertion by $P_\alpha(D)$, $P_\alpha(S)$, and $P_\alpha(I)$, respectively the probability that the output pair β_1, β_2 resulted from the input α is then given by $P_\alpha(I)\ q_\alpha(\beta_1 \mid S_1 \rightarrow S_2)\ q_\alpha(\beta_2 \mid S_2 \rightarrow S_3)$. Similarily, the probability of the single output γ is $P_\alpha(S)\ q_\alpha(\gamma| S_1 \rightarrow S_3)$ and that of no output is $P_\alpha(D)$.

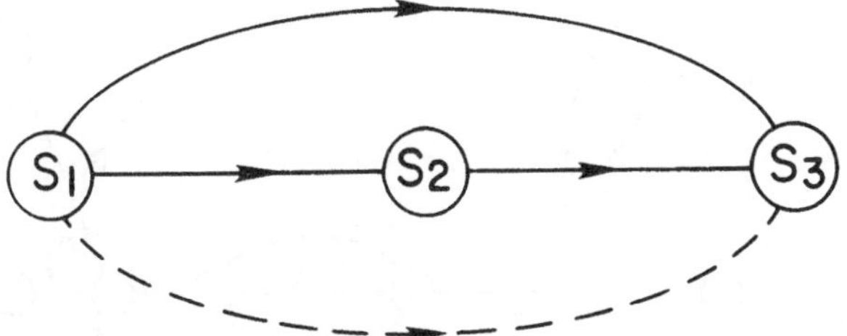

Figure 5

It is now possible to combine the speaker and acoustic processor models into a finite state *acoustic channel* model. We proceed as follows. Consider the finite state MAP model of Figure 5. Denote it by F(x) if it pertains to the input phone x. Clearly, the model $F(x_1, x_2)$ appropriate to the input phone pair x_1, x_2 is obtained from $F(x_1)$ and $F(x_2)$ by connecting the final state of $F(x_1)$ to the initial state of $F(x_2)$ by a null arc that produces no output (such as we used for the deletion transition $S_1 \rightarrow S_3$). This is diagrammed in Figure 6, and the process completely generalizes, so that the machine for $F(x_1 x_2 ..., x_n)$

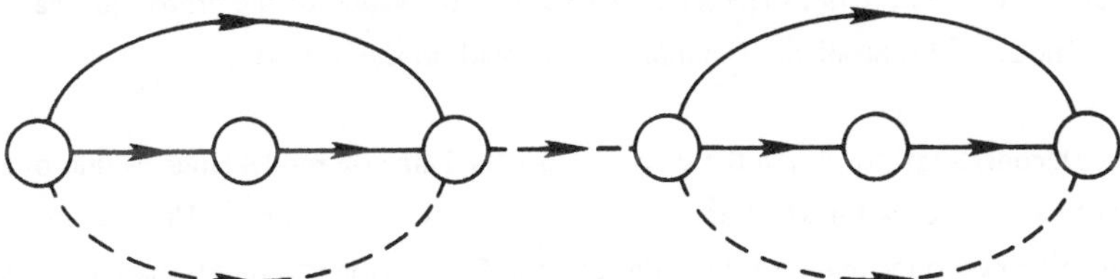

Figure 6

is obtained by interconnecting the machines $F(x_1)$, $F(x_2)$,...F(x). Therefore, if the phonetic graph of a word consisted of a single surface form $x_1, x_2, ... x_n$, the corresponding MAP output could be viewed as generated by the machine $F(x_1, x_2, ... x_n)$. In reality, most words are represented by non-degenerate phonetic graphs (such as Figure 4). Machines corresponding to such words are obtained by regarding nodes of the phonetic graphs as states and by replacing arcs labeled x by the machine F(x). Thus the machine of Figure 8 corresponds to the phonetic graph of Figure 7. It is easy to check that to any path of the latter labeled by phones $x_1, x_2, \ldots x_n$ there corresponds a path through the former which in reality is the machine $F(x_1, x_2 \ldots x_n)$. To illustrate this, we have used heavy lines to mark the (sub)machine in Figure 8 corresponding to the path *bdac* of Figure 7.

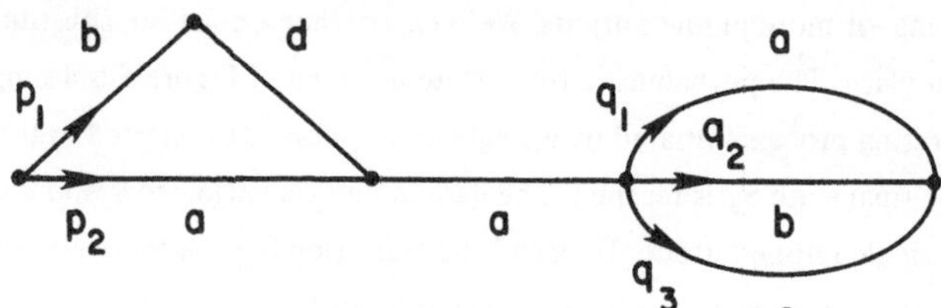

Figure 7

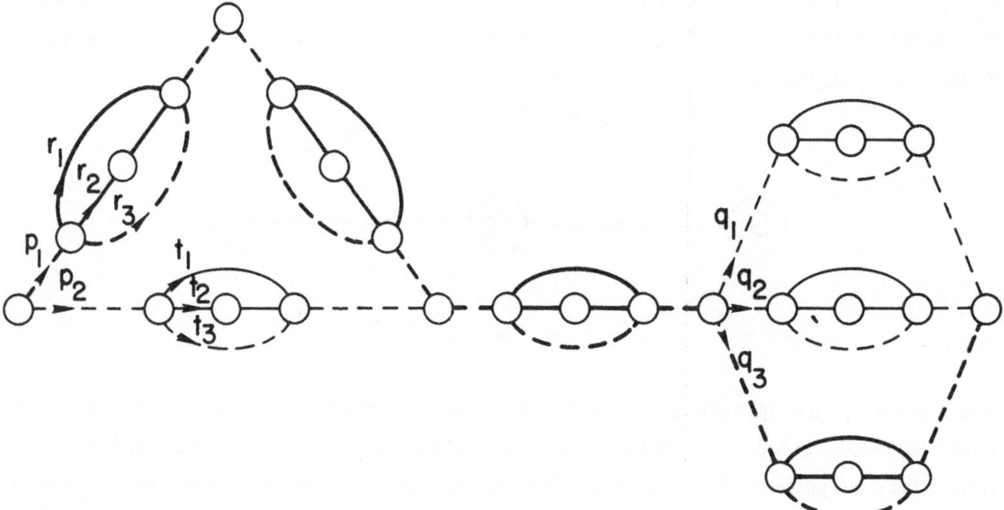

Figure 8

In the above discussion we have not specified how to obtain the values of the probability parameters associated with our models. This problem of *training* is dealt with in the next section.

The Linguistic Decoder's task is to find the path through the language model (such as that of Figure 3) corresponding to a sentence w for which the product $P\ w\ P\ U|w$ is maximized. This is accomplished by a search process utilizing a stack and an evaluation function L that assigns values to partial paths:

1. Initially, the sole stack entry is the null path corresponding to the root node of the tree.
2. Take the partial path whose L-value is highest, off the top of the stack. If the partial path is complete (leads to a terminal LM state), stop. Else L-evaluate all the one-branch extensions on the path, and insert the corresponding new extended partial paths into the stack so that the entries of the latter are arranged in order of decreasing L-value.

3. Go to step 2.

For a K-word long path $w_1{}^k$ the L-function used is given by the formula

$$L(w_1{}^k) = P\, w_1{}^k \qquad P\, U_1{}^h, h/w_1{}^k\; P\, U_{h+1}^{l} / U_1{}^h \tag{2}$$

where it is assumed that the MAP output sequence U was l phones long, and the notation $x_k{}^m = x_k, x_{k+1}, \ldots x_m$ is used. $P\, U_1{}^h, h/w_1{}^k$ denotes the probability that the word string $w_1{}^k$ resulted in exactly h phones $U_1{}^h$.

5. Estimation of Statistical Model Parameters

It is clear that any realistic parameter training procedure must be as automatic as possible, requiring the very minimum of human intervention. Our approach is based on a so-called Forward-Backward algorithm that applies to Markov Sources. Its outline is as follows.

1. Let the speaker read a known skript of sentences $w_1, w_2, \ldots w_k$ into the acoustic processor, resulting in an output string set $U_1, U_2, \ldots U_k$.
2. Specify initial values of phone machine and phonetic graph statistical parameters.
3. Construct acoustic channel machines corresponding to the script, as described in the preceding section.
4. Using the current statistical parameter values, for each transition in the channel machines compute the probability that it was taken and thus contributed to the generation of $U_1, U_2, \ldots U_k$. Also, find the probability that the transition, when taken, resulted in any particular output phone.
5. Use results of (5) to update phone and machine and phonetic graph statistical parameter estimates.
7. Iterate steps 4, 5, and 6.

6. Two Sets of Experimental Results

Our experiments were run under relatively favorable recording conditions: a "standard" American male speaker known to the automatic recognizer read his script into a high fidelity microphone that was suspended in a sound treated room. No attempt was made to recognize speech in real time.

The utterances of the first experiment were continuously spoken seven digit telephone numbers. The vocabulary consisted of eleven words: oh, zero, one, two, ..., nine. The complexity of this task may be measured by its entropy 3.42 or perplexity [3] of 10.72 words/word. Table 1 gives the results.

DIGITS RECOGNITION EXPERIMENT PERFORMANCE

(11–1–74)

Recognizer	Size of Experiment	% Correct Utterances	% Correct Digits
Regular	100	89	98.3
Special	54	94	99.2

TABLE 1

The Special Recognizer is one not described here that has been tailored to take advantage of the phonetic peculiarities of telephone numbers.

The second series of experiments involves utterances generated by the New Raleigh Language Model (Figure 3) that was adjusted so that all words that can be generated by a transition out of a given state are equally likely. The resulting entropy is 2.86 bits and perplexity 7.27 words/word. Table 2 gives the overall results.

NEW RALEIGH EXPERIMENT PERFORMANCE

(5–1–75)

Size of Experiment	% Correct Sentences	% Correct Words
363	81.0	97.3

TABLE 2

7. The Laser Patent Text Experiment

This section describes our recent attempts to perform automatic recognition of continuously read sentences from a naturally-occuring corpus laser patents. The original materials consist of about 1.8 million words of running text by many different authors. The corpus comprises several years of laser-technology patents granted by the U.S. Patent Office and stored in computer-readable form. The text was subjected to intensive hand and computerized editing, in the course of which duplicate patents were eliminated, patent claims (which are highly stylized) were excised, words were substituted for chemical and physical symbols and formulas, variant spellings for the same word (e.g., *disc* and *disk*) were unified under a single form, and misspellings and typographical errors were corrected. In addition, because there were so many different numerals, all numerals were replaced by one of two numbers (*eighteen* for boldface numerals, *nineteen* for all other numerals.) After this editing procedure, a vocabulary of over 12,000 words remained. (We are using "words" in the sense of distinct spellings. Thus *laser* and *lasers* are counted as two different words, but *lead* [the mental] and *lead* [to cause to follow] are counted as a single word. There are, in fact, about 3500 different stems and about 400 different affixes in the vocabulary.) An automatic technique for probabilistic part-of-speech assignment [1] (from a 29-label set) was then applied to the corpus.

For our first experiment, we decided to work with a somewhat restricted vocabulary. To that end, all sentences composed of words from among the 1000 most frequent in the laser-patent corpus were extracted from the corpus and set aside. These sentences, averaging about 20 words in length, served as a script for a "minicorpus" of about 76,000 words of running text. Several hundred sentences from this minicorpus were recorded for use as practice and test vehicles. Performance results given below pertain to a subset of the test sentences from this minicorpus. Our model of the minicorpus has an entropy of about 4.8 bits/word and a perplexity [3] of 21.11 words. The following are three sample sentences from the minicorpus:

Some of the light, therefore, passes through the surface while the reflected portion is reduced accordingly.

In the air the critical angle for total internal reflection is nineteen degrees.

This invention relates to optical masers and more particularly to optical masers adapted to produce a stable output frequency.

Because this task involves a natural rather than a contrived language, the linguistic decoder requires an additional subcomponent and some modifications of existing subcomponents.

First of all, the decoder deals with word/part-of-speech pairs ("WPPs"), rather than words. There are over 1800 WPPs which correspond to the 1000 words of the vocabulary. For some words – e. g. *separate* (adjective) vs. *separate* (verb) – distinct baseform pronunciations must be supplied in the phonological subcomponent [6]. Because the task involves the recognition of a natural-language corpus, it has not been possible to make use of the same types of finite state grammars used in the experiment of the preceding section. Various traditional linguistic grammars for the language model were considered, but were rejected for the following reasons: no adequate grammar of English (or any other natural language) has ever been constructed; even if an adequate grammar were extant, appropriate statistical models are nonexistent; the corpus contains ungrammatical sentences. The language model actually used is a WPP 3-gram model. That is, in decoding, language-model predictions are based on the conditional probability of a WPP given the two WPPs immediately preceding it, as found by the decoder.

As described above, the linguistic decoder is based on the fact that the set of all sentences in the language can be conceptually arranged in the form of a tree, in which each branch is labeled with a WPP. Nonterminal nodes in this tree correspond to partial sentences, terminal nodes to complete sentences. Nodes having high likelihoods are chosen for extension. Computational considerations make it impossible to construct all extensions of a node, since there would be more than 1800 of them (one for each WPP). Instead, for each node which is extended, an ordered list of successors is constructed by combining a list of most likely successors supplied by the language model with a list of most likely successors from a precomputed dictionary of acoustic match estimates, the preparation of which is described below. New entries are constructed for at most the top 30 WPPs in the successor list. The extensions correspond, of course, to sentences which are one WPP longer; the likelihoods of the new nodes are computed incrementally from the likelihood of the node which was extended. This process of extending good entries in the stack is continued until the best entry corresponds to a complete sentence, which is then accepted as the decoded sentence.

The dictionary of acoustic match estimates referred to above is constructed by generating the most likely acoustic strings for each word, and storing the likelihood that (the initial portion of) the given word would result in the given acoustic string. The linguistic decoder can search the entire list of word-match estimates for any string, since they have been precomputed. The precomputed match estimates for each word is combined with the language model likelihood for the word, and the merged list is sorted according to this combined score. Shown below in tabular form are the top 15 words in each list for the first word in a sentence which actually began as "For example, the coherent light produced by . . .".

SUCCESSOR CANDIDATE LISTS

Language model – Start of sentence
Acoustic string – SH UH ER G S . . . ([ðəɚg])

Language Model List	Acoustic Match List	Merged Successor List
the	parts	the
in	there	there
a	quartz	a
it	them	then
this	then	for*
as	forms	other
thus	the	thereby
figure	far	quartz
when	art	parts
however	part	to
for*	four	in

if	for*	where
an	arc	here
such	where	one
another	a	it
.	.	.
.	.	.
.	.	.

The reader will note that (as indicated by asterisks) in the example shown above, the correct word, for, has rank 11 in the list from the language model, rank 12 in the match estimation list, and rank 5 in the merged list. In a test set of 20 sentences having a total of 486 words, the correct word has rank 1 in the merged list in 57 % of the cases and had a rank less than or equal to 10 in 86 % of the cases. However, it had a rank less than or equal to 30 only 90 % of the time, and 30 was used as cutoff for search breadth: thus 10 % of the correct words were never considered as candidate successors for the preceding nodes.

To reduce the effect of the absence of the correct word from the top 30 of the merged list, decoding was done in both forward and backward directions. A word which is missing from the top 30 of the forward merged list may appear in the top 30 of the backward merged list for either of two reasons: some words, such as prenominal adjectives, are more predictable by the language model in the backward direction and thus tend to show up higher in the language-model list; if the acoustic string for the last portion of the word is good, the word may show up higher in the acoustic match estimator list. We found that only 2.3 % of the correct words had a rank greater than 30 in both forward and backward merged lists.

The statistics for the WPP 3-gram language model are derived from counts of sequences of three WPPs in that part of our 1.8 million-word corpus which remains after the removal of the 76,000-word minicorpus. Since WPP 3-grams which do not occur in this training corpus may occur in the test sentences, it is necessary to smooth the language-model statistics in estimating conditional probabilities of WPPs. We proceed as follows. The natural 3-gram model is a Markov source whose states correspond to pairs of WPPs. A derived, coarser Markov source can be created, whose states correspond to sets of states in the original source. The equivalence classification implied in that operation is one that preserves the part-of-speech character of the WPP pairs. In all, we generate four progressively coarser models. The language model we actually use results from a linear combination of estimates corresponding to our five Markov sources [8]. The parameters of the statistical models for speaker performance and the acoustic processor were derived by three iterations of the automatic training algorithm applied to 866 sentences (about tow hours of speech data).

The set of 20 test sentences mentioned above was used for our recognition experiment. About 20 % of the WPP 3-grams in the test sentences did not occur in the language-model training corpus. Decoding was carried out in both the forward and backward directions, and the result having the higher likelihood value was accepted as the decoded sentence. Of the 486 words in the test set, 325 were correctly decoded; this constitutes a word error rate of 33.1 %. The errors account for about 25 % of the speech input. Each of the 20 sentences had at least one word in error.

REFERENCES

1. L. R. Bahl and R. L. Mercer, "Part of Speech Assignment by a Statistical Decistion Algorithm", paper delivered at the 1976 International Symposium on Information Theory, Ronneby Weden, June 23, 1976; (abstract in IEEE Catalog No. 76CH1095-9 IT, pp. 88–89).
2. L. R. Bahl, J. K. Baker, P. S. Cohen, A. G. Cole, F. Jelinek, B. L. Lewis, and R. L. Mercer, "Automatic Recognition of Continuously Spoken Sentences from a Finite State Grammar", this volume.
3. F. Jelinek, R. L. Mercer, L. R. Bahl, and J. K. Baker, "Perplexity – A Measure of Difficulty of Speech Recognition Tasks", paper delivered at the 94th meeting of the Acoustical Society of America, Miami Beach, Dec. 15, 1977.
4. N. R. Dixon and H. F. Silverman, "The 1976 Modular Acoustic Processor (MAP)", IEEE Trans. on Acoustics, Speeach, and Signal Processing, Vol. ASSP-25, No. 5, pp 367–379, Oct. 1977.
5. F. Jelinek, L. R. Bahl, and R. L. Mercer, "Design of a Linguistic Statistical Decoder for the Recognition of Continuous Speeach", IEEE Trans. on Information Theory, Vol. IT-21, No. 3, pp. 250–256, May 1975.
6. P. S. Cohen and R. L. Mercer, "The Phonological Component of an Automatic Speech-Recognition System", in Speeach Recognition, D. R. Reddy (ed.), pp. 275–320, Academic Press, Inc., New York, 1975.
7. L. R. Bahl and F. Jelinek, "Decoding for Channels with Insertions, Deletions, and Substitutions with Applications to Speech Recognition", IEEE Trans. on Information Theory, Vol. IT-21, No. 4, pp. 404–411, July 1975.
8. M. Brown, personal communication.

Kontinuierliche Spracherkennung für den Einsatz bei der Textverarbeitung

F. Jelinek
Yorktown Heights, N.Y., USA

Kontinuierliche Spracherkennung zum Einsatz in der Textverarbeitung ist ein Versuch, eine „sprachgesteuerte Schreibmaschine" zu entwickeln, die gesprochene Ausdrücke in korrekte Orthographie umsetzt. Ein zuverlässiges Spracherkennungsgerät würde die wirtschaftliche Sprachverdichtung und -übertragung fördern. Die Umsetzung von Sprachsignalen eines bekannten Sprechers in einen ziemlich fehlerfreien Text ist gegenwärtiges Forschungsziel der IBM. Die Umsetzung geschieht nicht notwendigerweise im Echtzeitverfahren.

An zwei andauernden Experimenten wird gearbeitet. Das erste bezieht sich auf die Erkennung eines willkürlich erzeugten Textes, das zweite auf die Erkennung eines normalen englischen Textes. Die Beschaffung eines Werkzeuges zur Erprobung von Modellen, die neuartige Ideen zur Ausführung bringen sollen, ist der Zweck des ersten Experiments. Die Lösung der zweiten Aufgabe ist das derzeitige kurzfristige Ziel.

Die sog. „New Raleigh"-Grammatik mit einer endlichen Anzahl von Zuständen dient als Generator des willkürlichen Textes. Sie hat ein Vokabular von 250 Worten und es wird eine Entropie 2,7 bit pro Wort erzeugt. Im Jahre 1977 erzielten wir eine fehlerfreie Satzerkennung von 94 %, was einer Worterkennungsrate von 99,4 % entspricht.

Der oben erwähnte natürliche Text besteht aus den 1,8 Millionen Worten der LASER– Technologie-Patente, die vom Patentamt der USA genehmigt wurden. Sie repräsentieren ein Vokabular von 1 200 Worten. Wir entschieden, zur Zeit aber mit einem etwas reduzierten Vokabular zu arbeiten. Zu diesem Zweck wurde ein Kurztext identifiziert, der alle Sätze der Patenttexte enthält, die nur aus Worten bestehen, die in dem Vorrat der 1 000 am häufigsten benutzten Worte der Patenttexte enthalten sind. Dieser Kurztext umfaßt 76 000 Worte. Die momentan erzielte Worterkennungsrate beträgt 70 %.

Die Spracherkennungseinrichtung der IBM besteht aus einem akustischen Prozessor mit nachgeschaltetem Sprach-Decoder. Der akustische Prozessor formt die Sprachschwingungen am Eingang in eine Folge von diskreten Zeichen am Ausgang, um die phonetische Information zu übertragen. Der Sprach-Decoder transformiert die Zeichenfolgen am Ausgang des akustischen Prozessors in eine Serie von englischen Worten. Diese englische Wortserie soll die in den akustischen Prozessor gesprochene Wortfolge möglichst gut annähern.

Wir experimentieren z. Z. mit zwei verschiedenen akustischen Prozessoren. Der eine ist ein segmentierender Prozessor und ist auf die phonetische Umsetzung der Eingabe ausgerichtet. Er bildet also einen trainierten Phonetiker nach. Der zweite, ein zeitsynchroner akustischer Prozessor erzeugt alle Zehntelsekunde ein Symbol aus einem endlichen Alphabet. Er kann als ein hochentwickelter Analog-Digital-Umsetzer oder Informationsverdichter angesehen werden. Da gesprochene Laute in ihrer Dauer variieren, ist die Anzahl der Ausgangssymbole pro Laut nicht konstant.

Der Sprach-Decoder führt seine hypothetische Satzsuche aufgrund von Informationen über die Zeichenfolge am Ausgang des akustischen Prozessors aus. Diese werden von statistischen Modellen über die Textgenerierung, das phonetische Sprecherverhalten und die Darstellung des akustischen Prozessors zur Verfügung gestellt. Die Parameter dieser Modelle mit endlichen Zuständen werden automatisch ohne menschlichen Eingriff bestimmt. Die Suche wird nach einem modifizierten sequentiellen Decodierungs-Algorithmus ausgeführt, der im Bereich der Informationsübertragung entwickelt wurde.

Intelligentes Terminal zur wirtschaftlichen Nutzung vorhandener Schmalbandkanäle (Aktentaschen-Computer)

H. Marko und G. Färber
München

Zusammenfassung

Es wird ein kleines, unabhängiges Rechensystem beschrieben, welches in jeder Aktentasche Platz findet (Aktentaschen-Computer). Modernste Technologien ermöglichen die Realisierung dieses Systems; von besonderer Bedeutung ist ein Telefon-Anschluß, über welchen z e i t w e i s e eine Verbindung mit beliebigen Computer-Zentren, insbesondere mit großen Datenbanken, hergestellt werden kann.

Der Aktentaschen-Computer soll die Schnittstelle Mensch-Kommunikationssystem optimal gestalten und die beiden Kommunikationspartner aneinander anpassen. Er besitzt daher einen Pufferspeichen von ca. 1-2 Mbit und arbeitet hauptsächlich in zwei Betriebszuständen: "on-line" zwecks Füllung oder Entleerung des Pufferspeichers über das Telefonnetz und "off-line" zwecks Verarbeitung der abgespeicherten Information durch den Menschen.

1. Schnittstelle Mensch-Kommunikationssystem

Der Vorschlag für einen Aktentaschen-Computer /1/ basiert auf dem Wunsch, die Schnittstelle zwischen Mensch und Maschine, oder genauer, zwischen Mensch und Kommunikationssystem zu optimieren. Hier soll unter "Kommunikationssystem" hauptsächlich ein Text-verarbeitendes oder -bereitstellendes System (z.B. Datenbanken) verstanden werden. Neben Texten kommen auch andere Informationen, wie z.B. graphische Darstellungen oder Strichzeichnungen, in Frage, wobei die Darstellung dieser Informationen auf stehende Bilder beschränkt ist. Als Kommunikationsweg ist der Fernsprechkanal (und zwar die gewählte Verbindung) vorgesehen.

Bild 1 zeigt, daß in diesem Fall eine extreme Fehlanpassung zwischen Mensch und Kommunikationssystem besteht und zwar sowohl hinsichtlich der Geschwindigkeit der Informationsübertragung (oder -verarbeitung) als auch hinsichtlich der typischen Dauer der Vorgänge, d.h. der Übertragungs- bzw. Verarbeitungszeit. Wie Küpfmüller /2/ u.a. nachgewiesen haben, liegt die menschliche Höchstleistung für die Informationsverarbeitung unter 50 bit/s. Dies betrifft Vorgänge wie: Lesen, Sprechen, Rechnen, Zählen, Klavierspielen usw.

	Mensch	Telefon-System	Fehlanpassung
Geschwindigk.	$10^{Z}/_{s} \triangleq 50^{bit}/_{s}$	$5.000\ ^{bit}/_{s}$	1 : 100
Dauer	5^{h}	3 min	100 : 1
Inf. Menge	10^{6} bit	10^{6} bit	1:1
A.C.	Speicher: 1÷2 Mbit (100-200 Seiten Text) Modem: 5÷10 kbit/s		

Bild 1: Schnittstelle Mensch-Kommunikationssystem

Fig.1: Man-Communicationsystem-Interface

Für das leise Lesen z.B. gilt 45 bit/s und mit 1,3 bit/Zeichen würde dem eine Zeichengeschwindigkeit von 35 Zeichen/s entsprechen. Nimmt man hier eine Dauerleistung von ca. 10 Zeichen/s an und codiert diese mit 5 bit (wie in der Telegraphie üblich), so ist mit einer Verarbeitungsleistung des Menschen von 50 bit/s zu rechnen. Diese kann (z.B. beim Lesen von Text) über Stunden aufrechterhalten werden. Nimmt man 5 Stunden an, so werden ca. 10^6 bit (1 Million bit) verarbeitet. Diese Informationsmenge entspricht etwa 100 Seiten Text (z.B. Buchseiten) mit ca. 2000 Zeichen oder 10 000 bit je Seite.

Betrachtet man dagegen das Telefonsystem, so erhält man ganz andere typische Zahlen bezüglich Geschwindigkeit und typischer Belegungsdauer. Man kann heute bei modernen Übertragungsverfahren (z.B. mit adaptiven Entzerrern und mehrstufiger Modulation) im gewählten Telefonkanal für digitale Daten mit einer Übertragungsgeschwindigkeit bis zu ca. 5000 bit/s rechnen. Die typische Belegungsdauer einer Telefonverbindung ist ca. 3 Minuten. Danach jedenfalls ist das Telefonsystem dimensioniert.

Bild 1 zeigt nun, daß sowohl bezüglich der Geschwindigkeit als auch bezüglich der typischen Dauer eine Fehlanpassung um etwa den Faktor 100 herrscht. Diese Zahlen sind nur grobe Schätzwerte; sie geben aber die Tendenz richtig wieder. Dagegen entspricht die Informationsmenge, welche in einer 3-Minuten-Telefonverbindung übertragen wird, recht genau derjenigen, welche der Mensch etwa im Laufe eines Tages (oder mehrerer Stunden) verarbeiten kann. Dies bedeutet, daß für eine optimale Gestaltung der Schnittstelle Mensch-Kommunikationssystem ein Pufferspeicher von ca. 10^6 bit vorgesehen werden muß. Dieser Pufferspeicher kann im "on-line-Betrieb" über das Telefonsystem sehr schnell gefüllt bzw. auch entleert werden. Danach kann der Benutzer im "off-line-Betrieb" die gespeicherte Information in Ruhe auswerten, ohne daß das Telefonnetz belastet wird. Ebenso kann der Benutzer auch später zu übertragende Information im Pufferspeicher ansammeln und vorbereiten. Darüber hinaus ist natürlich auch ein "Transit-Verkehr", d.h. eine direkte Verbindung Mensch-Kommunikationssystem, ohne Benutzung des Pufferspeichers möglich, z.B. für Buchungen oder ähnliche Vorgänge; das System entspricht dann einem normalen Terminal.

Bild 2 zeigt die so entstehenden 3 Betriebsmodi, die den Aktentaschen-Computer kennzeichnen. Die wichtigsten Prozeduren in der Benutzung des Aktentaschen-Computers sind die folgenden:

- Es wird eine Telefonverbindung zum Datenzentrum hergestellt und die gewünschte Information (z.B. Lesestoff, Lehrstoff, aktuelle Nachrichten, betriebliche Informationen, elektron. Spiele usw.) im "on-line-Betrieb" mit hoher Datenrate eingespeichert.

Modus	Dauer	Vorgang
1 „on-Line"	ca 3 Min.	abholen abspeichern
2. „off-Line"	ca. 0,1 - 5 Std.	lesen ablegen rechnen spielen bestellen buchen usw.
3. „transit"	selten	Auskunft bestellen buchen usw.

Bild 2: Die 3 Betriebsarten

Fig.2: The 3 operating modes

- Die Information wird nach Auflösen der Telefonverbindung im "off-line-Betrieb" ausgewertet.
- Alternativ kann vom Benutzer Information (z.B. Notizen, ein Brief usw.) zunächst im "off-line-Betrieb" vorbereitet werden und danach im "on-line-Betrieb" schnell übertragen werden.

Man wird von dieser Gestaltung der Schnittstelle Mensch-Kommunikationssystem die folgenden betrieblichen und wirtschaftlichen Vorteile erwarten können:

1. Der Mensch kann die zur Verfügung gestellte Information in Ruhe auswerten; er wird damit nicht in eine Streßsituation gedrängt, in die er durch die höhere Geschwindigkeit seines Kommunikationspartners kommen kann, vor allem entfällt auch die Angst vor den auflaufenden Telefongebühren.

2. Durch den Pufferspeicher wird eine große Flexibilität hinsichtlich des zeitlichen Ablaufs bei der Verwertung der Information ermöglicht. (Beispielsweise kann ein vorher abgespeicherter Lesestoff bei der Heimfahrt in der S-Bahn ausgewertet werden).

3. Das Telefonnetz, aber auch die Informationssysteme (Datenbanken, Rechenzentren), werden nur kurzfristig belastet. Dadurch kann auch die Zahl der rechnerseitigen Anschlüsse an das Kommunikationssystem viel kleiner sein. Insbesondere würde bei Einführung dieses Dienstes keine neue Situation hinsichtlich der Dimensionierung des Telefonsystems entstehen (keine Zunahme der Dauer-Verbindungen).

4. Das Informationsangebot kann stark erweitert werden, nämlich bis zu ca. 1 Mbit je Kommunikationsvorgang. Eine solche Informationsmenge könnte im "on-line-Betrieb" (z.B. bei Bildschirmtext) wegen der dann notwendigen langen Belegungszeit nicht angeboten werden.

2. Technische Realisierungsmöglichkeit eines Aktentaschen-Computers

Die Realisierung eines Aktentaschen-Computers als intelligentes Terminal zur optimalen Anpassung an der Schnittstelle Mensch-Kommunikationssystem ist aufgrund heutiger Technologie möglich. Im einzelnen ist zu betrachten:

2.1 Lokale Verarbeitungsmöglichkeiten

Hier ist die Entwicklung der Hardware bereits weit fortgeschritten: Es werden preiswerte Mikroprozessoren mit ausreichender Verarbeitungsleistung angeboten. Die Entwicklung der Software erfordert zweifellos einen hohen Aufwand: Für die verschiedenen Anwendungsmöglichkeiten müssen korrespondierende Softwarepakete bereitgestellt werden. Insbesondere müssen auch die Prozeduren für den Datenverkehr mit den Datenzentren festgelegt werden.

2.2 Pufferspeicher

Der geforderte Pufferspeicher von ca. 1 Mbit bis zu ca. 2 Mbit kann in Halbleiter-Technologie realisiert werden, da demnächst entsprechend hochintegrierte Schaltungen zur Verfügung stehen. Eine noch besser an die Aufgabenstellung angepaßte Alternative stellen die Magnetblasenspeicher (magnetic bubbles) dar, welche die Erhaltung von gespeicherter Information auch ohne Energiezuführung sicherstellen. Man wird hier die Kapazität von 1 Mbit in Kürze auf einem einzigen Chip erhalten. Wegen der Wartungsfreiheit und der Abnutzungsfreiheit ist der elektronische Speicher einem elektromechanischen Speicher (Tonband-Kassettenrecorder) weit überlegen.

2.3 Modem

Modulationsverfahren mit 4800 bit/s sind bereits erprobt. Für die gewählte Telefonverbindung ist ein adaptiver Entzerrer vorzusehen, um die maximal mögliche Geschwindigkeit zu erreichen. Er ist vor allem dann notwendig, wenn eine akustische Ankopplung verwendet wird. Mit der akustischen Ankopplung erhält man eine große Flexibilität in der Benutzung des Aktentaschen-Computers, der dann von jeder Telefonzelle aus betrieben werden kann. Mit Hilfe von adaptiven Entzerrern sollte die Datengeschwindigkeit - abhängig von der Qualität der individuellen Verbindung - bis auf ca. 10 000 bit/s gesteigert werden können. Die Datenrate kann selbst adaptiv sein: Nach dem Herstellen einer Fernsprechverbindung kann die gerade noch mögliche Datenrate mit einer speziellen Prozedur ermittelt werden.

2.4 Display

Es stehen zwei grundsätzlich verschiedene Display-Arten zur Verfügung:

- Der aktive Display, also z.B. der selbstleuchtende Bildschirm und
- der passive Display, dessen Kontrast erst durch das Außenlicht sichtbar wird.

Zum aktiven Displaytyp gehören:
Lichtemittierende Dioden (LED)
Gasentladungsröhren (Plasma-Display)
Vakuumfluoreszenz-Schirme (Fernseh-Schirm)
Glühfadenanzeigen und Projektionen.

Beim passiven Displaytyp ist vor allem das Flüssigkristall-Prinzip (LCD) wichtig.

Während die aktiven Displaytypen mit additivem Licht arbeiten, das dem Umfeld-Licht überlagert wird, entsteht der Kontrast beim passiven Displaytyp durch eine Modulation des Umfeld-Lichtes. Er entspricht daher eher dem gewohnten Umgang mit geschriebenem oder gedrucktem Material. Bild 3 zeigt die Kontrastempfindlichkeit des Auges über einer logarithmischen Lichtintensitätsskala und darüber typische Kurven für den Kontrast bei aktivem und passivem Display. Man erkennt den Vorteil des passiven Displays vor allem im Intensitätsbereich des Tageslichtes, also bei natürlichen Arbeitsbedingungen. Außerdem entfällt das ergonomisch schädliche Flimmern, wie es bei heutigen Bildschirmen auftritt. Die LCD-Anzeige hat darüber hinaus den Vorteil geringen Energiebedarfs, der von der vorliegenden Anwendung gefordert wird. Solche Display-Typen sind z.Zt. in Entwicklung und werden in Bälde verfügbar sein /3/. Hierbei kann man sowohl an ein Segment-Display zur Darstellung alpha-numerischer Information als auch an ein Raster-Display denken, welches dann auch graphische Information wiedergeben kann.

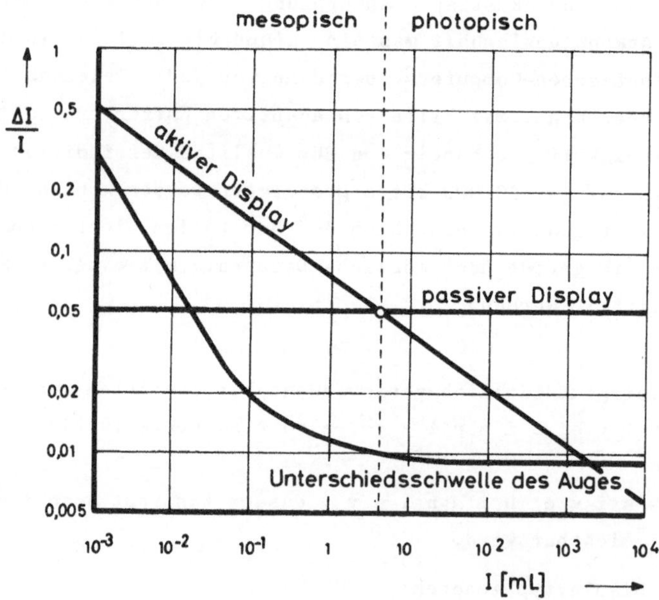

Bild 3: Relativer Kontrast in Abhängigkeit der Beleuchtungsintensität

Fig.3: Environmental light intensity and relativ contrast

2.5 Tastatur

Als Eingabevorrichtung kann sowohl eine tatsächliche (reelle) als auch eine virtuelle alpha-numerische Tastatur vorgesehen werden. Die virtuelle Tastatur wird dadurch realisiert, daß das ganze Tastatur-Feld auf dem Display dargestellt werden und daß durch Auflegen eines Fingers das gewünschte Zeichen markiert wird. Die Fingerposition kann durch eine Matrix mittels durchsichtiger leitender Folien oder aber mittels optischer, elektrischer oder akustischer Abtastung an den Rechner gemeldet werden. Aus Aufwands- und aus Platzgründen wird man eine solche virtuelle Tastatur vorziehen: Vor allem bietet sie auch die Möglichkeit, anwendungsspezifische Tastaturen ausschließlich per Software zu generieren.

2.6 Stromversorgung

Der Aktentaschen-Computer kann netzunabhängig betrieben werden, er muß also über eine batteriegespeiste Stromversorgung verfügen. Es soll eine Betriebszeit von ca. 5 Stunden, mindestens aber 3 Stunden, möglich sein. Für den Pufferspeicher von 1 Mbit soll eine durchgehende informationserhaltende Stromversorgung gesichert sein, was eine Netzpufferung über mehrere Tage notwendig macht (beim späteren Einsatz von magnetic bubbles entfällt dieses Problem). Bei der Hardware-Realisierung ist daher besonders auf geringen Stromverbrauch zu achten (z.B. CMOS oder SOSMOS-Technik, LCD-Display usw.).

3. Systemkonfiguration

In Bild 4 ist die Systemkonfiguration wiedergegeben. Ein Sammelleitungssystem (Bus) verbindet die einzelnen, bereits im vorigen Abschnitt erläuterten Komponenten miteinander. Das Gesamtsystem wird von einem Mikroprozessor gesteuert, der über einen Arbeitsspeicher mit etwa 0,25 bis 0,5 Mbit verfügt. Der in Magnetblasen-Technik realisierte Massenspeicher hat 1 bis 2 Mbit Kapazität. Über die Display-Steuerung wird das LCD-Display bedient, das darüber gelagerte touch-panel erlaubt über eine Tasten-Identifikationsschaltung die räumliche Lokalisierung eines aufgelegten Fingers; die Zuordnung zu einer bestimmten Tastenbedeutung erfolgt intern.

Ein Leitungsadapter sorgt für die Serialisierung der in dem System parallel vorliegenden Daten für die Übertragung auf der Leitung. Außerdem ist dieser Baustein für die Datensicherung sowie für die Abwicklung der Datenübertragungsprozedur verantwortlich. Die digitalen Signale werden einem adaptiven Modem zugeführt (bzw. entnommen), der in der Lage ist, an ankommenden Normsignalen Messungen vorzunehmen. Aufgrund dieser Meßergebnisse wird vom Mikroprozessor ein optimal entzerrendes Filter berechnet und an den adapti-

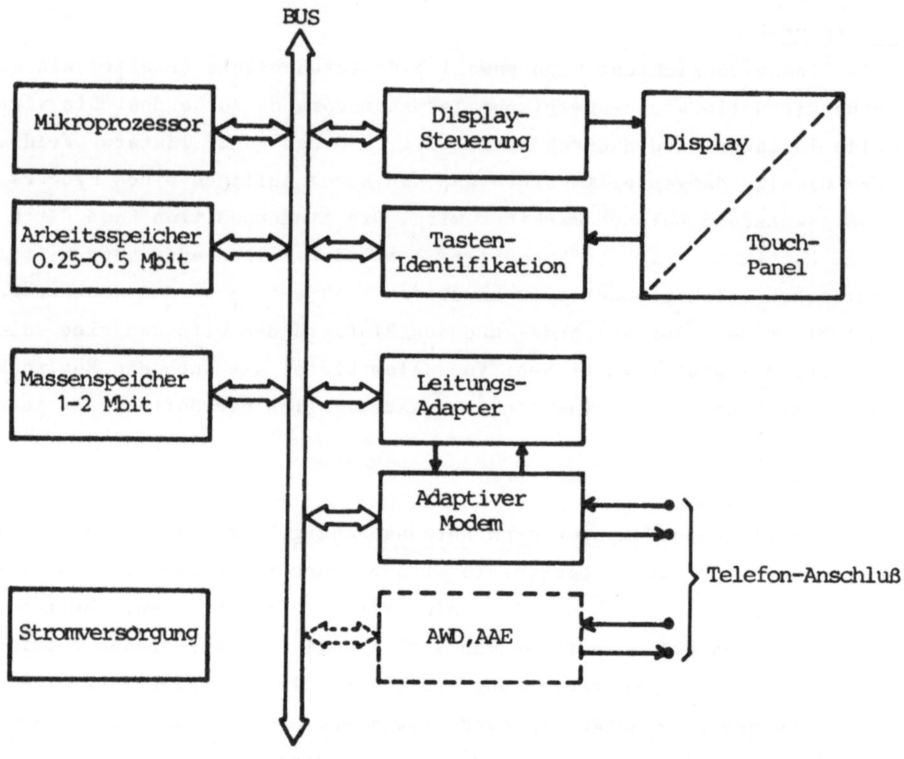

Bild 4: System-Konfiguration

Fig.4: System-Configuration

ven Modem zurückgegeben. Dabei wird auch die maximal zulässige Datenübertragungsrate festgelegt. Mit einer optionalen Zusatzschaltung können auch Funktionen der automatischen Anrufbeantwortung und des automatischen Wählens realisiert werden. Von besonderer Bedeutung ist auch die Stromversorgung, welche alle Komponenten sowohl im Netz- als auch im Batteriebetrieb mit elektrischer Energie versorgt.

Bild 5 zeigt an einem Modell die mechanische Realisierung des Aktentaschen-Computers. Der größte Teil der etwa DIN A 4 großen Oberfläche des Systems ist von dem LCD-Display belegt, auf welchem auch die jeweils benötigten Bedienungstasten abgebildet werden. Das System ist etwa 70 mm hoch und erlaubt auf seiner Rückseite die akustische Ankopplung an einen Telefonhörer. Die einzige, nicht über das touch-panel auszulösende Bedienfunktion ist das Ein- und Ausschalten des Systems.

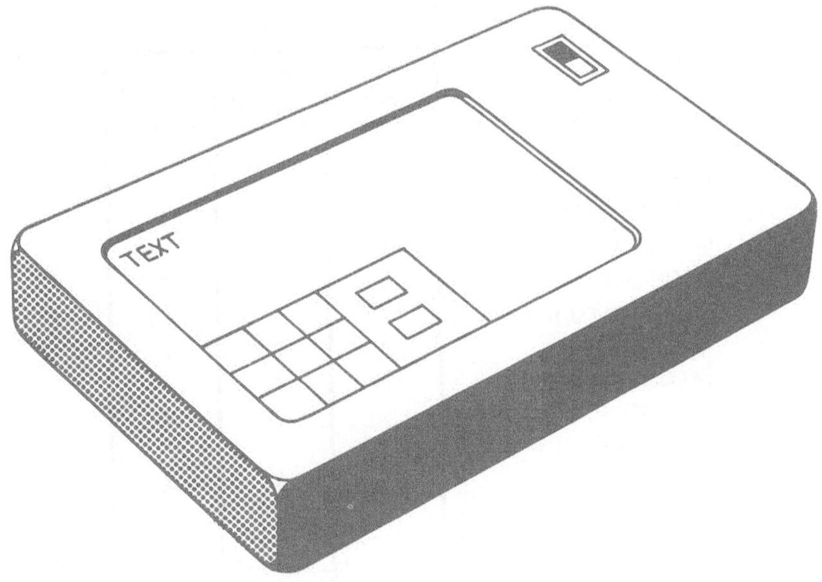

Bild 5: Modell für die physikalische Realisierung des Aktentaschen-Computers

Fig.5: Model for the physical realization of the brief case computer

4. Anwendungsbeispiele

In Tabelle 1 sind einige Beispiele für die Anwendung des Aktentaschen-Computers aufgelistet. Zugleich wird angegeben, welche der Betriebsarten, nämlich "on-line (Abholen)"; "on-line (Abspeichern)"; "off-line" oder "Transit" dabei benutzt werden müssen.

Das Abholen von L e s e s t o f f erfolgt zunächst im "on-line-Betrieb". Es können 100 bis 200 Seiten eines Buches abgespeichert werden. Später wird im "off-line-Betrieb" die Information verwertet, beispielsweise auf der Heimfahrt vom Arbeitsplatz oder auch als Leselektüre im Bett. Die Fortschaltung der einzelnen Seiten erfolgt hierbei durch Knopfdruck oder durch Markierung auf einem virtuellen Tastenfeld.

Aktuelle P r e s s e i n f o r m a t i o n kann jederzeit per Telefonanruf eingespeichert werden und im Anschluß off-line ausgewertet werden.

In ähnlicher Weise kann auch L e h r i n f o r m a t i o n zunächst abgeholt und dann im "off-line-Betrieb" verarbeitet werden. Wegen der großen Speicherkapazität können auch umfangreiche Programme bzw. Programmabschnit-

Dienste	Betriebsart			
	on-line		off-line	Transit
	Abholen	Abspeich.		
Lesestoff	X		X	
Presse-Information	X		X	
Lehr-Information	X	(X)	X	
Waren u. Werbe-Inf.	X		X	(X)
Reservierung u. Buchung	(X)		(X)	X
Elektr. Spiele	X		X	
Persönl. Notizbuch	X	X	X	
Elektron. Brief senden		X	X	
Elektron. Brief empf.	X		X	
Daten sammeln		X	X	
Betriebl. Direktiven	X		X	
„Bildschirmtext"			(X)	X
Computer-Betrieb			X	

Tabelle 1: Dienste mit Betriebsarten für den Aktentaschen-Computer

Table 1: Services and modes for the brief-case computer

te Verwendung finden; hier kann die Realisierungsmöglichkeit beliebiger Tastaturen besonders attraktiv sein. Wird eine Auswertung des Lernerfolges verlangt, so kann in einem späteren on-line-Vorgang das Abspeichern der Ergebnisse erfolgen.

Waren- und Werbeinformation kann zunächst abgeholt und dann im "off-line-Betrieb" in Ruhe verarbeitet werden. Im Falle einer späteren Bestellung wird ein Transitverkehr notwendig. Dieser kann jedoch wegen der Vorbereitungsphase von sehr kurzer Dauer sein.

Reservierungen und Buchungen werden in der Regel im Transitverkehr erfolgen. Der Vorgang kann jedoch zwecks Dokumentation abgespeichert werden. Auch hier ist jedoch eine Vorbereitungsphase (Abholen im "on-line-Betrieb", Auswerten im "off-line-Betrieb") möglich.

Elektronische Spiele werden wie Lesestoff behandelt, nämlich "on-line" abgeholt und "off-line" ausgeführt.

Ein besonderer Dienst ist das "*persönliche Notizbuch*". Hierzu wird in einem Dokumentationszentrum ein Speicherplatz (abrufsicher entsprechend den Datenschutzbestimmungen) bereitgestellt, in den persönliche Information abgespeichert und bei Bedarf wieder abgeholt werden kann.

Diese Information wird "off-line" im Aktentaschen-Computer vorbereitet bzw. ausgewertet.

Der elektronische Brief wird in ähnlicher Weise zunächst im "off-line-Betrieb" vorbereitet bzw. redigiert und dann im "one-line-Betrieb" übertragen, und zwar entweder an einen Besitzer eines Aktentaschen-Computers direkt oder aber an eine Poststelle zwecks Versendung. Umgekehrt erfolgt das Empfangen im "on-line-Betrieb" und das spätere Lesen im "off-line-Betrieb".

Mit dem Aktentaschen-Computer kann man Daten sammeln und später abspeichern oder umgekehrt betriebliche Direktiven von der Zentrale erhalten und später auswerten (für Vertreter, für Leiter von Arbeitstrupps im Außendienst, für Makler usw.).

Schließlich sei erwähnt, daß sämtliche zur Verfügung stehenden Informationen eines neuen Dienstes "Bildschirmtext" im Aktentaschen-Computer im Transitverkehr benutzt werden können. Er bietet hier den Vorteil, von jeder Sprechstelle aus betreibbar zu sein und kein Fernsehgerät als Display zu benötigen. Darüber hinaus kann aber die Bildschirmtext-Informationsfolge abgespeichert und nachträglich im "off-line-Betrieb" nochmals betrachtet werden.

Schließlich kann der Aktentaschen-Computer auch als gewöhnlicher kleiner Computer (z.B. wie ein programmierbarer Taschenrechner) im "off-line-Betrieb" benutzt werden; besonders attraktiv könnte dabei die Möglichkeit graphischer Kurvendarstellungen sein.

Bei all diesen Anwendungsarten ist noch besonders auf die Flexibilität und Mobilität des Aktentaschen-Computers hinzuweisen. Er soll von jeder Telefonsprechzelle aus betreibbar sein. Darüber hinaus kann er etwa von der Heimsprechstelle aus zu einer beliebig vorgebbaren Zeit (z.B. nachts) eine Verbindung anwählen, wobei die im Rahmen des Bildschirmtext-Dienstes bereitgestellten Anschlußmöglichkeiten genutzt werden können. Ebenso kann er in Wartestellung angewählt werden und die an ihn übertragenen Daten ohne menschliches Mitwirken abspeichern. So erfüllt er seine Aufgabe der zeitlichen Entlastung des Menschen im Sinne einer optimalen Anpassung an das datenverarbeitende Kommunikationssystem.

Die Herstellungskosten eines Aktentaschen-Computers betragen beim heutigen Stand der Technik einige Tausend DM. Der rasche technologische Fortschritt sowie die zu erwartenden hohen Stückzahlen lassen jedoch die Voraussage zu, daß ein solches System in Kürze in der Preisklasse 1000-2000 DM verkauft werden kann.

Es ist daher wichtig, bereits heute bei der Planung von Diensten für den Bildschirmtext an die zusätzlichen Möglichkeiten zu denken, welche sich aus dem großen lokalen Speicher und der Mobilität des hier vorgeschlagenen Systems ergeben.

Schrifttum

1. Transportables Datensammel-, speicher- und -verarbeitungsgerät (Aktentaschen-Computer)
Deutsche Patentanmeldung P 2739157.7

2. Küpfmüller, K.: Informationsverarbeitung durch den Menschen. NTZ 12 (1959) S.68

3. Walter, K.H.; Tauer, M.: Pulse-Length Modulation Achieves Two Phase Writing in Matrix Adressed Liquid Crystal Information Displays. IEEE Transactions on Electron Devices, VOL.ED-25, NO.2, February 1978

Intelligent Terminal for the Economical Use of Existing Narrow-Band Channels (Brief Case Computer)

H. Marko and G. Färber
München

A considerable discrepancy may be observed between the human processing capabilities of about 50 bit/s and the digital transmission rate of phone lines (about 5000 bit/s). On the other hand a phone call should be limited to about 3 minutes whereas man is capable of working some hours (e.g. 5) at a stretch (Fig.1). To compensate for this difference a local buffer of about 1-2 Mbit is usefull in a lot of applications.

This results in an intelligent terminal system with several operating modes: A "brief-case-computer" so called because it fits into every brief case (Fig.2). In the "on-line"-mode the system is able to rapidly exchange data (load and dump) with a central computer via a communication system, in the "off-line"mode the user evaluates the received information or prepares data for later transmission locally and disconnected from the communication-system. In the 3rd mode, "Transit", the system is transparent to the communication between user and central computer and works as a conventional terminal.

The key-component of the system is a flat display; several reasons indicate that the liquid crystal display (LCD)-type is the most suitable for such applications, since

- its multiplying contrast corresponds to human senses, e.g. as experienced when reading books (Fig.3)
- flickering may be avoided
- very small power consumation is essential.

The systems keyboard is in the form of a touchpanel (virtual keyboard) which overlays the display thus allowing application-oriented keyboard-layouts. The system is controlled by a microprocessor (Fig.4) having a working memory of about 32-64 Kbytes. The local mass memory of about 1-2 Mbit is implemented using magnetic bubbles; memory chips of 0,5-1 Mbit are awaited soon. The adaptive modem uses the microprocessor to compute the optimal filter characteristics and the maximum transmission rate for the individual switched phone lines. Fig.5 gives an impression of the physical size and layout of the system.

Finally some applications are cited in table 1. Most of the viewdata services do not require a continuous connection to the computer, therefore the presented system may offer the same services at much lower communication-cost- and time. Additionally the high transmission speed, the large local memory and the fact that the system is totally selfcontained and portable open a whole new field of applications - without the requirement of a new communication network.

Teleboard, Scribophone and their Relation to "Coded Text Transmission"

J. L. Bordewijk
Delft, Netherlands

Abstract

This contribution reports on two systems in which "life" writing and drawing together with speech or music are transmitted over existing telecommunication networks. In addition to that the prospects of integrating these two systems with those for "coded text transmission" are discussed. The first system, known under the name electronic blackboard or teleboard, is a distribution or broadcasting system designed for use in educational situations and it has already been in use in the Netherlands for several years. The second system, known as scribophone, is a typical dialogue communication system and can be considered as a normal telephone system provided with writing and reading facilities that can be used during the telephone conversation. The latter system has been tried out on a number of national and some international telephone circuits.

Teaching experience with the teleboard has shown that it is desirable for it to have the facility of instantly recall a diagram that was dealt with in an earlier phase of a lesson. For that reason a so-called "typographical mode" has been added to the teleboard. With the "typographical mode" not only diagrams and maps, but also alphanumerical characters and symbols that are often used can be called up from a memory and "written" with such speed that almost instant projection is obtained. Such a typographical mode could also be added to a scribophone. In that case, however, it seems desirable to allot the whole telephone bandwidth to the pensignal for a short period, in order to enable an accelerated reproduction.

The typographical mode is clearly a kind of "text transmission". In view of the now existing discussion on the introduction of "coded text transmission" - i.e. the transmission of a limited number of alphanumerical graphic symbols of prearranged shape - the question arises as to whether such systems should not be designed in such a way as to be "transparent" for diverse applications including teleboard and scribophony.

Fig. 1 Teleboard in closed circuit

Bild 1 "Teleboard" in "closed circuit"

Teleboard

Some years ago - within the framework of an interuniversity co-operation project with the Institut Teknologi Bandung - an "electronic blackboard system" was developed at the Delft University of Technology /1/. In such an "electronic blackboard" or "teleboard" system it is desirable to transmit speech and "life writing" simultaneously in order to imitate as well as possible the teaching situation in a class-room /2/.

Although it is not strictly necessary writing is done on an ordinary piece of paper placed on a so-called "electronic writing tablet" (fig. 1), using an almost normal ballpoint. The continuously varying position of the pen is translated into a set of electrical co-ordinate signals x(t), y(t) and z(t), which together comprise the pen (position) signal. This pen signal together with the microphone signal is broadcast by an ordinary AM- or FM-radio transmitter and received by a standard radio receiver (fig. 2). After some signal-processing in a so-called "converter"

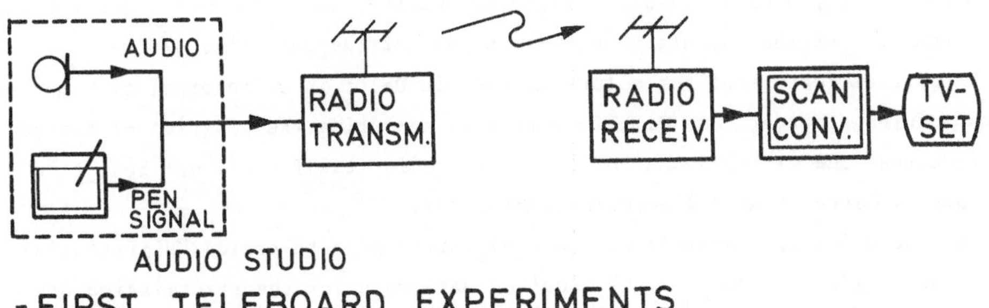

Fig. 2 First teleboard experiments

Bild 2 Erste "Teleboard" Experimente

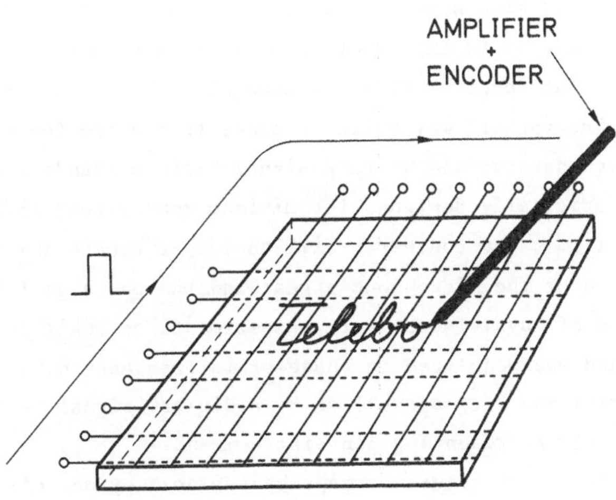

Fig. 3 Writing tablet principle

Bild 3 Prinzip Schreibtablet

a television-signal that can be supplied to the antenna input of a normal television receiver is produced. The only special components in the system are the "writing tablet" and the "converter".

The writing tablet consists of two orthogonally arranged printed wire gratings. The position of an almost normal ballpoint with respect to these gratings is measured by a repeated successive electrical excitation of the wires and a periodical analysis of the capacitive pick-up signal of the pen (fig. 3).

A special feature of the solution found in Delft is an interpolation mechanism which ensures a better than 0.1 % accuracy in measuring the position of the pen, the fact that the wiring density of the gratings in itself would not result in an accuracy of better than 3 % notwithstanding /3/.

A second feature consists of the application of a so-called "differential chain encoding". This reduces the required data rate for the transmission of the pen point position, during normal writing, to 200 bits/sec with a peak delay of approximately 0.5 sec. With this encoding the required storage capacity for an average picture is ∿ 12.5 kbit, i.e. 0.05 bits/pel /4/.

A more practical measure for the performance of the applied source encoding might be the number of bits per excitated picture element. This amounts to 6 bits/exc.pel; without reduction techniques some 18 bits/pel would be necessary. Writing tablets of this kind have been in operational use for several years and have turned out to be easy to implement, robust and accurate.

The display at the receiver site was thought to be a cheap domestic TV-receiver. For that reason a "converter" was built in order to provide for storage and conversion of the received narrow-band writing signals into a standard 625-line TV-signal. The converter was originally designed for minimum memory cost /5/. With the advent of cheaper memory i.c.'s the converter will no longer create any special problem.

The combination of the microphone signal and the pen signal has been accomplished in a number of ways. In our early experiments an auxiliary carrier at the top of the audioband was modulated in phase or in frequency by the analogue coordinate signals x(t) and y(t) as well as by a digital signal representing x(t), y(t) and a signal z(t) representing pen lift command.
These solutions will in the future perhaps be replaced by one of the modulation methods that have been developed for the scribophony system, to be described later on.

The system has been in use in part of the Netherlands for five years already. With the intention of obtaining a first user-reaction a field-trial was set up in the Dutch province of Friesland for some primary schools. By now more than a hundred primary schools participate in a regular teleboard service. The system is looked upon as a kind of schoolradio with graphic illustrations /6/ and gradually develops into an indispensable means for regional education. It will also be used for experiments with the Dutch so-called "Open School", the interesting aspect being that the cost of teleboard programming lies far below the cost of full video programming.

In introducing this system in Friesland, however, it was realized that if, and as long as, idle time is available in an existing wide-band TV-distribution network a single converter at the transmitter side will do. And so we find ourselves

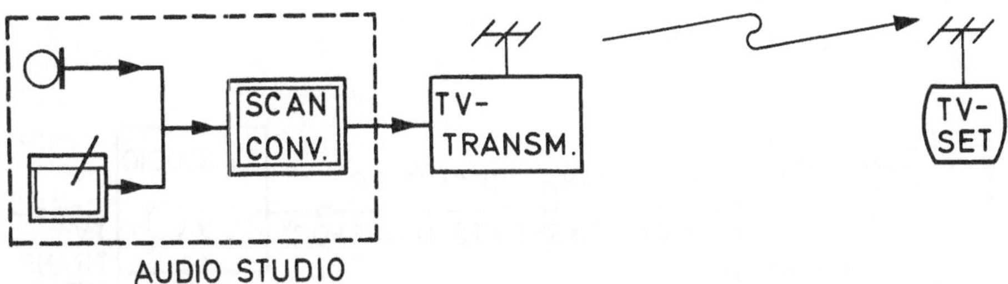

Fig. 4 Temporary use of TV-transmitters

Bild 4 Zeitweilige Benützung von Fernseh-Sendern

at present in the strange situation in which a system designed for narrow-band transmission in developing countries is treated as a wideband system in our own country (fig. 4). But, as soon as cheaper converters become commercially available, we will indeed switch over to the use of narrow-band channels.

Because of the temporary use of the television broadcasting network, the teleboard programs were recorded directly on videotape. The extra bandwidth thus available has been used to accelerate the display of certain drawings and texts that from a teaching point of view did not need a step by step development.

From September this year onward the teleboardprograms will be recorded on audio-tape, but will include instructions for an optionally accelerated display, when the programs are transmitted over a channel that allows for an increased data-rate (fig. 5).

Thanks to its digital way of operation a number of operational extras could be added to the teleboard system. Of these extras I mention the introduction of an "electronic ruler", electronic marker, distant-erasing and distant-correction facilities and, last but not least, the earlier mentioned typographical mode. By pressing certain keys on an additional keyboard letters, numbers, graphical symbols and even complete drawings can be called up. They appear on the television screen "as if they were drawn" but their appearance is firmer than is possible with handwriting /7/.

About two hours of teleboard programming (speech and writing) can be stored on a simple audio stereo tape.

The teleboard is also in use as an extra facility in full video programming by Dutch television and the Dutch "Television Academy" (Teleac).

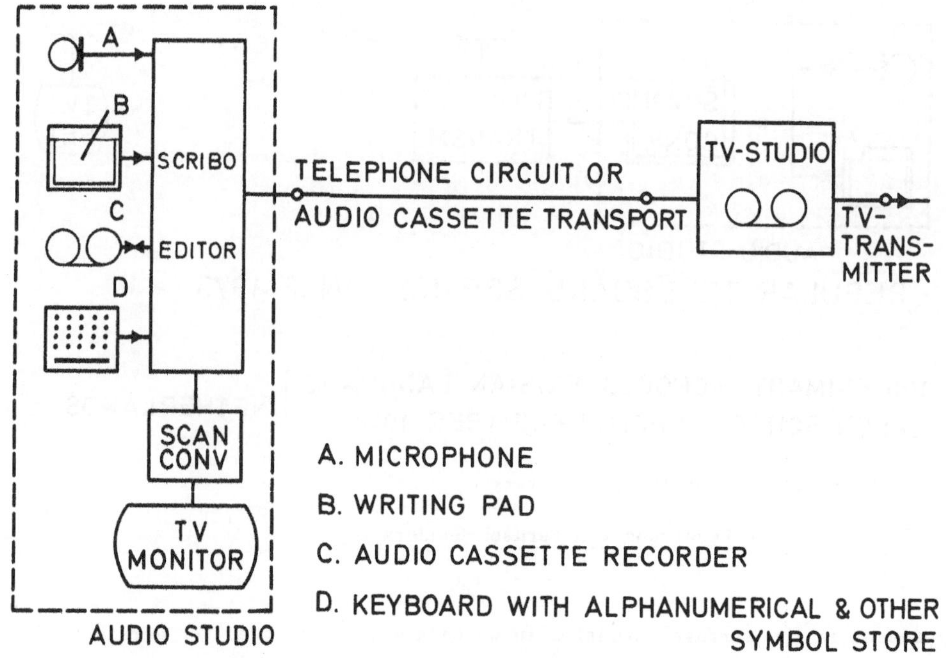

Fig. 5 Extended Teleboard studio

Bild 5 Erweitertes "Teleboard" Studio

For a number of reasons, not to be dwelt upon at length here, the introduction of the system in developing countries for which the system was primarily designed goes very slowly. A modest amount of teleboard equipment is now available in Indonesia. Six Indonesian teacher-training experts were trained in the use of the teleboard at the University of Utrecht /8/, during a period of some months towards the end of 1976. A number of other developing countries has recently shown their interest, and we are now entering into a discussion with experts from those countries.

One of the reasons for hesitation might be that people in developing countries who avail themselves of a television set do not accept being able only to receive teleboard programs, but want first of all to be able to receive full moving pictures. This presupposes the existence of some sort of television distribution system, terrestrial or satellite. Such a system could be destined for teleboard service for a certain part of the day.
Following this line of thought, a so-called multi-teleboard or multi-scribophony

system was developed. In this system 32 teleboard programs with digitalized sound and writing can be accommodated in a videobandwidth of 5 MHz and thus transmitted simultaneously in a single television channel /9/. The multiplex format of the system was designed so that one can choose either to transmit 32 teleboard signals or a small number of teleboard signals together with a slightly "mutilated" version of a normal television signal. For easy understanding of the format chosen we think the television receiver screen to be subdivided in 16 vertical strips (fig. 6).

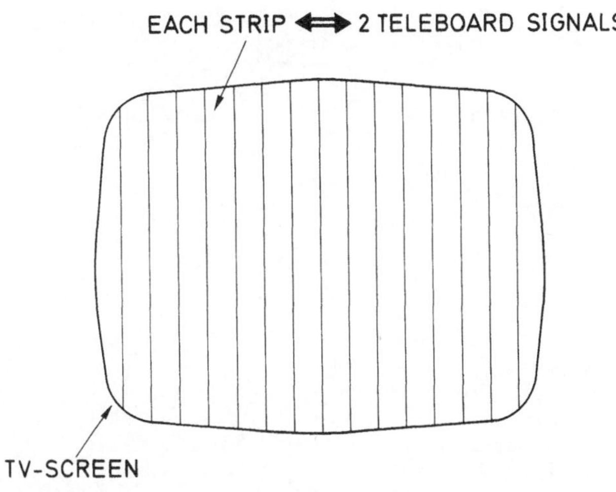

Fig. 6 Multiteleboard system

Bild 6 Multiteleboard System

The teleboard signals are synchronized with the videosynchronization signals in such a way that each vertical strip corresponds with two teleboard signals. With two teleboard signals 94 % of the width of a televisionpicture remains available for either normal TV-transmissions or, if so desired, for "coded text transmission". Four teleboard signals leave 88 % of the picturewidth and so on. The system was built and its functioning tested using the Dutch television transmitter station Smilde.

Still another interactive multi-teleboard system in which use is made of possibly available transponders in existing domestic satellites is under study.

Scribophone

The low average data-rate of maximally 200 bit/sec required for the transmission of the pen signal makes it possible to transmit speech and pen movement simultaneously over a standard telephone circuit. Such a system,under the name scribophone, has been tried out over the switched telephone network in the Netherlands.

In May last year, scribophony signals were succesfully sent over the public telephone network from Delft to the G.P.O.-laboratory of Martlesham at the request of the British Council of Educational Technology. The signal as received in Martlesham was recorded on audio-stereo tape and transposed to videotape.

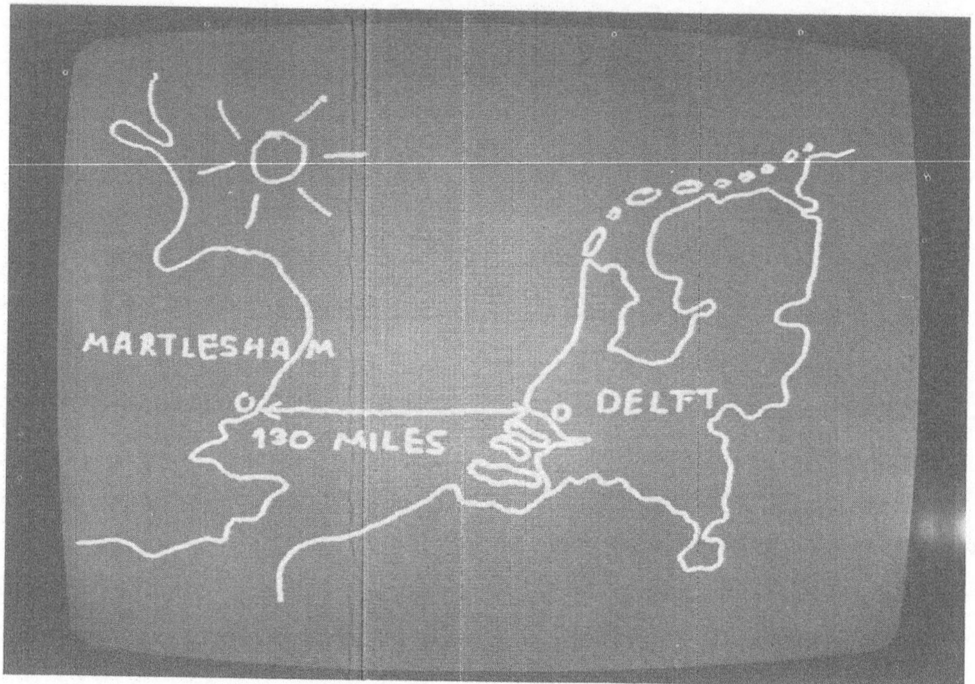

Fig. 7 Scribophone transmission Delft-Martlesham

Bild 7 Scribofoon Übertragung Delft-Martlesham

In fig. 7 the photo taken of a television picture originating from this videotape is reproduced. The accompanying sound is missing in this figure, but participants of the symposium have been able to compensate for that by making a scribophone call to Delft from an experimental set up in München.

In the present scribophone system the graphic information is transmitted by a simple binary DPSK modulation in a small gap in the frequency band (fig. 8).

Each participant in the present scribophone system writes on the display of his partner as well as on his own display. For that reason the graphic channel has to be semi-duplex, quite contrary to the situation in the sound channel, where full

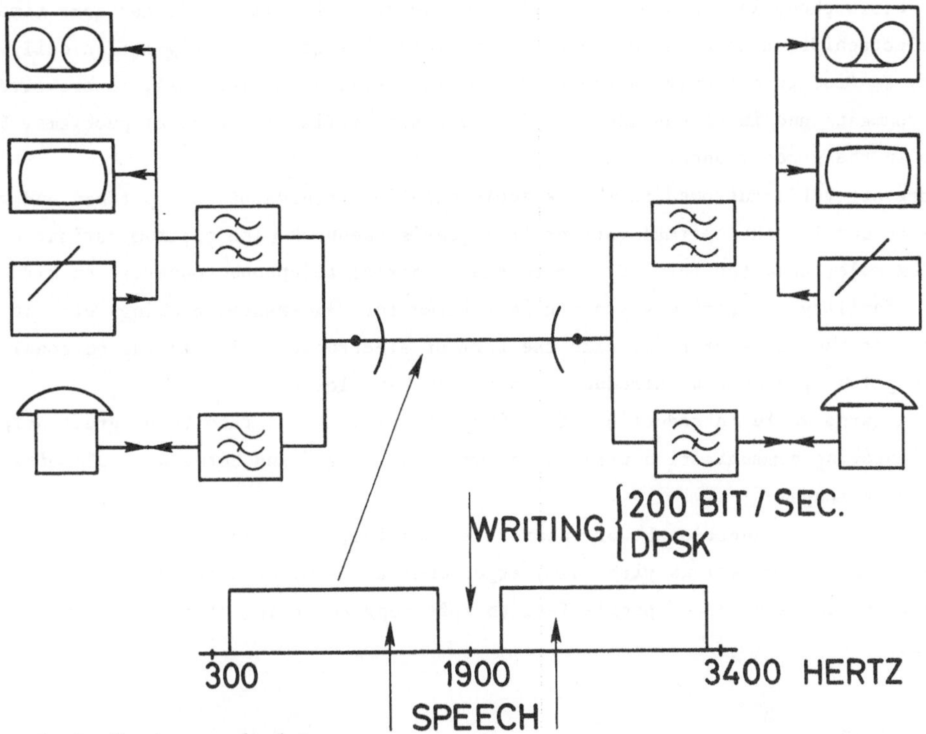

Fig. 8 Scribophone principle

Bild 8 Prinzip Scribofoon

duplex is maintained.

Besides this FDM solution also TDM or a mixture of these two multiplex techniques have been analyzed. We can use the natural pauses in the speech or deliberately arrange for pauses in the voice channel in order to be able to temporary increase the graphic data rate. We are now - with preliminary success - also examining a so-called hybrid CDM-system, in which the pensignal is transmitted as a kind of "spread spectrum whispering underneath the sound signal".

In discussions about the application of the scribophone the desirability of a hard copy output is often put forward. Provision of a hard copy output is not especially difficult, but it decreases ease of handling. In considering the need for a hard copy output, we have to realize that in a scribophonic communication the two components (sound and writing) will be intimately connected, so that each component carries only part of the relevant information. An ideal reconstruction of a given scribophonic communication between two partners requires, in my opninion, the reproduction of sound and writing together. This means that a soft copy output, i.e. a recording on audio-stereo-tape, is the obvious solution.

In fact, scribophony offers a richer form of communication than either a telephone conversation or an exchange of written messages can provide by themselves.

Scribophony is a newcomer to telecommunication. But it is, at the same time, an electronification of a communication pattern that is frequently met in daily life. We find it not only in the classroom in a symposium like this, in creative environments and in discussions on difficult scientific or technical problems, but also in the grocery shop.
We are not yet accustomed to the telecommunication version of this pattern and will have to develop the optimal variant from user's feedback. The optimum variant could, for example, take the form of no more than a normal telephone conversation with the extra facility of precisely stating in written form addresses, bookings etc. It could, at the other extreme, take the form of electronic mail with the personal touch given by a spoken introduction and a spoken closing.

A large scale introduction of scribophony will at any rate be of great help for improving communication with and between the "deaf" and between people of a different tongue.
It may in this connection be of interest to mention, that deaf people, as it has appeared from discussions with them, experience the same kind of aversion to hard copy that non-handicapped people feel to soft copy recording of their telephone talks.

Integration?

In this section we want to deal with the following question.
Should new graphical telecommunication systems be designed so that they are transparent for all kinds of "coded text", for "written" text, for "life" writing and even for accompanying sound?
We will tackle the question in two steps. We will first examine the technical possibilities in a general sense and after that make some remarks about the desirability from a user's point of view.

The systems under discussion have one property in common. They all replace or extend a sheet of paper (or blackboard or overhead film) as a carrier of graphical information, some without, some with sound as accompanying information.
But there is more. Electronic processors and memories involved in these systems allow for a partition of functions that were hitherto concentrated in one single sheet of paper. It is very instructive to compare the partition of functions over the element(s) of a process of "information transport by paper" with that of an "electronic information transfer" as is done in the next table /10/.
The partition of functions in an electronic (type) writing process seems at first glance so cumbersome and the concentration of functions on one sheet of paper so beautiful that many people already now foresee the re-introduction of paper after some decennia of electronic chaos. However, if we are able to make ourselves free from emotions connected with the long time use of paper, we will observe that the

functions	paper transport	electronic transport
writing plane	sheet of paper	dummy plane or keyboard
monitoring plane	same sheet of paper	CRT at source
memory at source	,,	solid state or magnetic memory
transport function	,,	electromagnetic wave
memory at receiver	,,	solid state or magnetic memory
reading plane	,,	CRT at receiver (or sheet of paper)

very splitting up of functions creates magnificent degrees of freedom, never to be obtained by the use of paper.
Modern typewriters and word processors already profit from some of these degrees of freedom to simplify correction, lay-out, copying, filing etc. A further step could be to incorporate electronically handwritten notes, signatures, drawings and even our voice. The mixing of so many different kinds of information can be easily performed thanks to the presence of electronic or magnetic memory functions. But only if we expeditiously organize the electronic memory and transmission functions for that purpose can we expect to reach these goals.

Let us first consider the broadcasting application. We restrict ourselves to situations in which a full television channel is made available because a capacity of only two lines per television field is insufficient for incorporation of sound of sufficient quality.
It would seem that adopting the principles of packet-switched data transmission, as discussed by Guinet /11/, offers a sufficiently flexible solution for all kinds of purely graphical information. As to the incorporation of teleboard signals I would, however, prefer the earlier mentioned solution discussed by Hesdahl /7/.

Perhaps a compromise could be found in adopting a hybrid multiplexing scheme in which the available "active line capacity" is divided into two parts by means of a simple time multiplexing (fig. 9). The first part of the "active line" could be allotted to teleboard signals, the second part made available for packaged data

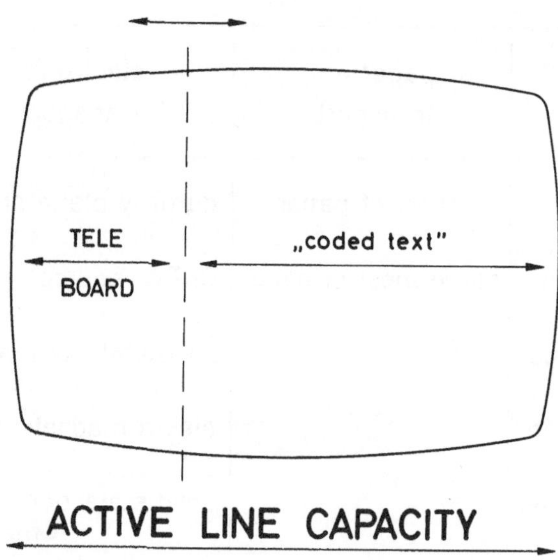

Fig. 9 Integration of teleboard and "coded text"

Bild 9 Integration von Teleboard und "codierte Text"

transmission.

If we further consider the use of existing telephone systems we must accept that the two modes of operation: the teleboard (or scribophone) mode and the purely graphical mode can not occur simultaneously but only sequentially due to the lack of bandwidth. Only by introducing new digital multiplexing techniques over existing single subscriberlines as, e.g., described by Kaiser & Hagmeyer /12/ can this restriction be removed.

All this can evidently lead to fully new modes of information exchange. The question may be raised: Does society want these new modes? I think that the only way to get this question answered is setting up socio-technical experiments of sufficient representativity. The choice and start up of such experiments are often very difficult as so many and such diverse interests are involved. In my opinion it is exactly at this point that we encounter a situation in which multi-disciplinary bodies like the "Münchner Kreis" can prove their value for society.

Acknowledgement

I wish to thank Messrs Kegel, Bons and Tanis of our laboratory for their helpful comments in the preparation of this paper and their valuable contribution in realizing experiments with "teleboard" and "scribophone" in München, far from our base in Delft. I further acknowledge the help of the "Deutsche Bundespost" who made available free of charge a telephone connection for the purpose of an international scribophone experiment between München and Delft.

References

1.-Bordewijk, J.L., "Scribosony" in the Netherlands. Communication for EBU-working party S, Febr. 1973.

-Bordewijk, J.L., Op weg naar de elektronische uitgeverij. Uitgave "Of het gedrukt staat", Kon. Van Gorcum & Comp. B.V. Assen, 1972.

2. Verduin-Muller, Mrs. Dr. H., Tele-blackboard. International Conference of the "International Council for Educational Media", Tunis, May 29th/31th, 1972.

3. Nieuwkerk, L.R., A writing tablet for converting current handwriting into electrical signals. Tijdschrift van het NERG, 38, nr. 6, 1973.

4. Kegel, A. and Bons, J.H., On the digital processing and transmission of handwriting and sketching. Conference Proceedings Eurocon 3-7 May 1977, Venice.

5. Koudstaal, J.J. and Bons, J.H., The display of the electronic blackboard system. Tijdschrift van het NERG, 38, nr. 6, 1973.

6. Fryske Akademy Leeuwarden and Delft University of Technology, The use of the Tele-board in Friesland.

7. Van den Boog, P., A typographic mode as a supplement to the existing scribophony system. To be published in Journal of Applied Science and Engineering (JASE) 1978.

8. Geographical Institute, State University Utrecht, TWIN II Report (Teleblackboard Working group Indonesia - Netherlands) October 1 - December 18, 1976.

9. Hesdahl, P.B., Realization of a multiscribophony system. Journal of Applied Science and Engineering A, 1 (1975/76) 229-235.

10. Bordewijk, J.L., Een balans van het colloquium. Uitgave "Grafische Telecommunicatie", Delftse Universitaire Pers, 1975.

11. Guinet, Y., Comparative study of broadcast teletext systems. E.B.U. Review - Technical part, no. 165, October 1977.

12. Kaiser, W.A. and Hagmeyer, H.T., Digital Two-Wire Local Connection Providing Office Subscribers with Speech, Data and New Teleinformation Services. ISSLS 1978, Atlanta.

Entwurf und Anwendungsbereich von elektronischen Schreibsystemen

J. L. Bordewijk
Delft, Niederlande

Elektronische Schreibsystemen gestatten über wechselnde Entfernungen auf einen elektronischen Bildschirm zu schreiben und zu skizzieren.
Ein solches an der Technischen Hochschule Delft entwickeltes System wird erklärt und möglichst während des Vortrages benützt.
Anschliessend werden laufende und neu vorgeschlagene Anwendungen dieses Systems diskutiert und werden experimentelle Ergebnisse präsentiert.

Für bestimmte Unterrichtszwecke hat sich das Schreibtafelsystem (Teleboard) nach mehreren Jahren Praxis als nützlich und kostensparend erwiesen.

Die Anwendung einer effizienten Quellenkodierung hat es überdies ermöglicht Sprache und Schrift simultan über das öffentliche Fernsprechnetz zu übertragen. Schreibfernsprechen (scribophony) über das geschaltete Telefonnetz ist somit technisch kein Problem mehr und wartet nur noch auf genügendes Interesse seitens der Benützer und die Herstellung preiswerter Schreibfernsprechgeräte.

Die Kombination von Schreibfernsprechen und Breitbanddistributionsnetze könnte zu interessante und preiswerte Lösungen führen für das Problem des interaktieven Unterrichts.

Der Zusammenhang und möglich wünschenswerte Koordination von elektronischen Schreibsystemen und Systeme für codierte Textübertragung wird diskutiert.

Teleboard Systems

J. P. Dagnélie
Rennes, France

Abstract

Many investigations show that documents and visual auxiliaries such as blackboards or overhead projectors are essential in face to face meetings. The teleboard system aims to be to these visual auxiliaries what telecopying is to documents.

The system offers to the users a common visual space (TV screen) where they can write, erase, wipe and point on a graphic tablet.

This service offered with simultaneous voice transmission can be called audiographic.

Experimented in a public service of audioconference this system could also be implemented on the telephone network opening a new dimension there.

1. Video and Audio in the Telecommunications Field

The evolution from audio to video services has been much quicker and more successful in broadcasting applications than in the telecommunications field. Audio broadcasting, which was discovered well after the telephone, has long since been overtaken by TV, and it still seems uncertain whether the videotelephone will appear rapidly. The reasons are various; the principal ones are certainly the costs and the infrastructure needed by a videotelephone.

But there is also a problem of service. Most experiments have shown that, finally, video compared to audio gives only slightly added value; non verbal elements are naturally replaced by verbal elements if there is no visual contact: people automatically say "I agree" instead of nodding or "50 centimetres" instead of stretching out their arms.

More important still, it seems that the very subjective feeling of closeness and contact, which is essential in face to face communications, is not provided neither by audio nor by video.

This does not mean that there is no need for visual information.

An analysis of the CEPT shows that in 40 % to 60 % of meetings people use documents or visual auxiliaries.

But for this single application videotelephone is rather expensive and quite inadequate today.

The system presented here is an attempt to find an alternative. It aims to be to visual auxiliaries what telecopying is to documents.

Before describing the system let us clarify this point by recalling the main visual auxiliaries, even though they are well known and universally used. People essentially use the blackboard or the paperboard, the overhead projector or the slide projector.

In opposition to documents, these devices present specific features, three of them being rather important. Firstly they are designed for group observation; secondly they are not self consistant, because the graphical information without correlative oral explanation is often not immediately understandable, and thirdly, even with a static picture, there is a constant interaction with the graphics (pointing).

These main features explain the structure of the teleboard, which currently can be used either as a blackboard or as an overhead projector and which eventually can be adapted to provide a slide projection function.

2. The Teleboard Service

When used as a blackboard, the system allows the transmission and display of writings or drawings in real time or after a short delay. If used as an overhead projector writings or drawings are previously stored and then displayed on demand. Both applications are of course not mutually exclusive: a prewritten page for instance can be modified in real time after being displayed.

The display, which is the common visual space offered to the users of the teleboard, is the essential part of the system. The system developed up to now uses conventional video technique for that purpose.

This choice allows relatively low costs and a great flexibility; according to the service planned, one can use either a mini CRT for office use, a video projector for conference application, or a normal TV set for domestic use.

Nevertheless the first experiments show that the specific nature of information to be displayed, for example graphics,has special constraints and would probably need another type of display with improved definition, stability, and flatness (for example plasma panels).

In order to have an action on this common visual space, at least writing, erasing, wiping or pointing, it was possible to choose among a great variety of devices commonly used for man-machine communication: keyboard, joystick, light pen, graphic tablet. For most applications we think the graphic tablet is the most practical tool: there is no need for any learning, anyone being able to use a pen! This device can be of any size from a postcard to a blackboard format and can be used in any working context imaginable.

The only drawback we eventually can mention is that writing space and visual space are not identical.

The efficiency of the service, as it has already been mentioned, is closely linked to the simultaneous use of speech. Teleboard is a supplementary tool in an audio service. Thus in most cases the service will be audio and graphic and can be defined as audiographic. This denomination takes all its meaning in the extent to which the service is globally offered to the user.

Two ways are studied to achieve that point: one is the multiplex of the two services on the voice channel, the other more futuristic is the possibility of multi-dialing, the exchanges performing as many connexions as services. The system now developed uses the first solution, which is the only one possible with the present infrastructures.

3. Architecture of the Teleboard

The heart of the system is a microprocessor which handles a bulk memory which feeds the TV display, and the peripheral units which can be used in the various applications: input device, transmission module, recording device.

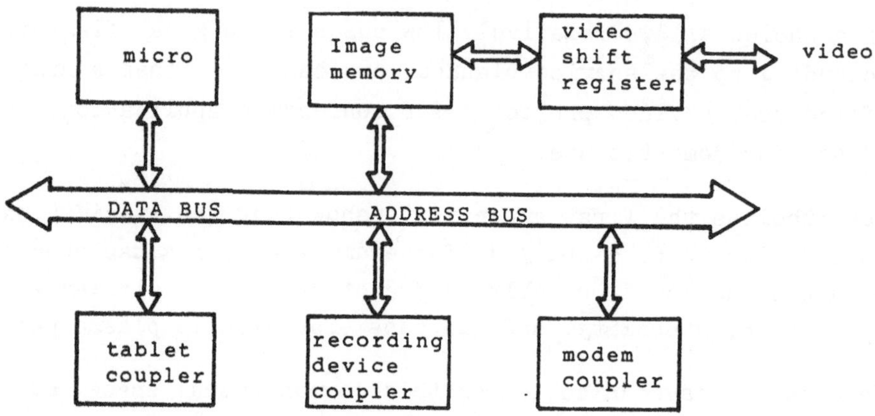

Figure 1: Structure of the teleboard
Bild 1: Struktur der elektronischen Schreibtafel

The memory consists of a 16 K dynamic RAM with sequential access by the video shift register and by the microprocessor.

Because of the digital nature of the system only 512 lines are displayed on a TV screen; horizontally the whole line is used; this gives to the picture an 3/2 ratio aspect ($\frac{575}{512} \times \frac{4}{3}$), the dot being isotropic there are 768 points per line.

The memory can be used in a black and white mode, but is expandable for the use of any number of grey levels or colours.

Out of the great variety of graphic tablets which have been developed up to now, we have chosen for the teleboard the tablet developed in Delft University, which appears to be the most suitable for low cost industrial production. This tablet derives from the Rand tablet, the first tablet ever built; the wires of two crossed networks are sequentially activated. The pen capacitively detects a bell shaped pulse the maximum of which corresponds to the exact position.

After reading the measures corresponding to the position of the pen the microprocessor carries out an interpolation with the previous reading and stores the points of the line into the memory.

It achieves also an adaptive coding of the writing line before the transmission, with the following principle: between pen lifts, the writing line is approximated by a chain of vectors, the length of which is a function of the writing speed.

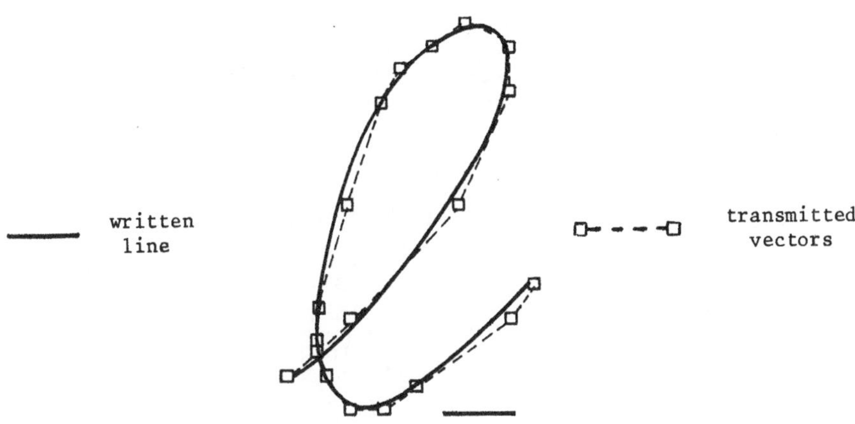

Figure 2: Writing encoding
Bild 2: Codierung der Schreiblinien

The difference of directions between two successive vectors is encoded with a Huffman code word. At the receiving side the missing points are regenerated by linear interpolation.

This method allows to transmit normal writing with 200 bit/s.

This low rate allows the multiplex transmission of voice and writing signals on a single audio channel. The applied principle is the same one used in TV technique to multiplex chrominance and luminance: a gap is reserved in the speech bandwidth to put in the data corresponding to graphical information. This gap has a width of 500 Hz at 3 dB and gives a really imperceptible degradation of speech quality. The central frequency is 1750 Hz, which allows to use a V 21 modem.

4. Experiments

The system is being implemented in a public teleconference service; this service offered by the Telecommunications and its subsidiary company Intelcentre allows distant groups of people to hold meetings without travelling by giving them the possibility of talking, knowing who talks, telewriting and exchanging documents. Thus the service is termed audiographic teleconference.

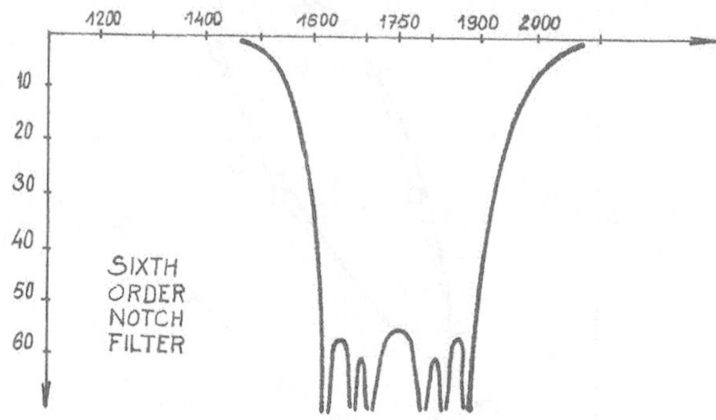

Figure 3: Notch filter splitting speech and data

Bild 3: Bandsperre 6. Ordnung zur Trennung von Sprache und Daten

Figure 4: Audioconference studio with teleboard equipment

Bild 4: Telekonferenz-Studio ausgerüstet mit Schreibtafelsystemen

To perform this operation each studio has a hexagonal table with 6 microphones and one central loudspeaker. This disposition plus an acoustic processing of the studio allows a real full duplex vocal service. A light emitting diode signalling device indicates who is speaking in the distant room. Speech and writing signals are transmitted on 4 wire telephone type circuits, belonging to a 4 wire switched netword Caducee.

Up to 4 studios can be linked together simultaneously.

Today 30 public studios are opened; the development schedule plans 50 public studios and 150 private studios in 1980.

Based on this field trial the teleboard facility could be offered on the telephone network either on its own or in a multi-purpose office terminal offering all the new services which are emerging today: Videotex, Teletex, and so on.

But these wired applications of the teleboard are not the only ones. Of course the system can be adapted for broadcast applications too.

In this last version the system can be used either as a graphic extension of Antiope, or in audiographic manner i.e. broadcast simultaneously with sound. The data broadcasting system allows the simultaneous broadcast of up to 50 audiographic programs within one video channel. Experiments are carried out both on FM and AM transmitters in order to broadcast audiographic programs.

5. Conclusion

These experiments are essential for the future of teleboard because this system is only one among the many services the evolution of technology will make possible to develop at low cost; these services are all in face of the permanent dilemma of price vs. quantity; a new product can be largely diffused only if it is cheap, but it is of low cost only if it is produced in large quantity.

Moreover there is a threshold effect in the telecommunications field which makes a product unuseful if it is not largely diffused because under that threshold an hypothetical user will not have enough correspondants to call.

Thus,there must be choices based on serious ergonomic studies. This debate is now open about the teleboard.

Elektronische Schreibtafelsysteme

J. P. Dagnélie
Rennes, France

1) Der Bedarf an visueller Information

Im Rundfunk ging der Wandel vom Hörfunk zum Fernsehen wesentlich schneller und mit größerem Erfolg vonstatten, als der Übergang von der Schmalband-zur Breitbandtechnik im Fernmeldewesen. Selbstverständlich galt es, Schwierigkeiten bei den Kosten und in der Infrastruktur zu beseitigen, aber auch im Dienst selbst: Wenn das bei der direkten Kommunikation mit dem Gegenüber so wichtige Gefühl der Nähe und des unmittelbaren Kontakts durch eine Fernsprechleitung beeinträchtigt wird, so wird dieses Gefühl durch eine Videoverbindung in nahezu gleichem Umfang beeinträchtigt. Dies bedeutet jedoch nicht, daß visuelle Information nicht notwendig wäre. Eine Analyse der CEPT zeigt, daß in 40 bis 60 % aller Besprechungen schriftliche Unterlagen und visuelle Hilfsmittel wie Wandtafel, Tageslicht-Projektor und Dias verwendet werden. Während das Problem der Übertragung schriftlicher Unterlagen durch Fernkopieren gelöst wurde, besteht ein Mangel an visuellen Hilfsmitteln im Telekommunikationssystem. Das hier vorgestellte System ist ein Versuch, diesen Bedarf abzudecken.

2) Das elektronische Schreibtafelsystem

Die elektronische Schreibtafel kann sowohl als herkömmliche Wandtafel als auch als Tageslichtprojektor eingesetzt werden.

Graphische Informationen erscheinen auf einem Bildschirm. Dies erlaubt bei verhältnismäßig niedrigen Kosten den Einsatz von Mini-Kathodenstrahlröhren für den Bürogebrauch, eines normalen Fernsehgeräts oder eines Videoprojektors bei Konferenzanwendungen. Die Anzeige ist auf eine Wandtafel oder ein kleines Täfelchen begrenzt, das tatsächlich einen Digitalumsetzer darstellt. Die Übertragung der Schrift und der Zeichnungen erfolgt entweder zeitgetreu (bei der Schrifttafel) oder im Stapelbetrieb, d.h. sie werden auf Anforderung sichtbar gemacht (Tageslichtprojektor) .

Die Wirksamkeit dieses Dienstes ist eng verknüpft mit dem gleichzeitig übertragenen Kommentar. Aus diesem Grund werden Sprache und graphische Elemente gleichzeitig über den Telefonkanal übertragen, der üblicherweise nur für Sprechverbindungen genutzt wird. Man kann diesen Dienst daher als audiographisch bezeichnen.

3) Aufbau des Systems

Kern des Systems ist ein Mikroprozessor M 6800. Dieser Mikroprozessor steuert einen Großraumspeicher, der Bilder 25 mal je Sekunde in das Fernsehgerät ausliest, und die verschiedenen Peripheriegeräte, die bei den diversen Anwendungen eingesetzt werden können: Schreibtafel, Übertragungseinheit, Aufzeichnungsgerät. Er bewirkt auch die Verdichtung, die die gleichzeitige Übertragung von Sprache und Schrift über den Sprachkanal ermöglicht, wobei die normale Schrift mit 10 ebs/s codiert wird und eine Seite mit 10 kbit gespeichert wird.

4) Versuche

Das vorgestellte System wird gegenwärtig in einem öffentlichen Telekonferenz-Dienst verwirklicht. Dieser Dienst, seit 1976 in Betrieb, bietet eine hochwertige Sprachübermittlung sowie die Möglichkeit des Fernkopierens und zusätzliche Einrichtungen für sechs Teilnehmer in Studios.

Sollte dieser Feldversuch ein Erfolg werden, dann könnte die elektronische Schreibtafel über das Fernsprechnetz entweder für sich allein oder in einem Mehrzweck-Büroendgerät angeboten werden.

Einige Rundfunkversuche sind ebenfalls geplant Das System kann als graphische Erweiterung von Antiope oder in audiographischer Weise zur Aussendung audiographischer Sendungen über Fernseh-, UKW- oder Mittelwellensender verwendet werden, z.B. zu Unterrichtszwecken.

A New Telewriter for Dial Network Use

M. Miyashita, K. Mori, K. Sato
Tokyo, Japan

Abstract

Telewriter is considered as one of the simple and excellent means of text communication. It can transmit directly and instantaneously the handwriting sketches, or any other form of graphics.

Some products which are aiming at this field have been developed and are available recently. However, the application of these existing equipments are limited to the in-house use or very short haul communication through physical line. For the long haul transmission through the carrier telephone system, improvement of modulation and multiplexing scheme would be required to eliminate the degradation of transmission quality caused by line characteristics of the carrier system.

We have developed the new telewriter for dial network use or long haul transmission which covers the carrier system. The paper describes essential features of the new telewriter. One of the features is the modulation and multiplexing system of writing pen position signals. As the other features, the telewriter provides the unattendant receiving facilities for the called party. The performance and operational characteristics of the new telewriter and its application to several purposes are also described.

1. Equipment Configuration

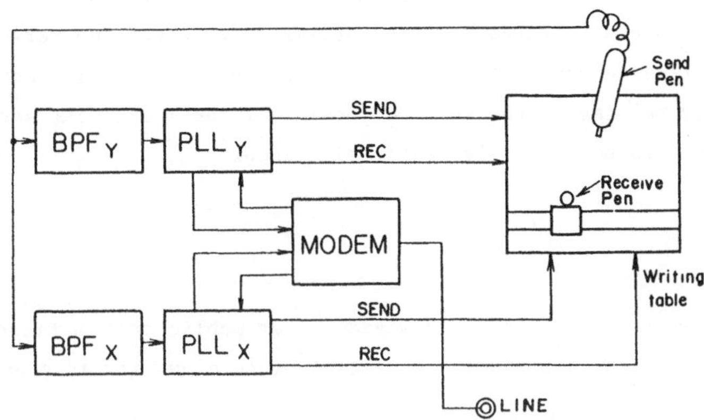

Fig. 1 Equipment configuration

Bild 1 Gerätekonfiguration

The Fig. 1 illustrates the equipment configuration of the telewriter.

1.1 Transmitting

The telewriter employs an all electronic writing system that detects the position of a send pen and converts this information into an electrical signal suitable for transmission. The send pen functions as an antenna which picks up electrical field radiated from the writing table. The composite signals picked up by the send pen are separated by a band-pass filter (BPF) into the X and Y component signals and are fed to a phase-locked loop (PLL).

PLL generates the frequency which linearly varies relative to the send pen position.

This signal makes a coordinate signal representing the send pen position, and is sent out to the line after being modulated to the form suitable for transmission by MODEM.

1.2 Receiving

The transmitted signal is received and recovered by the modem. The recovered signal is then demodulated by PLL and makes the DC (direct current) signals that represent the pen X position and the pen Y position. The DC signals are filtered and then utilized to rotate the servomotor which drives the receive pen on the writing table. Since the originating signals are linearly related to the send pen position, the mechanical servo output (the receive pen position) is completely linear.

2. Modulation Scheme

For transmitting coordinate signals over public switched telephone lines, the most important factor which specifies picture quality is phase jitter. Since the corrdinate signals are represented by the variation of frequencies, phase jitter causes "jitter" to appear on a recording. The Fig. 2 is a sample of the recording with the conventional telewriter (A method with which the X coordinate signal frequency-modulates the Y coordinate signal is employed). In which the influence of phase jitter is remarkable.

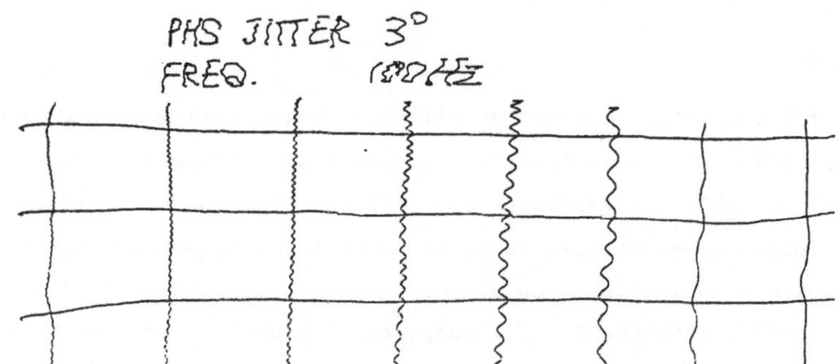

Fig. 2 Recording with the conventional Telewriter

Bild 2 Wiedergabe mit dem konventionellen Fernzeichengerät

With the new telewriter, signals are sent out to the line after the following process is done in MODEM to improve the effect of phase jitter.

1) The frequency bandwidth of the Y coordinate signal (BW_Y) is expanded as broad as possible.

2) The Y coordinate signal is amplitude-modulated by the X coordinate and

the pen down signals.

The result of analysis about to what extent signals suffering from the effect of pahse jitter with this new method is given in the Fig. 3.

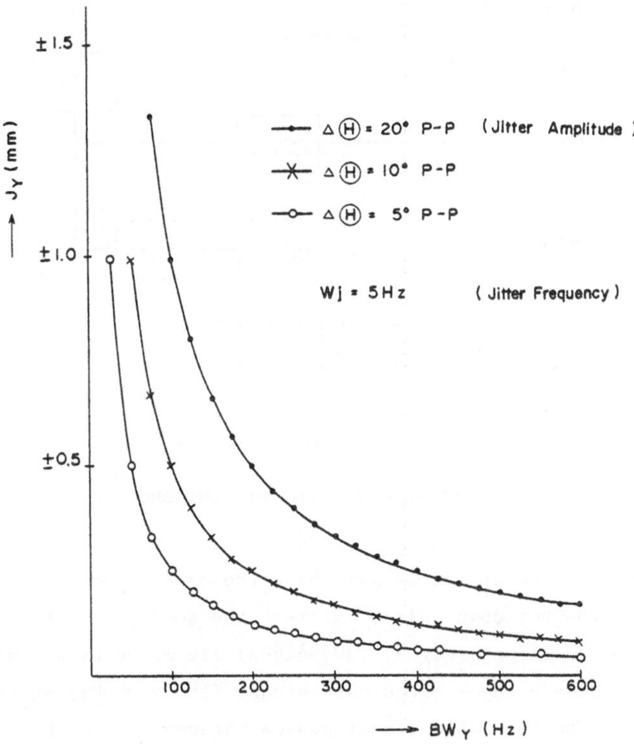

Fig. 3 Amplitude of vibration of the pen by the effect of carrier phase jitter

Bild 3 Amplitude der Zeichenstiftvibration als Funktion des Trägerphasen-Jitters

The bad effect of phase jitter can be reduced to practically permissible extent by broadening frequency bandwidth (BW_Y).

As a result, the X and Y coordinate signals pass through the public switched telephone network with the least degradation and thus graphic communication of high quality can be achieved.

The Fig. 4 illustrates the block diagram of the modem which performs the above treatments.

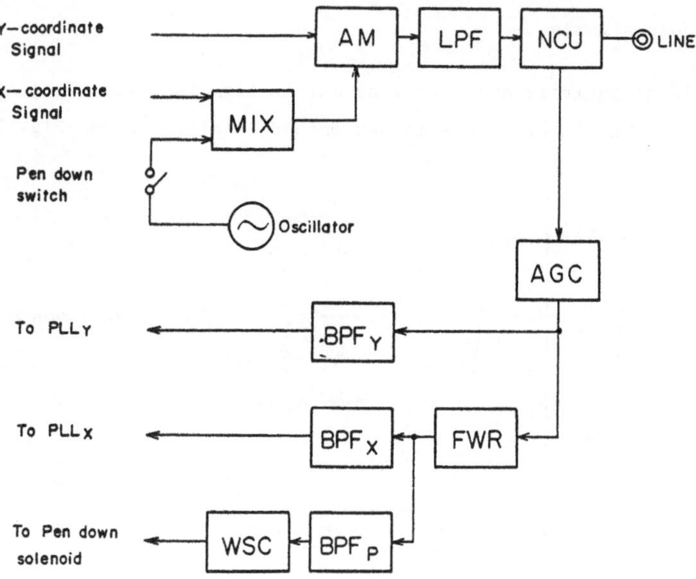

Fig. 4 Block diagramm of modem

Bild 4 Blockschaltbild des Modems

A pen down signal is generated by switching the oscillator output (80Hz) on and off with the pen down switch built-in the send pen. This pen down signal and the X coordinate signal (305∿416Hz) are mixed by the mixer (MIX) and amplitude-modulate the Y coordinate signal (1500∿2000Hz) at the modulator (AM). The modulated signal passes through the low-pass filter (LPF), where higher harmonics are removed, and is sent out to the line through the network control unit (NCU).

At the receive end the signal from the line passes through NCU and is amplified to a certain constant level by AGC. The AGC output passes through BPF_Y, where out-of-band noises are removed. It is then fed to PLL_Y. Also the AGC output fed to the full-wave rectifier (FWR), is full-wave rectified, and is then applied to BPF_X and BPF_P. The former extracts the X coordinate signal component only and give its output to PLLX. The latter extracts the pen down signal component only, and this signal serves to drive the pen down solenoid which makes the receive pen touch the recording paper after being shaped by the waveform shaping (WSC).

3. Operating Method

The Fig. 5 shows the case that both calling and called telewriter stations are manually operated. The Fig. 6 shows the case that the calling station is manually and the called station is automatically operated for unattendant operation.

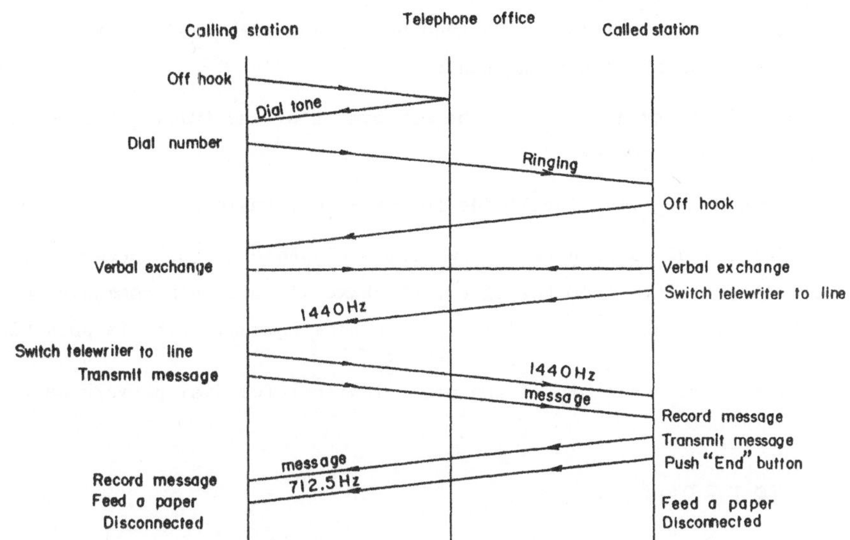

Fig. 5 Manual operation procedure

Bild 5 Ablauf bei Handbedienung

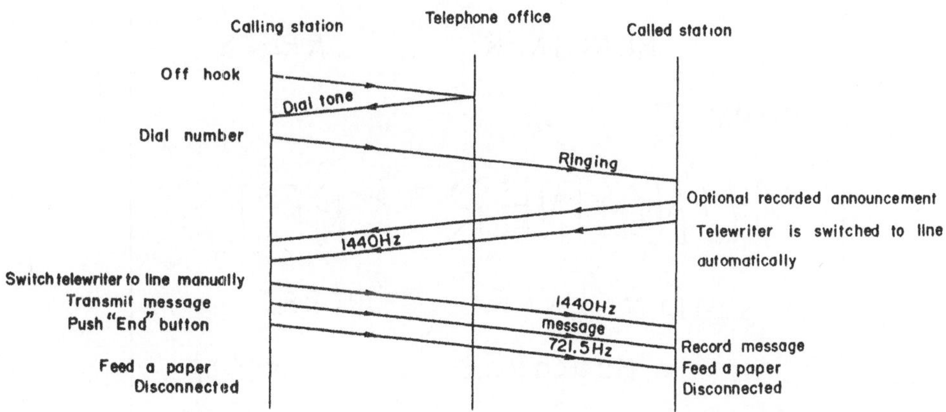

Fig. 6 Unattended receiving procedure

Bild 6 Empfangsprozedur bei unbemanntem Betrieb

4. Features and Advantages

The Fig. 7 is a record of the new telewriter which utilizes public switched telephone network.

Various functions are added to this new telewriter as a standard feature. Those include:

1) Smoothness when writing. The send pen is not linked with any mechanism except connecting cable.
2) High reliability achieved by the employment of the fully electronic pen-position detector.
3) Unattended receiving facilities for man-power saving.
4) Possibility of using a public switched telephone network because it scarecely suffers from the effect of phase jitter. Can communicate with any distant party so long as telephone communication is possible.

The Fig. 8 is a picture of the new telewriter for dial network use.

Fig. 7 Record of the Telewriter

Bild 7 Beispiel für die Wiedergabe des Fernzeichengeräts

5. Application

Various applications are considered for business use. For example, airline company, hospital, college or university and bank are using the equipment for business communication.

As a result of improvement for dial network use, the new telewriter can provide the people who have handicap for hearing and speaking with communication means over telephone network.

Telephone is very popular and useful machine to be sure, but has no use for those people at all. With the telewriter, they can communicate with a distant party over "telephone" lines by just writing on the writing table.

In Japan, some state government is introducing the communication services for those people and the government has a good reputation.

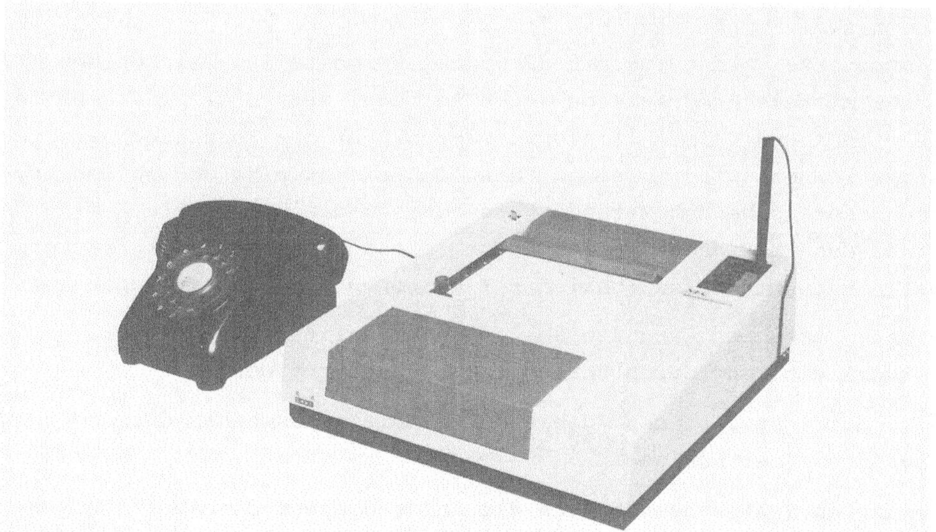

Fig. 8 The new Telewriter

Bild 8 Das neue Fernzeichengerät

Fernzeichengerät für den Einsatz in Wählnetzen

M. Miyashita, K. Mori, K. Sato
Tokyo, Japan

Mit Hilfe von Fernzeichengeräten lassen sich handschriftliche Notizen oder jede andere Form graphischer Darstellungen sofort und auf direktem Wege übertragen.

Der Anwendungsbereich der vorhandenen Anlagen ist jedoch auf die Übertragung im selben Gebäude bzw. auf sehr kurze drahtgebundene Übertragungswege beschränkt. Um große Entfernungen im Fernsprechnetz überbrücken zu können, ist es notwendig, die Modulation zu verbessern, um die durch den Trägerphasenjitter verursachte Verminderung der Übertragungsqualität zu beseitigen. Abb. 2 zeigt die Auswirkungen des Trägerphasenjitters.

Bei der Übertragung der Handschrift wird die Position des Schreibstiftes durch zwei Komponenten bzw. die X- und Y-Koordinaten beschrieben. Jede Komponente wird durch ein NF-Signal dargestellt, welches dem Trägersignal mittels Frequenzmodulation aufmoduliert wird. Um die beiden Komponenten X und Y im Multiplexverfahren über das Fernsprechnetz übertragen zu können, wird im neuen Fernzeichengerät eine Modulation entsprechend der folgenden Methode vorgenommen: die Komponente X wird der Amplitude des FM-Signals aufmoduliert, die Komponente Y der Frequenz. Darüber hinaus wird das Signal der Y-Komponente möglichst expandiert.

Mit diesem Verfahren kann die Übertragungsqualität wirkungsvoll vor einer Verschlechterung durch Phasenjitter geschützt werden.

Abb. 1,3 und 4 stellen den Aufbau des Modulationsschemas dar und zeigen die Ergebnisse der Analyse.

Die einfachen Bedienungsvorgänge der Anlage zeigen die Abb. 5 und 6.

Zu den Leistungsmerkmalen und Vorteilen gehört auch die Möglichkeit eines selbsttätigen Empfangs. Dies spielt bei der Erweiterung des Anwendungsbereichs eine bedeutende Rolle.

Es können verschiedene Anwendungsmöglichkeiten in Erwägung gezogen werden. Als eine Folge der beschriebenen Verbesserungen kann das Gerät über ein Wählnetz betrieben werden und bietet somit z.B. Taubstummen die Möglichkeit, an der Kommunikation über ein Fernsprechnetz teilzunehmen. Die empfangene Kopie im Vergleich mit dem Original ist in Abb. 7 dargestellt.

Displayphone: An Interactive Graphical Communication Experiment

C. C. Cutler
Holmdel, New Jersey, USA

Abstract

An experimental system for combined voice, soft facsimile graphics, alphanumeric, and scratch pad communications is described. Laboratory experience lends credibility to its practical utility.

1. Introduction

For several years engineers at Bell Laboratories have been experimenting with ways to provide enhanced communication over the ordinary telephone network. We, in the Research Department have imagined a system which would provide still pictures, (or pictures with only small areas of motion), high resolution graphics with scratch-pad and curser (ie. manual pointing) features, keyboard control and input, visual display and hard copy output; all with the aid and control of a microprocessor. Today, of course, it is possible to build such instrumentation. The real problems are to make it economical, and to engineer it in a form that will be attractive and easy to use.

2. The Terminal

We have imagined a terminal that would look like this:

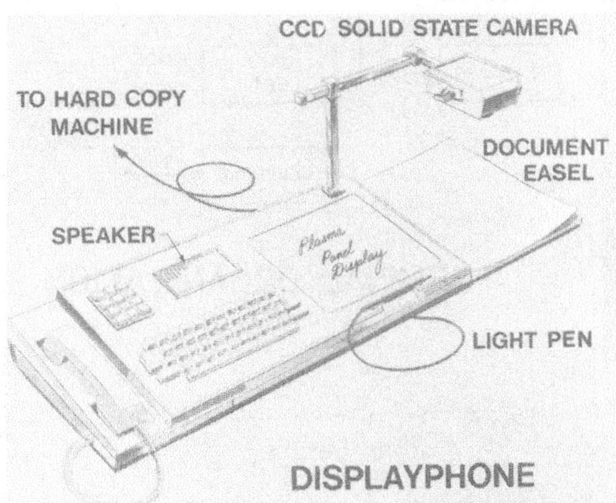

Fig. 1 Diagramatic view of idealized DISPLAYPHONE terminal

Bild 1 Schematische Ansicht eines idealisierten DISPLAYPHONE Terminals

Fig. 2 The present implementation of the terminal

Bild 2 Gegenwärtige Ausführung des Terminals

(Figure 1)[1,2]. It would fit into a desk top, except for the camera and the telephone handset. Actually, at this time, our working instrumentation looks like this: (Figure 2), and the purpose of my talk is to describe its features and our brief experience with its use.

This work was done principally by R. C. Brainard and T. P. Sosnowski in my organization at Bell Labs. They have made four terminals and have experimented with operation over ordinary telephone lines over distances of up to 50 kilometers. What I will describe is already a practical operation as far as the technology is concerned. We have much to learn about the subjective factors, and the practicality of its use by a non-technical person.

3. Organization

The instrumentality shown has five main features beside the telephone handset. There is a camera and document stand. Initially a standard vidicon camera was modified to give a slow raster scanned output. Now we have a much more satisfactory high resolution output from a linear charge coupled device (CCD) scanner. The image may be scanned, transmitted and displayed in from 1/2 to 4 minutes, depending upon the nature of the image and the transmission rate used.

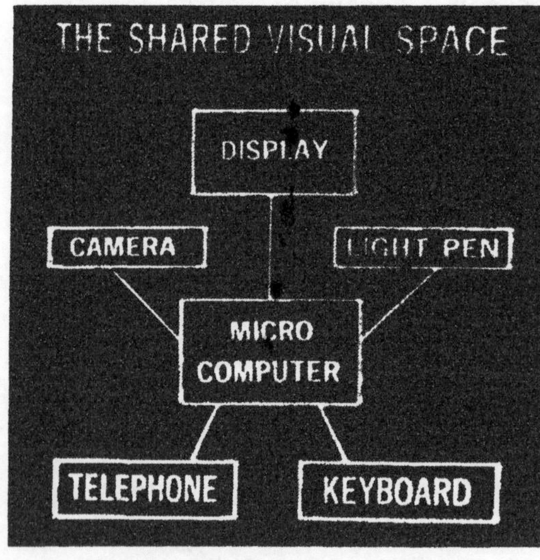

Fig. 3 Arrangement of the important parts of the terminal (as transmitted and displayed on the terminal)

Bild 3 Anordnung der wichtigsten Teile des Terminals (übertragen und dargestellt auf dem Sichtschirm)

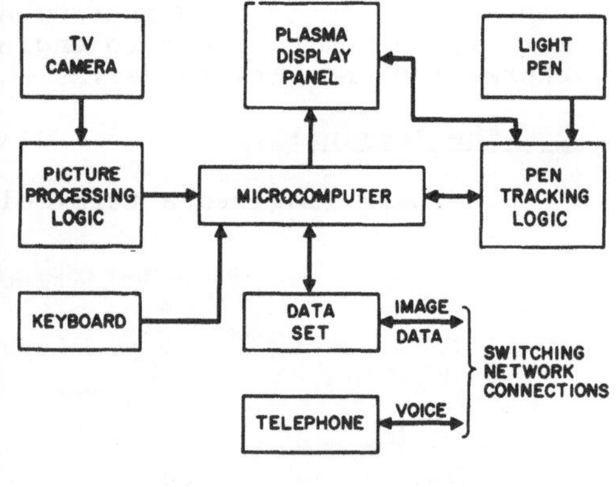

Fig. 4 Details of the terminal organization

Bild 4 Blockschaltbild des Terminals

Alternative displays will be discussed later.

The display shown is a plasma panel; a modified DIGIVUE* panel[3,4] made by Owens Illinois, Inc. with a matrix of 512 x 512 discharge points.

Another element of the system is a keyboard which allows alphanumeric inputs, and provides an input for commands necessary to change modes of operation.

Internal to all of this is a microprocessor (an Intel 8080 with 8k bytes of RAM and 16k of PROM) which controls the operations. The basic structure is shown in Figure 3. (This figure is an example of the imaging performance; it was photographed from the display itself, with input from a drawing via the camera).

More detail of the terminal interconnection is shown in Figure 4, which indicates that there is more logic in the control functions than that provided by the microprocessor. Dedicated circuits control the camera and the light pen.

In addition to what is shown, there is an auxiliary magnetic bubble memory. For most applications the plasma panel itself provides an adequate memory, but it is frequently desirable to store an image while other graphical manipulations are made, and be able to recover the stored image later.

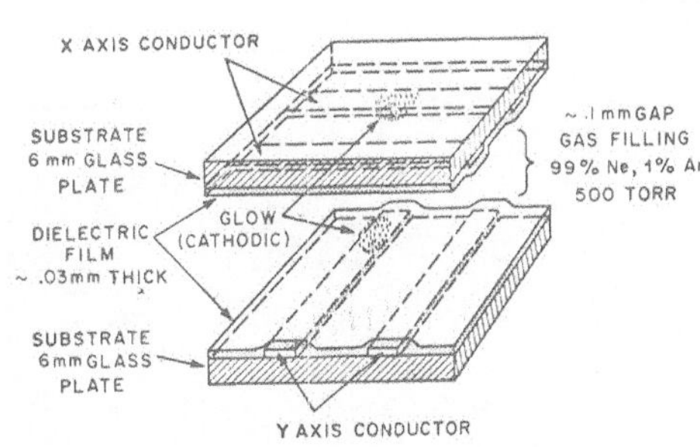

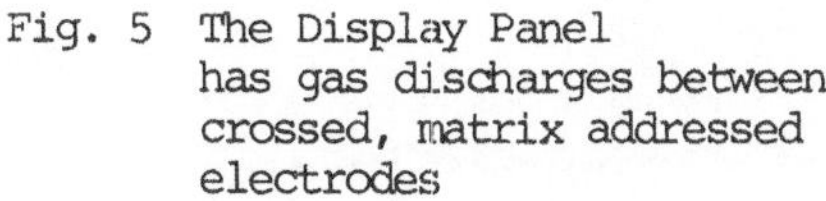

Fig. 5 The Display Panel has gas discharges between crossed, matrix addressed electrodes

Bild 5 Der Plasma-Sichtschirm besteht aus Gasentladungsstrekken zwischen gekreuzten, Matrix-adressierten Elektroden

Fig. 6 Hand writing as transmitted on DISPLAYPHONE

Bild 6 Beispiel für die Übertragung von Handschrift auf dem DISPLAYPHONE

Registered trademark of Owens-Illinois, Inc.

There are many alternatives to the plasma panel display; some with distinct advantages. (A kinescope display has been used on occasion, for comparison with the plasma panel.) We like the plasma panel because of the sharpness and graphical accuracy provided. The display consists of tiny discharges between crossed conductors, as shown in Figure 5. The panel is thin and transparent, so that images can be superimposed from behind, or the display can be photographed from behind.

A principal advantage of the plasma panel for graphics is that the matrix of discharge sites is fixed and accurate. In contrast to kinescope displays, straight lines are really straight, and circles are round; features can be repeated in register and resolution of a single line or point can be used without the annoyance of the interlace flicker which prevents using 525 line resolution in a kinescope effectively. The panel retains a written image until it is erased, - i.e. it is its own memory. A disadvantage of the plasma panel is that it is inherently bi-level, i.e. - a point is either on or off; there is no intermediate gray. For many sketches and line drawings this is not a problem, but sometimes it matters. Also, of course, the striking advantages of a multicolor display are lacking.

The light pen may be used in several modes, - a broad brush write and erase, a fine line mode, or an inverted contrast mode as shown in Figure 6. It has taken considerable ingenuity to achieve fast tracking of the pen on a plasma panel, but through a process of localized pen-search based on previous values[5,6] and of interpolating linearly between successive detections, fast tracking and writing has been accomplished. If it is desired to show levels of gray, this can be done with an "ordered dither" process[7,8] with the quality shown in Figures 7 and 8.

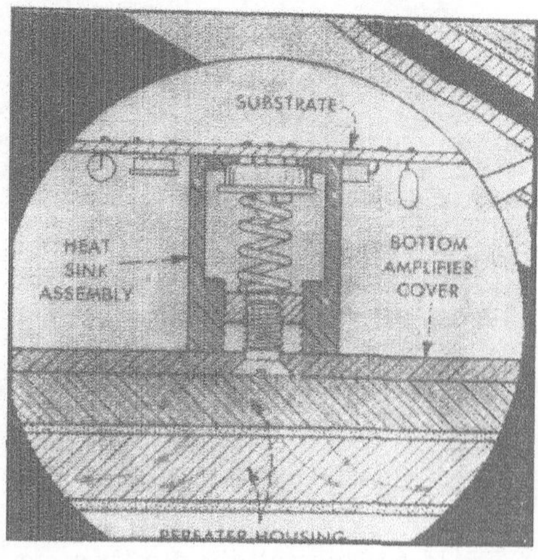

Fig. 7 Engineering drawing with gray scale produced by the dither process

Bild 7 Technische Zeichnung mit Graustufen, die durch einen Dither-Prozeß erzeugt werden

Fig. 8 Portrait transmission using dither in the display

Bild 8 Portrait-Übertragung mit Anwendung des Dither-Verfahrens auf dem Bildschirm

True, the simulated continuous tone picture so obtained appears noisy when viewed closely and the useful detail is inversely related to the contrast, but very useful multilevel displays are obtained.

There are other advantages in the use of a microprocessor to control the system. Logic is available for graphic aid in producing common geometric forms.

Fig. 9 Computer graphical aides provided by the resident microprocessor enhance the capability of the system

Bild 9 Computergraphik, die durch den eingebauten Mikroprozessor ermöglicht wird

Figure 9 for instance was drawn using the light pen in conjunction with keyboard instructions so that a straight line or circle is defined by two points indicated with the light pen, resulting in an accuracy and clarity not possible with unaided free hand sketching. Also, sections of a figure can be moved, magnified or replicated by manipulations of the pen in conjunction with the keyboard.

Finally, the system contains a voice band coder which produces a data signal for transmission to similar terminals over ordinary telephone circuits. At present one line is used for graphical image data with half duplex operation. A second line is used for speech. All of the operations described result in identical displays at the two terminals, and multiple (conference) circuits are possible. Since the input can be from either or both terminals and transmitted in real time, this is a true graphical communication system.

4. Discussion

It may be argued that only a fraction of person to person communications have any need for the graphical and visual capability that this system provides, but this may well be because we, the users, have grown up in a world where graphical communication over long distances was never available. One seldom misses that which he has never experienced. There are many places where it appears that a graphics facility would be very useful; - between designers or builders; in sales and education, and as a service to the deaf. Who know what uses would develop if such a system were generally available? Our experience in using this system indicates that it provides a very satisfying kind of "shared visual space".

There is a challenge, however, in making a complete graphics communication facility useful to the new or the casual user. While a few dozen keyboard commands are no problem for the system designer to master, they can be a formidable challenge to someone else. A great deal of human engineering and testing will be necessary, and perhaps some serious redesign will be necessary to develop a really "friendly" user environment.

References

1. W.H.Ninke, R. C. Brainard, P.D.T.Ngo and T.P. Sosnowski, "An Experimental Display Telephone," Internation Zurich Seminar on Digital Communications, 1976, pp.B6.1-B6.6.

2. T. P. Sosnowski, R.C. Brainard, "A Microprocessor Based Visual Communication Terminal," Digest of Technical Papers of SID, 1976 Int. Symposium, pp.70-71.

3. D. L. Bitzer, H. G. Slottow, "The Plasma Display Panel - A Digitally Addressable Display with Inherent Memory," Proc. of the FJCC, Vol. 29, 1966, pp. 541-547.

4. W. E. Johnson, L. J. Schmersal, "A Quarter-Million Element AC Plasma Display with Memory," Proc. of the SID, Vo. 13/1, 1972, pp. 56-60.

5. P.D.T.Ngo, "New and Simple Light Pen Position Detection Technique for Interactive Plasma Display Systems," Conf. Digest, 2nd U.S.A.-Japan Computer Conf., 1975, pp. 464-469.

6. A. C. Cribbs and P. D. T. Ngo, "A Display Memory Limit with Light Pen Capability," SID Int. Symposium, Digest of Papers, 1976, pp. 60-61.

7. C.N. Judice, J.F. Jarvis and W.H. Ninke, "Using Ordered Dither to Display Continuous Tone Pictures on an AC Plasma Panel," Proc. of the SID, Vol. 15/4, 1974, pp. 161-164.

8. J.F. Jarvis, C.N. Judice and W. H. Ninke, "A Survey of Techniques for the Display of Continuous Tone Pictures on Bilevel Displays," Computer Graphics and Image Processing, 1976.

This paper was planned for the Symposium, but could not be read.

Displayphone: Ein interaktives graphisches Versuchssystem

C. C. Cutler
Holmdel, New Jersey, USA

Die neueren Fortschritte in der Elektronik ermöglichen eine wesentliche Verbesserung und Erweiterung der Telekommunikation zwischen Menschen. In den Bell-Laboratorien wurde ein System entwickelt, bei dem eine CCD-Kamera, eine Tastatur und ein Lichtgriffel als Eingabe für ein Terminal dienen, das von einem Mikroprozessor gesteuert wird. Zur Text- und Bildausgabe wird ein flacher Plasma-Sichtschirm mit 512 x 512 Bildpunkten verwendet. Das vielseitig einsetzbare Gerät, das momentan erprobt wird, erlaubt eine zweiseitige Kommunikation über Fernsprechverbindungen.

Fernkopieren, Stand in den USA

G. Leue
Carmel Valley/Cal., USA

1. US-MARKT - HEUTE

1.1. Marktzahlen, Marktanteile, Angebotsspektrum

Bei Abwägen der divergierenden Zahlen, die angesehene spezialisierte Marktforschungsinstitute benennen, bekommt die Annahme von ca. 150.000 installierten Geräten im Jahre 1977 die größte Wahrscheinlichkeit. Knapp 20 Mitbewerber offerieren mehr als 70 unterschiedliche Produkte. Die Anzahl benutzter Geräte dürfte damit annähernd 30 mal größer sein als in der Bundesrepublik Deutschland; der Varianten-Reichtum ist viel umfangreicher. Abb. 1 zeigt die Entwicklung seit 1966, Abb. 2 die Marktanteile der wichtigsten Hersteller, Abb. 3 + 4 benennen die, in sich nicht oder nur durch Zusätze kompatiblen, verschiedenen Kategorien von Fernkopierern.

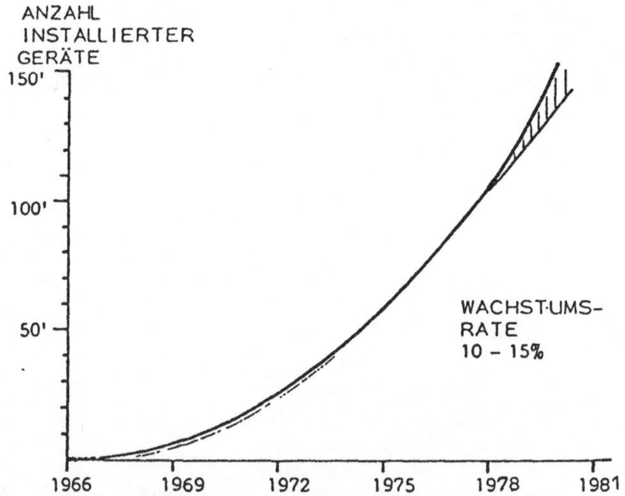

Abb. 1 Fernkopieren in den USA

Fig. 1 Facsimile equipment in the USA

		BEI DEN 900 GRÖSSTEN US-FIRMEN
XEROX	55%	42%
GRAPHIC SCIENCES	16%	26%
3M	14%	23%
RAPIFAX	2%	4%
QWIP	7%	1%
ALLE ANDEREN (STEWART WARNER TELE AUTOGRAPH INFO LINK U.A.)	6%	4%
	100%	100%

QUELLE: THE YANKEE GROUP

Abb. 2
Hersteller-Marktanteile
in den USA (Ende 1976)

Fig. 2
Market share of manufacturers
in the USA (end of 1976)

- QWIP 1000 = NICHT-KOMPATIBEL NIEDRIG-PREIS-GERÄT — 6 / 4 MINUTEN
- XEROX-QUASI-STANDARD — 6 / 4 MINUTEN
  KOMPATIBILITÄT ZWISCHEN
  QWIP 1200
  XEROX 400 + 410
  3M
  MAGNAFAX 850
  GRAPHIC SCIENCES
  (DURCH UMSCHALTUNG AUF FM)
  80% ALLER IN DEN USA INSTALLIERTEN MASCHINEN
- CCITT - GRUPPE 1 — 6 / 4 MINUTEN
- CCITT - GRUPPE 2 — 3 / 2 MINUTEN
  - o SIEMENS
  - o GRAPHIC SCIENCES (OLYMPIA)
  - o 3M 2346
- RAPIFAX DIGITAL-GERÄT UNTER — 1 MINUTE
- CCITT - GRUPPE 3 UNTER — 1 MINUTE

  VORAUSSICHTLICH
  - GRAPHIC SCIENCES
  - 3M EXPRESS 9600
  - QUICK-FAX (FUJITSU + NIPPON ELECTRIC)

NICHT KOMPATIBLE GERÄTE — 3 / 2 MINUTEN

- XEROX 200
- GRAPHIC SCIENCES DEX 4100 / DEX 760

Abb. 3 + 4
Kategorien von Fernkopierern

Fig. 3 + 4
Categories of facsimile

1.2. Großanwendungen, Benutzungsstruktur

Neben einer Vielzahl von Einzelinstallationen mit Billig-Geräten bei Klein- und Mittelunternehmen ist zunehmend häufiger der Einsatz von Fernkopierern als integrierter Bestandteil umfassender Kommunikations-Netze zu finden. Dabei sind die Bundesbehörden und die Telefongesellschaften führend. Die Pionierrolle der Bundesbehörden wird durch ein spezielles Kommunikations-Netz erleichtert, das allen angeschlossenen Dienststellen die Übermittlung von Faksimile-Nachrichten entfernungsunabhängig für 14 cts. pro Minute ermöglicht. Die Abb. 5 benennt einige Großbenutzer, die Abb. 6 + 7 geben Aufschluß über Formen der Nutzung.

- USA-BUNDESREGIERUNG

  (MEHR ALS 8 000
  VORAUSSAGE FÜR BEGINN DER 1980ER 30 000)

- TELEFON-GESELLSCHAFTEN

- ELECTRONIC REALTY ASSOCIATES

  MEHR ALS 1 000
  GERÄTE; FAST TAUSEND MAKLER SIND
  MITGLIEDER (MONATLICHE KOSTEN
  ZWISCHEN $ 200.-- UND $ 850.--)

FEDERAL TELECOMMUNICATION SYSTEM
BERECHNET 14 CENTS / MINUTE
ENTFERNUNGSUNABHÄNGIG IN DEN USA

QUELLE: IRD

Abb. 5 Größte Benutzer in den USA
Fig. 5 Large quantity users in the USA

1.3. Wahrscheinliche Gründe für den US-Vorsprung

Die Abb. 8 listet eine Reihe von Gründen, die, für sich oder gemeinsam, Ursache für die Diskrepanz zwischen dem Umfang der Anwendung in den USA und dem in der Bundesrepublik Deutschland sein könnten. Der Punkt 6 (besseres Klima für unternehmerische Initiativen) mag beides

- das umfangreichere Angebot
- die intensive Nutzung in Spezialanwendungen (Beispiel: Nutzung von Fernkopierern im Häuser-Makler-Verbund)

erklären.

6 / 4 : 6 MINUTEN 59% 4 MINUTEN 41%

3 / 2 : 3 MINUTEN 61% 2 MINUTEN 39%

QUELLE: THE YANKEE GROUP

Abb. 6 US-Erfahrung in der Nutzung umschaltbarer Übertragungsgeschwindigkeiten

Fig. 6 Experience in USA on the use of interchangeable transmission speeds

77% ALLEN FERNKOPIERER-VERKEHRS WIRD ZWISCHEN UNTERNEHMENSTEILEN DER GLEICHEN FIRMA ABGEWICKELT (EXTERN UND INTERN)

23% IST EXTERNER VERKEHR MIT ANDEREN

QUELLE: THE YANKEE GROUP

Abb. 7 US-Erfahrung über Verkehrsaufteilung

Fig. 7 Experience in USA on the distribution of traffic

1.4. Probleme auf der Herstellerseite

Die in Abb. 9 aufgeführten Punkte sind selbsterklärend. Besonders kritisch ist das stark ausgeprägte (kurzfristige) Mietgeschäft, das in Verbindung mit den schnellen technischen Fortschritten Gefahren für den Hersteller bringt. Es leuchtet ein, daß die über die ganzen USA vorliegende regionale Streuung erhebliche Anforderungen an Fehler-Diagnostik und Wartungs-Organisation stellen.

- STÄRKERES MARKETING
- GERINGERE TELEX DURCHDRINGUNG
- NIEDRIGERE TELEFONKOSTEN (BESONDERS BEI WEITEN ENTFERNUNGEN)
- EIGENE NETZE BZW. WATS
- GRÖSSERE AUFGESCHLOSSENHEIT BEIM ANWENDER
- BESSERES KLIMA FÜR UNTERNEHMERISCHE INITIATIVEN
- LANGER POSTWEG (UNZUVERLÄSSIG)
- PIONIERROLLE DER BUNDESBEHÖRDEN
- GRÖSSERE TELEFONDICHTE
- STÄRKERES BEDÜRFNIS NACH SCHNELLER INFORMATION

Abb. 8 Wahrscheinliche Gründe für US-Vorsprung

Fig. 8 Probable reasons for the leading position of the USA

- SCHNELLER TECHNISCHER FORTSCHRITT
- ÜBERWIEGEND MIETGESCHÄFT (97%)
- BREITE REGIONALE STREUUNG
- QUALITÄT DES WARTUNGSDIENSTES (BEISPIEL: REMOTE DIAGNOSTIK VON 3M)

Abb. 9 Probleme auf der Hersteller-Seite

Fig. 9 Manufacturers problems

2. VORHERRSCHENDE TRENDS

2.1. Billig-Geräte

Die stärksten Zuwachsraten weisen Billig-Geräte auf, die dem Fernkopieren auch in kleinen Unternehmen und in Anwendungen mit geringer Auslastung einen Platz verschaffen.

Ein neu angekündigtes Gerät von Graphic Sciences (einer Burroughs-Tochtergesellschaft), das Modell "1101" ($ 44,-- Monatsmiete), für 4/6 Minuten FM-Analogbetrieb gehört zu dieser Kategorie. Vor allem aber hat eine Exxon-Tochtergesellschaft mit dem Fernkopierer "QWIP 1000" diesen Teil des Marktes erschlossen ($ 29,-- Monatsmiete).

Da der Nachteil mangelnder Kompatibilität mit anderen Fernkopierern durch Kompatibilitätszusätze in korrespondierenden Geräten und vor allem aber durch die Benutzung von "Mehrwert"-Computer-Netzwerken (Value Added Specialized Common Carriers) weitgehend ausgleichbar ist, wird diesem Trend auch weiterhin große Bedeutung beigemessen.

2.2. Digitalgeräte

Die Vorteile digitaler Faksimile-Techniken werden in Abb. 10 aufgezeigt. Digitalgeräte weisen gleich große Wachstumsraten auf wie die Billig-Geräte und werden zunehmend mehr zum Rückgrat der sich zumindest bei Großunternehmen rasch durchsetzenden "Electronic Mail".

- SCHNELLE ÜBERTRAGUNG
- REDUNDANZ REDUKTION
- BENUTZUNGSMÖGLICHKEIT DIGITALER LEITUNGEN
- ZEICHEN-ERKENNUNG UND -GENERIERUNG LEICHT EINBAUBAR
- DATENSCHUTZ DURCH DIGITALE VERSCHLÜSSELUNG (CHIFFRIER-ALGORITHMUS)
- VIEL MIKRO-ELEKTRONIK = STARK SINKENDE PREISE

Abb. 10 Vorteile digitaler Faksimile-Techniken

Fig. 10 Advantages of digital facsimile techniques

Ihr gewichtigster Vorteil, die Redundanz-Reduktion, die zu einer starken Verringerung der Anzahl von Bits für die zu übertragende Anzahl von Bildpunkten führt, ist noch Gegenstand intensiver Untersuchungen. Gegenüber dem in den meisten Digital-Fern-Kopierern angewandten modifizierten Huffmann-Code bringt z. B. die in den Abb. 11 - 13 beschriebene "RAC"-Methode (Relative Address Coding) eine bis zum Dreifachen günstigere Reduktion. Sie ist besonders für Geräte mit hoher Punktauflösung geeignet.

Aus der Mustererkennung (Pattern Recognition)-Forschung gingen bereits aber auch schon bessere Verfahren hervor. Über einen dieser Algorithmen wird im Absatz "Überblickbare Zukunftaspekte" berichtet.

In Anbetracht dieser sich noch rasch verändernden Entwicklung sehen viele Fachleute in den USA die Verzögerung in den Standardbemühungen der CCITT für Digitalgeräte als ein Ereignis an, daß vielleicht sogar zu begrüßen ist.

NEUER DIGITALER FERNKOPIERER
DER JAPANISCHEN FIRMA

KOKUSAI DENSNIN DENWA CO. LTD.,
TOKIO

QUICK-FAX

FÜHRT "RAC" (RELATIVE ADDRESS CODING) EIN.

EINE METHODE, DIE EINE BIS ZUM DREIFACHEN BESSERE REDUKTION BRINGT ALS BISHER BENUTZTE VERFAHREN DER LAUFLÄNGEN-CODIERUNG.

<u>PREIS:</u>

NOTWENDIGKEIT ZU NOCH BESSEREN FEHLERERKENNUNGSTECHNIKEN UND AUTOMATISCHER ÜBERTRAGUNGS-WIEDERHOLUNG

Abb. 11 Fortschritte in der Redundanz-Reduktion

Fig. 11 Progress in redundancy reduction

Abb. 14 + 15 benennen die wichtigsten Einrichtungen in zwei der jüngsten Digitalgeräte, dem Express 9600 von 3 M und der 5100 von Graphic Sciences.

2.3. Automatischer Betrieb

Speziell im Hinblick auf den Aufbau von Fernkopierer-Netzen kommt den diversen Zusätzen zur Automatisierung des Betriebes große Bedeutung zu. Abb. 16 zeigt auf, welche Zusatzeinrichtungen bekannt sind und benutzt werden.

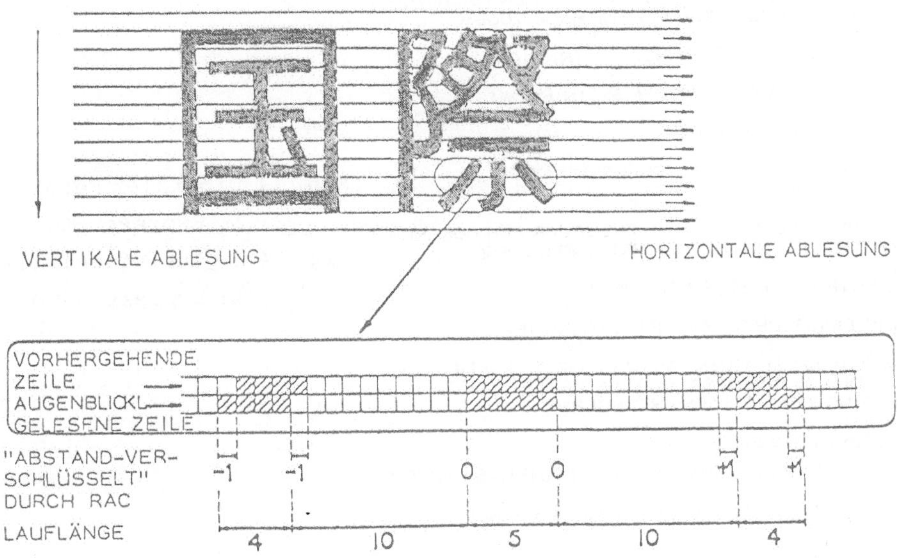

Abb. 12 Prinzip der "Relative Address Coding"-Methode

Fig. 12 Principle of the "Relative Address Coding" method

ÜBERTRAGUNGSZEIT & KOMPRESSIONSFAKTOR

(A4, 4,800 b/s)

ÜBERTRAGUNGSZEIT OHNE DATENKOMPRESSION (B)

4	3.85	3m 20s
8	7.7	13 20

			LINIEN / MM Horiz.	Vert.	ÜBERTRAGUNGS-ZEIT (A)	KOMPRESSIONS-FAKTOR (C = B/A)
1	JAPANISCHES ZEICHEN		4	3.85	26.8 sec.	7.5
			8	7.7	51.6	15.5
2	CCITT TEST DOC.	GRAPHIK	4	3.85	15.9	12.6
			8	7.7	32.4	24.7
3		BRIEF	4	3.85	18.0	11.1
			8	7.7	32.6	24.6
4		RECHNUNG	4	3.85	25.9	7.7
			8	7.7	50.0	16.0

Abb. 13 Quick-FAX (KDD Labs. Dez. 1976)

Fig. 13 Quick- FAX (KDD Labs. Dec. 1976)

- ÜBERTRAGUNGSZEIT (INHALTABHÄNGIG). TYPISCHE ZEIT FÜR EINE 1500 ZEICHEN-NACHRICHT: 20 SEK. BEI NUTZUNG DES 9600 BAUD MODEM
- HORIZONTALE AUFLÖSUNG: 4 LINIEN/MM
- VERTIKALE AUFLÖSUNG: 4.85 LINIEN/MM
- SOLID STATE SCANNER
- DATEN-KOMPRESSION GEMÄSS CCITT GRUPPEN EMPFEHLUNG
- AUTOMATISCHE DOKUMENTENZUFUHR FÜR DOKUMENTE UNTERSCHIEDLICHER STÄRKE UND GRÖSSE
- ELEKTROSTATISCHER DRUCKER
- DIELEKTRISCH BESCHICHTETES PAPIER
- 9600 BAUD LSI MODEM, AUTOMATISCHE ADAPTIERUNG AN 7200, 4800, 2400 BAUD, WENN DIE LEITUNGS-BEDINGUNGEN DIESES ERFORDERN
- AUTOMATISCHER EMPFANG
- AUTOMATISCHES WÄHLEN DURCH CODIERTE KARTEN
- AUTOMATISCHES, ZEITGESTEUERTES SENDEN
- POLLING
- LOKALE KOPIERMÖGLICHKEIT
- VOLL DUPLEX

Abb. 14 Digitaler Fernkopierer 3M Express 9600
Fig. 14 Digital facsimile set 3M Express 9600

- ÜBERTRAGUNGSZEIT ABHÄNGIG VOM INHALT TYPISCHE ZEIT FÜR EINE VOLLE DIN A4-SEITE BEI VERWENDUNG EINES 9600 BAUD MODEMS: 20 SEK
- HORIZONTALE AUFLÖSUNG: 8 LINIEN/MM
- VERTIKALE AUFLÖSUNG WAHLWEISE 2.5 L/MM
3.85 L/MM
7.7 L/MM
- FLACHBETTLESUNG MIT 1728 BILDPUNKTEN/ZEILE - CCD
- VOLL-DUPLEX ALS ZUSATZ
- AUTOMATISCHE DOKUMENTENZUFUHR FÜR DOKUMENTE UNTERSCHIEDLICHER GRÖSSE UND GEWICHT
- REDUKTIONSALGORITHMUS NACH CCITT-GRUPPE-3 ENTWURF
- 9600 BAUD MODEM, SCHALTBAR AUF 7200, 4800 ODER 2400 BAUD
- ABWÄRTS-KOMPATIBILITÄT, FÜR 2/3 MIN DEX-SYSTEME UND ALLE SYSTEME NACH CCITT-GRUPPE 2 MIT AUTOMATISCHER ANPASSUNG
- ELEKTROSTATISCHES DRUCKSYSTEM MIT SOLID STATE MULTI STYLUS, TONER UND "COMPRESSION FUSING"
- ELEKTROGRAPHISCHES PAPIER VON DER ROLLE
- AUTOMATISCHER EMPFANG
- AUTOMATISCHES WÄHLEN, ZEITABHÄNGIG AUFGRUND GESPEICHERTER NUMMERN UND POLLING
- TELEPHONE SCHNITTSTELLE

Abb. 15 Digitaler Fernkopierer Graphic Sciences 5100
Fig. 15 Digital facsimile set Graphic Sciences 5100

- STAPELZUFÜHRUNG
- AUTOMATISCHES SENDEN
  - DURCH POLLING
  - DURCH AUTOMATISCHES WÄHLEN, ZEITGESTEUERT
- AUTOMATISCHES EMPFANGEN
- AUTOMATISCHES "HANDSHAKING"
- PAPIERZUFUHR VON DER ROLLE MIT AUTOMATISCHEM SCHNEIDEN
- AUTOMATISCHE ANPASSUNG DER ÜBERTRAGUNGSGESCHWINDIGKEIT AN DIE LEITUNGSQUALITÄT
- AUTOMATISCHER KENNUNGSGEBER
- "BROADCASTING"

Abb. 16 Leistungsmerkmale bei automatischem Betrieb

Fig. 16 Features in automatic operation

2.4. Kompatibilitätszusätze

Dem Quasi-Standard im 6-Minuten-Bereich, den die anfängliche Dominanz von Xerox schuf und den CCITT-Standards der Gruppen 1 + 2 wird heute insofern umfänglich Rechnung getragen, als viele neue Geräte über Zusätze verfügen, die ergänzend zu den eigenen Eigenschaften und zu der Möglichkeit, Verbindungen zu älteren Geräten des gleichen Herstellers aufbauen zu können, Kompatibilität zu einer oder gar zu allen oben genannten Kategorien von Fernkopierern herstellen.

Damit ist eine sinnvolle Weiterverwendung der Vielzahl von vorhandenen Geräten möglich.

Natürlich müssen bei einer solchen Vorgehensweise zwei Preise gezahlt werden. Der erste liegt in den Kosten für diese Zusätze und der zweite in der Bremsung des schnelleren Gerätes, wenn es mit einem langsameren verkehrt.

Deshalb kommt der Schaffung von Kompabilität durch die Zwischenschaltung von Computer-Kommunikations-Netzwerken eine große Bedeutung zu.

2.5. Kompatibilität durch Benutzung von Computer-Kommunikations-Netzwerken

Die FCC (Federal Communication Commission) hat zur Stimulierung des Wettbewerbs eine ganze Reihe von Maßnahmen ergriffen, die die gewisse Sterilität der bestehenden Monopole weitgehend beseitigten. Dazu gehört vor allem die Zulassung der sog. "Specialized Common Carriers" und hier insbesonders derjenigen, die mit Hilfe der Paketvermittlungstechnik Computer zur Wertvermehrung (Value added) angemieteter Leitungen der etablierten Telefongesellschaften einsetzen.

Abb. 17 + 18 benennen Daten von "Graphnet" als einer dieser Gesellschaften und die Abb. 19 gibt eine Übersicht über weitere Firmen, die Dienstleistungen bei der Verbindung von Fernkopierern erbringen, die sonst nicht miteinander kompatibel wären.

Wie stark verbilligend sich die Benutzung solcher spezialisierter Netze für die Übermittlung von Fernkopien auswirken kann, geht aus der Abb. 20 hervor.

Ihr Hauptverdienst liegt jedoch in der Schaffung der Durchlässigkeit der sonst verschiedenen Netze.

" SPECIALIZED COMMON CARRIER "

- COMPUTER-NETZWERK MIT GEMIETETEN LEITUNGEN
- DIGITALISIERUNG VON ANALOGEN FAKSIMILE-SIGNALEN
- KOMPRESSIONS-TECHNIK (DURCHSCHNITTSWERT 1:5)
- KOMPATIBILITÄT MIT ALLEN IM MARKT BEFINDLICHEN FAKSIMILE-GERÄTEN (ANALOG, DIGITAL, JEDE GESCHWINDIGKEIT)
- KOMPATIBILITÄT MIT TELEX, TWX, COMMUNICATING WORDPROCESSORS, TIME SHARING-TERMINALS, COMPUTERN

Abb. 17

Leistungsmerkmale von"Graphnet"

Fig. 17

Features of "Graphnet"

- ZWISCHENSPEICHERUNG (STORE+FORWARD) UND ÜBERTRAGUNG ZU TARIFGÜNSTIGEN ZEITEN
- NACHRICHTEN-VERVIELFACHUNG
- GESPEICHERTE BRIEFKÖPFE UND UNTERSCHRIFTEN
- GESPEICHERTE ADRESSEN-LISTEN
- AUSDRUCKSMÖGLICHKEIT IM SERVICE-CENTER UND ZUSTELLUNG DURCH
  - TELEFON
  - BOTEN
  - ÖRTLICHE POST
- ARCHIVARISCHE ZWISCHENSPEICHERUNG FÜR 6 MONATE
- ANWÄHLEN ÜBER IN-WATS
- KONTINENTWEITER AUSKUNFTSDIENST FÜR FERNKOPIERER MIT 800-NUMMER
- AKZEPTANZ VON MEHR-SEITEN-NACHRICHTEN

Abb. 18

Vorteile von "Graphnet"

Fig. 18 Advantages of "Graphnet

- ITT FAX PAC
- SP COMMUNICATIONS
- RCA AMERICOM
- MCI
- TDX
- SBS

Abb. 19 Weitere "Specialized Common Carrier" Faksimile-Dienste in Vorbereitung

Fig. 19 Further "specialized common carrier" facsimile services in preparation

SOUTHERN PACIFIC COMMUNICATIONS CO. (SPCC)

EIN VON DER FCC ZUGELASSENER KONTINENTWEITER "SPECIALIZED COMMON CARRIER" OFFERIERT

SPEEDFAX

- SPEEDFAX MACHT GEBRAUCH VOM VORHANDENEN SPCC NETZ, DASS Z.ZT. ZWISCHEN 30 WICHTIGEN STÄDTEN IN DEN GESAMTEN USA BESTEHT
- SPEEDFAX OFFERIERT AUCH "STORE AND FORWARD" SERVICE FÜR VERBINDUNGEN MIT ANDERWEISE NICHT KOMPATIBLEN FERNKOPIERERN
- DER TARIF IST ENTFERNUNGSUNABHÄNGIG. ER BETRÄGT INNERHALB DER GANZEN USA 25 CENTS/ MINUTE. (VERGLEICH: TELEFON - 55 CENTS/MINUTE)
- DER KUNDE KANN EINEN DIGITAL-FERNKOPIERER FÜR $ 400.-- MONATSMIETE BEKOMMEN, IN DESSEN MIETPREIS DIE ÜBERTRAGUNG VON 500 DIN A4-SEITEN MIT ABGEGOLTEN IST.
  FÜR JEDE DARÜBERHINAUS GEHENDE MINUTE BENUTZUNG KOSTET ES 25 CENTS (ODER IM SCHNITT 15 CTS PRO DIN A4-SEITE) ABRECHNUNG ERFOLGT IM 6 SEKUNDEN-TAKT
- BEI EINEM TAGESANFALL VON 50 BLATT, KOSTET JEDES BLATT INNERHALB DER GANZEN USA, EINSCHLIESSLICH ANTEILIGER GERÄTE-MIETE UND ÜBERTRAGUNGSKOSTEN: 47.5 CTS DM 1.--

Abb. 20 "Speedfax", angeboten von der Southern Pacific Communications Co.

Fig. 20 "Speedfax" offered by Southern Pacific Communications Co. (SPCC)

3. ÜBERBLICKBARE ZUKUNFTSASPEKTE

3.1. Neue Formen Digitaler Redundanz-Reduktion in Vorschaltgeräten

Eine bedeutsame Entwicklungsarbeit derletzten Jahre führt dieser Tage zu einer Produktankündigung der Fa. Compression Labs Inc. in Kalifornien. Geräte von C. L. ermöglichen mit einer weltweit patentierten, auf Mustererkennungstheorien beruhenden, neuen mathematischen Datenkompressionsmethode eine Datenreduktion von bis zu 1 : 25 (Durchschnittswert 1 : 15). Das Gerät wird, gegebenenfalls mit Floppy Disk als Zwischenspeicher, über akustische Ankopplung mit standardsmäßigen und beim Kunden vorhandenen 6 Minuten-Faksimile-Geräten verbunden und ermöglicht die digitalisierte Übertragung von mit 96 Linien/Zoll gelesenen DIN A-4 Seiten in einer Durchschnitts-Zeit von 20 Sek. bei Verwendung eines 2.400 baud Modems
10 Sek. bei Verwendung eines 4.800 baud Modems
und 5 Sek. bei Verwendung eines 9.600 baud Modems
Die Abb. 21 und 22 verdeutlichen die Arbeitsweise.

A. NORMALE, ANALOGE
6 MINUTEN-FERNKOPIERER
BEISPIEL:

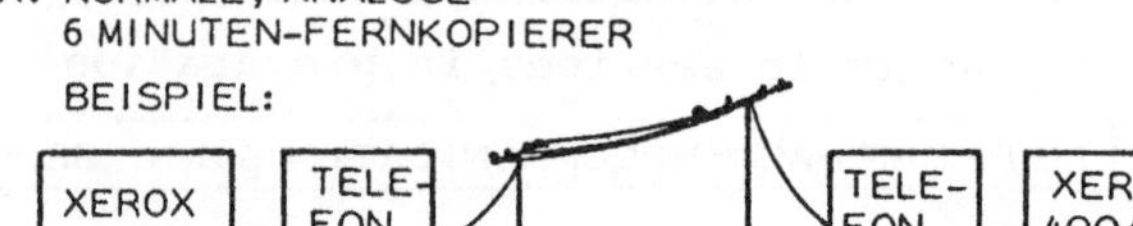

B. ANALOGE, 6 MINUTEN-FERN-
KOPIERER MIT COMPRESSION
LABS, INC. FAX-COMP-VORSATZ-GERÄT UND EINGE-
BAUTEM 2400 BAUD MODEM

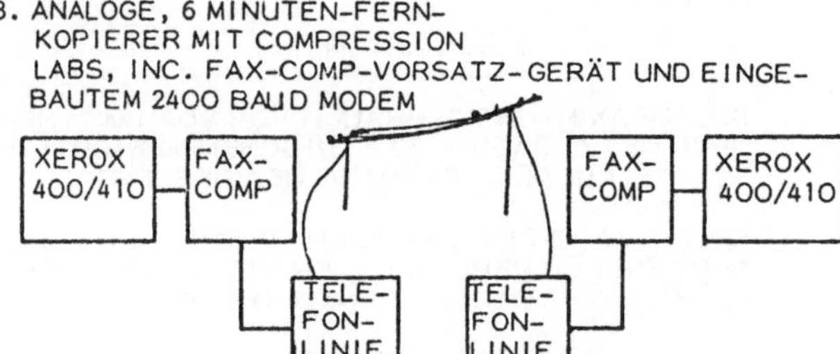

C. ANLAGE, 6 MINUTEN-
FERNKOPIERER MIT
COMPRESSION LABS, INC.
FAX-COMP-VORSATZGERÄT
UND EXTERNEM 4.800 BZW. 9600 BAUD MODEM

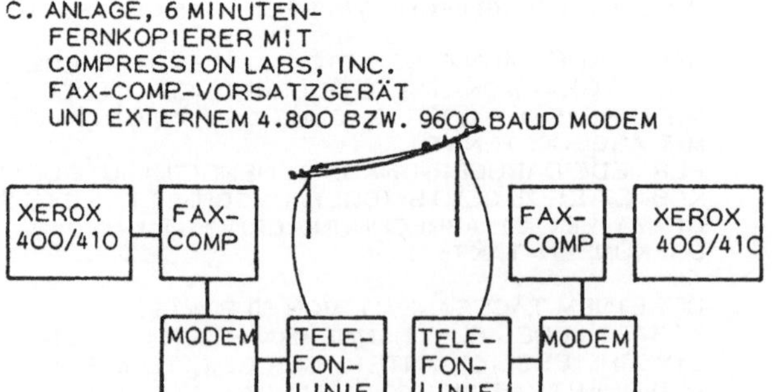

Abb. 21 Leistungsvergleiche

Fig. 21 Performance comparison

	A	B	C	
	NORMALES 6 MIN. FAKSIMILE GERÄT	6 MIN.-FAKSIMILE-GERÄT MIT FAX-COMP (2400 BAUD)	DITO MIT 4800 BAUD	DITO MIT 9600 BAUD
DURCHSCHNITTSÜBERTRAGUNGS-ZEIT FÜR EINEN GESCHÄFTS-BRIEF DER MIT 96 LINIEN/ZOLL GESCANNT WURDE (OHNE MODEM PROTOKOLL)	6 MIN	20 SEK	10 SEK	5 SEK
TELEFONKOSTEN FÜR INTER-STATE ENTFERNUNGEN IM ÖFFENTLICHEN (DDD -SELBST-WÄHL-TELEFON NETZ	$ 2,44	18 CTS	9 CTS	4,5 CTS

QUELLE: COMPRESSION LABS, INC.

Abb. 22 Leistungsvergleiche

Fig. 22 Performance comparison

Interessante Aspekte ergeben sich bei einer Extrapolation des sich hier abzeichnenden Trends nicht nur im Hinblick auf Verkürzung und Verbilligung der Übertragungszeit, sondern auch auf die digitale Speicherung von Korrespondenz, die bei stark sinkenden Preisen für elektro-mechanische Plattenspeicherung und unter Berücksichtigung neu aufkommender Archiv-Speicher-Techniken auf der Basis von Video-Disks neue Akzente für das "Büro von Morgen" setzen.

3.2. Computer-Fax: OCR-Logik und Zeichengeneratoren

Im Anbetracht der Tatsache, daß nach Ermittlungen der "Yankee Group" 83 % aller Fernkopien sich auf alpha-numerische Information beschränken, kommt auch einer logischen Weiterentwicklung der Compression Labs-Idee erhebliche Bedeutung zu. Die Steuereinheit eines "Computer-Fax" benannten neuen Produktes von Stewart Warner wurde mit einer OCR-Erkennungslogik und einem Satz von Zeichengeneratoren ausgestattet, die eine Um- und Rückwandlung bestimmter Zeichensätze in ASCII-Code ermöglichen und damit bei normalen Geschäftsbriefen Reduktionsfaktoren von bis zu 1:70 erzielen. Die Abb. 23 u. 24 erläutern die Prinzipien und benennen die erzielten Ergebnisse.

3.3. Neue Ausgabetechniken

Neben Weiterentwicklungen der Vielzahl klassischer Ausgabe-Methoden für Faksimile sind eine Fülle neuer Techniken in Erprobung und Untersuchung.

Zielsetzung ist es, zu extrem zuverlässigen, schnelleren und preisgünstigen Geräten zu gelangen, wobei die Verwendung von Normalpapier angestrebt wird. Dabei sind zwei Grundrichtungen zu verfolgen. Die eine führt

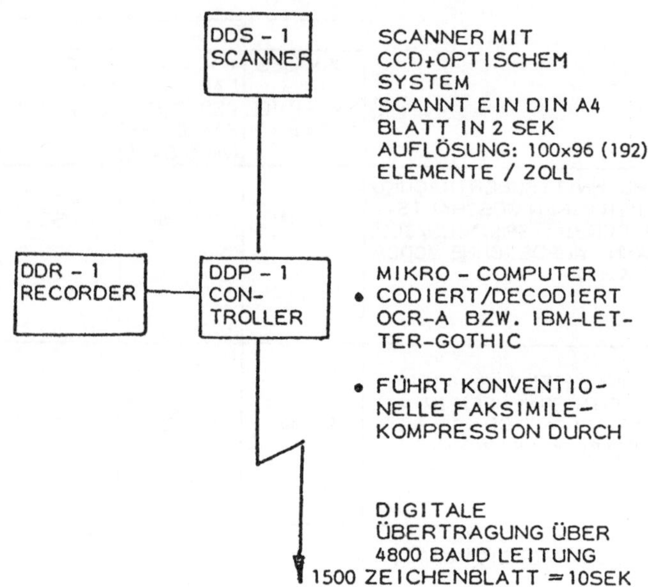

Abb. 23 "Computer-Fax", ein neues Produkt von Stewart Warner Datafax Corp.

Fig. 23 "Computer-Fax", a new product of Stewart Warner Datafax Corp.

	ANZAHL VON BITS PRO DIN A4 - SEITE MIT 1500 ZEICHEN
KONVENTIONELLE FAKSIMILE-	2 000 000
FAKSIMILE-KOMPRESSIONSTECHNIK	400 000
COMPUTER FAX	35 000

DIESE BITZAHL SCHLIESST BRIEFKOPF UND UNTERSCHRIFT MIT EIN, DIE IN STANDARD-FAX-TECHNIK ÜBERTRAGEN WERDEN.

DAS GERÄT SCHALTET AUTOMATISCH AUF STANDARD-FAX UM, WENN ES KEINE OCR-SCHRIFT ERKENNEN KANN

PREISVORSTELLUNGEN:

DDS - 1	$ 3000.--
DDR - 1	$ 4000.--
CONTROLLER	$ 6000.--

ERSTE LIEFERUNGEN:

FRÜHJAHR 1978

Abb. 24 Leistungsmerkmale von "Computer-Fax"

Fig. 24 Features of "Computer-Fax"

zur Mitbenutzung sogenannter "Intelligenter Kopierer" wie es aus Abb. 25 ersichtlich ist. Die zweite führt zu Mehrzweck-"Hard Copy"-Geräten, die für die Ausgabe von Daten, Text, Telex-Informationen sowie Faksimile in gleicher Weise geeignet sind, um (sowohl geräuscharm als auch sonst belästigungsfrei) im Büro den Hard Copy-Bedürfnissen der umliegenden Arbeitsplätze zu genügen.

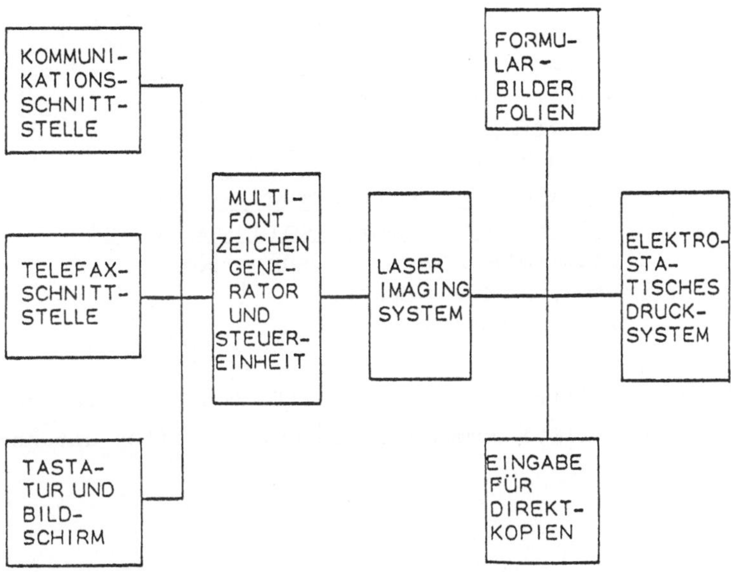

Abb. 25 Konzept des "Intelligenten Kopierers"

Fig. 25 Concept of the "Intelligent Copier"

Besonders Techniken der letzteren Art ergeben vielversprechende Ansätze für die Realisierung arbeitsplatz- und transaktionsorientierter Gesamt-Informationsverarbeitung. In Verbindung mit Mehrzweck-Bildschirmgeräten hoher Auflösung für "Soft Copies" von Daten, Text oder Faksimile und mit "Nur-Lesegeräten" für Faksimile (auf der Basis von heute in modernen Digitalgeräten bereits standardsmäßig verwendeten CCD-Systemen) an jedem Arbeitsplatz wird es möglich werden, die Büro-Strukturen erheblich zu verändern.

3.4. Einfluß von SBS auf Hochgeschwindigkeits-Faksimile-Übertragung

Im Zusammenhang mit den in etwa 2 - 3 Jahren in den USA zur Verfügung stehenden digitalen Satelliten-Dienstleistungen, wie sie z. B. neben anderen auch die von IBM mitgetragene "Satellite-Business-Systems" (SBS) Gesellschaft offeriert, werden derzeit viele Entwicklungen von Hochgeschwindigkeits-Geräten vorangetrieben. Selbst bei Fortfall der Datenreduktion werden diese Geräte bei Übertragungsgeschwindigkeiten von mehr als 1,5 Millionen bits/sek. in der Lage sein, DIN A 4-Seiten in wenigen Sekunden zu übertragen. Dabei werden die digitalen Verbindungen von Dachantenne zu Dachantenne im Zeitmultiplex Sprache, Texte, Daten und Bilder zwischen den regional verstreuten Plätzen eines Unternehmens übermitteln. Hochgeschwindigkeits-Fernkopierer dieser Art werden schon seit zwei Jahren bei den amerikanischen Streitkräften verwendet. Die Abb. 26 + 27 geben Erläuterungen hierzu.

Die für SBS entwickelten Gerätekomponenten sind selbstverständlich auch von großem Interesse für Büro-Systeme, bei denen die Arbeitsplätze mit Lichtleitfasern verbunden werden und Bildschirmgeräte eine schnelle Reproduktion der Faksimile-Nachricht ermöglichen.

- MULTIPLEXEN VON DIGITALISIERTER SPRACHE, BILD, TEXT UND DATEN
- PREISWERTE FAKSIMILE - TECHNIK MIT ÜBERTRAGUNGSGESCHWINDIGKEITEN VON WENIGEN SEKUNDEN PRO DIN A 4 - SEITE
- COMPUTER-COMPUTER - VERBINDUNG IM 1,54 MEGABIT-BEREICH
- VIDEO-KONFERENZEN

Abb. 26 SBS-Satellitenverkehr mit Hilfe von Dachantennen
Fig. 26 SBS-satellite communication using rooftop antennas

WASHFAX III

EIN BREITBAND-SPEZIAL-FERNKOPIERER SYSTEM

VON LITTON'S DATALOG DIVISION FÜR

DIE US ARMY

- 1 SEKUNDE/DIN A4-SEITE
- ÜBERTRAGUNG ÜBER 1.544 MILLIONEN BITS/ SEK. LEITUNGEN
- VERSCHLÜSSELT
- IN BETRIEB

Abb. 27 Leistungsmerkmale von "Washfax III"
Fig. 27 Features of "Washfax III"

3.5. Faksimile-Nebenstellenanlagen

Für die Büro-Umgebung und die Arbeitsplatzorientierung werden Faksimile-Nebenstellenanlagen als Ergänzung zu Computer-Telefon-Nebenstellen-Anlagen zunehmend an Bedeutung gewinnen. Abb. 28 - 30 zeigen Prinzip und Vorteile.

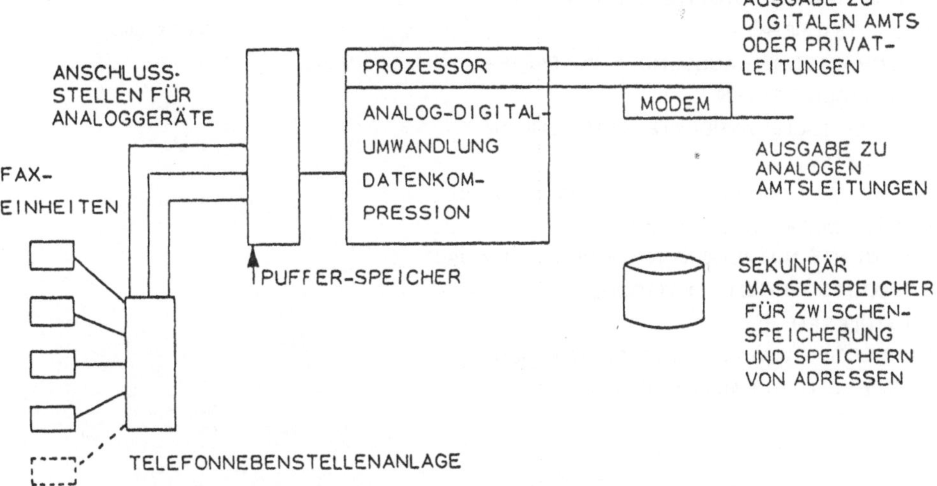

Abb. 28 SAFF-Store And Forward Facsimile Systeme
Fig. 28 SAFF-Store And Forward Facsimile systems

3.6. Wettbewerb durch Preisverfall bei Fernschreibmaschinen

Fernkopieren darf natürlich nicht isoliert betrachtet werden, sondern muß als ergänzende, substituierende und im Wettbewerb stehende Technik zu anderen technischen Kommunikationsformen gesehen werden.. Die Abb. 31 - 34 geben eine Vorstellung von den sich bereits jetzt ergebenden Wettbewerbsansätzen mit Bürofernschreibmaschinen und tragen eine gängige Prognose in diesem Bereich vor.

3.7. Fernkopierer im Privathaushalt und konkurrierende Techniken

Aus Japan und Frankreich sind Ansätze zum MINI- oder HOMEFAX bekannt, die die Faksimiletechnik in den Privathaushalt tragen sollen. Die dabei bekannt gewordenen Preisvorstellungen werden in den USA mit Skepsis betrachtet. Jedoch hält man Digitalgeräte in der Größenordnung von \$ 600,-- bis \$ 800,-- für eine realistische Zielsetzung, wenn von Grund auf neue Entwürfe auf der Basis moderner Techniken und unter Zugrundelegung vom "Lernkurven"-Preisverfall konzipiert werden.

VORTEILE:

- PREISWERTE ARBEITSPLATZ-ORIENTIERTE FAKSIMILE-
  EIN- UND AUSGABEGERÄTE
  (AUCH GETRENNTE MEHRFUNKTIONS-AUSGABE-GERÄTE
- COMPUTER-RESIDENTE ADRESSENLISTEN
- AUTOMATISCHE NACHRICHTENVERVIELFACHUNG
- DIGITALE FAKSIMILE - ÜBERTRAGUNG MIT GERINGEN KOSTEN DURCH VERTEILUNG DER KOSTEN EINER EINRICHTUNG FÜR REDUNDANZ-REDUKTION UND DIGITALISIERUNG AUF VIELE TEILNEHMER
- AUTOMATISCHES AUSSENDEN ZU TARIF-GÜNSTIGEN ZEITEN
  AUTOMATISCHE ANRUFWIEDERHOLUNG IM BESETZTFALL
- SCHAFFUNG VON KOMPATIBILITÄT ZU SONS NICHT KOMPATIBLEN GERÄTEN
- EFFIZIENTE NUTZUNG VON KOMMUNIKATIONS-KANÄLEN DURCH STATISTISCHES MULTIPLEXEN
- KONVERTIERUNG VERCODETER ZEICHEN (Z.B. ASCII) IN FAKSIMILE

Abb 29 + 30 Vorteile von Fernkopierer-Nebenstellenanlagen

Fig. 29 + 30 Advantages of facsimile PABX systems

- VOLL ELEKTRONISCHE SCHREIBMASCHINE AUSTAUSCHBARES "DAISY WHEEL" SCHREIBRAD MIT EINGEBAUTEM MOTOR
- LINEAR MOTOR ZUR HORIZONTALBEWEGUNG ENTLANG DEM SCHREIBWAGEN
- AUTOMATISCHE RÜCKSCHRITT-LÖSCHUNG FÜR KORREKTUR
- AUTOMATISCHE ZENTRIERUNG UND DEZIMALTABULATOR
- DUAL PITCH UND PROPORTIONAL-SCHRIFT
- AUTOMATISCHER ABRUF HÄUFIG BENÖTIGTER WÖRTER UND FORMATE (2000 ZEICHEN)

■ VERKAUFSPREIS: $ 1 390.--

Abb. 31 Leistungsmerkmale des "QYX" ("The intelligent Typewriter")

Fig. 31 Features of "QYX" ("The Intelligent Typewriter")

MODULARE AUSBAUFÄHIGKEIT
DURCH EINSCHÜBE
IN DIE GRUNDMASCHINE

ZUM MODELL II ODER III
SPEICHER-SCHREIBMASCHINEN
MIT 10 000 BZW. 60 000 ZEICHEN

- ZUM HINZUFÜGEN ODER LÖSCHEN VON TEXT
- AUTOMATISCHEM ZEILENAUSSCHLUSS
- AUTOMATISCHER SEITENNUMMERIERUNG
- AUTOMATISCHEM AUSDRUCK VON KOPIEN

■ VERKAUFSPREISE: $ 2390.-- BZW.
$ 3980.--

DURCH ZUFÜGEN
EINES ELEKTRONISCHEN
COMMUNICATION-MODULS
WIRD QYX
ZUR
FERNSCHREIBMASCHINE

PREIS FÜR COMMUNICATION-MODUL:
$ 500.--

Abb. 32 + 33 Ausbaufähigkeit des"QYX"

Fig. 32 + 33 Further possibilities of "QYX"

PROGNOSE FÜR 1985

BÜROFERNSCHREIBMASCHINE
MIT 15 SEITEN-SPEICHER UND
DFÜ-EINRICHTUNG
FÜR CA. $ 1000.-

Abb. 34 Preisprognose für Bürofernschreibmaschinen

Fig. 34 Price prognosis for Communication typewriters

Das auch hier Verdrängungswettbewerb zu erwarten ist, zeigen die Abb. 35 + 36. Die Prognose in Abb. 37 begründet, warum trotz dieses Verdrängungswettbewerbs der Fernkopierer-Technik ein bedeutungsvoller Platz eingeräumt wird.

3 ENTWICKLUNGSTENDENZEN

- NIEDRIGKOSTEN-FAKSIMILE
  (BEISPIELE: - MINIFAX IN JAPAN
  - AUSSCHREIBUNG DER FRANZÖSISCHEN PTT)

- "VIEWDATA"
  (VERWENDUNG VON FERNSEHEMPÄNGER, ALPHA-TASTATUR + KASSETTEN-BANDGERÄT FÜR ALPHA-NUMERISCHE NACHRICHTENÜBERTRAGUNG)

- PERSÖNLICHER COMPUTER
  (VERWENDUNG VON $ 600.-- BIS $ 800.--COMPUTERN MIT MONITOR, APLHA-TASTATUR, KASSETTE ODER MIKRO FLOPPY DISK UND NIEDRIG-KOSTEN-MODEM FÜR ALPHA-NUMERISCHE NACHRICHTENÜBERTRAGUNG)

Abb. 35 Elektronische Post im Privatbereich

Fig. 35 Electronic mail in the private field

MINIFAX

EIN ENTWICKLUNGSPROJEKT
FINANZIERT VON
NIPPON TELEPHONE + TELEGRAPH

PROTOTYPEN
GEBAUT VON
HITACHI
FUJITSU
TOSHIBA
NIPPON ELECTRIC
MATSUSHITA

ELEKTRONIK:
BESTEHT AUS 7 LSI-CHIPS

PREIS: MONATLICHE GRUNDGEBÜHR: DM 10.--*
JEDE ÜBERTRAGUNG : DM -.30

ÜBERTRAGUNGSZEIT: 80 - 100 SEK
FÜR EINE DIN A5 SEITE

PRODUKTIONSMODELLE: SOLLEN IN
12 - 18 MONATEN LIEFERBAR SEIN

GEPLANTE GENERELLE EINFÜHRUNG DES GERÄTS: 1980

* + ERWERB VON DM 1000.-- TELEFONAKTIEN

Abb. 36 Eigenschaften von "Minifax"

Fig. 36 Characteristics of "Minifax"

PROGNOSE

OBWOHL DIE BESSERE BANDBREITEN-AUSNUTZUNG
UND DAMIT DIE WIRTSCHAFTLICHERE
ÜBERTRAGUNG FÜR EINE DOMINANZ
VON VERCODUNGSSYSTEMEN (TELEX, BÜROFERN-
SCHREIBEN, VIEWDATA, PERSÖNLICHE COMPUTER
MIT DFÜ) SPRICHT,
WIRD DIE EINFACHERE BEDIENUNG
FAKSIMILE-GERÄTEN UMSO MEHR PRÄFERENZ
VERSCHAFFEN, JE STÄRKER MENSCHEN
ANGESPROCHEN WERDEN,
DIE KEINE ODER GERINGE ÜBUNG IN DER HANDHABUNG
VON TASTATUREN HABEN.

Abb. 37 Prognose
Fig. 37 Prognosis

Quellen:

- Hersteller-Literatur
- Datapro Research Corporation, Delran (N. J.)
- Creative Strategies Inc. San José (CA)
- Quantum Sciences, New York (N. Y.)
- The Yankee Group, Cambridge (MA.)
- International Resource Development, Inc. New Canaan (CT.)
- KDD Labs, Tokio/Japan
- Frost and Sullivan, New York (N. Y.)
- Proceedings of the Third International Conference on Computer Communication, Toronto, 3 - Aug. 1976 S. 81 - 89 (Stoffel u. Ramchandani: Analysis and Design of a Store and Forward Facsimile Switching Node)

Facsimile, Situation in the USA

G. Leue
Carmel Valley/Cal., USA

The paper describes in the first paragraph the US facsimile market by manufacturer's offerings and structure of usage. It tries to explain why the USA have 30 times more facsimile devices in use than the Federal Republic of Germany.

It discusses present trends toward low cost devices (e.g. Exxon's Qwip) and fast digital machines (e.g. Rapifax, Express 9.600, Graphic Sciences DEX 5.100 and Dacom). It concludes with a listing of options for automating the facsimile traffic.

The second paragraph deals with Graphnet and similar specialized common carriers, which take care of the compatibility problem within networks and prepare the ground for the heralded "Electronic mail". Other solutions for achieving compatibility with in-build compatibility features (e.g. 3 M 2346 and many of Graphic Sciences models) will be discussed, too.

A third paragraph gives an overview about visible future trends, e. g. new compressions-algorithms, digital redundancy reduction add-on devices, in-build OCR logic and character generators, influence of the SBS (Satellite Business Systems) on very high speed facsimile machines, store and forward in-house facsimile switches, work station oriented facsimile senders and multifunction hard copy devices.

Leistungsmerkmale und Anwendung von Fernkopiergeräten

P. Grupen
Kiel

Zusammenfassung

Das Prinzip der Bildtelegrafie - Zerlegung des abzutastenden Schriftstückes in Bildlinien und Bildpunkte - ist lange bekannt. Die Anwendung begann mit der Übertragung von aktuellen Bildern, Pressefotos, Fingerabdrücken, Wetterkarten und ganzen Zeitungsseiten. Heute wächst der Zweig der Fernkopiertechnik - die Übertragung von DIN A 4-Schriftstücken über das öffentliche Fernsprechwählnetz - rapide.
Fernkopierer bilden heute 3 Gruppen, die nach ihrer Übertragungszeit - 6 Minuten, 3 Minuten, typisch 1 Minute - unterschieden werden. Dabei nimmt die Zahl der 3-Minuten-Geräte am stärksten zu. Auf der Basis dieser Geräte wird die Deutsche Bundespost den Telefaxdienst unter Benutzung des öffentlichen Fernsprechnetzes einführen. Die Stärke der Fernkopierer liegt darin, daß beliebige Schriftstücke, mit der Maschine oder von Hand geschrieben, mit grafischen Darstellungen und Skizzen übertragen und empfangsseitig auf Papier aufgezeichnet werden.

Bildtelegrafiegeräte sind Geräte, die Dokumente abtasten, über Nachrichtenkanäle übertragen und sie empfangsseitig wieder aufzeichnen. Durch die Zerlegung des abzutastenden Dokumentes in hinreichend feine Bildlinien und Bildpunkte sind sie nicht - wie etwa der Fernschreiber - an einen definierten Zeichenvorrat gebunden. Abhängig von der hauptsächlichen Aufgabe, übertragen verschiedene Typen von Bildtelegrafiegeräten Schriftstücke, Wetterkarten, Presse- und Satellitenfotos, Fingerabdrücke, bis hin zu ganzen Zeitungsseiten.
Dabei unterscheiden sie sich in wesentlichen Merkmalen:

- Abtastformat;
  von weniger als DIN A 6 bis hin zu 400 mm x 600 mm
- Auflösung, d.h. der Zahl von Bildlinien je Millimeter;
  von 2 Linien pro Millimeter (Lpmm) bis über 40 Lpmm

- Nachrichtenkanal;
  vom Fernsprechkanal bis hin zum Fernsehkanal
- Übertragungszeit;
  abhängig vom Abtastformat, der Auflösung, der Bandbreite des Nachrichtenkanals und - bei bestimmten Geräten - vom Informationsgehalt der Vorlage.
- Abtast- und Aufzeichnungstechnologie;
  Trommel- bzw. Flachbettabtastung und -aufzeichnung.

Geräte, die DIN A 4-Schriftstücke mit relativ geringer Auflösung abtasten, über Kanäle mit Fernsprechbandbreite übertragen und nur schwarz/weiß oder einige wenige Graustufen aufzeichnen, werden auch als Faksimilegeräte oder Fernkopierer bezeichnet.

Die Grundgedanken der Bildtelegrafie stammen aus dem 19. Jahrhundert. 1843 veröffentlichte der Schotte Alexander Bain Pläne zum Bau eines Faksimilegerätes. Weitere Erfindungen wurden von Bakewell (1850) und Caselli (1865) angemeldet. Arthur Korn gelang 1902 die Vorführung eines Faksimilegerätes mit optoelektrischer Abtastung. Mit dem Hellschreiber, der alphanumerische Zeichen in ein Raster zerlegte und am Empfangsort mit einer Schreibschiene wieder aufzeichnete, erlangte die Faksimiletelegraphie, ab etwa 1930, erstmals praktische Bedeutung.

Nach dem zweiten Weltkrieg folgte die Entwicklung von Geräten zur Übertragung von Wetterkarten, aktuellen Presse- und Polizeifotos, Satellitenfotos und ganzen Zeitungsseiten. Insgesamt dürften heute weltweit auf diesen Gebieten mehrere 10.000 Geräte im Betrieb sein.

Etwa Mitte der 60er Jahre begannen dann Faksimilegeräte mit ihrem Einzug in die Büros. Es entstand eine Vielzahl von Neuentwicklungen. Die Geräte wurden anfangs überwiegend zur betriebsinternen Kommunikation benutzt. Doch bald entstand ein Bedarf an außerbetrieblicher Kommunikation, der aber stark dadurch behindert wurde, daß die Geräte verschiedener Hersteller nicht kompatibel waren.

Als Folge davon verstärkten Postverwaltungen und Hersteller ihre Aktivitäten im CCITT (Comité Consultatif Télégraphique et Téléphonique), um zu einheitlichen Empfehlungen für Fernkopierer zu kommen.

Im Zuge dieser Normungsarbeiten wurden die Fernkopierer in drei Gruppen eingeteilt, die im wesentlichen nach ihrer Übertragungszeit und der Übertragungsmethode festgelegt wurden.

Gruppe 1: 6 Minuten, einfache Modulationsverfahren

Gruppe 2: 3 Minuten, verbesserte Ausnutzung des Nachrichtenkanals durch höherwertige Modulationsverfahren.

Gruppe 3: Typisch 1 Minute, digitale Übertragung.

Die folgende Tabelle gibt die wichtigsten Leistungsmerkmale an:

CCITT -	Gruppe 1	Gruppe 2	Gruppe 3
Übertragungszeit pro DIN A 4 [min.]	6	3	typisch 1
Auflösung [Lpmm]	3,8	3,8	3,8 ÷ 7,7
Modulation	FM	AM/PM-VSB	vorauss. Modem V 27 ter
System	Trommel	Trommel Flachbett	Flachbett
Empfang	bedient	bedient unbedient	unbedient
Gerätekosten	niedrig	mittel	hoch
Übertragungs-kosten	hoch	mittel	niedrig
CCITT-Empfehlungen	T.0 T.2 T.30	T.0 T.3 T.30	T.0 vorauss. T.4 T.30

Tabelle 1. Leistungsmerkmale von Fernkopierern
Fig. 1. Facilities of telecopying equipment

Geräte der Gruppe 1 sind ganz überwiegend Trommelgeräte, Geräte der Gruppe 2 in der unteren Preisklasse Trommelgeräte und in der oberen Preisklasse Flachbettgeräte. Geräte der Gruppe 3 sind durchgehend Flachbettgeräte. Ihre Normung im CCITT ist noch nicht abgeschlossen.

Typische Ausführungsformen zeigen in folgenden Bildern:

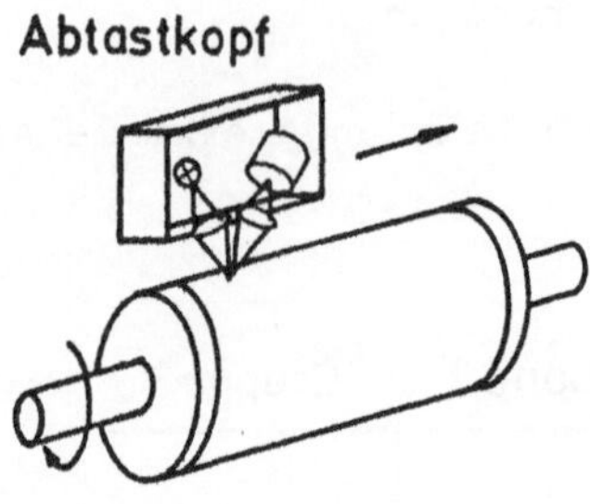

Bild 2. Trommelabtaster
Fig. 2. Drumtype scanner

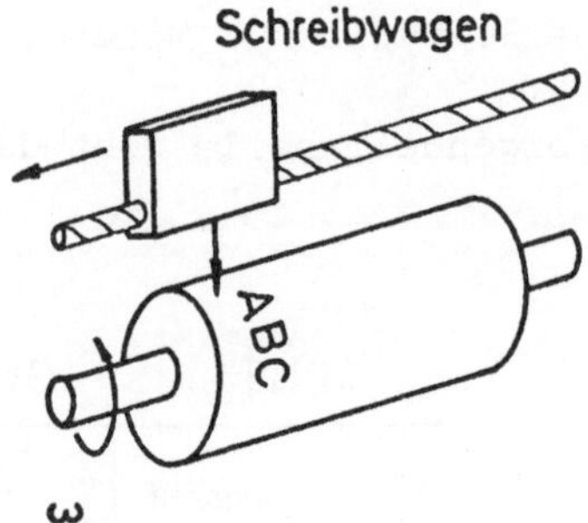

Bild 3. Trommelaufzeichner
Fig. 3 Drumtype recorder

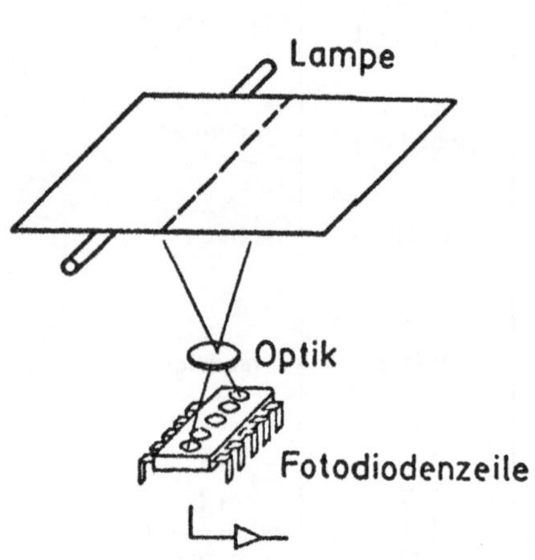

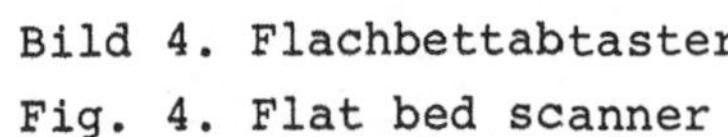

Bild 4. Flachbettabtaster
Fig. 4. Flat bed scanner

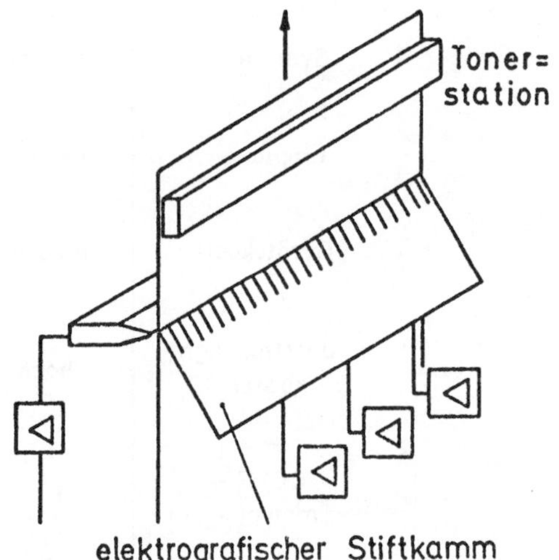

Bild 5. Flachbettaufzeichner
Fig. 5. Flat bed recorder

Digitale Fernkopierer verwenden zur Verringerung der Übertragungszeit Methoden der Redundanzreduktion. Im CCITT wurde ein eindimensionaler modifizierter Huffman-Code festgelegt, der sowohl für Maschinenschrift als auch für Handschriften und grafische Darstellungen einen guten Reduktionsfaktor erbringt. Da der Reduktionsfaktor vom Informationsgehalt der Vorlage abhängig ist, ergibt sich bei konstanter Übertragungsbitrate eine variable Übertragungszeit, die im Mittel 1 Minute bei 4,8 k/Bit/s erreicht.

Die Kommission für den Ausbau des technischen Kommunikationssystems - KtK -, 1974 vom derzeitigen Bundesminister für das Post- und Fernmeldewesen ins Leben gerufen, empfahl in ihrem Anfang 1976 vorgelegten Telekommunikationsbericht den verstärkten Ausbau von Diensten in bestehenden Fernmeldenetzen. Eine Empfehlung lautete: "Es wird empfohlen, die neue Telekommunikationsform des Fernkopierens einzuführen".

Die Bundesregierung erklärte im Juli 1976, nach Vorliegen der fernmeldemäßigen Voraussetzungen einen Fernmeldedienst für Fernkopieren einzuführen. Bald danach berief die Deutsche Bundespost einen Arbeitskreis von Fachleuten der verschiedenen Spitzenverbände.

Nach umfangreichen Vorarbeiten, die die Grundlage des neuen Dienstes schufen, beschloß der Verwaltungsrat der Deutschen Bundespost im September 1977, den Telefaxdienst einzuführen.

Wesentliche Details wurden erarbeitet, und anläßlich der Hannover-Messe im April 1978 legte die DBP in einer Informationsschrift (7) die folgenden wesentlichen Merkmale der Öffentlichkeit vor:

- Der Telefaxdienst für Geräte der Gruppe 2 soll eröffnet werden. Für Geräte der Gruppe 1 soll kein Dienst eröffnet werden. Geräte der Gruppe 3 werden in den Dienst aufgenommen, sobald die CCITT-Empfehlungen verabschiedet sind.

- Für die Übertragung und Vermittlung im Telefaxdienst sollen die Einrichtungen des Fernsprechnetzes benutzt werden.

- Für den Telefaxdienst sollen Faxhauptanschlüsse definiert werden, bei denen der Fernkopierer Endeinrichtung ist.

- Für den Telefaxdienst soll ein eigenes Teilnehmerverzeichnis erstellt werden.

- Da Fernsprechen auch von Faxhauptanschlüssen möglich sein soll, ist die Aufnahme und Kennzeichnung im Amtlichen Fernsprechbuch notwendig.

- Die Fernkopierer sollen vom Teilnehmer selbst beschafft werden, um vollen Wettbewerb sicherzustellen. Die DBP soll sich an diesem Wettbewerb beteiligen können.

- Es soll möglich sein, daß Nebenstellen von Fernsprechnebenstellenanlagen am Telefaxdienst teilnehmen können.

- Die DBP soll für den Telefaxdienst eine definierte Dienstgüte garantieren (z.B. Kompatibilität innerhalb der Gruppe 2, Lesbarkeit usw.)

Für bereits zugelassene Geräte gelten großzügige Übergangsregelungen. Noch 2 Jahre nach Beginn des Telefaxdienstes sollen bereits früher zugelassene Fernkopierer als private Zusatzeinrichtung neu angeschlossen werden dürfen, die dann noch mindestens weitere 5 Jahre betrieben werden dürfen.

Als Zeitpunkt für die Aufnahme des Telefaxdienstes wurde der 1. Juli 1978 genannt.

Die steigende Bedeutung der Fernkopiertechnik spiegelt sich auch in einer Anzahl von Studien, die sämtlich mehr oder minder große, bedeutend über den Wachstumsraten anderen Nachrichtengeräte liegende Zuwachsraten prognostizieren. So wird in der Bundesrepublik Deutschland eine Steigerung des Fernkopiererbestandes von derzeit weniger als 10.000 auf ca. 100.000 im Jahre 1990 erwartet.

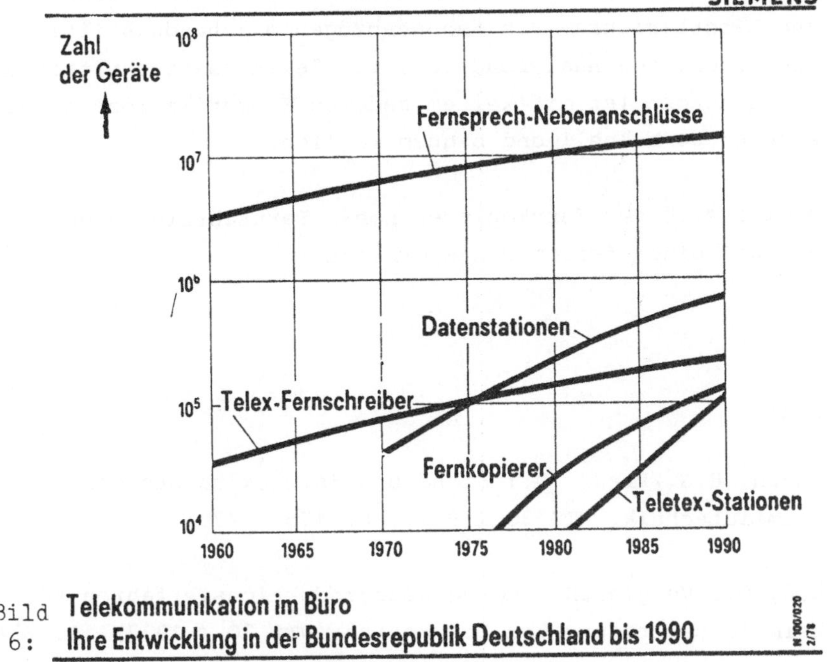

Bild 6: Telekommunikation im Büro
Ihre Entwicklung in der Bundesrepublik Deutschland bis 1990

Fig. 6. Telecommunication in the office
Development in the Federal Republic of Germany until 1990

Der wesentliche Zuwachs dürfte in den kommenden Jahren von Geräten der Gruppe 2 gestellt werden, darunter zunehmend Geräte mit unbedientem Empfangsteil.

Für Benutzer, die große Mengen zu übertragen haben oder große Entfernungen überbrücken müssen, sind digitale Fernkopierer heute schon wirtschaftlich.

Mit sinkenden Preisen werden digitale Fernkopierer in einem Zeitraum von 5 bis 10 Jahren einen steigenden Marktanteil erobern. Außer in öffentlichen Fernsprechwählnetzen, werden sie auch Verbreitung in öffentlichen Datennetzen finden.

Die Stärke der Fernkopierer liegt in der Übertragung vorhandener Vorlagen, die nicht nur maschinengeschriebenen Text, sondern auch Briefköpfe, handschriftliche Eintragungen, Unterschriften und grafische Darstellungen enthalten dürfen. Die Übermittlung eiliger Test- und Laborberichte, von Fahnenabzügen mit handschriftlichen Satzkorrekturen, von Analysendaten, von Zeitungsausschnitten und von Bauzeichnungen ist mit keinem anderen Kommunikationsmittel auch nur annähernd so schnell und bequem möglich.

Deshalb wird sich der Fernkopierer neben Fernschreibern und Teletextstationen einen festen Platz erobern.

Schrifttum

1. Musmann, H.G./Preuß, D.: Stand und Entwicklungstendenzen der Faksimiletechnik. NTZ 30 (1977), S. 475 - 478.

2. Preuß, D.: Vergleich von Redundanzreduktionsverfahren für die Faksimileübertragung von Dokumenten. NTZ 30 (1977), S. 234 - 236.

3. Schmidt-Stölting, C.: HF 1048, ein Fernkopierer für schnelle Übertragung. Siemens-Z. 50 (1976), S. 198 - 201.

4. Grupen, P./Gaiser, R.: Fernkopieren. NTZ 29 (1976), S. 215 - 218.

5. Telekommunikationsbericht der KtK mit Anlagebänden. Hrsg Bundesministerium für das Post- und Fernmeldewesen, 1976.

6. Grupen, P./Karius, H./Peters, H.W./Sommer, R./Maier, K./Preuß,D/ Rittberg, E.H.: Stand und Entwicklungstendenzen der Faksimiletechnik. BMFT-Forschungsbericht T 77 - 33, November 1977.

7. - : Information über den Telefaxdienst der Deutschen Bundespost. DBP-Schrift zur Hannover-Messe 1978.

8. - : Fernkopieren, organisatorische, wirtschaftliche und technische Möglichkeiten. Hrsg. AWV-Ausschuß für wirtschaftliche Verwaltung in Wirtschaft und öffentlicher Verwaltung e.V.

Facilities and Applications of Telecopying Equipment

P. Grupen
Kiel

The principle of phototelegraphy is known since the last century, beginning with works of Alexander Bain 1843, but there was no practical importance until 1925. At this time RCA started a service for the transmission of wire photos across the Atlantic ocean. About 25 years ago the transmission of wire photos for newspapers and of weather chart for meteorological stations and ships grew constantly. About 1960 facsimile equipment, today called telecopying equipment for the transmission of ISO-A4-size documents on the public switched telephone network were introduced into the offices.
In the beginning machines of different manufacturers were not compatible. Due to intensive work in the CCITT, supported by other international and national groups, several recommendations were issued. Today the question of compatibility is solved except of the field of digital telecopying equipment.
Equipment of CCITT-group 1 with a transmission time of 6 minutes is now being supplemented and replaced by group 2-equipment, with a transmission time of 3 minutes. Most of these machines have a 2-minute-mode of operation which gives acceptable copy quality.

The "Deutsche Bundespost" decided to start a telefax service on the public switched telephone network on the basis of CCITT-group 2-equipment. Digital telecopying equipment of future CCITT-group 3 are under development at many places. This equipment makes use of redundancy reducing codes and digital transmission up to 4,8 kBit/s in the PSTN. The transmission time is typically 1 minute, depending on the content of information of the document.
Digital equipment will also operate over digital data networks in the future. The standardization of group 3-equipment is a task for the CCITT-study period 1976 - 1980.

Figure 1 gives the main characteristics of telecopying equipment, figures 2 and 3 show typical examples of drum type scanner and drum type recorder. Figures 4 and 5 show flat bed scanner and recorder. This type of equipment is especially suited for unattended operation.

Figure 6 gives estimated numbers of telecopying equipment until 1990 compared with the growth of other types of telecommunication services.

Telecopying equipment transmits documents with typed and handwritings as well as graphics, sketches and - to some extent - pictures.

Due to these advantages, which cannot be met adequately by other telecommunication equipment, telecopiers will gain importance under the different types of text communication.

Plasmaschreibköpfe - Baugruppen für künftige Faksimiletechnik

W. Junge, M. Schiekel, H. Süssenbach
Ulm

Zusammenfassung

Bei elektrostatischen Aufzeichnungsanordnungen erfolgt die Aufzeichnung vorwiegend über einen Schreibkamm in Form rasterförmig aufgebrachter Bildpunkte. Eine Reduzierung des Schaltungsaufwandes kann durch den Einsatz von linear angeordneten Gasentladungsstrecken erreicht werden, die mittels einer Mehrphasenadressierung als Schiebeschaltung wirken. Die Schiebeschaltung wird durch die Erniedrigung der Zündspannung einer Strecke durch Vorionisierung aus einer gezündeten benachbarten Strecke ermöglicht. Das Prinzip eines Gasentladungsschiebeschalters (GE) wird gezeigt. Die GE's sind edelgasgefüllte Röhren in Planartechnik, die eine größere Anzahl siebgedruckter Gasentladungsstrecken enthalten. Für das Schreiben längerer Punktzeilen werden mehrere GE's in einem Schreibkopf zusammengeschaltet.

1. Einleitung

Mit einer elektrostatischen Aufzeichnungsanordnung können hohe Schreibgeschwindigkeit und Auflösung bei hoher Lebensdauererwartung erreicht werden. Außerdem besteht die Möglichkeit der Darstellung von Graustufen und Farben /5/. Die Aufzeichnung erfolgt in Form rasterförmig aufgebrachter Bildpunkte auf einem Papier, das mit einer dünnen, hoch isolierenden Kunststoffschicht versehen ist. Bild 1 zeigt das Prinzip der elektrostatischen Aufzeichnungsanordnung.

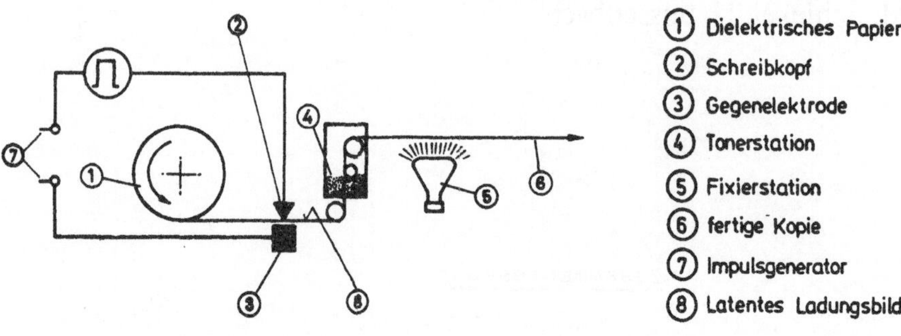

Bild 1: Prinzip der elektrostatischen Aufzeichnung
Principle of the electrostatic printing process.

2. Ladungsübergang

Das Aufbringen des latenten Ladungsbildes auf den Aufzeichnungsträger soll in möglichst kurzer Zeit erfolgen, um eine hohe Schreibgeschwindigkeit erreichen zu können. Die erforderliche Zeitdauer eines Schreibimpulses hängt ab von der Höhe der Spannung, die an dem Aufzeichnungsträger anliegt, von dem Abstand zwischen Schreibelektrode und Aufzeichnungsoberfläche und den Kennwerten des Aufzeichnungsträgers. Hier soll als Aufzeichnungsträger das dielektrische Papier betrachtet werden. Das Rohpapier dient dabei als Träger der dielektrischen Schicht. Es wird im Ersatzschaltbild (Bild 2) durch R_T und C_T dargestellt. Für schnelle Aufzeichnungen soll das Produkt $R_T \cdot C_T$ klein sein, um ein schnelles Abklingen des als Spannungsabfall wirkenden Impulses zu erreichen. Der Widerstand R_T wird deshalb durch Zusatz leitfähiger, nicht färbender Salze verringert. Dadurch wird allerdings dieser Kennwert abhängig von dem Feuchtigkeitsgehalt des Rohpapiers. Die nur einige μm dicke dielektrische Schicht hat dagegen einen hohen Widerstand R_D und eine im Vergleich zu C_T große Kapazität C_D. Dadurch kann sich das aufgebrachte Ladungsbild genügend lange halten, um bis zur Tonerung nicht abgeschwächt zu werden. Die Luftstrecke zwischen der Schreibelektrode und der dielektrischen Oberfläche ist erforderlich, um eine Gasentladung in dieser Strecke und damit einen Ladungsübergang zur dielektrischen Oberfläche zu ermöglichen. Um diesen Übergang mit einer möglichst niedrigen Spannung zu erreichen (Paschen-Gesetz), darf der Luftspalt nur einige μm betragen. Er liegt dabei in der Größenordnung der Oberflächenrauhigkeit des dielektrischen Papiers. Die Kapazität des Luftspaltes ist durch C_L gegeben.

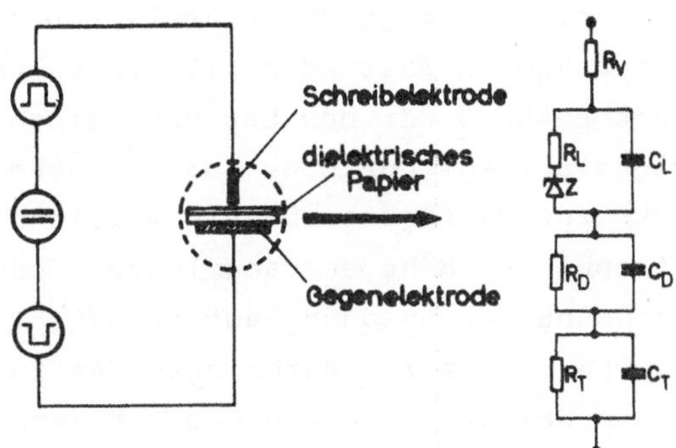

Bild 2: Ladeschaltung und Ersatzschaltbild des dielektrischen Papiers mit Schreibelektrode.

Fig. 2: Charge circuit and equivalent circuit of dielectric paper with printing-electrodes.

Die Zenerdiode Z symbolisiert im Ersatzschaltbild die Zündspannung U_L, und R_L stellt den Widerstand der gezündeten Luftstrecke dar. Die erforderliche Mindestzündspannung über der Luftstrecke ist ca. 330 V, wie Bild 3 zeigt.

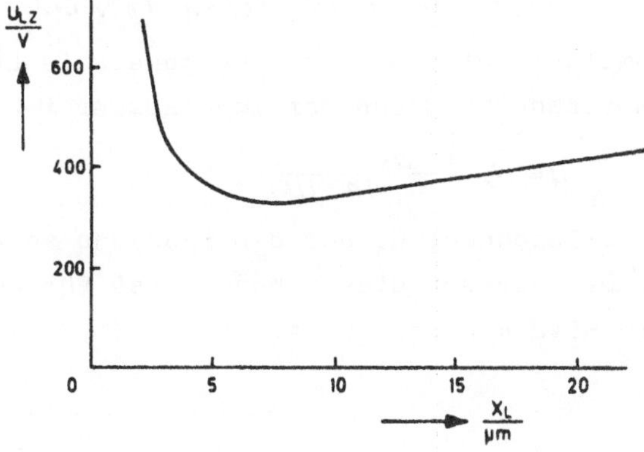

Bild 3: Paschenkurve - Zündspannung für Luft unter Normalbedingungen

Fig. 3: Paschen-characteristic - ignition voltage for air of normal conditions.

Wegen der Spannungsteilung im gesamten Kreis und dem durch die Papierrauhigkeit schwankenden Abstand zur Schreibelektrode benötigt man jedoch mindestens 400 V für den Ladungsübergang. Für eine hohe Schreibgeschwindigkeit steht nur eine entsprechend kurze Ladezeit für einen Bildpunkt zur Verfügung. Da die erreichbare Ladungsdichte annähernd proportional der Höhe der angelegten Spannung ist, kann man durch eine Erhöhung der Spannung auf ca. 700 V genügend kleine Ladungszeiten erreichen. Die zum Aufbringen der Ladung erforderlichen Werte für die Gesamtspannung U und die Impulsdauer t sollen mit Hilfe der in Bild 2 dargestellten Ersatzschaltung abgeschätzt werden. Dabei wird der Widerstand der dielektrischen Schicht vereinfachend unendlich groß angenommen. Während des Ladungsübergangs soll die Spannung am Luftspalt konstant bleiben. Für die aufzubringende Ladung wirkt die Differenz aus der Betriebsspannung und der Schwellspannung U_1. Die Spannung U_1 berücksichtigt die Verluste im Kreis und ergibt sich aus der Spannungsteilung zwischen Luftspalt und dielektrischer Schicht zu

$$U_1 = U_{Lz} \cdot \left(1 + \frac{x_D}{\varepsilon_D x_L}\right)$$

wobei X_L den Abstand des Luftspaltes, X_D die Dicke und ε_D die relative Dielektrizitätskonstante der dielektrischen Schicht bedeuten. Die hier zu Grunde liegenden Werte der dielektrischen und leitenden Trägerschicht lassen es zu, die Abschätzung mit einer einzigen Zeitkonstanten

$$\frac{1}{\tau} = \frac{1}{2} \cdot \left(\frac{1}{C_T} + \frac{1}{C_D}\right)\frac{1}{R_V} - \sqrt{\frac{1}{4}\left[\left(\frac{1}{C_T} + \frac{1}{C_D}\right)\frac{1}{R_V}\right]^2 - \frac{1}{C_D R_V \cdot C_T R_T}}$$

durchzuführen. Damit ergibt sich für eine konstante Ladung $Q = q \cdot F$ zwischen der Gesamtspannung U und der Impulsdauer t

$$U = U_1 + \frac{u_D}{1 - \exp(-t/\tau)}$$

als Summe der Schwellspannung U_1 und der Spannung an der dielektrischen Schicht u_D. Der Verlauf dieser Kurven ist für konstante Ladungsdichte q in Bild 4 dargestellt.

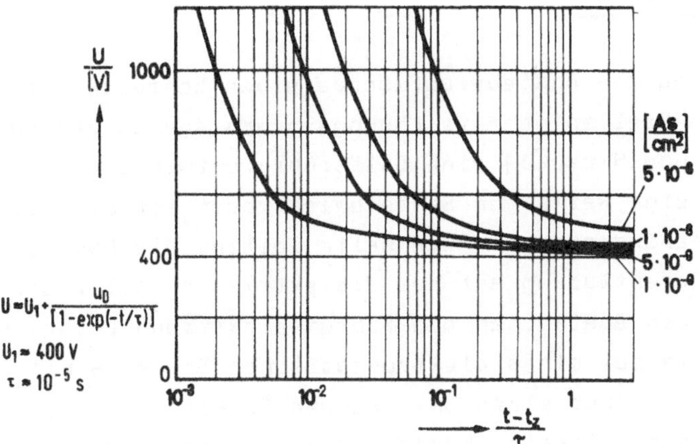

Bild 4: Abhängigkeit der für die Ladungsdichte erforderlichen Spannung von der normierten Zeit.

Fig. 4: Voltage vs. the normalized time for constant charge-density.

Man erkennt deutlich die Schwellspannung U_1 und die erforderliche Vergrößerung der Gesamtspannung U bei reduzierter Impulsdauer. Die beiden Grenzkurven für $q = 5 \cdot 10^{-8}$ As/cm^2 und $q = 10^{-9}$ As/cm^2 geben den Fall guter Schwärzung und erkennbarer Aufzeichnung wieder. Für die Aufzeichnung von Graphiken oder Zeichen muß jede einzelne Elektrode des über die Schreibbreite reichenden Schreibkammes schaltbar sein. Zur Verringerung des Schaltungsaufwandes für die Ansteuerung des Schreibkammes können die Schreibelektroden schaltungsmäßig in Gruppen zusammengefaßt und die Gegenelektrode in entsprechende Segmente aufgeteilt werden. Liegt an einer der Schreibelektrodengruppen eine Spannung $U/2 < U_L$, dann überträgt nur die Schreibelektrode die Ladung für einen Bildpunkt, deren zugehöriges Segment gleichzeitig an einer Spannung U/2, aber mit entgegengesetztem Vorzeichen liegt. Denn nur bei Koinzidenz der beiden Teilspannungen wird die erforderliche Zündspannung U_L für die Luftstrecke überschritten.

3. Plasmaschreibkopf

Zur Reduzierung des Ansteueraufwandes eines Schreibkammes wurden von verschiedenen Stellen mehrere Lösungsvorschläge untersucht. U.a. wurde von Crews und Rice [1] eine Stiftröhre entwickelt, die in der Frontscheibe eine Reihe von Schreibelektroden enthält, die die Ladung vom Röhreninneren zur Außenseite leiten. Die Ladung wird mit Hilfe einer Gasentladung auf das dielektrische Papier gebracht, das sich im geringen Abstand an den Schreibelektroden vorbei bewegt. Ein Ausführungsbeispiel eines elektrostatischen Druckers mit einem Schreibkamm, der über einen umlaufenden Schalter angesteuert wird, wurde in Japan entwickelt. Wegen des Kontaktprellens und des Abbrandes wurden mechanische Schalter durch elektronische Schalter ersetzt. Eine weitere Reduzierung des Schaltungsaufwandes kann durch den Einsatz von linear angeordneten Gasentladungsstrecken mit einer Vielzahl von Koppel- bzw. Schreibelektroden erreicht werden, wie in Bild 5 dargestellt ist, vgl. [2,3].

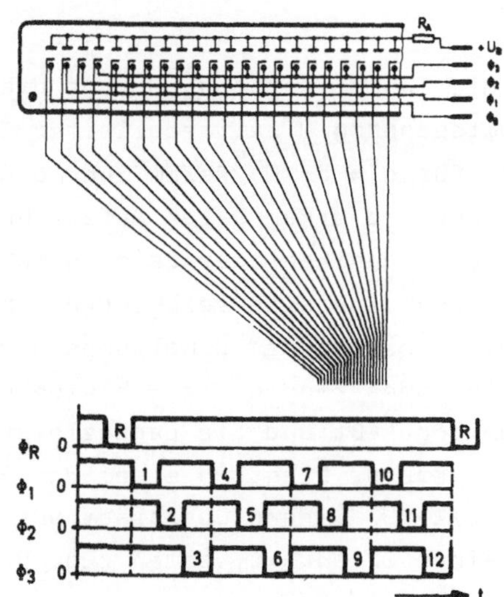

Bild 5: Schematische Darstellung einer GE-Schiebeschaltung mit Schreibelektroden

Fig. 5: Schematic view of a GE- shiftregister with printing electrodes.

In einem hermetisch abgeschlossenen, edelgasgefüllten Gehäuse sind eine große Zahl Kathoden in Reihe angeordnet und stehen einer gemeinsamen Anode gegenüber. Die erste Kathode, die Reset-Elektrode, wird getrennt herausgeführt, die übrigen Kathoden werden gruppenweise verbunden und jede Gruppe wird ebenfalls mit getrenntem Anschluß herausgeführt. Die einzelnen Kathodengruppen werden über getrennte Impulsspuren angesteuert, deren Signale zeitlich um die Impulsdauer versetzt sind. Um eine definierte Fortschreitung der Gasentladung in einer Richtung zu erzielen, sind mindestens 3 Impulsspuren erforderlich. Die Wirkungsweise der GE-Schiebeschaltung [6] ist dabei folgende: Nach Zündung der Resetstrecke durch den angelegten Resetimpuls wird die benachbarte Strecke vorionisiert. Nach Abschalten des Resetimpulses und Anlegen eines Impulses an die erste Kathodengruppe zündet nur die erste Strecke dieser Gruppe, da nur diese durch die unmittelbare Nachbarschaft zur Resetstrecke genügend vorionisiert ist und dadurch eine niedrigere Zündspannung hat. Nach erfolgter Zündung dieser Strecke entsteht durch den Entladestrom ein Spannungsabfall an R_A, der die Anodenspannung unter die Zündspannung senkt und damit weitere Zündungen der Strecken gleicher Gruppe unterbindet. Auf diese Weise durchläuft die Gasentladung im Takt der Phasenimpulse die gesamte Reihe der Entladungsstrecken und wird anschließend durch einen von einem entsprechend eingestellten Zähler gesteuerten Resetimpuls erneut gezündet, so daß die Gasentladung kontinuierlich durchläuft.

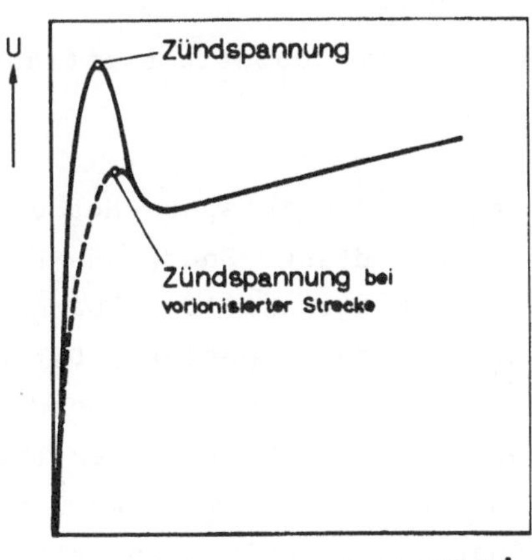

Bild 6: Charakteristischer I-U-Verlauf einer Gasentladung mit und ohne Vorionisation.

Fig. 6: I-U-Characterictic of a gas discharge with and without priming

Bild 6 zeigt die Einwirkung der Vorionisierung auf die Kennlinie einer Gasentladung und die dabei auftretende Zündspannungserniedrigung.

Die Zündung einer Gasentladungsstrecke nach Anlegen eines Impulses erfolgt mit einer gewissen Verzögerung. Für schnelle Aufzeichnungsvorgänge ist es in diesem Zusammenhang von Bedeutung, daß die Zündverzögerung mit zunehmender Vorionisierung verringert wird. Das aufgezeigte Prinzip der GE-Schiebeschaltung wird zur Ansteuerung eines Schreibkammes benutzt (siehe Bild 7).

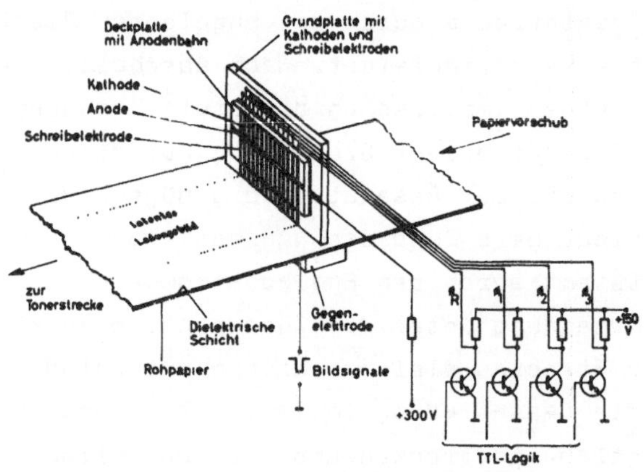

Bild 7: Schematische Anordnung zum elektrostatischen Schreiben mit einem Plasmaschreibkopf

Fig. 7: Schematic array of electrostatic printing with a plasma printinghead.

Dazu wird jeder Entladungsstrecke zwischen Kathode und Anode eine Sonde zugeordnet. Die mittels dieser Sonde aus den nacheinander gezündeten Entladungsstrecken ausgekoppelten Spannungsimpulse werden den zugehörigen Schreibelektroden zugeführt. Der unter dem dielektrischen Papier angeordneten Gegenelektrode werden synchron mit diesen Sondenspannungsimpulsen an der Schreibelektrode die Schreibsignale zugeführt. Nur wenn gleichzeitig mit dem Sondenspannungsimpuls ein Schreibimpuls zugeführt wird (Koinzidenzprinzip), erfolgt an dieser Stelle ein Ladungsübergang und damit eine Aufzeichnung, da nur dann die Spannung über dem dielektrischen Papier genügend hoch ist, um den Luftspalt zwischen der Schreibelektrode und der dielektrischen Schicht zu überwinden. Die Schaltungsvereinfachung besteht bei der Anwendung der GE-Schiebeschaltung darin, daß für die Ansteuerung einer größeren Zahl von Gasentladungsstrecken nur eine geringe Zahl von elektronischen Schaltern benötigt wird. In dem gezeigten Beispiel werden 4 Schalter benötigt (für $Ø_R$, $Ø_1$, $Ø_2$ und $Ø_3$). Die in dem Beispiel (vgl. Bild 5) angedeutete Leitungsführung der Verbindungen zwischen den Sonden und Schreibelektroden ergibt sich aus den unterschiedlichen Abständen der zu verbindenden zugeordneten Elemente, Sonde und Schreibelektrode. Die aneinandergereihten Gasentladungszellen benötigen zur einwandfreien Funktion einen bestimmten Mindestabstand voneinander, der aus konstruktiven Gründen größer ist als der Abstand der Schreibelektroden insbesondere für eine hohe Auflösung von z.B. 8 Linien/mm. Die prinzipielle Ausführung einer GE Schalteinheit zeigt das folgende Bild 8.

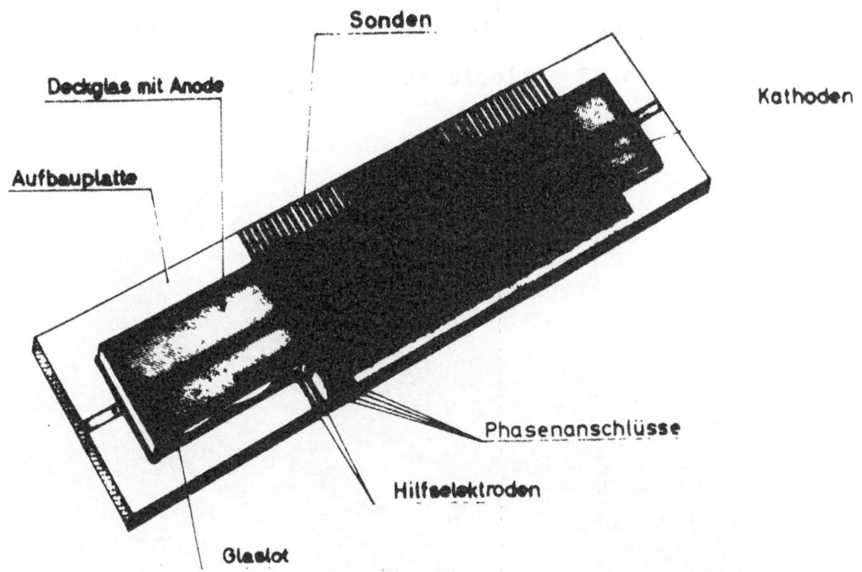

Bild 8: Prinzipielle Darstellung einer Gasentladungsschalteinheit in Siebdrucktechnik

Fig. 8: Schematical view of a gas discharge in silk-screen printing technique

Die Kathoden und Sonden, durch einen feinen Koppelspalt getrennt, werden mittels Siebdrucktechnik auf eine Aufbauplatte (z.B. aus Glas) aufgebracht. Das Deckglas mit der streifenförmigen Anode wird in einem bestimmten Abstand von der Aufbauplatte mittels Distanzstäbchen so montiert, daß die Anode über dem Koppelspalt fixiert wird. Das mit Glaslot abgedichtete Vakuumgefäß wird mit Edelgas gefüllt. Die Anschlüsse für die Stromversorgung, die Steuerleitungen und die Schreibsonden sind herausgeführt. Die Schreibsonden werden über einen Stecker direkt mit den Schreibelektroden verbunden.

Bild 9 zeigt einen Querschnitt durch die Gasentladungsstrecke einer GE-Schalteinheit, in der die Anordnung von Kathode, Sonde und Anode zu sehen ist.

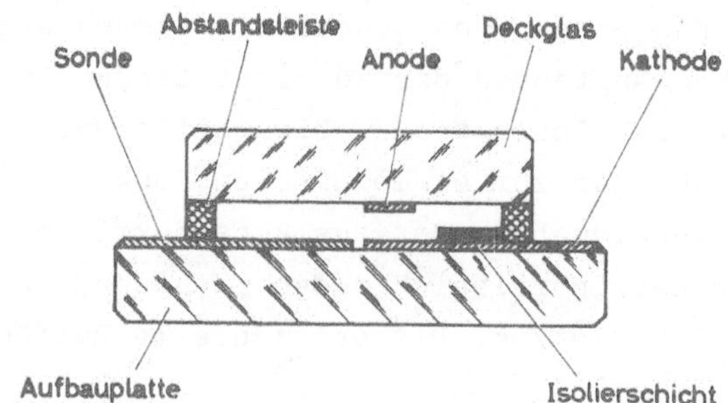

Bild 9: Schnittbild der Gasentladungsstrecke eines Plasmaschreibkopfes

Fig. 9: Cross-section of a single cell of a GE-switching unit.

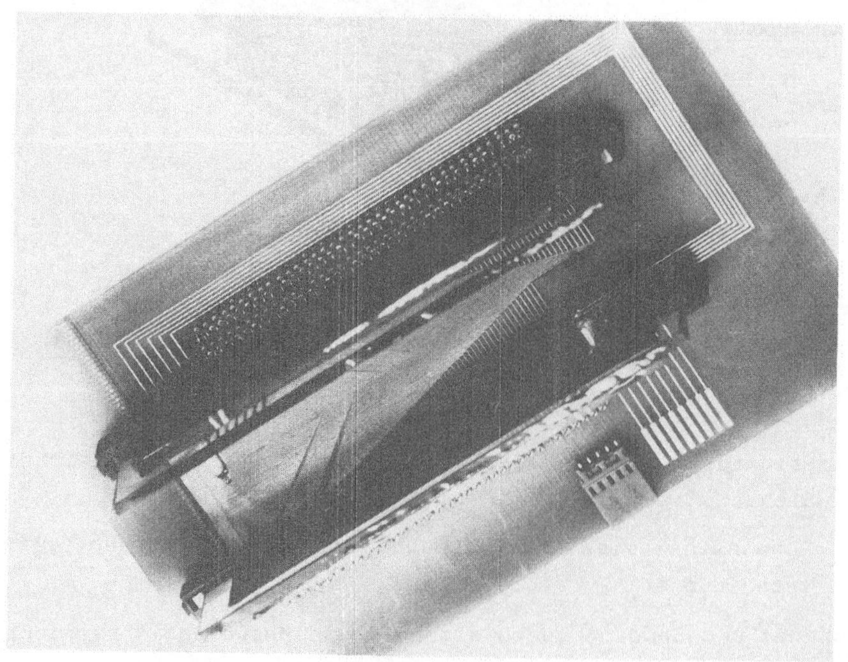

Bild 10: Labormuster eines Plasmaschreibkopfes

Fig. 10: Laboratory model of a plasma printinghead.

Die praktische Ausführung eines Labormusters des Plasmaschreibkopfes mit 2 zusammengeschalteten GE-Einheiten zeigt Bild 10. Die Durchlaufgeschwindigkeit der Entladung in einer GE wird begrenzt durch die Entionisierungszeit des Gases. Steht die dazu erforderliche Zeit nicht zur Verfügung, dann besteht die Gefahr, daß der nächste Schaltimpuls gleicher Phase nicht die Strecke zündet, die an der Reihe ist, sondern eine Strecke mit noch zu großer Restionisation. Der erforderliche gleichmäßige Durchlauf der Gasentladung ist dann gestört. Die für die Entionisierung zur Verfügung stehende Zeit ist durch den Abstand zweier aufeinanderfolgender Impulse einer Phase gegeben, bei einer n-Phasenansteuerung also durch $(n-1) \cdot t_i$. Muß die Durchlaufgeschwindigkeit erhöht werden, um ein schnelleres Schreiben zu ermöglichen, dann kann man die Phasenzahl erhöhen, man erhält z.B. bei einer Fünfphasenansteuerung die doppelte Zeit für die Entionisierung als bei einer Dreiphasenansteuerung, d.h. bei gleicher Entionisierungszeit kann die Durchlaufgeschwindigkeit der Entladung durch den Schiebeschalter dann verdoppelt werden. Nachteilig ist dabei nur der etwas erhöhte Schaltungsaufwand und größere Platzbedarf. Für das Schreiben längerer Punktzeilen mit hoher Auflösung und hoher Schreibgeschwindigkeit (z.B. CCITT Gruppe 3-Geräte) müssen mehrere GE's in einem Schreibkopf zusammengeschaltet werden. Bei Parallelschaltung der GE's muß die Gegenelektrode aufgeteilt werden, da dann auch die Schreibsignale parallel zugeführt werden müssen. Die Zieldaten eines Plasmaschreibkopfes zeigt die Tabelle in Bild 11.

Auflosung	horizontal	8 L/mm
	vertikal	7,7 L/mm
Anzahl der Bildpunkte/Zeile		1728
Anzahl der Bildpunktzeilen/A4		2280
Max. Anzahl der Bildpunkte/A4		$3{,}94 \cdot 10^6$
t_{A4}		22,8 s
t_{BZ}		10 ms
t_{BPkt} (rein seriell)		5,78 µs
t_{BPkt} (8 GE-Schalteinh. parallel)		46 µs

Bild 11: Daten des Plasmaschreibkopfes .

Fig. 11: Dates of the plasma printinghead.

Schrifttum

/1/ R.W. Crews, P. Rice
"The Videograph tube - A new component for high speed printing"
IRE Trans. Electron Devices, vol. ED-8, 406-414 Sept. 1961

/2/ Y. Terazawa, T. Ohkubo
"A New Gas Discharge Devices for Electrostatic Printing"
IEEE Trans. on Electron Devices, vol. ED-9 No4, April 72,
p. 593-597

/3/ M. Schiekel, H. Süßenbach
"Elektrostatisches Aufzeichnungs- und Kopierverfahren mit Hilfe punktreihenförmig angeordneter Entladungsstrecken"
4. Int. Kongreß für Reprographie u. Information, Hannover 1975
Tagungsband Fachreferate S. 60-63

/4/ M. Schiekel, H. Süßenbach, W. Junge
"Possibilities and Limitations of Electrostatic Printing with Multipin Arrays"
5. Int. Kongreß für Reprographie, Cambridge 1976
Tagungsband d. R.P.S. (im Druck)

/5/ F. Bestenreiner, D. Giglberger, R. Kohler
"Die Entwicklung des latenten elektrostatischen Bildes"
4. Int. Kongreß für Reprographie und Information, Hannover 1975,
Tagungsband Pleanrvorträge, S. 65-80

/6/ G. E. Holz
The primed gas discharge cell - a lost and capability improvement for gas discharge matrix displays
Proc. SID Symposium 1970, p. 30-31

Plasma Recording Heads - Modules for Future Facsimile Equipment

W. Junge, M. Schiekel, H. Süssenbach
Ulm

The electrostatic printing process enables high values of printing speed and spatial resolution. In addition to the mostly used black on white printing it offers the possibility for the reproduction of half tones and even some colours [5].

The electrostatic image pattern is formed by a multistylus printing head on a dielectric film, bonded to a conductive paper substrate. The electrostatic latent image is usually developed by the attraction of pigmented particles (toner) to the insulating surface, and fixed i.e. by fusing see Fig. 1.

The conductive paper substrate is indicated in the equivalent circuitry (Fig. 2) by the resistor R_T and the capacity C_T; the thin dielectric film has a high resistance R_D and a relativ high capacitance C_D compared to C_T. The minimum required ignition voltage of the air gap approaches 330 V, see Fig. 3. Due to the voltage-partition within the circuit however, a voltage of at least 400 V is necessary for the charge transfer. The resulting charge density is approximately proportional to the applied voltage, therefore with increasing voltages up to 700 V the charging time is decreasing to sufficient low values. By dividing this voltage into several partial voltages and taking into account the threshold-voltage of 400 V, an operation with coinciding pulses (see Fig. 2) is possible.

An estimation of the necessary voltage for various charging-times and densities will be given, see Fig. 4.

Some different suggestions have been made to reduce the large number of high-voltage switches required to adress multi-stylus recording heads [1, 2, 3]. An arbitrarily reduction of circuitry-cost can be achieved by the use of linear gasdischarge-arrays with a common anode but multiple cathodes and attached decoupling electrodes which are connected to the recording styli, see Fig. 5.

These gasdischarge switching-arrays are driven in a multiphase shifting mode, similar to a "self-scan" operation [6], therefore a number of cathodes are interconnected together in a cyclic manner. For a 3-phase operation for instance, the first cathode group is formed by the electrode-numbers 3n-2 (n = 1,2, ...), the second by 3n-1 and the third by 3n. The operation is started by the ignition of a reset electrode, close to cathode number 1, by applying a proper reset-pulse. The space which closely surrounds the current-leading reset stage is also ionized to a certain amount, decreasing the ignition voltage of the first stage no. 1 but not that for no. 4, as shown schematically in Fig. 6. Short pulses are now attached in a cyclic manner to the serie of electrode groupes 3n-2; 3n-1; 3n; 3n-2; ... leading to discharges, which run unidirectional through all stages and then by proper setting of a counter a new run is started at the reset-stage.

The shown principle of a gasdischarge shift-array is used for controlling the recording head by the sonde-electrodes, which are attached to each stage. These sonde-electrodes generate voltage pulses of approximately 80 % of the sustaining voltage of each cyclic conducting stage to the connected writing electrodes, see Fig. 7. The writing signals are attached to the conductive layer of the recording paper by the backing electrode, forming a latent image element only in case of coinciding sonde-and writing pulses.

The construction of a plasma shifting-array is shown schematically in Figs. 8 and 9.

For the high-speed recording of a large number of pixels whithin one line, as i.e. for facsimile-sets of the CCITT-group 3 with 1728 pixels per A4-format, several plasma shifting-units are to be switched together, forming a plasma recording head. A laboratory model of a two-stage plasma recording head showing especially the spatially concentration of conductors to a resolution of 8 lines per mm by an additional printing card is seen in Fig. 10. If plasma-shifting units are used in a parallel array, the backing electrode has to be divided also.

The required data for plasma recording heads, useable for CCITT-group 3-application are shown in table 11.

A New Network for Nation-Wide Facsimile Communication

K. Maeda, N. Kobayashi
Tokyo, Japan

ABSTRACT

"Facsimile" has such advantages as recordability or ability to convey graphs, charts and arbitrary ideographs which the conventional telephone does not have. The recent increase in facsimile communication has been marked and its future rapid growth is quite promising.

In order to make facsimile communication grow into a communication medium for the general public, NTT is now exerting efforts to establish a nation-wide facsimile communication system. This system is composed of low-priced, small-sized, highly-reliable and easy-to-handle facsimile equipments and a network which provides various functions to make the best use of the facsimile equipment at lower cost.

This article is prepared to present the concept of system development, which considers facsimile communication as a new public communication medium, along with an outline of facsimile network and trial facsimile equipment developed based upon the aforesaid concept.

1. INTRODUCTION

The number of facsimile equipments connected to the public telephone network in Japan has been increasing at a rate of 20% ~ 30% per year since 1972. The total number of equipment amounts to about 100,000 units. As shown in Fig. 1, most of them are used in governmental organization and business enterprises. Purposes for the use of facsimile in Japan are more extensive than in Europe or the United States of America because we Japanese use Chinese ideographs in our writing. In fact, Japanese often make use of facsimile to convey information which may be communicated by teletypewriters in Europe or the USA. Recently, the number of users who change Telex facilities to facsimile is increasing, and the number of Telex subscribers is showing a decrease. The number of facsimile equipments is rapidly spreading among smaller business enterprises and stores for the interchange of messages as well as memos and slips. It seems that this tendency is based on the fact that facsimile is being recognized as a convenient instrument for rapid communication without errors.

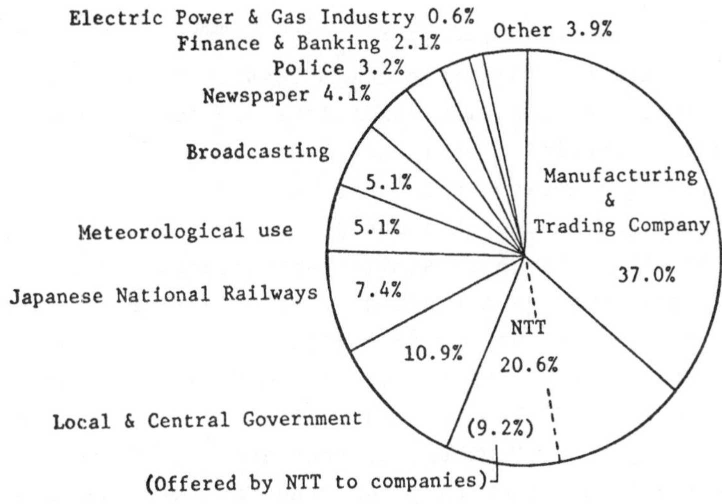

Fig. 1 Terminal distribution by business category

Bild 1 Aufteilung der Endgeräte nach Geschäftskategorien

NTT considers that if it were possible to provide a facsimile communication system which makes the best use of facsimile equipment and realizes reduced communication cost, facsimile will be utilized not only for business use but also for home use similar to the public telephone service.
NTT started researching low cost facsimile equipment and low cost facsimile network under this concept.

2. FACSIMILE CHARACTERISTICS AND POPULARIZATION POSSIBILITY

2.1 Comparison of characteristics between telephone and facsimile

Telephone is widespreaded as the most convenient communication instrument and is indispensable for daily living. However, the following problems still exist.

(1) We must answer to the telephone at every call and can neither know who calls us up nor see whether it is an emergency call or not until we start talking. That is, existing telephone service is the system which give priority to the originating person.

(2) As there is usually no record of a telephone conversation, information transmitted tends to be affected by human errors.

As facsimile has not only recordability but also the ability of automatic receiving with a simple device, facsimile can solve the telephone conversation problems mentioned above. However, so far, the biggest obstacle to popularizing facsimile has probably been its higher communication cost than telephone communication.

2.2 Possibility to become a popularized communication medium

In order to make the facsimile communication become a public communication medium, the following conditions are considered to be required.

(1) Reducing facsimile equipment cost

(2) Providing a network which has more advantages than a telephone network (Advantages are cheaper charges as well as functions which will enhance facsimile communication merits.)

If these conditions are satisfied, facsimile will have further growth. That is, the use of facsimile will spread not only for business use but also for transfer of information, reservation and the like between individual users and public offices, schools, hospitals, stores, hotels, etc. Further, if they are used for education, information retrival and other purposes, the facsimile service growth will be further accelerated. Facsimile system can be used for direct mail also.

3. A NEW PUBLIC FACSIMILE COMMUNICATION NETWORK

3.1 Concept

In order to realize a low cost, nation-wide facsimile network, it is important to take full advantage of existing facilities like public telephone network, and of features peculiar to facsimile communication as shown below.

(1) Requirement for real-time connection is not so severe as in the case of telephone. Hence, such techniques as store-and-forward, redundancy reduction and speed conversion can be incorporated into the facsimile network.

(2) Material documents for transmission are mostly composed of "black and white" information which is suitable for digitalized transmission. These conditions make the digital data network applicable for facsimile communication.

(3) As a facsimile signal contains much redundancy, it is possible to make effective use of circuits by introducing redundancy reduction techniques in the network. Those redundancy reduction techniques, which are applied to terminal equipment at present, make equipment very expensive. Redundancy reduction techniques

incorporated into the network realize reduction in communication cost, even with low cost terminal equipment.

3.2 The network and its main features

An outline of the new nation-wide facsimile communication network, which NTT is developing, is shown in Fig. 2.

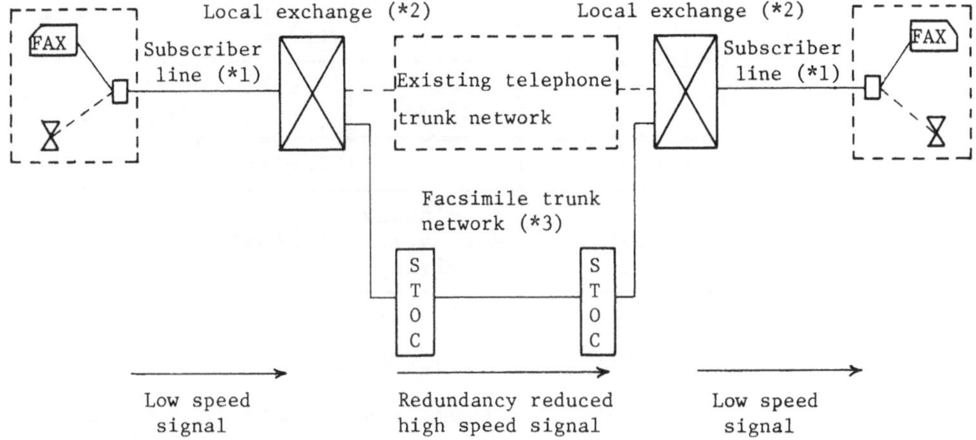

(*1) Existing telephone subscriber line is used as facsimile subscriber line also.

(*2) Existing telephone local exchange is used as facsimile local exchange also.

(*3) Digital network with signal processing functions.
STOC: Storage and Conversion facility

Fig. 2 Network outline

Bild 2 Netzstruktur

Main features of this network are as follows.

(1) Little investment requirement :
Large amount of investment is not necessary as telephone subscriber network facilities are commonly utilized. Minor reorganizations in local exchange are necessary.

(2) Numbering plan :
As shown below, a prefix peculiar to facsimile connection is required before a called telephone subscriber number.

Prefix (1XY) + Called Telephone No.

In the case of "1XY" connection, it is impossible to transmit voice information simultaneously. In case voice comments are necessary, a connection via telephone trunk network is available.

(3) Ringing function :
By using a selective calling signal, different from the telephone signal, it is possible to realize automatic receiving with a no-ringing method, as shown in Table 1. This method is convenient for called subscribers.

Kind of call	Kind of ringing (receiver)	
	Facsimile equipment	Telephone set
Telephone	No ringing	Ringing
Facsimile	No ringing automatic receiving	No ringing

Table 1 Selective ringing

Tabelle 1 Selektives Anrufen

(4) Reduction in number of trunk circuits :
Storage-and-conversion facility (STOC) performs redundancy reduction and speed conversion of an original (relatively low speed) facsimile signal. These STOC functions could reduce the number of trunk circuits required, as shown in Table 2.

Item	Reduction factor	
Redundancy reduction	1/7	1/30
Speed conversion	1/4.3*	
Delayed transmission	1/a**	

* $\frac{\text{Sampling rate}}{\text{Transmission rate}} = \frac{11\ \text{(Kbits/sec.)}}{48\ \text{(Kbits/sec.)}}$

** "a" is variable by system design parameters (Traffic volume, Waiting time, etc.)

Table 2 Reduction of circuits by network functions

Tabelle 2 Einsparung von Verbindungsleitungen durch Netzwerkfunktionen

(5) Connecting patterns :

Connecting patterns are shown as follows.

(1) End-to-end connection (Single address)

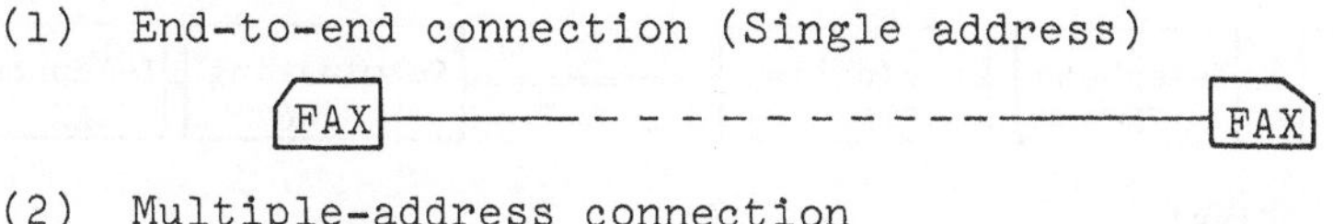

(2) Multiple-address connection

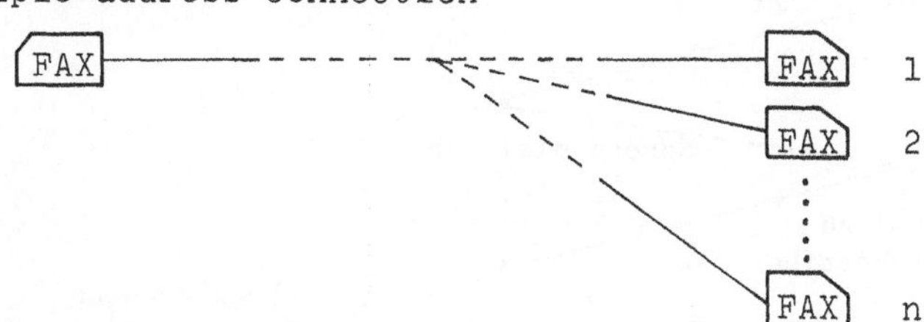

(3) Information service on inquiry

3.3 FACSIMILE CALL PROCEDURE IN THE NETWORK

Facsimile call procedure in this network is shown in Fig. 3.

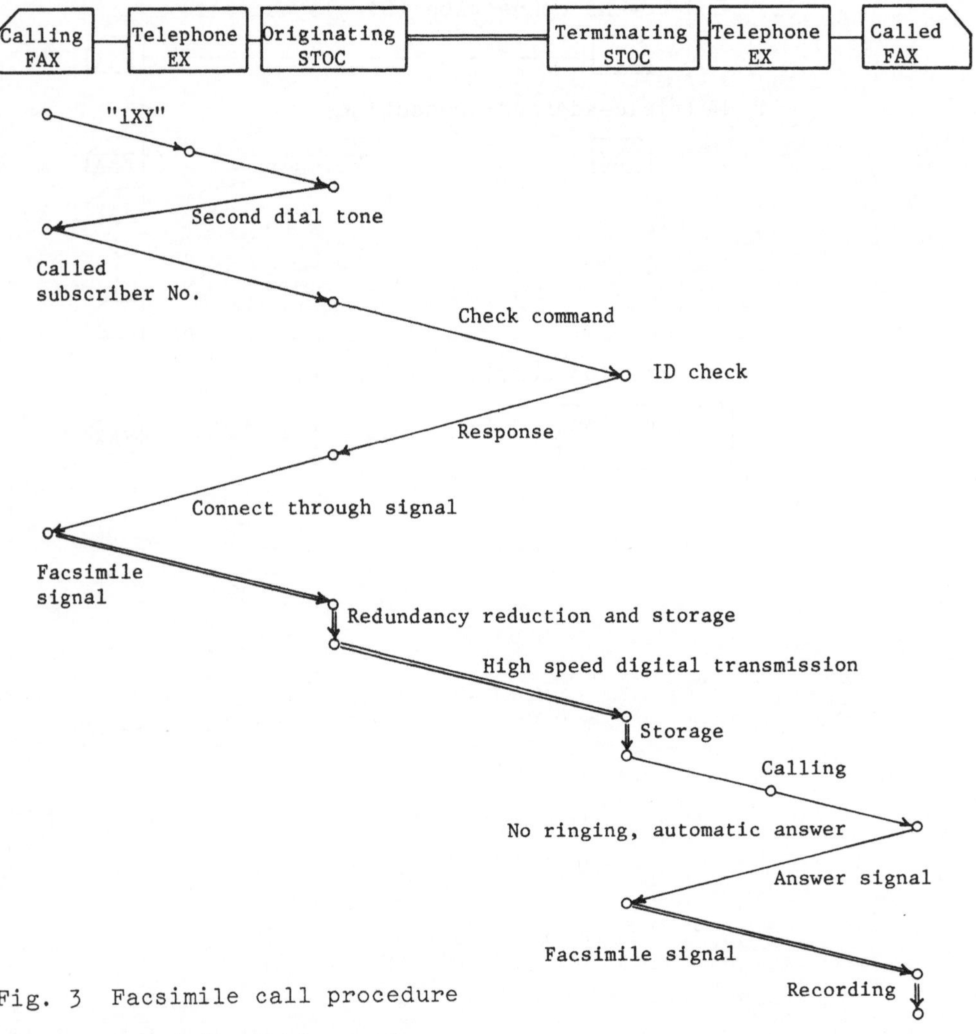

Fig. 3 Facsimile call procedure

Bild 3 Faksimile Wahlprozedur

4. LOW COST FACSIMILE EQUIPMENT "Mini-FAX"

In order to popularize facsimile equipment, the following guide lines are pertinent.

(1) Reducing equipment cost drastically
(2) Decreasing trouble rate and aiming at "maintenance-free" operation
(3) Changing the design idea from business machine (for business use) to household electric appliances (for home use)

(4) Aiming at easy operation

Taking into consideration the above elements, NTT has developed a trial small-size facsimile equipment ("Mini-FAX").

This equipment is adopting a CCD image sensor for transmission system, thermal printing head for receiving system, "AM-PM-VSB" for modulation system and micro-processor for control system.

This equipment is able to transmit a JIS A5 size document (JIS B6 as effective size) in about 80 seconds.

Main specifications are shown in Table 3.

Item		Specification
Document size		A5/B6
Transmission time for B6 size		About 80 sec./page (Standard)
Scanning method	Transmitter	Solid-state line scanner by CCD
	Receiver	Solid-state line scanner by thermal printing head
Recording method		Thermal sensitivity recording
Scanning density		3.85 lines/mm (Standard) 5.78 lines/mm (Fine)

Table 3 "Mini-FAX" Specification

Tabelle 3 Leistungsmerkmale von "Mini-FAX"

Transceiver type and separate type facsimile equipments are shown in Fig. 4 and 5, respectively.

Fig. 4 View of transceiver

Bild 4 Kombiniertes Sende- und Empfangsgerät

Fig. 5 View of transmitter and receiver

Bild 5 Getrennter Sender und Empfänger

5. CONCLUSION

NTT is doing developmental research on a nation-wide facsimile communication network in order to popularize facsimile communication widely as a public communication medium.

NTT is scheduled to begin offering this service in 1980.

"Store-and-forward" type and "packet" type communication systems have been developed and utilized since early date for data communication system. Such communication systems are also adopted for some facsimile networks, however, most of these systems are for business uses or within closed networks.

NTT considers it is important to realize the system as a nation-wide public communication system similar to the public telephone network. Whether it could be accepted as a popularized public system or not depends upon whether it is possible to provide attractive functions and transmission cost on an economical basis. For this purpose, it is necessary to study application techniques to make effective use of this design.

6. ACKNOWLEDGMENT

The authors wish to express the sincere gratitude for the guidance and encouragement received from Dr. Yasusada Kitahara, Executive Vice President of Nippon Telegraph & Telephone Public Corp., who suggested the concept and the policy for realization of this public facsimile communication system which should contribute to the welfare of the general public.

Ein neues nationales Netz für Fernkopieren

K. Maeda, N. Kobayashi
Tokyo, Japan

Die Zuwachsrate bei Faksimilegeräten lag in Japan während mehrerer Jahre bei 20-30 % pro Jahr. Zur Zeit beläuft sich die Gesamtzahl der Faksimilegeräte auf etwa 100 000 Einheiten. Obwohl die meisten davon im geschäftlichen Bereich eingesetzt werden, hat der allgemeine Einsatz der Faksimileübertragung in den Haushalten als ein neues Telekommunikationsmittel, das die Unvollkommenheiten des bestehenden Fernsprechverkehrs ausgleicht, große Zukunftschancen.

Nippon Telegraph und Telephone (NTT) untersucht laufend die Verbreitung der Faksimileübertragung im Hinblick auf neue technische Lösungen und Anwendungsgebiete.

Bild 2 gibt einen Überblick über das von NTT untersuchte Faksimilenetz.

Durch folgende Eigenschaften des neuen Netzes sollen die Investitionskosten gesenkt und eine bestmögliche Ausnutzung der Faksimiletechnik durch Realisierung weiterer Funktionen erreicht werden:

1. Gemeinsame Verwendung der bestehenden Teilnehmeranschlußleitung sowie der vorhandenen Ortsvermittlungsstelle für Fernsprechen und Faksimile
2. Einführung der Teilstreckenvermittlungstechnik, der Redundanzreduktion und der Geschwindigkeitsumsetzung.
3. Anpassung der schnellen digitalen Übertragung an das Fernleitungsnetz

Auf der anderen Seite untersucht NTT kleine Faksimilegeräte unter Berücksichtigung folgender Punkte:

1. Niedrige Kosten (besonders bei Serienfertigung)
2. Leichte Bedienbarkeit und Wartung
3. Niedrige Betriebskosten (geringe Papierkosten usw.)

Die von NTT untersuchten Leistungsmerkmale eines derartigen Faksimilegerätes (des sogenannten "Mini-Fax") sind in Tabelle 3 dargestellt.

Das oben beschriebene neue Faksimilenetz erlaubt die wirtschaftliche Nutzung vieler interessanter Faksimilefunktionen ohne den Einsatz hochgezüchteter intelligenter Faksimilegeräte dadurch, daß hier kostengünstige Funktionen verwirklicht werden wie z. B. automatischer Empfang, Rundsendverkehr, Informationsdienst, Zusammenschaltung verschiedenartiger Faksimilegeräte sowie eine elektronische Briefübermittlung für private Teilnehmer.

NTT will das neue nationale Faksimilenetz im Jahr 1980 anbieten.

Gedanken zur Harmonisierung von visuellen Diensten in Fernmeldenetzen

K.-L. Plank
Frankfurt am Main

1. Einleitung

Über das weltweite Fernsprechnetz mit seinen rund 400 Millionen Teilnehmern können Fernsprechverbindungen zu allen Staaten der Erde und zu nahezu jedem bewohnten Punkt der Erde aufgebaut werden. Dieses umfassende Fernsprechnetz hat ein Wachstum von etwa 6 % pro Jahr und wächst damit etwa doppelt so schnell wie die Erdbevölkerung. Die Übertragungskapazität, die erforderlich ist, um menschliche Sprache zu übertragen, reicht auch aus, um andere Informationen - vornehmlich auf visueller Basis - zu übermitteln. Bereits seit mehr als einem Jahrzehnt werden solche Kommunikationsformen - beispielsweise die Faksimile-Übertragung - praktisch erprobt und betrieben, ihre Einführung auf breiter Basis wird in den nächsten Jahren erfolgen.

Die Vielfalt der Codierungs- und Wiedergabemöglichkeiten bei visueller Kommunikation ist allerdings entscheidend größer als dies bei akustischer Kommunikation der Fall ist. Deshalb sind natürlicherweise in den vergangenen Jahren Vorschläge für eine ganze Reihe von Fernmeldediensten gemacht worden, die jeder für sich auf erhebliches Interesse gestoßen sind und die jeder für sich einen bestimmten Bedarfsbereich abdecken. Bei pragmatischem Vorgehen in der Einführungsphase besteht die Gefahr, daß sich diese Dienste unabhängig voneinander entwickeln, und daß dadurch eine gegenseitige Verträglichkeit erschwert - im Extremfall sogar verhindert werden könnte. Das vollständige Durcharbeiten aller dieser Kommunikationsformen im Hinblick auf ihre gegenseitige Verträglichkeit könnte dagegen die Einführung beträchtlich verzögern und damit einen möglichen Fortschritt verhindern. Einen sinnvollen Kompromiß zwischen diesen beiden Extremen zu finden, ist eine der großen Aufgaben der Fernmeldetechnik von heute. Dabei gilt es, die technologische Fortentwicklung der nächsten Jahre ebenso angemessen zu berücksichtigen wie die Forderung nach Minimierung der Zusatzaufwendungen im Fernmeldenetz für diese Dienste, die erforderlichen Einrichtungen sollen in den Endgeräten vorgesehen werden. Um einem Lösungsansatz für die damit aufgezeigte Problematik näherzukommen, ist ein möglicher Weg der, daß die visuellen Kommunikationsformen von der Benutzerseite her in ihrer Anwendung analysiert werden und daraus eine systematische Gliederung der Terminals abgeleitet wird. Diese "Modellfamilie von Terminals für die visuelle Kommunikation", ihre Minimalanforderungen an das Fernmeldenetz und Transformationsmöglichkeiten im Terminalbereich von einer Kommunikationsform zur anderen mit geringst möglicher Qualitätseinbuße könnten eine Grundlage für die Harmonisierung visueller Dienste in Fernmeldenetzen darstellen. Es sind ganz zweifellos neben dem hier dargestellten Ansatz auch andere Lösungsmodelle möglich und gangbar, jedoch muß bedauert werden, daß gegenwärtig noch kein solcher Ansatz der Fachwelt bekannt geworden ist.

2. Benutzer-Vorstellungen zur visuellen Kommunikation

Befragt man den fernmeldetechnischen Laien oberflächlich zum Thema "visuelle Kommunikationsformen", so begegnet man zunächst einer großen Unwissenheit.

Schildert man als Interviewer umfassend, ausgiebig und plastisch die technischen Möglichkeiten visueller Kommunikation, so erhält man erst nach einigen Interview-Stunden ein unerwartetes Anforderungsprofil an visuelle Kommunikation. Dazu allerdings muß man dem präsumtiven Faksimile-Kunden zunächst einmal klar machen, daß er auch als Empfänger das Papier für solche Nachrichten bereitzustellen hat, die er gar nicht empfangen will - beispielsweise für Werbe-Rundsendungen, die ihm heute nur den Briefkasten verstopfen. Man muß dem Interviewten auch deutlich machen, daß sein Farbfernsehgerät zwar im Wohnzimmer steht, das Telefon dagegen häufig im Büro oder im dunklen Eck der Diele. Die Kombination beider Geräte für den Bildschirmtext verliert durch die daraus resultierenden umständlichen Bedienroutinen an Attraktivität. Auch die Tatsache, daß ein auf einem Bürotextautomaten geschriebener Text nicht ohne weiteres auf einem Faksimilegerät wiedergegeben werden kann, muß dem zukünftigen Benutzer zunächst klar gemacht werden. Erst wenn Möglichkeiten und Grenzen visueller Kommunikation umfassend geschildert sind, beginnt der Laie, seine speziellen Bedürfnisse auf das vorgestellte Modell relativ unverzerrt zu projizieren und damit fast unbewußt ein Anforderungsprofil aufzustellen. Akzeptiert man die geschilderte Vorgehensweise als sinnvoll und richtig, so sollte im Endzustand visueller Kommunikation die folgende Zielvorstellung erreichbar sein (Bild 1):

1. Der Benutzer von beliebigen Terminals für visuelle Kommunikation will in jedem Falle logisch (alphanumerisch) codierte Information empfangen können, gleichgültig, welcher Art die Quelle derartiger Nutzinformation ist ;

2. der Benutzer hat die Wahl der Ausgabe hinsichtlich der Speicherbarkeit, d.h. er kann Endeinrichtungen nur für Bildschirmwiedergabe oder nur für Papierwiedergabe oder - im komfortabelsten Falle - für beide Formen der Wiedergabe installieren;

3. für den Fall der Informationsübertragung während tarifgünstiger verkehrsschwacher Zeiten akzeptiert der Benutzer, daß er für seine Zwecke optimale Speichermedien (Halbleiterspeicher, ferromagnetische mechanische Speicher oder Ausdrucke) an der Endeinrichtung bereitstellen muß,

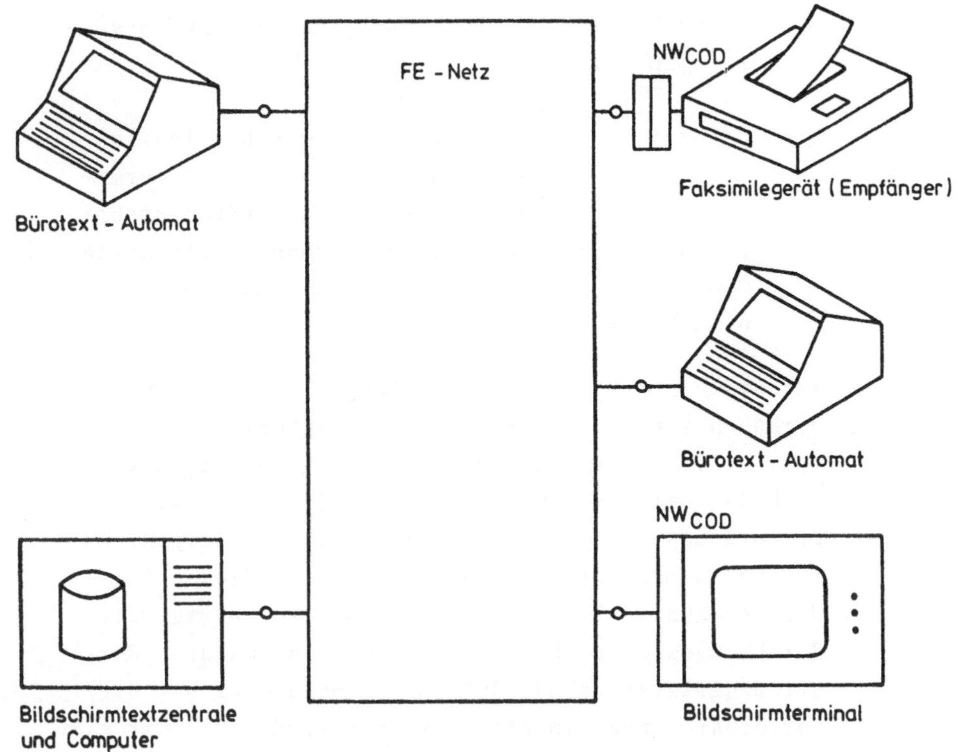

a) Kommunikation auf logisch codierter Ebene

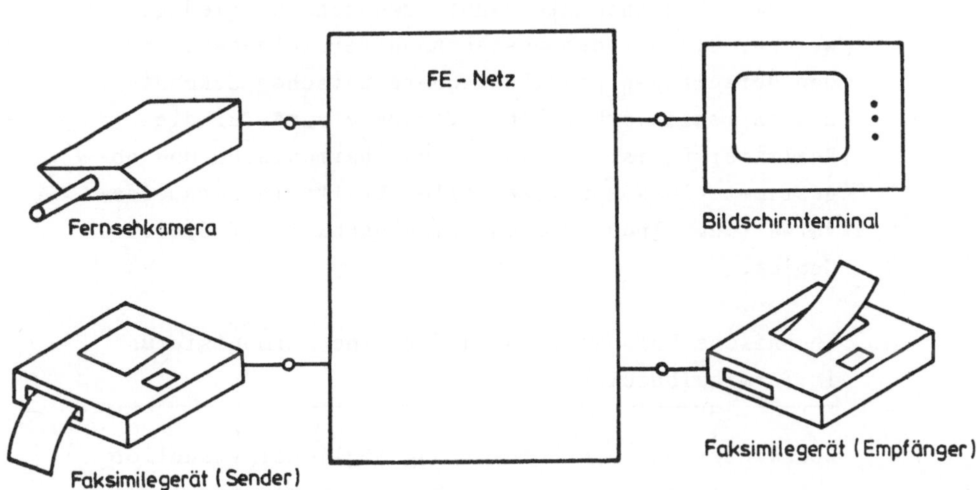

b) Kommunikation auf logisch nicht codierter Ebene

Bild 1 Grundtypen visueller Kommunikation

Fig. 1 Basic types of visual communication

um auch bei nicht besetzter Station empfangsbereit zu sein.

4. der Benutzer akzeptiert, daß zwischen logisch codierter und logisch nicht codierter Information nur eine bedingte Kompatibilität besteht; Beispiel: das Faksimilegerät kann Schriftsätze vom Dienst Bürotext-Fernverarbeitung aufnehmen, nicht aber umgekehrt.

Technisch gesehen ergibt sich aus diesem - zugegebenermaßen sehr groben - Anforderungsprofil eine Gruppe von Sende- und Empfangseinrichtungen, die in etwa nach den Bildern 2 und 3 zu klassifizieren ist. Eine Erläuterung dieser Bilder dürfte sich erübrigen. Es sei nur darauf hingewiesen, daß die in diesen Bildern erwähnten Fernsehkameras und Bildschirmgeräte durch zugeordnete Bildspeicher und Normwandler derart modifiziert sind, daß im Fernmeldenetz nur die verfügbare Kanalkapazität genutzt wird und damit eine Bewegt-Bild-Übertragung nicht durch diese Symbole angedeutet ist.
Mit der in diesen beiden Bildern zusammengefaßten Systematik können die Benutzerwünsche befriedigt werden, die mit dem bestehenden Fernmeldenetz und den derzeitigen physikalisch-technischen Erkenntnissen realisierbar sind. Voraussetzung für die Realisierung ist allerdings das harmonische und abgestimmte Zusammenwirken aller Kräfte in Fernmeldeverwaltung, Industrie und Wissenschaft auf diesem Gebiet.

3. Technische Voraussetzungen für eine Harmonisierung im Terminalbereich

Beobachtet man die Entwicklung möglicher visueller Kommunikationsformen, so erkennt man relativ schnell, daß bisher voneinander in ihren technischen Planungen unabhängige Industriezweige wesentliche Impulse zur Einführung der verschiedenen Varianten beisteuern und jeweils ihre speziellen - vornehmlich nicht technisch begründeten - Interessen vertreten.

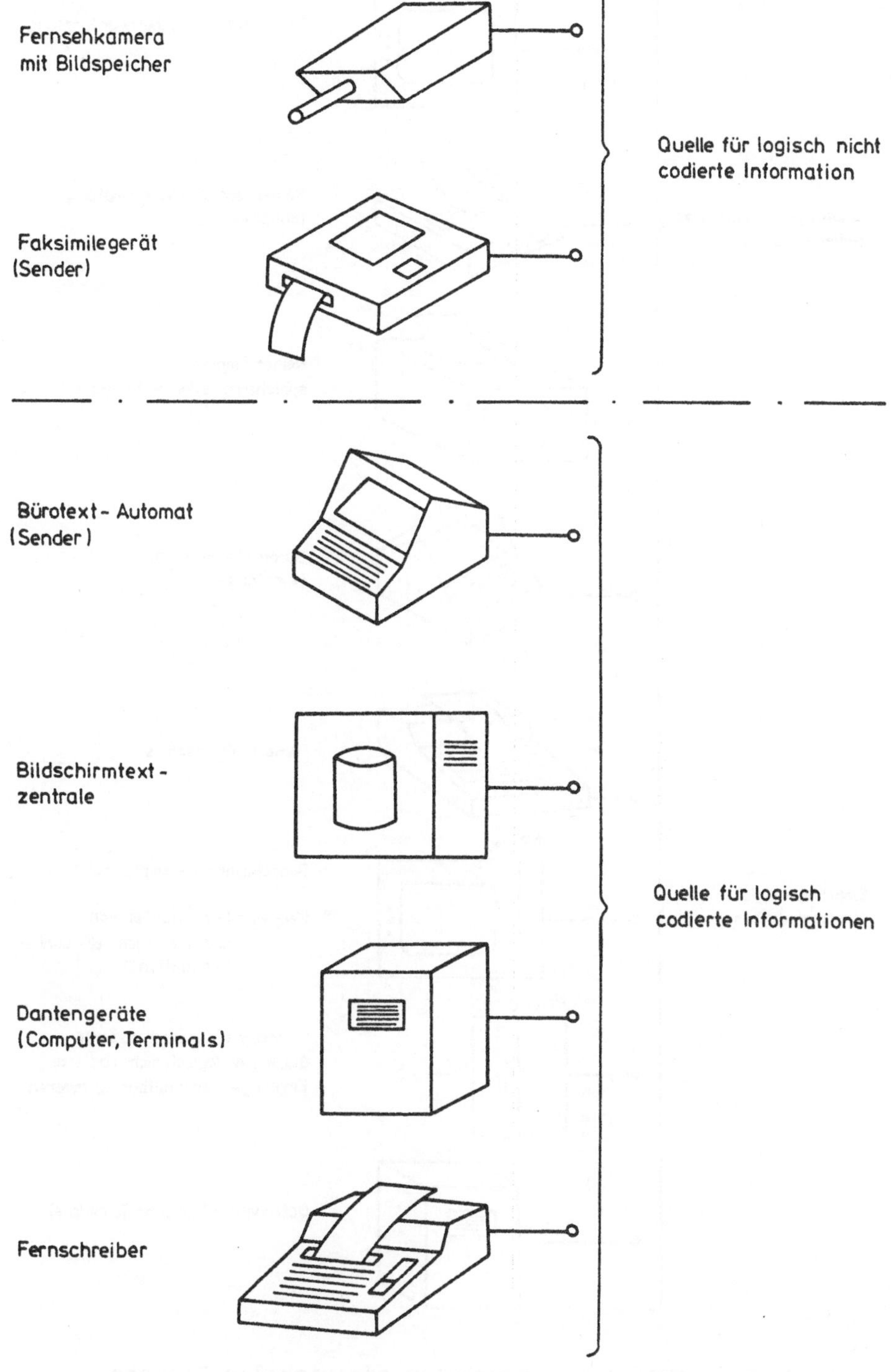

Bild 2 Sender-Grundtypen für visuelle Dienste

Fig. 2 Basic types of transmitters for visual services

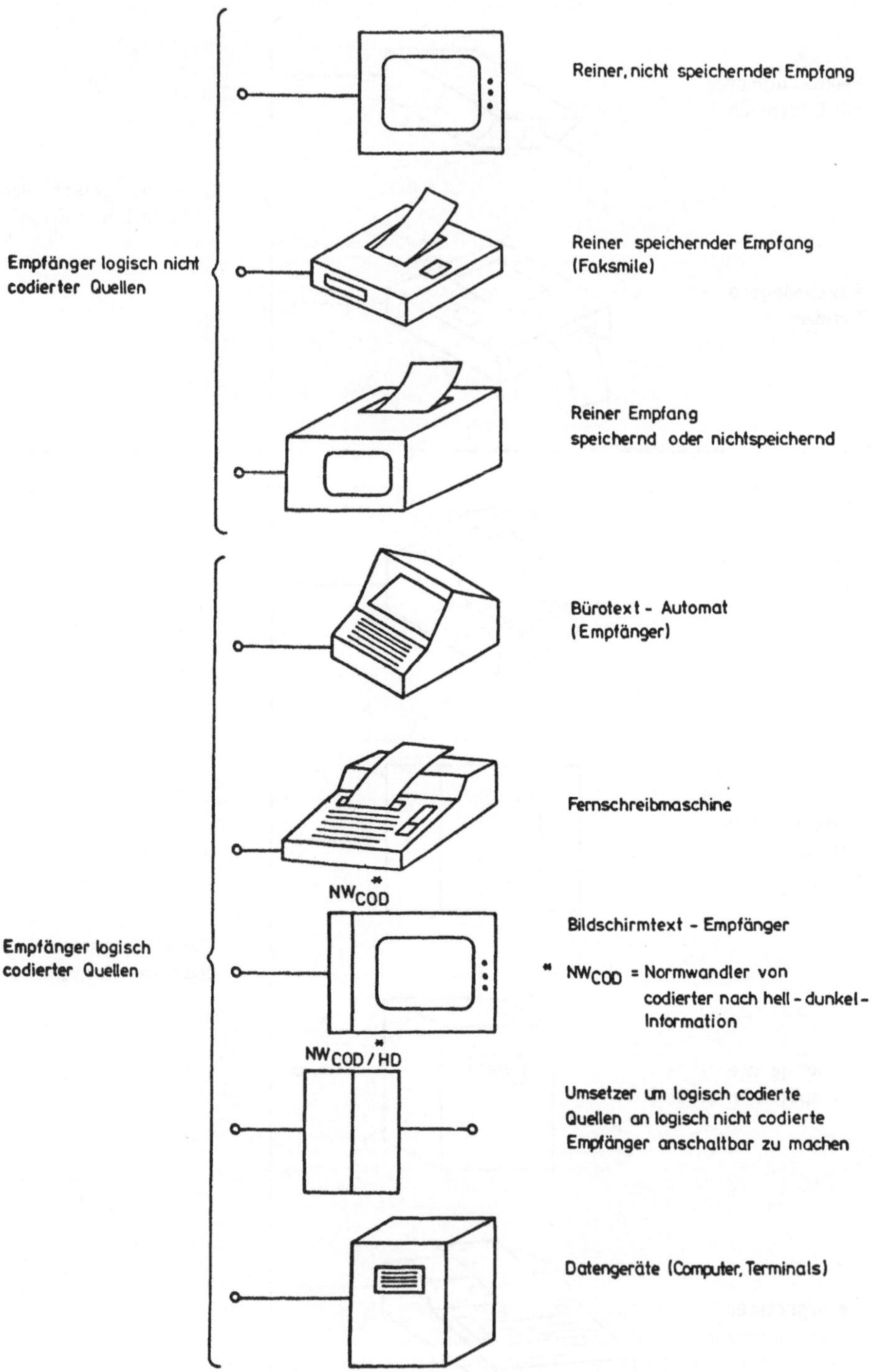

Bild 3 Empfänger-Grundtypen für visuelle Dienste

Fig. 3 Basic types of receivers for visual services

Dabei wird völlig übersehen, daß bei einer frühzeitigen Harmonisierung ein Markt entsteht, den keiner dieser Industriezweige aus eigener Marktpotenz befriedigen kann und der nur durch Zusammenarbeit aller Beteiligter optimal zu gestalten und über die hier gezeigten Möglichkeiten fortzuentwickeln ist.

Ein möglicher Weg zur Harmonisierung der visuellen Dienste im Fernmeldenetz sei mit dem nachfolgenden Gedankenmodell grob skizziert, das Gedankenmodell soll nicht technische Details vermitteln, sondern lediglich die technische Durchführbarkeit eines Harmonisierungskonzeptes dartun. Dabei wird von der logisch nicht codierten Form der Bildübertragung ausgegangen, wie sie für die Standbild-Übertragung beim Fernsehen und bei der Faksimile-Übertragung üblich ist. Zu beachten ist aber ein wesentlicher Unterschied zwischen Bildschirm- und Faksimile-Wiedergabe, nämlich die Tatsache, daß bei Bildschirm-Wiedergabe ein Querformat üblich ist, während bei der Faksimile-Wiedergabe das Hochformat verwendet wird.

Geht man von der in vielen europäischen Ländern eingeführten Fernsehnorm aus, so ergeben sich die in Bild 4 dargestellten Verhältnisse des "Normalrasters" im Zeilenbereich "Bild". Für ein Bildschirm-Standbild in reiner schwarz-weiß-Wiedergabe würden 625 Zeilen mit je 833 quadratischen Bildpunkten, also insgesamt 520.625 Bildpunkte zu übertragen sein. Die Übertragungszeit allein für die Bildpunkte ergibt sich in einem Fernsprechkanal bei 4.800 bit/sec. Übertragungsgeschwindigkeit zu rund 108 Sekunden, beim digitalen PCM-Fernsprechkanal zu minimal 8,13 Sekunden. Die resultierende Fernseh-Übertragungsbandbreite läge bei 13 MHz.

Bei gleicher Bildpunktauflösung ergeben sich für die DIN A4-Seite folgende Verhältnisse:

> je Seite sind 1.178 Zeilen à 833 Bildpunkte zu übertragen, also 981.274 Bildpunkte je Seite.

		Normal-Raster		Fein-Raster	
BILD	Zeilen/Bild	625		1.250	
	Bildpunkte/Zeile	833		1.666	
	Bildpunkte/Bild	520.625		2.082.500	
	Übertr. Zeit b. 4800 b/s	108	sek	434	sek
	Übertr. Zeit b. 64 k b/s	8,13	sek	32,5	sek
SEITE	Zeilen/Seite	1.178		2.356	
	Bildpunkte/Zeile	833		1.666	
	Bildpunkte/Seite	981.274		3.925.096	
	Übertr. Zeit b. 4800 b/s	204,5	sek	818	sek
	Übertr. Zeit b. 64 k b/s	15,3	sek	61,3	sek

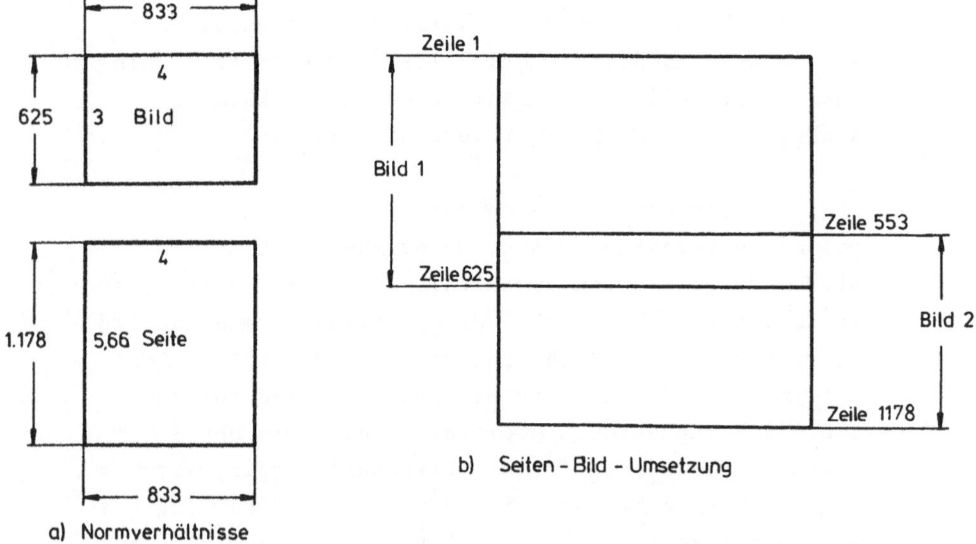

Bild 4 Normraster für logisch uncodierte hell-dunkel-Wiedergabe

Fig. 4 Scanning standards for logically uncoded black and white display

Die Übertragungsdauer je Seite ergibt sich zu 204,5 Sekunden bei 4.800 bit/sec. Übertragungsgeschwindigkeit bzw. 15,3 Sekunden bei 64.000 bit/sec. Die Fläche je Bildpunkt - und damit die Auflösung - liegt bei 0,063 mm^2. Sie genügt damit den normalen Ansprüchen. Für höhere Ansprüche hinsichtlich Auflösung könnte ein zweites Raster verwendet werden, das in Bild 4 unter der Bezeichnung "Feinraster" dargestellt ist. Es ergibt sich aus der linearen Halbierung des "Normalrasters", entsprechend ist die Auflösung viermal höher, die Übertragungszeit ebenfalls viermal größer.
Es ist leicht einzusehen, daß Geräte für Feinraster in einfacher Weise auf Normalraster umzuschalten sind.

Der Übergang von Quer- auf Hochformat und umgekehrt könnte in diesem Zusammenhang nach Bild 4 b realisiert werden, wobei ein Bereich von 72 Hell-Dunkel-Zeilen bzw. etwa fünf Textzeilen des Hochformts bei Querformat in beiden Bildern wiedergegeben werden - ein Effekt, der insbesondere beim sog. Zeilenschieben der Kontinuität des Lesens zugute kommt.

Auf der Basis dieses Konzeptes könnten Bildschirmempfänger für Faksimile-Übertragung unter weitgehender Verwendung von Komponenten der normalen Fernsehempfangs- und -wiedergabetechnik gebaut werden. Allerdings müßten bei den verschiedenen Abtast- und Schwärzungsmethoden der Faksimilegeräte Anpassungsmaßnahmen durchgeführt werden, die recht umfassend sein können.

Die Substitution der gegenwärtig eingesetzten Faksimileraster, die allein auf minimale Übertragungszeit bei gerade ertragbarer Auflösung und optimaler Kostengestaltung der Endeinrichtung "Faksimilegerät" ausgerichtet sind durch ein umfassendes Rasterkonzept, das auf optimale Verträglichkeit mit anderen Diensten ausgerichtet ist, zwingt auch zur Inkaufnahme geringfügig erhöhter Betriebskosten. - Beispielsweise würde die Belegungszeit des Übertragungskanals bei gleicher

Übertragungsart um etwa 15 % länger sein - ein Effekt, der beispielsweise in Deutschland die Gebühren um 15 bis 20 % anheben würde. Es muß dem aber gegenübergestellt werden, daß die Kosten für die Übertragungsmittel durch technischen Fortschritt eine insgesamt sinkende Tendenz haben und behalten werden.

Selbstverständlich ist, daß neben einer harmonisierten Normung der Bildraster auch die Modulationsform für alle visuellen Dienste, die auf der Ebene der logisch nicht codierten Informationsübertragung abgewickelt werden sollen und die Form des Signalaustauschs zwischen den Endgeräten für die Bedienroutinen generell zu vereinheitlichen sind; beides ist aber in den letzten Jahren technisch so einfach realisierbar geworden, daß hier allenfalls geschäftspolitische, keinesfalls aber technische Hindernisse im Wege stehen.

Mit dem Bild 5 wird ein nächster gedanklicher Harmonisierungsschritt eingeleitet. Dieser Harmonisierungsschritt muß sich mit der Kompatibilität logisch nicht codierter Informationsübertragung und logisch codierter Informationsübertragung befassen. Zu beachten ist, daß logisch codierte Information nicht nur den Zeichenvorrat der eingeführten alphanumerischen Codes, bestehend aus lateinischen Groß- und Kleinbuchstaben, Satz- und wenigen Rechenzeichen sowie den arabischen Zahlen 1 bis 0, umfaßt. Jeder Naturwissenschaftler hat darüber hinaus auch eine Fülle von Zusatzzeichen, beispielsweise die Vielfalt mathematischer Instruktionen, griechische Buchstaben oder das Mittel des Hoch- und Tiefstellens von Indizes. Noch größer wird die Vielfalt, wenn andere Alphabete - beispielsweise das kyrillische - in die Betrachtung einbezogen werden, nahezu unbegrenzt wird der Zeichenvorrat beim Betrachten der Zeichenschriften - beispielsweise die japanische Schrift.

Ordnet man der jeweiligen logischen Codierungsebene der zu übertragenden Zeichen rechteckige Bildpunktfelder zu, so können zunächst drei Rasterstrukturen definiert werden (Bild 5):

	Grob-Raster	Normal-Raster	Fein-Raster
Buchstaben je Zeile	83	83	83
Bildpunkte hor. je Buchstabe	5	10	20
Bildpunkte vert. je Buchstabe	7	14	28
Bildpunkte je Buchstabe	35	140	560
Schriftzeilen je Bild	45	45	45
Schriftzeilen je Seite	84	84	84
Buchstaben je Bild	3.735	3.735	3.735
Buchstaben je Seite	6.972	6.972	6.972
Übertragungszeit/Bild b. 4800 b/s	≥ 6.2 sek	≥ 6.2 sek	≥ 6.2 sek
Übertragungszeit/Bild b. 64 k bit/s	≥ 0.5 sek	≥ 0.5 sek	≥ 0.5 sek
Übertragungszeit/Seite b. 4800 bit/s	≥ 11.7 sek	≥ 11.7 sek	≥ 11.7 sek
Übertragungszeit/Seite b. 64 k bit/s	≥ 0.87sek	≥ 0.87sek	≥ 0.87sek
Speicherkap. Empf. Sp. Bild, Cod	29.880 bit	29.880 bit	29.880 bit
Speicherkap. Empf. Sp. Seite, Cod	55.776 bit	55.776 bit	55.776 bit
Speicherkap. Wiederg. Sp. Bild	130.156 bit	520.625 bit	2.082.500 bit
Speicherkap. Wiederg. Sp. Seite	245.318 bit	981.274 bit	3.925.096 bit

Bild 5 Transformation alphanumerisch codierter Information in logisch uncodierte hell-dunkel-Wiedergabe

Fig. 5 Transformation of alphanumerically coded information to logically uncoded black and white display

Grobraster, das in sieben waagrechten und fünf senkrechten Kolonnen 35 Bildpunkte bietet - es handelt sich um das von Hell erstmals angegebene Raster, das etwa der logischen Codierungsebene von Fernschreibzeichen entspricht und über den Hell-Schreiber längst eingeführt und bewährt ist. Für die codierte Übertragung sind sechs Bit bzw. - im Falle des Fernschreibens angewendet - fünf Bit zuzüglich Paging (Umschaltecode Buchstabe : Ziffer) erforderlich;

Normalraster, das in 14 waagrechten und 10 senkrechten Kolonnen 140 Bildpunkte bietet. Für die codierte Übertragung sind mindestens 8 Bit erforderlich, beispielsweise kann der ASC II-Code in diesem Raster als normierter Fall benutzt werden;

Feinraster, das in 28 waagrechten und 20 senkrechten Kolonnen primär 560 Bildpunkte bietet. Für die codierte Übertragung sind 10 Bit erforderlich, durch Paging-Methoden werden auch Zeichenschriften übertragbar. Schließlich besteht die Möglichkeit, durch Zusammenfassen von vier Bildfeldern auch 2.240 Bildpunkte für ein Zeichen anzusetzen, dieser Fall würde praktische Bedeutung haben, wenn-beispielsweise im Falle japanischer Schriftsymbole - bei 560 Bildpunkten Details verloren gehen, die für den Informationsinhalt von Bedeutung sind.

Die Anwendung der vorstehend beschriebenen Rastersystematik bietet die Möglichkeit, logisch codierte Information der verschiedenen Codierungsebenen mit logisch codierter - zuweilen auch "topologisch" genannter - Information kompatibel zu gestalten. Werden ganzzahlige Wandlungsverhältnisse eingehalten - der vorstehende Vorschlag stellt ja nur ein Beispiel dar -, so können elektronische Normwandler kostengünstig realisiert werden, die ohne Verlust an Information die Umsetzung von logisch codierter in logisch nicht codierte Information gleicher Auflösung ermöglichen. Auch der umgekehrte Weg ist nach dem heutigen Wissensstand nicht ausgeschlossen, wenn er auch technologisch noch keine Realisierungsansätze bietet.

Selbstverständlich ist auch das zitierte Beispiel - das von der Zeilenzahl des 625-Zeilen - CCIR - Bildrasters ausgeht - dahingehend modifizierbar, daß die jeweils in einem Lande bzw. einer geographischen Region gebräuchliche Bildnorm auch für visuelle Dienste als Ausgangsbasis genutzt wird. In einem solchen Fall wäre es sinnvoll, in den jeweiligen Fernvermittlungsstellen für internationalen Verkehr entsprechende Normwandler vorzusehen, um auf diese Weise nationale Standards frühzeitig einführen zu können.

Der Einsatz eines solchen Normkonzeptes muß die Einführung des Faksimiledienstes nicht behindern, wenn sichergestellt wird, daß das bisher angewendete Übertragungsverfahren dem Prinzip nach auch nach einer Standardisierung für logisch nicht codierte Informationsübertragung beibehalten bleibt, es wird lediglich gegenüber dem dann verfügbaren Standardverfahren die geringere Bildqualität zutage treten.

4. Technische Möglichkeiten und Zukunftsaspekte im Fernmeldenetz

Die bisherigen Überlegungen haben Kompatibilitätsprobleme behandelt, die für die Zukunft das Zusammenwachsen der verschiedenen visuellen Kommunikationsformen ermöglichen können. Dabei wurde vorausgesetzt, daß die vorhandenen übertragungstechnischen Standards für Fernmeldenetze genutzt werden, ohne daß darüber hinausgehende Bedingungen gestellt werden. Das bedeutet, daß für den Teilnehmer zunächst - bei geringfügig verbesserter Auflösung -

die Übertragungszeiten und damit auch die Gebühren für einen kompatiblen Dienst geringfügig höher liegen als bei auf den jeweiligen Zweck optimierten Teildiensten. Langfristig werden aber die Gebühren sinken, die breitere Erreichbarkeit bietet darüber hinaus einen Anreiz für ein kompatibles Konzept. Bei der hier vorgestellten Grundform muß der Benutzer inkauf nehmen, daß die Übertragung einer Textseite auf Basis eines alphanumerischen Codes zwar nur etwa 12 sek. benötigt, aber die Übertragung einer handgeschriebenen Textseite etwa vier Minuten in Anspruch nimmt. Die Einsparung an Zeit bei alphanumerisch codierter Übertragung setzt höheren Aufwand für Codieren und Übertragen im Endgerät voraus. Eine simple Kosten-Nutzen-Analyse weist die Grenzfälle für beide Verfahren aus - die fernmeldetechnisch berühmte Tante Frieda wird eindeutig logisch nicht codierte Übertragungsverfahren wegen der billigeren Endgeräte bevorzugen, ein großes Unternehmen wird bevorzugt Bürotext-Terminals für logisch codierte Übertragungsverfahren einsetzen, aber die logisch nicht codierte Übertragungsform außerdem benutzen müssen. Mit Einführen digitaler Komponenten wird aber ein zunächst sekundärer Aspekt der Digitalisierung langfristig für visuelle Kommunikationsformen bedeutungsvoll:

Für visuelle Dienste ist ein 64 k-Bit-Kanal wesentlich besser nutzbar als ein Kanal mit 3,4 kHz Bandbreite, da bei visuellen Kommunikationsformen die Dynamikanforderungen wesentlich geringer sind als bei der akustischen Kommunikation.

Die Folge ist - für den Benutzer - eine Verkürzung der Übertragungszeit, die bei logisch nicht codierter Kommunikation besonders signifikant ist. Dieser Vorteil ist aber erst voll nutzbar, wenn digitale Komponenten so umfassend in die bestehenden Netze des In- und Auslandes eingeführt sind, daß Digitalzugänge parallel zu Analogzugängen weit verbreitet verfügbar sind.

Sind digitale Netze und harmonisierte visuelle Kommunikationsformen verfügbar, so bietet sich darüber hinaus die Möglichkeit, innerhalb des Netzes Informationsspeicher anzuordnen und - quasi als Economy-Verkehr - nicht dringliche Information in verkehrsschwachen Zeiten zu übertragen. Gleichgültig, ob solche Speicher im öffentlichen Teil der Fernmeldenetze installiert sind oder beispielsweise in einer privaten Nebenstellenanlage - erst die Harmonisierung der Dienste erlaubt es, zu wirtschaftlichen Konditionen die dabei benötigten Massenspeicher zu realisieren. Es scheint daher auch aus technologischen Gesichtspunkten nützlich, sinnvoll und zwingend, der Harmonisierung der neuen Dienste zumindest die gleiche Bedeutung zuzuordnen wie dem Digitalisieren der Fernmeldenetze, denn nur, wenn beide Aspekte erfüllt sind, erfüllt sich die Vision der Kommunikation von morgen. Es ist in diesem Zusammenhang mehrfach vorgeschlagen worden, die Übergangszeit bis zu einer so perfekten Lösung zu verkürzen, indem privaten Gesellschaften - nach amerikanischem Vorbild - das Recht eingeräumt wird, mit gemieteten Leitungen derartige Kommunikationsformen zu realisieren. Derartige Vorschläge enthalten aber einige sehr problematische Aspekte, bei deren Beachtung - zumindest für europäische Verhältnisse - eine entsprechende Fernmeldepolitik nicht empfohlen werden kann:

- die öffentliche Fernmeldepolitik ist ein Element der Infrastruktur und von erheblicher gesellschafts- und wirtschaftspolitischer Relevanz, bei der Gemeinnutz im Vordergrund stehen muß;

- der privatwirtschaftliche Ausbau und Betrieb von Sondernetzen ist einem Harmonisierungskonzept nicht förderlich;

- da das Fernmelderecht national unterschiedlich ist, ergeben sich in Europa viel zu kleine Betriebsbezirke, die - gemessen an den erforderlichen Modernisierungsaufwendungen - kaum wirtschaftlich betrieben werden können.

In den letzten Jahren ist das Interesse der Fernmeldeverwaltungen an neuen Kommunikationsformen in einem Maße gewachsen, das sicherstellt, daß mit wachsenden technischen Realsisierungsmöglichkeiten auch die Netze entsprechend gestaltet werden. Wachsender Anteil dieser Kommunikationsformen am Verkehrsaufkommen in diesen Netzen ermöglicht auch wachsende Investitionen - zum Nutzen aller.

Concepts for the Harmonization of Visual Services in Telecommunication Networks

K.-L. Plank
Frankfurt am Main

The worldwide telecommunication network for telephone and telex service can additionally be used for other - mostly visual - telecommunication services. In the case of those visual services the possible varieties of coding and display are very large - thus in the past a number of proposals for different visual services have been made - some of them are introduced on a national basis. Each of the propósed visual services - such as facsimile, videotext or teletext - found extended interest, without raising the question, whether or not one can be combined with the other - the problem of compatibility is not yet solved on a simple and economic basis.

The presented paper submits one out of a number of possible solutions for the problem of compatibility. The analysis of the different sources and receivers shows, that there are two basically different types (figure 1):

- terminals for logically uncoded information e.g. facsimile, pictures and graphs,
- terminals for logically coded information e.g. printers, EDV-terminals.

Additionally all transmitters and receivers can be divided in both groups as shown in figures 2 and 3. Starting from logically uncoded information, we find one visual telecommunication service, which is worldwide introduced - the television service.
This service internationally uses a lying rectangle of the ratio 3:4, which is divided in a standardized number of lines - e.g. in most countries of the European

Community 625 lines. If the line - width is also used for a vertical division, the result is an quadratic picture-element. In the case of a 625 line-television-system we will obtain 833 of these picture-elements per line (figure 4). Thus a picture consists of 520.625 picture-elements. If a television-service would use these elements, the necessary bandwidth for transmission would be about 13 MHz.

Written Information normally is given on pages, which are formed by an upright rectangle of the ratio 4:3 approximately. Thus one needs 1178 lines per page, each one consisting of 833 picture-elements, if the same resolution shall be obtained. Fig. 4 b demonstrates a display of one page on the CRT of a television-set.

To get extraordinary resolution a fine-scanning-rate can be defined, where the quadratic picture-element covers the area of one forth of the standard-scanning-rate.

The display of logically coded information (fig.5) in such a system can be obtained by forming rectangular picture-fields - in the standard-scanning-rate consisting of 10 horizontal and 14 vertical picture-elements. A coarse-scanning-rate then involves the 5x7 picture-field-already well known for simple alpha-numeric-displays, a fine-scanning-rate of 20x28 picture-elements allows the display even of cyrillic and other symbols.

Finally the paper submits proposals for adapting the existing telecommunication - network to the future requirements, which can be derived from a wide-spread use of the visual services.
Two points of interest are pointed out

- the improvement of digital networks for visual services
- the demand for providing a packet-switched network for visual services, which in turn can be simplified, if a compatible standardized basis for visual services can be introduced.

Der Elektronische Postdienst - eine Möglichkeit der künftigen Briefkommunikation

H. Mantel
Stuttgart

Zusammenfassung

Zur Abwicklung geschäftlicher Vorgänge wird in zunehmendem Maße die Übertragung von Texten und Bildvorlagen an Bedeutung gewinnen. Das heutige Fernschreiben soll durch einen künftigen "Ferntextdienst" ergänzt werden und zur Übertragung von Faksimile-Nachrichten wird ein "Telefaxdienst" eingeführt.

Die heutige Entwicklung der Bürokommunikation zwischen Geschäftspartnern ist dabei aber nur als eine erste Stufe der allgemeinen elektronischen Briefübermittlung anzusehen. Sobald ein größerer Anteil der Geschäftspartner über eigene Endgeräte verfügt, wird sich an einem erweiterten Kommunikationsdienst wahrscheinlich ein großes Interesse entwickeln, bei dem nicht nur Partner mit eigenen Endgeräten, sondern jedermann in der breiten Öffentlichkeit elektronische Briefsendungen empfangen kann. So können in einer zweiten Entwicklungsstufe der elektronischen Briefübermittlung in den Zustellpostämtern Wiedergabegeräte aufgebaut werden, mit denen die Briefe reproduziert werden. Von hier aus werden die Briefe durch den Briefträger zugestellt. Die hier beschriebene Gesamtkonzeption der elektronischen Briefübermittlung sieht darüber hinaus in einer dritten Stufe schließlich öffentliche Eingabegeräte vor, wodurch allen Privatpersonen und kleinen Geschäftsorganisationen auch das Absenden von "elektronischen Briefen" ermöglicht wird.

1. Erste Stufe: Elektronische Briefübermittlung zwischen Geschäftsteilnehmern

Erst vor etwa zwei Jahren hat in der Bundesrepublik die Kommunikation zwischen Geschäftspartnern, ausgelöst durch die Arbeiten der Kommission für den Ausbau des technischen Kommunikationssystems (KtK) und deren Ergebnisbericht, auf dem Gebiet der Textkommunikation und der Nachrichtenübermittlung mittels Fernkopierer einen völlig neuen Aspekt und damit gleichzeitig einen deutlichen Aufschwung bekommen. So wird dabei die geschäftsinterne Erstellung der Briefe und die Abwicklung des Briefverkehrs wesentlich rationalisiert. Der direkte Fluß von sowohl zeichenkodierten als auch Faksimile-Nachrichten von und zu den Abteilungen der verschiedensten Geschäftsorganisationen spielt dabei die maßgebende Rolle.

Die DBP beabsichtigt noch in diesem Jahr den Telefax-Dienst einzuführen, wobei alle Teilnehmer, die über einen Fernkopierer der Gruppe 2 verfügen, in einem Telefax-Verzeichnis erfaßt werden, damit ein freier Verkehr über das Fernsprechnetz zwischen diesen Teilnehmern ermöglicht wird.

Die technologische Entwicklung der Endgeräte für die Übertragung von Texten und Bildvorlagen führt zu einer immer stärkeren Reduzierung der Übertragungszeiten. Für verschiedene Endgeräte sind im Bild 1 die Übertragungszeiten für eine DIN-A4-Seite mit 2000 Zeichen dargestellt. Neben der reinen Textübertragung bzw. Faksimile-Übertragung ist zusätzlich die Übertragungszeit eines hybriden Endgerätes angegeben, welches die Vorteile beider Übertragungsarten nutzt. Hybride Empfangsgeräte sind in Amerika bereits auf dem Markt.

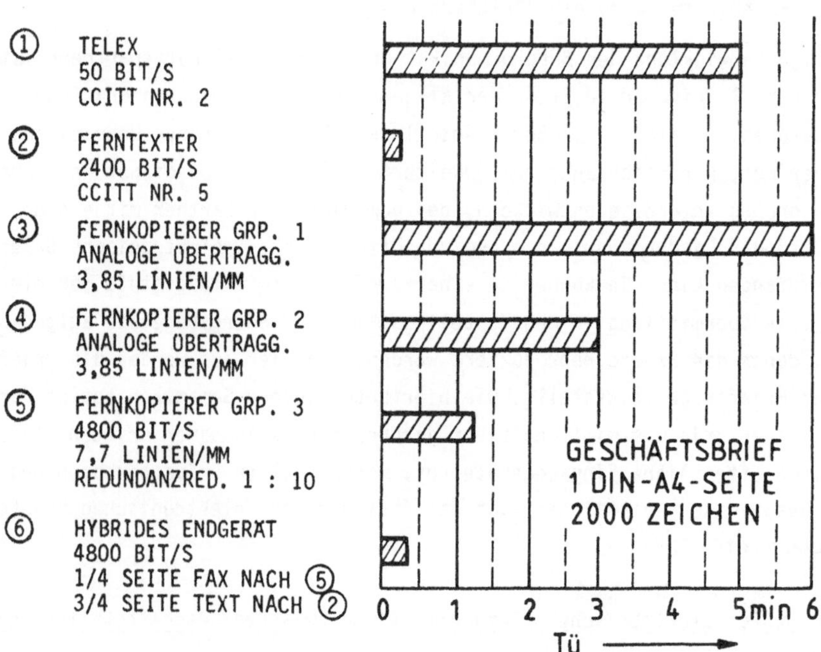

Bild 1: Übertragungszeiten verschiedener Endgeräte

Fig. 1: Transfer times of different terminals

Geht man davon aus, daß sich die Text- und Faksimilekommunikation weiterentwickelt, daß die Geräte im Laufe der Zeit mit Speichern ausgerüstet werden, die nicht nur die Erstellung der Briefe im Off-Line-Betrieb, sondern auch die automatische Aussendung und Übertragung während der Nacht ermöglichen, daß die Endgeräte zu diesem Zweck eine automatische Wähleinrichtung für den Aufbau der Verbindung erhalten, so ist diese Entwicklung der erste wichtige Schritt auf dem Wege zur elektronischen

Briefübermittlung. Diese Entwicklung bleibt aber solange nur die erste Stufe eines wesentlich weitergehenden Konzepts, wie dabei die Kommunikation nur zwischen Geschäftsteilnehmern mit eigenen Endgeräten berücksichtigt wird.

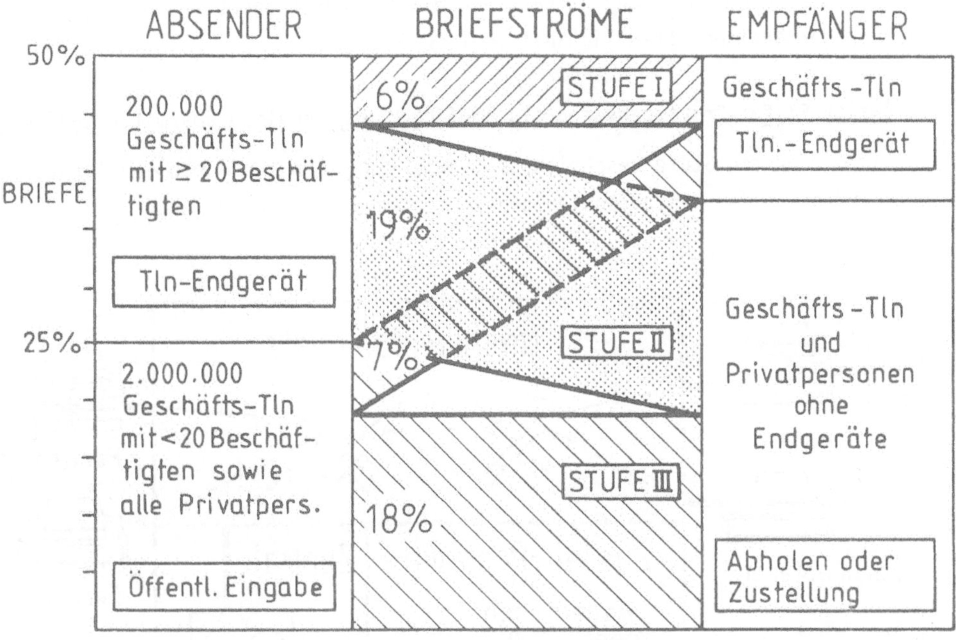

Bild 2: Elektronisch übermittelte Briefströme
Fig. 2: Electronic mail flow

Um die Zweckmäßigkeit für weitere Entwicklungsstufen deutlich zu machen, sollen in Bild 2 die Briefströme zwischen den geschäftlichen und privaten Absender- und Empfängerkategorien untersucht werden. Eine grobe Analyse der Briefströme im Bereich der DBP zeigt, daß von den 36 Millionen Briefsendungen pro Tag ca. 50 % elektronisch übermittelt werden können. Hierbei ist berücksichtigt, daß sich etwa ein Drittel aller Sendungen wegen der notwendigen Übermittlung von Originalen oder aus Formatgründen nicht eignet und daß etwa 15 % aus Gründen mangelnder Akzeptanz entfallen. Geht man davon aus, daß sich bei Geschäftsorganisationen und Behörden mit mehr als 20 Mitarbeitern Endgeräte lohnen, so werden sich im eingeschwungenen Zustand der ersten Stufe etwa 200 000 Geschäftsteilnehmer ihre Briefe, die für eine elektronische Übermittlung geeignet sind, auf diesem Wege zusenden. Eine überschlägige Schätzung zeigt, daß etwa 6 % des gesamten Briefaufkommens - das sind ungefähr 2 Millionen Sendungen pro Tag - in dieser ersten Stufe erfaßt werden können. Sobald dieser Anteil der Geschäftspartner über eigene Endgeräte verfügt, werden die Teilnehmer an diesen Diensten wahrscheinlich an einem erweiterten Kommunikationsdienst ein großes Interesse entwickeln, bei dem nicht nur eine elektronische Briefübermittlung zu Partnern mit eigenen Endgeräten, sondern zu jedermann in der breiten Öffentlichkeit möglich ist.

2. Zweite Stufe: Privatpersonen als Empfänger elektronisch übermittelter Briefe

Die in der ersten Stufe beschriebene Entwicklung kann nun durch den Aufbau von Ausgabegeräten in den Zustellpostämtern konsequent fortgesetzt werden.

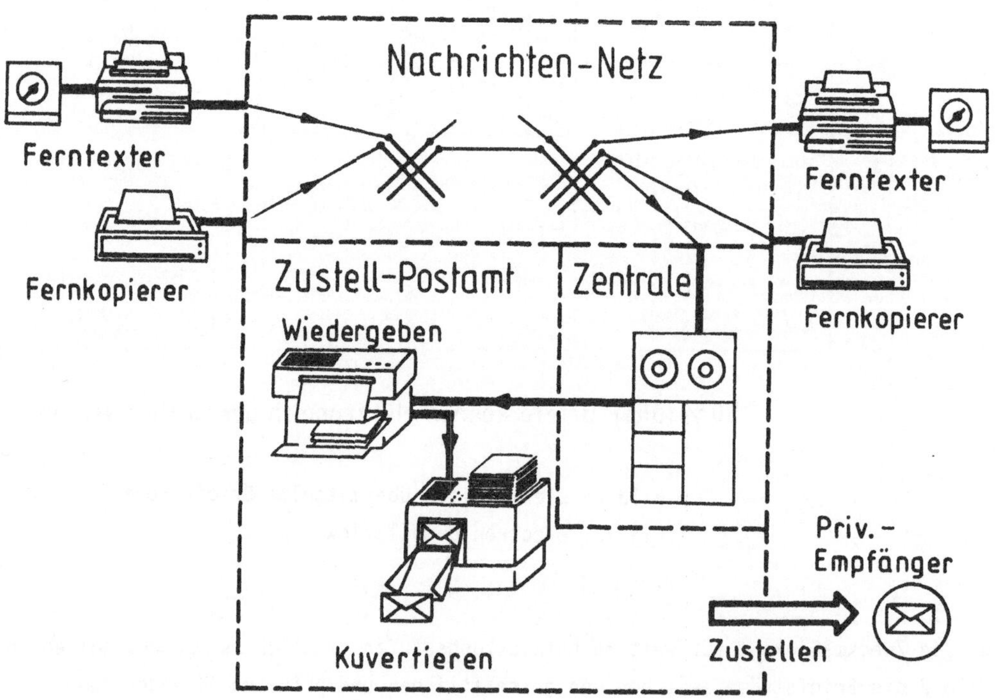

Bild 3: Elektronischer Postdienst - Stufe I, II
Fig. 3: Electronic mail service - step I, II

Wie in Bild 3 gezeigt, bestehen diese Ausgabegeräte im wesentlichen aus den Wiedergabegeräten, die die Materialisierung der elektronisch übertragenen Briefe vornehmen und aus automatischen Kuvertiermaschinen. Von den Zustellpostämtern - etwa 6000 in der Bundesrepublik Deutschland - werden dann die Briefe durch den Briefträger zugestellt.

Auf diese Weise ist es möglich, daß Teilnehmer mit Endgeräten den Anteil an ihren Briefsendungen, der sich für eine elektronische Übermittlung eignet, nun über diesen erweiterten Kommunikationsdienst an alle Adressaten richten können.

Gerade die Möglichkeit, auch den Kreis der privaten Empfänger von Geschäftsteilnehmern erreichen zu können, erhöht das elektronisch absetzbare Briefvolumen etwa um den Faktor vier; dieses sind etwa 25 % aller Briefe oder 9 Millionen Sendungen pro Tag (Bild 2).

Bei der Realisierung dieser Entwicklungsstufe haben die Geschäftsteilnehmer und auch die Post wesentliche Vorteile. Wie schon bei der ersten Stufe erwähnt, besteht beim Geschäftsteilnehmer der Vorteil in der Rationalisierung bei der Erstellung der Briefe sowie bei der ganzen Abwicklung des abgehenden Briefverkehrs. In dieser Ausbaustufe kommt wegen des wesentlich höheren Briefvolumens dieser Rationalisierungseffekt noch stärker zur Auswirkung. Durch diesen Volumeneffekt wird die elektronische Übermittlung von Briefen auch für Unternehmen mit geringerem Briefaufkommen wirtschaftlich. Der Vorteil für die Post besteht darin, daß sie während der Nacht das vorhandene Fernsprechnetz für die elektronische Übertragung nutzen kann.

3. Dritte Stufe: Privatpersonen auch als Absender

Wenn auch Privatpersonen und kleinere geschäftliche Unternehmen im Einzelfall nur ein geringes Briefaufkommen haben, so summieren sich ihre Beiträge doch zu weiteren 25 % aller abgesandten Briefe (Bild 2). Hieraus erkennt man, daß es wünschenswert ist, diese Gruppe als Absender elektronisch zu übermittelnder Briefe in die Konzeption mit einzubeziehen. Um diesen Schritt nun in einer dritten Stufe zu realisieren, ist es denkbar, öffentliche Eingabegeräte z.B. in Postämtern oder in anderen öffentlichen Gebäuden oder aber in Zellen ähnlich den heutigen Telefonzellen zu installieren. Da die Benutzer dieser öffentlichen Eingabegeräte ihre Briefe zu jeder Tageszeit absenden wollen, die Briefe aber über das Fernsprechnetz während der Nacht übertragen werden sollen, ist es notwendig, sogenannte Speicher- und Verarbeitungs-Einheiten (SVE) z.B. in den Ortsvermittlungsstellen einzurichten. Nimmt man einmal an, daß im eingeschwungenen Zustand etwa in 3500 Ortsvermittlungsstellen eine Speicher- und Verarbeitungseinheit vorhanden ist und daß 50 % des gesamten Briefaufkommens elektronisch übertragen wird, so müßten in einer Durchschnitts-SVE etwa 5000 Briefe pro Tag zwischengespeichert werden.

Die Systemübersicht der dritten Stufe ist in Bild 4 dargestellt.

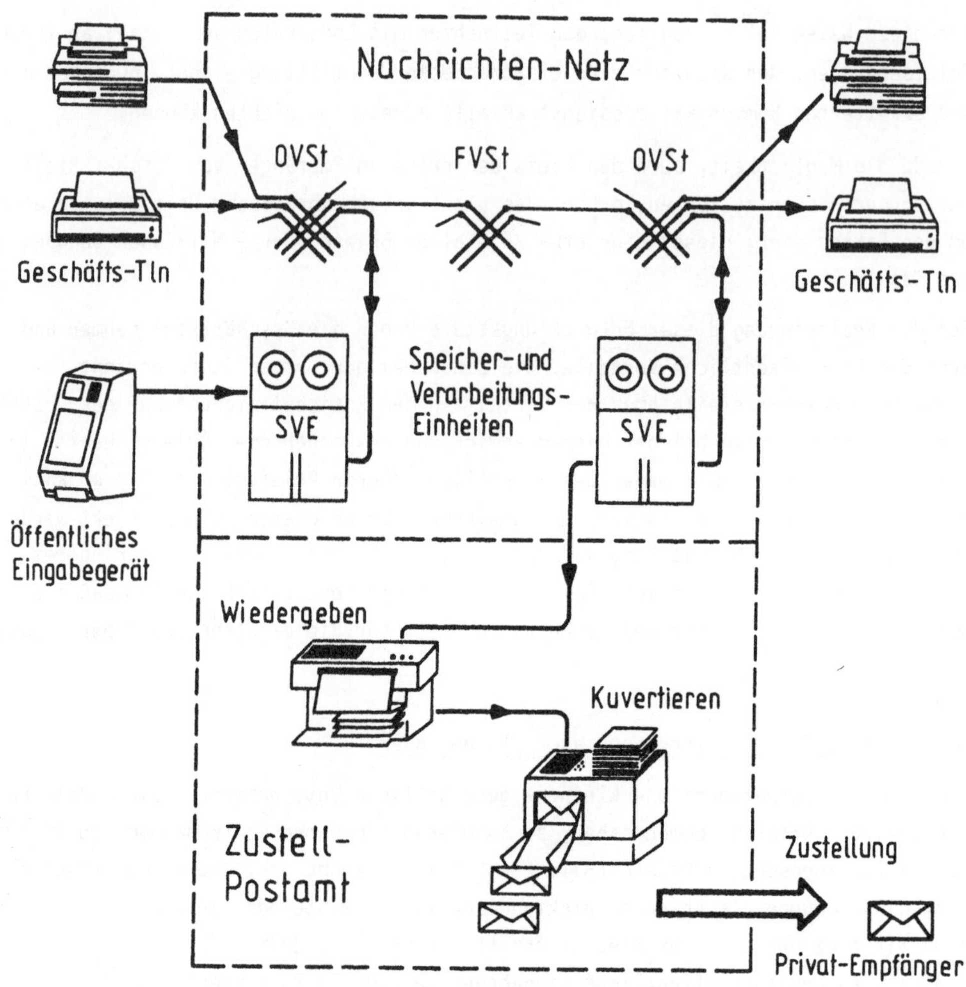

Bild 4: Elektronischer Postdienst - Stufe III
Fig. 4: Electronic mail service - step III

In den etwa 80 000 öffentlichen Eingabegeräten in der Bundesrepublik - z.Z. gibt es ca. 100 000 konventionelle Briefkästen - werden die Briefe elektronisch abgetastet und über festgeschaltete Leitungen als Faksimile-Nachrichten zu den SVE übertragen. Dabei kann mit einer Zehnertastatur die Postleitzahl, eventuell um einige Ziffern für die automatische Zustellverteilung erweitert, eingegeben werden. Um die Akzeptanz eines solchen Eingabegerätes zu testen, wurde bei Standard Elektrik Lorenz (SEL), wo auch diese Konzeption des Drei-Stufen-Planes für die elektronische Briefübermittlung entworfen wurde, ein Modell eines öffentlichen Eingabegerätes, wie es im Bild 5 gezeigt wird, gebaut. Benutzertests haben ergeben, daß auch von Ungeübten das Eingabegerät nach kurzer Gewöhnung weitgehend fehlerfrei bedient werden kann und daß die Handhabung durchaus vergleichbar mit der von Münzfernsprechern ist.

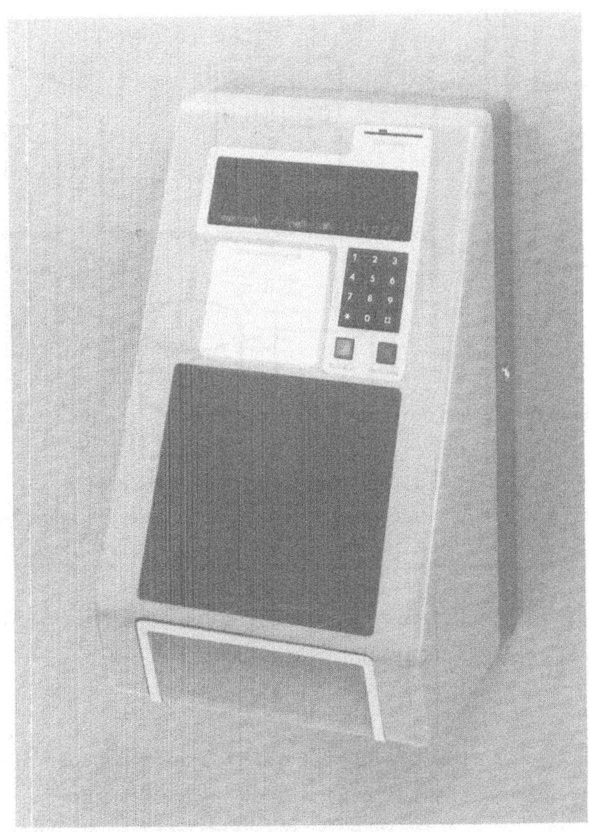

Bild 5: Öffentliches Eingabegerät

Fig. 5: Public input terminal

Außer den öffentlichen Eingabegeräten können auch dienstspezifische Endgeräte beim Geschäftsteilnehmer direkt an den Speicher- und Verarbeitungs-Einheiten angeschlossen werden. Von solchen dienstspezifischen Endgeräten ist die Übertragung der Briefinformation wesentlich schneller möglich und die Redundanzreduktion kann wie bei den öffentlichen Eingabegeräten in der SVE vorgenommen werden. Am Empfangsort arbeitet die SVE, deren Aufbau im Bild 6 dargestellt ist, direkt mit den Ausgabegeräten in den Zustellpostämtern zusammen. Von dort werden dann die reproduzierten Briefe per Briefträger zugestellt. Sendungen zu Teilnehmern mit Endgeräten können natürlich von ihnen direkt empfangen werden. Während der weitaus größte Teil der Briefe während der Nacht übertragen wird, können, eventuell gegen eine Sondergebühr, auch eilige Nachrichten ("Telegramme") am Tage übermittelt werden.

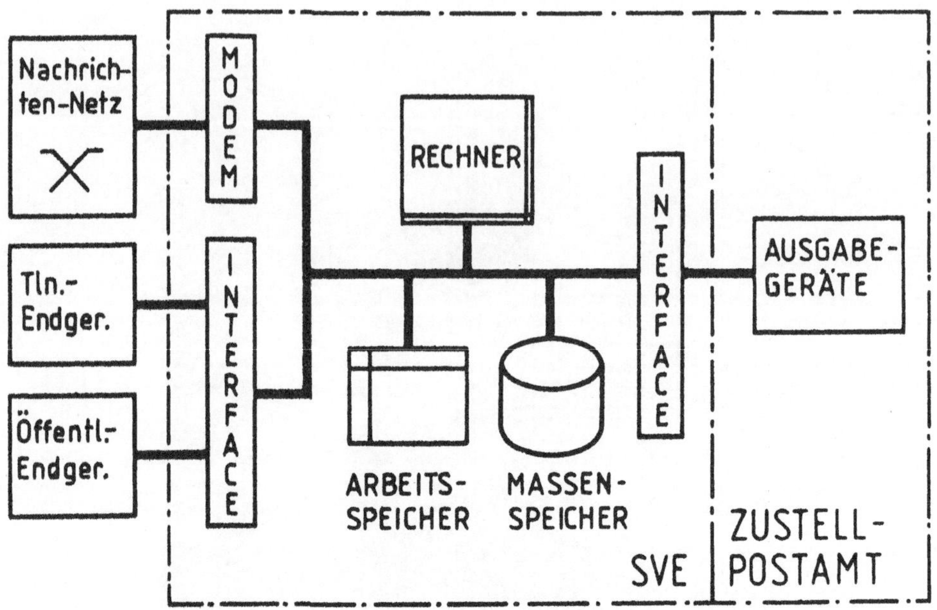

Bild 6: Speicher- und Verarbeitungs-Einheit (SVE)
Fig. 6: Storage and processing unit (SPU)

Wenn man unterstellt, daß etwa die Hälfte aller Briefsendungen für eine elektronische Übermittlung geeignet ist, so kann erst nach Realisierung der dritten Stufe dieser Anteil am gesamten Briefaufkommen erreicht werden. Die hier resultierenden Rationalisierungen würden zur Gesamtwirtschaftlichkeit des Briefdienstes der Post beitragen, und die heute in der Bundesrepublik Deutschland übliche Dienstgüte könnte zumindest für den Anteil der elektronisch übermittelten Briefe auf lange Sicht beibehalten werden.

Wie bereits eingangs erwähnt, ist die Entwicklung der Bürokommunikation zwischen Geschäftspartnern, wie sie schon begonnen hat, nur als eine erste Stufe der allgemeinen elektronischen Briefübermittlung anzusehen. Die zweite Stufe, bei der die Privatteilnehmer als Empfänger mit einbezogen werden, könnte in der ersten Hälfte der Achtzigerjahre beginnen. Die dritte Stufe schließlich, die alle Organisationen und Privatpersonen als Absender und Empfänger von elektronischen Briefsendungen einschließt, könnte dann in der zweiten Hälfte der Achtzigerjahre folgen. Diese Konzeption der elektronischen Briefübermittlung hat den Vorteil, daß die erforderlichen Investitionen für jede Stufe erst dann anfallen, wenn die Zeit dafür reif ist.

Schrifttum:

1. Tavernier, G.: What's wrong with postal service? International Management April 1976, p. 22 - 28

2. Becker, D., Schneider, M., Zeidler, G.: Neue Wege der Text- und Bildkommunikation - Ein Konzept für die elektronische Briefübermittlung. NTZ 29/1976, H. 3, S. 222 - 228

3. Telekommunikationsbericht der Kommission für den Ausbau des technischen Kommunikationssystems (KtK), 1976

4. Flohrer, W.: Elektronische Briefübermittlung, VDI-Nachrichten 31 (1977), 44, S. 7 + 9 und 31 (1977),45, S. 14

Electronic Mail - an Approach to Future Text and Document Communication

H. Mantel
Stuttgart

Electronic text and document communication between business organizations is the first step of a system concept which, in several successive steps, will include also a growing share of private senders and recipients of letter post.

1. First step: Electronic mail transfer between business organizations

The technological advances of terminals for text and document communication lead to ever-shorter transfer times. Fig. 1 shows the transfer times of a variety of terminals. Assuming that this development will continue, that the equipment will be provided with storage facilities and with automatic dialing devices which will allow automatic transmission during low-traffic night hours, than this development may be considered the first important milestone of electronic mail transfer. However, it will remain only the first step of a much broader concept as long as it covers merely communications between business organizations having own terminals. As can be seen from Fig. 2 it will cover only about 6 % of the total mail volume in Germany.

As the number of business organizations with own terminals continues to grow, however, they will develop keen interest in having this service expanded to allow electronic mail transfer also to private recipients, that is, to the public at large.

2. Second step: Electronic mail transfer to private recipients

In the second step, receiving (output) terminals will be installed in the delivering post offices. As shown in Fig. 3 these terminals will consist essentially of devices that reproduce the electronically transmitted letters, and of enveloping machines. From the delivering post offices (approx. 6000 in the Federal Republic of Germany), this letter post will then be hand-delivered by mailman.

As a result, business organizations with own terminals will be able to direct all their electronically transmittable mail to any recipient group. This may possibly increase the electronic mail volume to 6 % + 19 % = 25 % (see Fig. 2).

3. Third step: Private users as senders of electronic mail

Although the individual private senders and small business organizations would contribute only minor amounts of mail, they still would add another 7 % + 18 % = 25 % to the electronic mail volume (Fig. 2), so that it appears desirable to make this service accessible to them. Hence, the third step would be to install input terminals in post offices or other public buildings as well as in shelters similar to the existing public telephone booths. Since the users of these terminals will want to send their letters any time of the day while the actual transmission over the telephone network would be carried out at night, it will be necessary to provide storage and processing units (SPU) in local telephone switching centers. The system configuration of the third step is presented in Fig. 4.

The public input terminals, a model of which is shown in Fig. 5, will scan the letters and transmit them, in the form of facsimile information, to the associated SPU via dedicated lines. They can be equipped with a numerical keyboard to enter the postal code, perhaps with a few additional digits for automatic sorting in the delivering post offices.

At the receiving end, the SPU interworks directly with the output terminals in the post offices as illustrated in Fig. 6, and the reproduced mail is hand-delivered by mailmen. Mail to addressees having own terminals can, of course, be directly received by them. While the greater part of the mail would be transferred during night hours, very urgent messages ("telegrams") could be transmitted also during daytime at an extra charge.

The introduction of inter-office text and document communication - the first step of electronic mail transfer - has already started. The second step, which will include private recipients, may start in the first half of the eighties. The third step that will give all organizations and private users full access to the electronic mail service is likely to start in the second half of the eighties. The advantage of this concept is that the capital expenditures for each step are incurred as it is needed.

Förderungsschwerpunkte des Bundesministeriums für Forschung und Technologie (BMFT) auf dem Gebiet der Bürokommunikation

K. Rupf
Bonn

Zusammenfassung

Das Gebiet der Bürotechnik befindet sich in einem tiefgreifenden Umstellungsprozeß, der im wesentlichen auf die Ablösung der Feinmechanik durch Mikroelektronik zurückgeht und eine rasche Veränderung der Produkte und Fertigungstechniken mit sich bringt. Die Mikroelektronik führt zu einer Erweiterung der Leistungsfähigkeit von bürotechnischen Geräten. Aus Elementen der "klassischen" Bürotechnik, der Datentechnik und der Nachrichtentechnik entstehen neue Systemlösungen, bei denen das Bürogerät zum Bestandteil eines umfassenden Informations- und Kommunikationssystems für den Bürobereich wird.

Im ersten Teil des Vortrags wird, ausgehend von einer Analyse dieser technischen Entwicklungstendenzen, auf den Strukturwandel im industriellen Bereich eingegangen. Dabei werden vor allem die Konsequenzen für kleinere und mittlere Unternehmen beschrieben sowie Ziele und Förderungsmaßnahmen des BMFT erläutert.

Im zweiten Teil des Vortrags werden aus der Sicht des Anwenders Probleme der Nutzung der neuen technischen Möglichkeiten zur Erhöhung der Effektivität der Büroarbeit behandelt. Einige für den Bereich der öffentlichen Verwaltung als potentiellem Anwender geplante Feldprojekte werden vorgestellt, die eine aktive Auseinandersetzung mit den neuen technischen Möglichkeiten fördern und Beiträge zur Klärung der komplexen Fragestellungen liefern sollen, die sich als Folgewirkungen des Technikeinsatzes für Arbeitsabläufe, Arbeitsinhalte und Arbeitszufriedenheit ergeben.

1. Auswirkungen des technologischen Fortschritts auf Geräte- und Systementwicklungen

Die stürmische Entwicklung im Bereich der Mikro- und Optoelektronik ist der Motor für tiefgreifende Veränderungen auf dem Gebiet der Bürotechnik.

Der technologische Wandel führt zu einer Umstellung von Feinmechanik auf Elektronik, bei der an die Stelle zahlreicher mechanischer Bauteile, die mit hohem Montageaufwand zusammengesetzt werden, wenige elektronische Baugruppen treten.

Im Zuge dieser Veränderung werden Leistungsfähigkeit und Funktionsumfang der Geräte erweitert, denn die Mikroelektronik erlaubt die preisgünstige Realisierung von Speicherung und Informationsverarbeitung.

Damit ist auch eine Abkehr vom isolierten Bürogerät, das für einen einzelnen Arbeitsschritt konzipiert ist, zu einem Mehrzweckgerät verbunden, mit dem vollständige Arbeitsabläufe abgewickelt werden können.

Durch die zusätzliche Kommunikationsfähigkeit werden diese Geräte schließlich zu Bestandteilen umfassender Informations- und Kommunikationssysteme im Büro.

2. Auswirkungen des technologischen Wandels auf Industriestrukturen

Der technologische Wandel führt zu tiefgreifenden strukturellen Veränderungen bei den Geräte- und Systemherstellern. Dies sei am Beispiel der drei für die Bürotechnik wichtigsten Industriezweige erläutert:

Bei der nachrichtentechnischen Industrie wird der Fernschreiber in Richtung auf ein Bürogerät verändert: Er wird um Textbearbeitungsfunktionen erweitert, wird geräuscharm und läßt sich im Gegensatz zu früher in normale Büroarbeitsplätze integrieren. Eine erfolgreiche Einführung wird davon abhängen, daß es gelingt, benutzerfreundliche büroorganisatorische Lösungen zu entwickeln und eine geeignete Vertriebsorganisation aufzubauen. Dies führt dazu, daß die nachrichtentechnische Industrie in der Zukunft sich in zunehmendem Maße bürotechnisches Systemwissen verschaffen muß und in den Bereich der Büromaschinenindustrie eindringt.

Die Büromaschinenindustrie hat schon seit längerer Zeit die Schreibmaschine um Funktionen der Textbearbeitung und Textverarbeitung zu Textautomaten erweitert. Wird dieser Textautomat nun mit einem Kommunikationszusatz versehen, so kann man mit diesem Gerät den gesamten Arbeitsablauf der Texterstellung, der Textbearbeitung und der Textübersendung realisieren. Für den Büromaschinenhersteller bedeutet dies, daß er in Zukunft ohne nachrichtentechnisches Systemwissen nicht mehr auskommt und sich im Marktbereich der nachrichtentechnischen Industrie bewegen wird.

Die Datenverarbeitungsindustrie hat mit der Dezentralisierung der Intelligenz, d. h. der Verlagerung der Verarbeitung an die Peripherie und der Erhöhung der Leistungsfähigkeit von arbeitsplatzorientierten Endgeräten die Grenze zwischen Datenverarbeitungsanlagen und kommunikationsfähigen Bürogeräten verwischt.

Jede der drei Gruppen, die den zukünftigen Markt für Bürotechnik zu besetzen versucht, hat spezifische Vorteile vor der anderen: Die nachrichtentechnische Industrie verfügt über weitreichende Erfahrungen im Entwurf und in der Auslegung von Kommunikationssystemen; die bürotechnische Industrie hat den besten Einblick in das Anwendungsfeld Büro und verfügt über ein eingespieltes Vertriebsystem; die DV-Industrie beherrscht die Produktion von Software für den Betrieb komplexer Systeme. Es ist offen, wie sich das Verhältnis der drei Industriebereiche zueinander gestalten wird, welche Firmen welche Marktsegmente besetzen werden.

3. Ziele der Förderungsmaßnahmen des BMFT im industriellen Bereich

In dieser Phase des Umbruchs zielen die Förderungsmaßnahmen des BMFT zum einen darauf, Industrieunternehmen Hilfen zur Bewältigung des strukturellen Wandels, insbesondere bei der Umstellung von der Mechanik auf Elektronik, zu geben. Vor allem kleine Unternehmen werden durch diesen Umstellungsprozeß häufig vor existentielle Probleme gestellt, weil sie in vielen Fällen bisher keinerlei Erfahrungen im Umgang mit mikroelektronischen Bauelementen hatten.

Zum anderen haben die Förderungsmaßnahmen das Ziel, zukunftsweisende Technologien und Systementwicklungen zu fördern, denn gerade in einer Periode des Wandels kommt es darauf an, internationale Wettbewerbspositionen durch ausreichende Forschungs- und Entwicklungsaufwendungen abzusichern. Dies ist vor allem angesichts der hohen aussenwirtschaftlichen Verflechtung der bürotechnischen Industrie mit einer Exportquote von ca. 75 % und einer Importquote in etwa gleicher Höhe von Bedeutung. Außerdem ist in der Handelsbilanz ein deutlicher Importüberschuß bei elektronischen und ein Exportüberschuß eher bei feinmechanischen Produkten festzustellen. Dieser Trend kann bei fortschreitender Substitution feinmechanischer durch elektronische Lösungen für deutsche Hersteller bedrohlich werden.

4. Beispiele für Förderungsmaßnahmen im industriellen Bereich

4.1
Ein Förderungsvorhaben aus dem Bereich "Umstellung von Mechanik auf Elektronik" befaßt sich mit der Entwicklung einer Konzeption für eine künftige elektrische Büroschreibmaschine. Dabei geht es im wesentlichen darum, den Zentralantrieb und die heute bei elektrischen Schreibmaschinen noch übliche mechanische Logik mit Hebeln und Stangen durch dezentralisierte Schrittmotoren mit Mikroprozessorsteuerung zu ersetzen. Das Projekt wird von einem kleineren Unternehmen bearbeitet, welches bisher keine Erfahrungen auf dem Elektroniksektor hatte und sich im Rahmen dieses Projekts erstmals mit der Anwendung von Mikroprozessoren auseinandersetzen muß.

4.2
Aber auch größere Unternehmen müssen sich diesem Strukturwandel stellen. Herr Dr. Brendes von der Firma Olympia, der nach mir sprechen wird, wird Ihnen über ein Textkommunikationssystem berichten, welches unter der Federführung von Olympia realisiert wird, und an dem sich die Firma AEG-Telefunken beteiligt, die ihr nachrichtentechnisches Systemwissen einbringt, sowie die Firma Telefonbau und Normalzeit, die die vermittlungstechnischen Aspekte behandelt.

4.3 Dezentrales Textverteilsystem

Als Beispiel für eine unkonventionelle Systemlösung ist ein elektronisches Textverteilsystem für eine Nachrichtenredaktion zu nennen (Bild 1).

Eine Reihe unterschiedlicher Agenturmeldungen werden dabei über ein Ringsystem an verschiedene Redaktionen innerhalb des Hauses verteilt. Diese Redaktionen können auch wiederum über diesen Ring miteinander kommunizieren.

Diese Aufgabe kann man auf konventionelle Weise mit einem zentralen Prozessrechnersystem lösen. Das dezentral organisierte Ringsystem verspricht gegenüber der konventionellen Lösung jedoch einige interessante Vorteile:

Dadurch nämlich, daß zwischen die Terminals und das Verteilsystem eine standardisierte CCITT-Schnittstelle eingeführt wird, hat der Anwender die Möglichkeit, Terminals mit unterschiedlichen Leistungsmerkmalen sowie - was das wichtigste ist - auch von verschiedenen Herstellern anzuschließen.

Auf diese Weise werden gerade für kleinere Unternehmen Marktchancen eröffnet, denn es entfällt die bei zentralisierten Systemen übliche feste Bindung an einen einzigen Hersteller.

Das System ist also offen sowohl für technologische Veränderungen im Endgerätebereich als auch für innovationsfreudige kleine Gerätehersteller.

5. Entwicklungstendenzen im Bereich Büro und Verwaltung

Im Bereich der Anwendung neuer Kommunikations- und Informationssysteme zeichnet sich in allen hochentwickelten Volkswirtschaften ein Trend zur Informationsgesellschaft ab. Die Zahl der mit informations- und kommunikationsintensiven Verwaltungsaufgaben Beschäftigten wächst im Verhältnis zur Zahl der in der Güterproduktion tätigen Arbeitnehmer. Dies hat zur Folge, daß Leistungsfähigkeit und Wettbewerbsfähigkeit der Volkswirtschaft zunehmend davon abhängig werden, daß die technischen Möglichkeiten zur Verbesserung der Arbeitseffektivität im Büro- und Verwaltungsbereich auch wirklich aktiv genutzt werden. Gerade für den Sektor der öffentlichen Verwaltung stellt dies eine Herausforderung dar, da der Spielraum der öffentlichen Haushalte immer mehr durch steigende Personalaus-

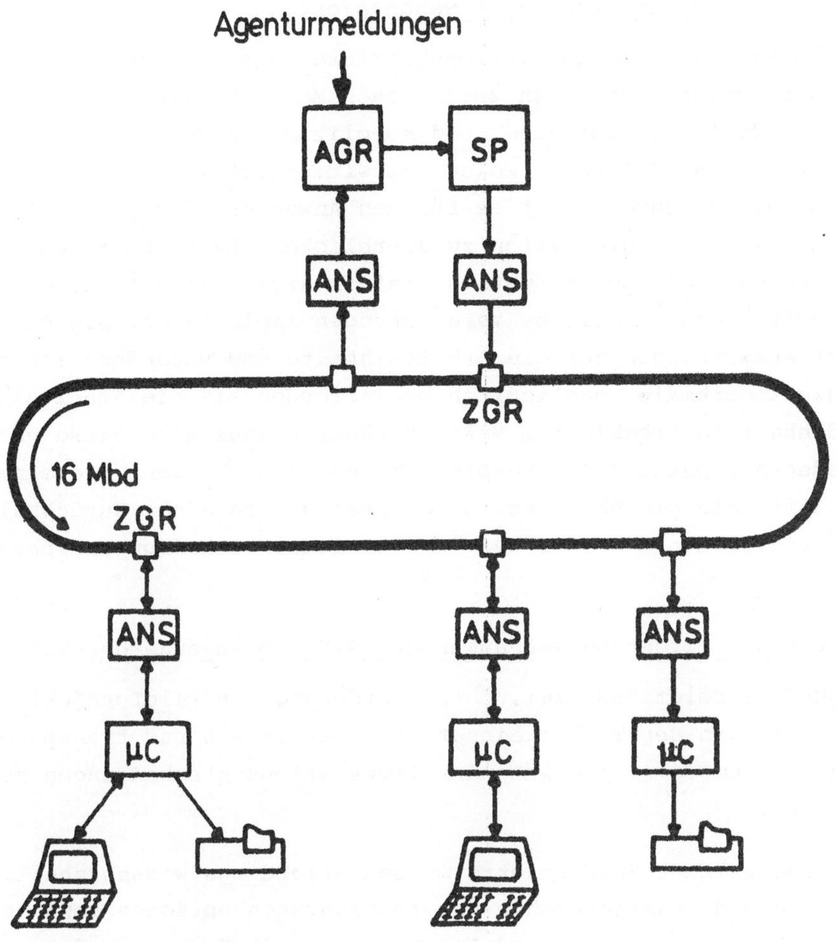

ANS = Anschluß - Connection
µC = Mikrocomputer - Micro computer
ZGR = Zugriff - Access
AGR = Agenturrechner - Agency computer
SP = Halbleitergroßspeicher - Semiconductor mass storage

Bild 1 Nachrichtenverteilsystem

Fig. 1 Message distribution system

gaben eingeengt wird. Ziel des BMFT bei Förderungsmaßnahmen im Anwenderbereich neuer Bürokommunikationssysteme ist es daher, zur Überwindung von Innovationsbarrieren beizutragen und eine aktive Auseinandersetzung der potentiellen Nutzer mit den technischen Innovationen zu fördern.

6. Innovationsbarrieren aus Anwendersicht

Welches sind nun die Innovationsbarrieren aus Anwendersicht, die sich der Nutzung der neuen technischen Möglichkeiten entgegenstellen? Je leistungsfähiger und komplizierter die Geräte werden, um so größer wird normalerweise das wirtschaftliche Investitionsrisiko, um so schwerer ist es für den Anwender, das Kosten-Nutzen-Verhältnis einer Investition zu überblicken. Dazu kommt noch, daß diese neuen technischen Systeme tief in Arbeitsabläufe eingreifen und damit organisatorische Veränderungen implizieren. Sie haben ferner Auswirkungen auf die Arbeitsinhalte und verändern somit Tätigkeitsmerkmale; schließlich beeinflussen sie die Arbeitszufriedenheit in erheblichem Maße. Darüber hinaus sind diese verschiedenen Aspekte durch komplexe Wechselbeziehungen untereinander verknüpft, die die Übersicht erschweren und zu einer Zurückhaltung der potentiellen Anwender bei Investitionsentscheidungen führen.

7. Ziele der Förderungsmaßnahmen des BMFT im Anwenderbereich

Das BMFT verfolgt das Ziel, durch Förderung von Pilotprojekten die Folgewirkungen des Technikeinsatzes zu ermitteln und transparent zu machen, um damit dem Anwender Investitionsentscheidungen zu erleichtern.

Grundlage solcher Feldprojekte müssen allerdings wissenschaftlich fundierte und praxisgerechte Untersuchungskonzeptionen sowie eine entsprechende Begleitung und Auswertung sein. Nur unter diesen Voraussetzungen ist eine Übertragbarkeit der gewonnenen Informationen sicherzustellen.

Von einem blinden Herumexperimentieren mit technischen Geräten darf man keine vernünftigen Erkenntnisse erwarten.

Die Ergebnisse solcher Pilotprojekte müssen den Geräteherstellern zugänglich gemacht werden, damit sie auf Geräte- und Systementwicklungen zurückgekoppelt werden können und so zu verbesserten technischen Konzepten führen.

Dieser Rückkopplungseffekt stellt somit die Verbindung zum Bereich der technischen Geräteentwicklung her, über den ich eingangs sprach. Er muß nicht zuletzt dazu genutzt werden, den wachsenden technischen Gestaltungsspielraum zur Entwicklung menschengerechter Systeme auszuschöpfen.

Concepts of the German Ministry for Research and Technology in Supporting Developments in the Field of Office Communication

K. Rupf
Bonn

The field of office automation is currently in the throes of a radical process of change which was initiated chiefly by the substitution of microelectronics for precision mechanics and which entails rapid changes in products and manufacturing techniques. The application of microelectronics results in the enhanced efficiency of office equipment. New systems solutions, the application of which makes office equipment an integral part of a comprehensive information and communications system for the sector of office work, develop from elements of "classical" office automation, computer technology and communications.

The first part of the paper is devoted to structural change in the industrial sector, starting with an analysis of the abovementioned technical development trends. In so doing, the consequences entailed for small and medium-sized enterprises are described in particular, and an explanation is given of the goals and promotion measures of the BMFT in this connection.

The second part of the paper deals with the problems from the point of view of the user raised by the use of the new technical possibilities for increasing the efficiency of office work. A presentation is given of a number of field projects planned for the sector of public administration as a potential user. These projects are to promote the active study of the new technical possibilities available and contribute towards clarifying the complex issues which emerge in consequence of the application of technology for work flows, job contents and job satisfaction.

Pilotprojekt Bürokommunikation

H. Brendes
Wilhelmshaven

Zusammenfassung

Bei der OLYMPIA WERKE AG in Wilhelmshaven ist die Pilotinstallation eines Bürokommunikationssystems in Betrieb. Sie besteht aus 20 kommunikationsfähigen Schreibautomaten, die zusammen mit Fernkopiergeräten über die Fernsprechnebenstellenanlage zu einem Netz von Kommunikationssekretariaten verbunden sind. Im nächsten Schritt sollen der Externverkehr zu Schreibautomaten im Zweigwerk Braunschweig und der abgehende Verkehr in das Fernschreibnetz erprobt werden.

Ziel dieses Pilotprojekts ist die Untersuchung der "human factors" einschließlich der Fragen der Büroorganisation und Benutzerakzeptanz sowie die Entwicklung und Bereitstellung der hierzu erforderlichen technischen Einrichtungen. Das System wurde von den Firmen AEG-TELEFUNKEN, TELEFONBAU UND NORMALZEIT und OLYMPIA WERKE AG mit Förderung des BUNDESMINISTERIUMS FÜR FORSCHUNG UND TECHNOLOGIE entwickelt.

1. Einleitung

Die Einführung neuer Techniken im Büro, insbesondere durch erweiterte Kommunikationsmöglichkeiten, ist häufig mit organisatorischen Änderungen und mit Änderungen gewohnter Arbeitsabläufe verbunden. Dies trifft in verstärktem Maße für die Einführung der Textautomation und - hiermit zusammengehörig - der schriftlichen Textkommunikation zu.

Sowohl für die Hersteller von Bürogeräten und Kommunikationsgeräten als auch für die Anwender von Bürosystemen sind Pilotinstallationen, bei denen verschiedene kommunikationsfähige Geräte eingesetzt werden und bei denen Benutzerakzeptanz, Verkehrsbelastung der Vermittlungseinrichtung, Prozeduren, Bedienerschulung, Bedienungsabläufe an Geräten, begleitende organisatorische Maßnahmen u. a. m. als Modellfall untersucht werden können, ein geeignetes Mittel, um Risiken und Unsicherheitsfaktoren überschaubar zu machen.

Im Rahmen einer vom BUNDESMINISTERIUM FÜR FORSCHUNG UND TECHNOLOGIE im Jahre 1976 geförderten Studie mit dem Titel BÜROKOMMUNIKATION haben die Firmen TELEFONBAU UND NORMALZEIT, AEG-TELEFUNKEN und OLYMPIA WERKE AG schwerpunktmäßig Fragen der innerbetrieblichen Kommunikation untersucht. Aus dieser Studie muß man folgern, daß neben der externen erhebliche Anteile interner Kommunikation abzuwikkeln sind.

Im einzelnen bringt die Studie den Nachweis der technischen Eignung der in größeren Arbeitsstätten ausnahmslos vorhandenen Fernsprechnebenstellenanlage für neue Formen der innerbetrieblichen Kommunikation. Es ist möglich, vorhandene innerbetriebliche Netze für diese Kommunikationsformen zu nutzen.

Die Entwicklung umfassender Netze wird von mit kommunikationsfähigen Schreibautomaten und Fernkopiergeräten ausgerüsteten innerbetrieblichen Inseln ausgehen. Der nächste Schritt ist der Verbund dieser aus innerbetrieblichen Inseln bestehenden Einheiten untereinander über externe Netze. Die Schreibautomaten im Büro haben vorrangig innerbetrieblichen Anforderungen zu genügen. Insofern ist die Textkommunikation kein eigenständiger Bereich, sie ist integraler Teil der Bürotechnik.

In folgerichtiger Erweiterung der vorher angeführten Studie wurde die Pilotinstallation eines Textkommunikationssystems im Büro geplant, dessen praktische Erprobung zwei Zielrichtungen verfolgt:

- Die Entwicklung und Bereitstellung der technischen Einrichtungen.

- Die Untersuchung der "human factors" einschließlich der Fragen des Einflusses auf die Büroorganisation und der Benutzerakzeptanz.

2. Kommunikationssystem

Das Vorhandensein geeigneter technischer Einrichtungen ist Voraussetzung für die Untersuchung der Organisations- und Akzeptanzfragen. Zur Erprobung der technischen Einrichtungen und zur Ermittlung des Benutzerverhaltens ist bei der OLYMPIA WERKE AG in Wilhelmshaven eine Pilotinstallation in Betrieb. Durch vorangegangene organisatorische Untersuchungen wurden die Aufstellungsplätze für 20 kommunikationsfähige Schreibautomaten ausgewählt. Diese Schreibautomaten bilden zusammen mit Fernkopiergeräten den Kern abteilungsbezogener Kommunikationssekretariate. Auf diese Weise wurde ein Netz von Kommunikationssekretariaten aufgebaut, in dem vorerst intern die Textkommunikation über das Netz der Fernsprechnebenstellenanlage abgewickelt wird.

Es ist vorgesehen, im Sommer dieses Jahres den Externverkehr zum Zweigwerk Braunschweig aufzunehmen. Ab Herbst dieses Jahres soll der abgehende Verkehr in das Fernschreibnetz realisiert werden.

Im ersten Bild ist dieses System schematisch dargestellt. Die Sachbearbeiter gruppieren sich um die Kommunikationssekretariate, zu denen sie organisatorisch gehören. Sie sind überwiegend mit Diktiergeräten ausgestattet. In den Sekretariaten sind neben den bereits erwähnten Geräten Diktier- und Kopiergeräte vorhanden bzw. in deren Nähe stationiert.

Die serienmäßigen Schreibautomaten wurden vorwiegend durch eine geänderte Programmierung kommunikationsfähig gemacht. Die eigentliche Kommunikationsfunktion ist in einem Kommunikationszusatz realisiert, der gleichzeitig die Funktion eines elektronischen Briefkastens hat. Ein Mikroprozessor steuert den Texttransfer von und zu dem Schreibautomaten, von und zu dem internen Magnetspeicher; er steuert ebenso das Aussenden und Empfangen über die Vermittlungseinrichtung. Die Datenübertragung, die automatische Wahlimpulsgabe, die Auswertung der Hörtöne und die Auswertung kommender Rufe werden durch andere elektronische Baugruppen übernommen.

An einer in dem Schemabild nicht dargestellten alphanumerischen Anzeige können u. a. Informationen darüber abgelesen werden, ob eine Sendung eingegangen ist, ob Hoch- oder Querformat in die Maschine einzuspannen und welches Formular gegebenenfalls zu verwenden ist.

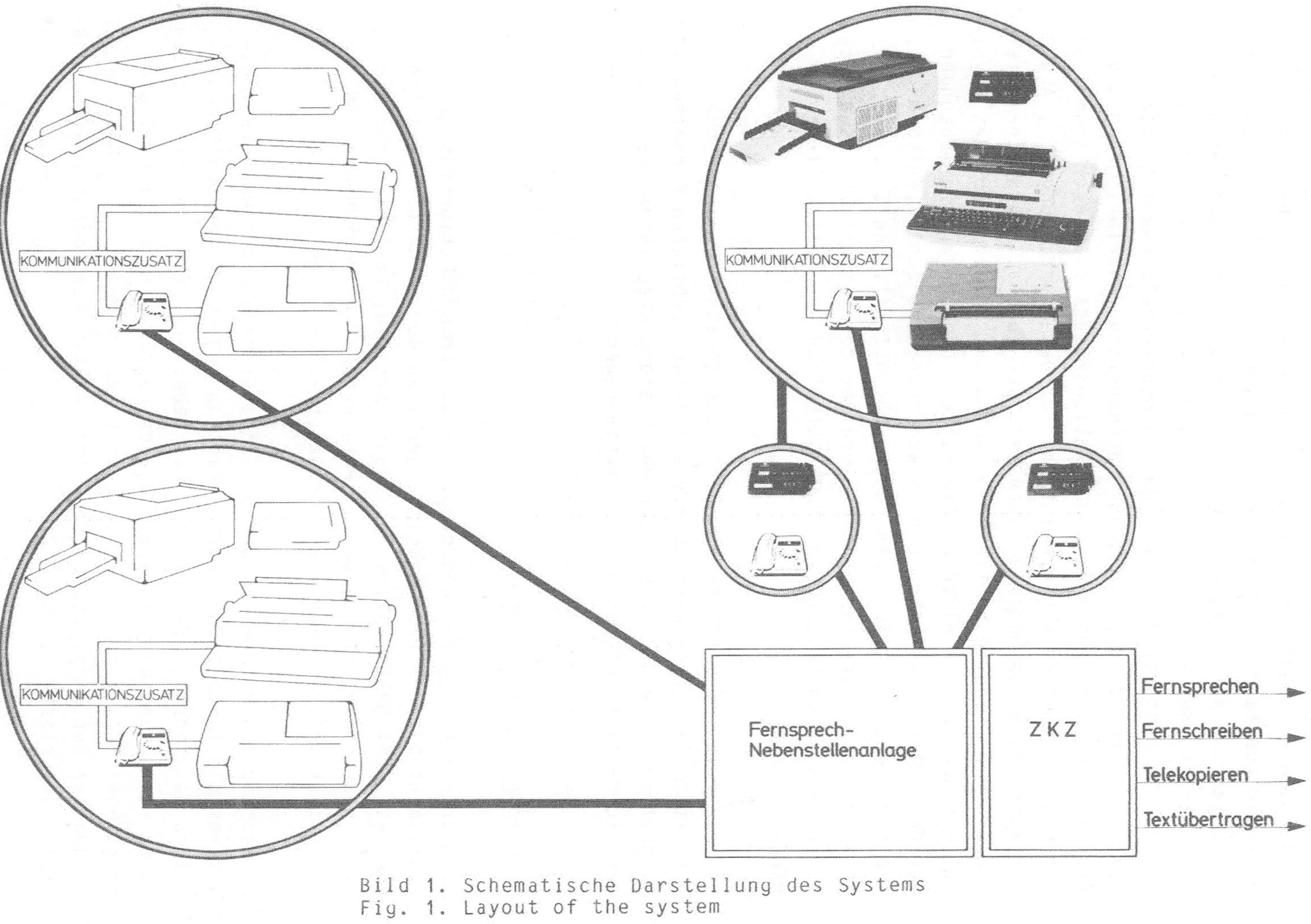

Bild 1. Schematische Darstellung des Systems
Fig. 1. Layout of the system

Für den internen Kommunikationsbetrieb wird der im Bild 1 ebenfalls gezeigte zentrale Kommunikationszusatz nicht benötigt. Er tritt in Funktion, wenn die Kommunikation zwischen den Teilnehmern verschiedener Nebenstellenanlagen über das öffentliche Fernsprechnetz stattfinden soll. Da es sich hierbei nach gängigen Begriffen um eine Datenübertragung über das Fernsprechnetz handelt, ist derzeit die Verwendung posteigener Datenübertragungseinrichtungen vorgeschrieben. Der zentrale Kommunikationszusatz ist daher sowohl mit einer automatischen Wähleinrichtung für Datenverbindungen (A W D) als auch mit einem Modem ausgerüstet. Der ebenfalls von einem Mikroprozessor gesteuerte zentrale Kommunikationszusatz verbindet physikalisch und logisch diese Geräte mit entsprechenden Einrichtungen für den internen Verkehr. Eine Erweiterung des zentralen Kommunikationszusatzes ermöglicht den Zugang zum öffentlichen Telexnetz. Hierdurch soll eine Textübermittlung von den Kommunikationssekretariaten des PILOTPROJEKTS BÜROKOMMUNIKATION zu Telexteilnehmern erprobt werden.

Der gleichzeitige Einsatz von Fernkopiergeräten im Rahmen dieses Projekts soll Aufschlüsse über die innerbetrieblichen Einsatzmöglichkeiten insbesondere bei der Übertragung graphischer Darstellungen und bereits vorhandener Dokumente geben.

3. Kommunikationsablauf

Bei der Festlegung der Bedienabläufe der kommunikationsfähigen Schreibautomaten wurden Arbeitsergebnisse der Fachkreise des Arbeitskreises TEXTKOMMUNIKATION des Bundespostministeriums berücksichtigt, soweit sie auf den beim PILOTPROJEKT BÜROKOMMUNIKATION besonders beachteten Internverkehr übertragbar waren.

Es bestand von vornherein bei der Konzipierung des Kommunikationssystems die Absicht, der Textautomation gegenüber der Textkommunikation den Vorrang einzuräumen. Das bedeutete, daß die Ablaufprozeduren weitgehend automatisiert wurden. Durch 6 zusätzliche Tastenfunktionen (Tasten W, D, V, T, J, L zusammen mit der CODE-Taste) werden bei den eingesetzten Schreibautomaten die Kommunikationsfunktionen ausgelöst (s. Bild 2).

Bild 2. Tastatur des kommunikationsfähigen Schreibautomaten

Fig. 2. Keyboard of communicatable word processor

Das gleichzeitige Betätigen der Taste " V " und der CODE-Taste ermöglicht zum Beispiel die automatische Wahl nach den gegebenenfalls im Text enthaltenen Verteiler-Kurzzeichen. Auf ähnlich einfache Weise können auch Texte, deren Länge die Arbeitsspeicher-Kapazität des Schreibautomaten übersteigt, übertragen werden.

Abschließend sei anhand des Bildes 3 die Übertragung eines Besprechungsprotokolls an mehrere Adressaten veranschaulicht. Dieses Protokoll wird so geschrieben, wie es üblicherweise mit einem Schreibautomaten zu schreiben ist. Es müssen lediglich vor dem Schreiben des Verteilers die Taste " V " und die CODE-Taste gedrückt werden und nach Abschluß des Verteilers die Kombination noch einmal. Alles, was durch das zweimalige Betätigen der " V " - Taste eingeklammert wird, wird im Kommunikationszusatz in die jeweils zugehörigen Rufnummern der entsprechenden Kommunikationssekretariate umgewandelt. Nach dem vollständigen Schreiben dieses mehrseitigen Protokolls muß die Taste " W " für "Wählen" gedrückt werden.

Die Eingabe der Formular-Nummer - in diesem Fall 08 - und ein wei-

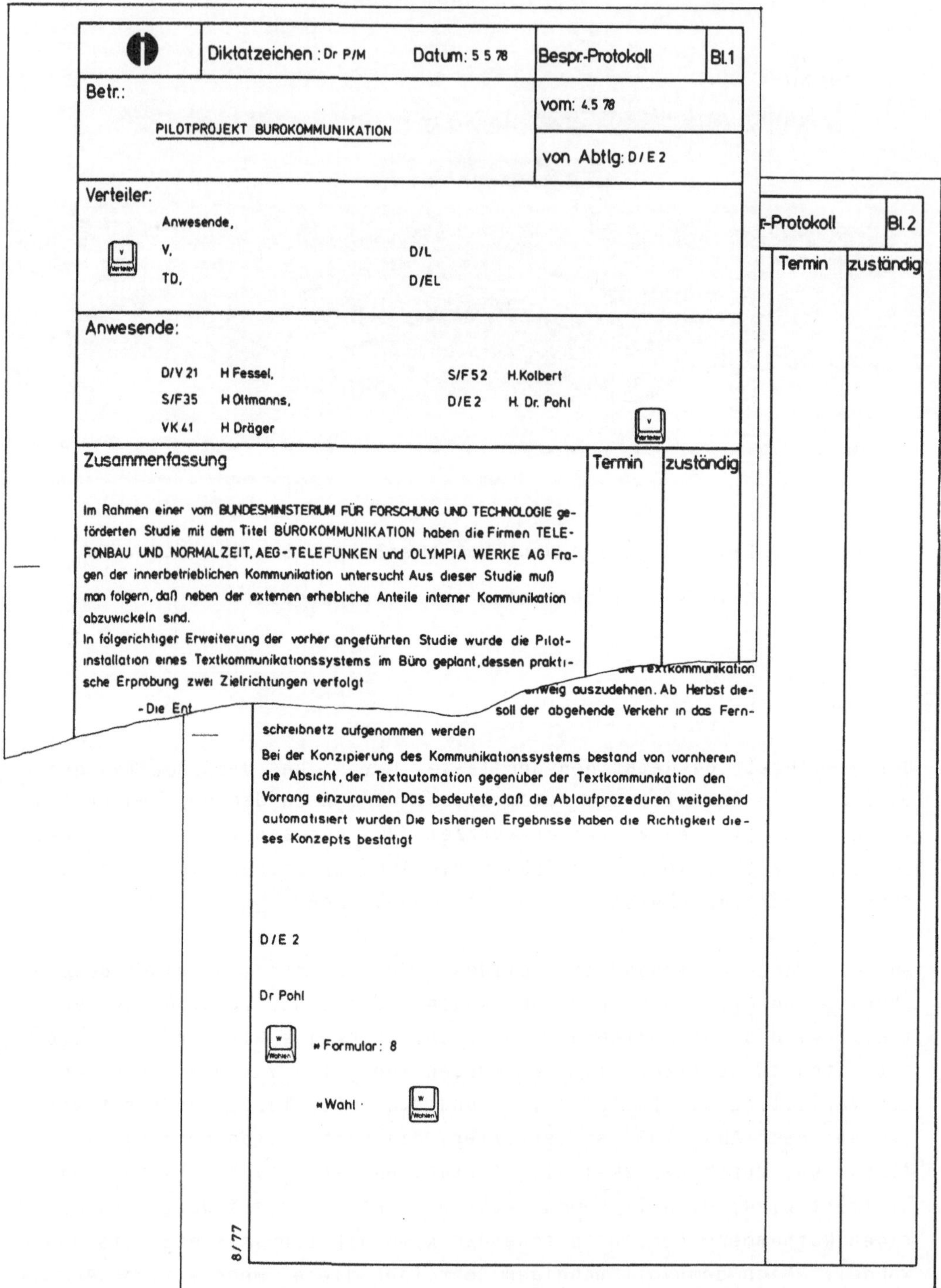

Diktatzeichen : Dr P/M Datum: 5 5 78 Bespr.-Protokoll Bl.1

Betr.: PILOTPROJEKT BUROKOMMUNIKATION

vom: 4.5 78

von Abtlg: D/E 2

Verteiler:

Anwesende,

V, D/L

TD, D/EL

Anwesende:

D/V 21	H Fessel,	S/F 52	H.Kolbert
S/F35	H Oltmanns,	D/E 2	H. Dr. Pohl
VK 41	H Dräger		

Zusammenfassung — Termin — zuständig

Im Rahmen einer vom BUNDESMINISTERIUM FÜR FORSCHUNG UND TECHNOLOGIE geförderten Studie mit dem Titel BÜROKOMMUNIKATION haben die Firmen TELEFONBAU UND NORMALZEIT, AEG-TELEFUNKEN und OLYMPIA WERKE AG Fragen der innerbetrieblichen Kommunikation untersucht Aus dieser Studie muß man folgern, daß neben der externen erhebliche Anteile interner Kommunikation abzuwickeln sind.

In folgerichtiger Erweiterung der vorher angeführten Studie wurde die Pilotinstallation eines Textkommunikationssystems im Büro geplant, dessen praktische Erprobung zwei Zielrichtungen verfolgt

- Die Ent

---

r-Protokoll Bl.2

Termin zuständig

... die Textkommunikation ... weig auszudehnen. Ab Herbst dieses ... soll der abgehende Verkehr in das Fernschreibnetz aufgenommen werden

Bei der Konzipierung des Kommunikationssystems bestand von vornherein die Absicht, der Textautomation gegenüber der Textkommunikation den Vorrang einzuraumen Das bedeutete, daß die Ablaufprozeduren weitgehend automatisiert wurden Die bisherigen Ergebnisse haben die Richtigkeit dieses Konzepts bestatigt

D/E 2

Dr Pohl

* Formular: 8

* Wahl ·

8/77

Bild 3. Beispiel für die Übertragung eines Besprechungsprotokolls

Fig. 3. Example of the transmission of minutes

terer Tastendruck geben den Text zur Übertragung frei. Er wird automatisch nacheinander an die im Verteiler aufgeführten Adressaten übermittelt.

4. Ausblick

Der hier beschriebenen Pilotinstallation bei der OLYMPIA WERKE AG folgen Feldprojekte, bei denen die technischen und organisatorischen Erfahrungen der Erprobungsphase die Grundlage bilden. Die gewonnenen Ergebnisse lassen sich auf diese Weise überprüfen und verallgemeinern. Die Konzeption dieser Projekte beschränkt sich bewußt auf die Kommunikationsformen, die als besonders aussichtsreich angesehen werden, nämlich die Textkommunikation mit Schreibautomaten und das Fernkopieren.

Schrifttum

1. Kommission für den Ausbau des technischen Kommunikationssystems (KtK): Telekommunikationsbericht 1975
Hauptbericht und Anlagenband 2: Technik und Kosten bestehender und möglicher neuer Kommunikationsformen.
Bonn: Verlag Dr. Hans Heger, 1976.

2. Arthur D. Little: Neue Fernmeldedienste für die geschäftliche Kommunikation.
Untersuchungen im Auftrag des Bundesministers für Forschung und Technologie und des Bundesministers für das Post- und Fernmeldewesen.

3. The Office of the Future, Business Week June 30, 1975.

4. Joel Slutzky: The Office of the Future - The Great Race ?
Dataquest, Inc. Copying and Duplicating Industry Seminar, March 31 to April 2, 1976.

5. Bundesministerium für Forschung und Technologie
Förderungsvorhaben NT 0681 4:
Studie "Bürokommunikation".

6. Bundesministerium für das Post- und Fernmeldewesen:
Vorstellungen der Bundesregierung zum weiteren Ausbau des technischen Kommunikationssystems, Juli 1976.

7. Vortrag Dr. Vincent E. Giuliano (A.D.Little) am 05.08.1976 bei der OLYMPIA WERKE AG.

8. Protokolle des Arbeitskreises Textkommunikation und der Fachkreise 1 und 2 (Leitung Bundesministerium für das Post- und Fernmeldewesen).

9. Vortrag Alan Purchase (Stanford Research Institute) beim Office Automation Seminar (05.05.1977 Frankfurt/Main).

Pilot Project Office Communication

H. Brendes
Wilhelmshaven

The pilot installation of an office communication system is now in operation at the OLYMPIA WERKE AG, Wilhelmshaven. It consists of 20 word processors capable of communicating with each other which, together with facsimile copiers, and via the PABX system, are connected to a network of communication secretariats. During the next stage of the project, it is planned to commence trials using an external system of communication with word processors in the OLYMPIA factory in Braunschweig, as well as outgoing traffic using the telex network.

The aim of this pilot project is investigations into human factors, including the questions of office organization and user acceptance, plus the development and availability of the necessary technical equipment. The system has been developed jointly by the AEG-TELEFUNKEN, TELEFONBAU UND NORMALZEIT and the OLYMPIA WERKE sponsored by the Federal Ministry for Research and Technology.

An illustration of the system is shown in Fig. 1. The individual executives are grouped around the communications secretariat to whom they belong, and are, in the main, equipped with dictation machines. The communication secretariats are, in addition to the appliances already mentioned, equipped with dictation machines and copiers either directly available or in the immediate vicinity.

The standard word processors were modified to communicate with each other by being re-programmed, while the actual communication function is brought about by the provision of an accessory which simultaneously serves as an electronic letterbox.

Information on whether a transmission has been received, whether a page should be inserted in the machine in the normal or lengthwise manner, and which form should be used can be read off from an alphanumeric display which is however not shown in the schematic.

As far as the internal system of communication is concerned, the central communication accessory illustrated in Fig. 1. is not required. This operates whenever communication between the subscribers of various PABX systems via the public telephone network takes place. Since, in this case, this is more or less the transmission of data via the public telephone network, the use of Post Office data transmission systems is at the present moment mandatory. The central accessory, which is also controlled by a micro-processor, connects these appliances with the appropriate devices für internal communication. An additional feature of the central communication accessory permits access to the public telex network, with the aid of which trials of the transfer of text from the communication secretariats to those companies equipped with telex machines are planned to be carried out.

The simultaneous employment of facsimile copiers within the framework of this project is intended to provide information on the internal possibilities of use of such appliances, in particular in connection with the transmission of drawings and documents already available.

As shown in Fig. 2. the communication functions of the word processors used are initiated by six additional key functions (keys D, J, L, T, V and W plus the CODE key).

Finally, Fig. 3. demonstrates the transmission of the minutes of a discussion to a number of addressees. The minutes are typed in the normal manner using a word processor. The only actions necessary are the operation of the 'V' key and the CODE key before typing is commenced, and the re-operation of these keys once the list of addressees has been completed. Once the typing of the multi-page minutes has been completed, the 'W' key (selection) must be operated.

The conception of this project has been deliberately limited to those forms of communication which appear to be the most promising, i.e. text communication using word processors and facsimile copiers.

Anwendungsorientierte Hard- und Software für interaktive Textbe- und -verarbeitung

L. Hanewinkel
Paderborn

Zusammenfassung

Analysen des Textaufkommens zeigen, daß Texte überwiegend zwischen Partnern in einer fortgeschriebenen Folge ausgetauscht werden. Nach der Einführung der direkten Kommunikation der Textautomaten wird die heutige computergestützte Texterstellung zukünftig eine Entsprechung in einer inversen Textanalyse erhalten. Das Analyseergebnis dient dann jeweils zusammen mit den Archivdaten als Basismaterial für die Antworterstellung. Dadurch wird eine redundanzverminderte Übertragung der Texte und ein effektives Arbeiten an neuen Kommunikationsarbeitsplätzen ermöglicht.
Bei Einhaltung klarer logischer Stufen der Verarbeitung ist es möglich, herkömmliche und zukünftige Systeme auf einfache Weise kompatibel zu gestalten und so die gewünschte Breitenanwendung zu erreichen.

1. Vom Spezialeinsatz zur Breitenanwendung

Betrachten wir die Entwicklung der Textkommunikation der letzten Jahre, die sich durch die Einführung der Mikroprozessoren ständig beschleunigt vollzieht und sehen den Trend von den Fernschreibern zu den verschiedenen Varianten der Textterminals wie Teletex, Bildschirmtext und Textautomaten, so erkennen wir, daß die Leistungen einzelner hochwertiger Computerterminals fortschreitend mit einer gewissen Zeitverzögerung in die Breitenanwendung überführt werden.
Anhand des Ergebnisses der KtK-Studie /1/ können wir uns eine Übersicht über die Textströme zwischen Sender und Empfänger verschaffen, aufgeteilt nach Geschäfts- und Privatkorrespondenz. Aus den etwa gleichen Anteilen der Empfängergruppen läßt sich erkennen, daß die geplanten öffentlichen Textkommunikationssysteme ihre volle ökonomische Wirksamkeit nur entfalten werden, wenn eine Kompatibilität der verschiedenen privat und geschäftlich orientierten Systeme durch zukunftsgerichtete

Normen auf einfache Weise ermöglicht wird. Arbeiten zu diesem Thema sind bereits bei den Normungsgremien des CCITT, der ISO, des DIN, der ECMA etc. begonnen. Das Studium der im schnellen Wachstum begriffenen Terminalanwendungen in dem Bereich von Industrie und Wirtschaft gibt uns die Möglichkeit, die zukünftige Entwicklung abzuschätzen und rechtzeitig geeignete Maßnahmen für den Einsatz von öffentlichen Textkommunikationssystemen zu ergreifen.

2. Anwendungsgebiete der Textkommunikation

Aus der neuen Dieboldstatistik 4.78 /2/ sehen wir das steile Wachstum des Terminalsystembestandes in der BRD in den letzten 10 Jahren, der heute vergleichbar mit dem Bestand an Fernschreibern ist. Der größte Teil der Geräte ist derzeitig weniger zur Textübermittlung im Einsatz, sondern dient dem Transaktionsverkehr, bei dem kurze formatierte Datensätze ausgetauscht werden. Der Datenverkehr findet fast ausschließlich in privaten Netzen mit unterschiedlichsten Anschlußbedingungen und Prozeduren statt. Die Textbearbeitung beschränkt sich bisher im wesentlichen auf die Erstellung von Schriftsätzen. Bild 1 veranschaulicht uns die hauptsächlichen Anwendungsgebiete der Texterstellung mit Computerunterstützung. Sender und Empfänger tauschen ständig wechselseitig Texte mit Bezug aufeinander aus.

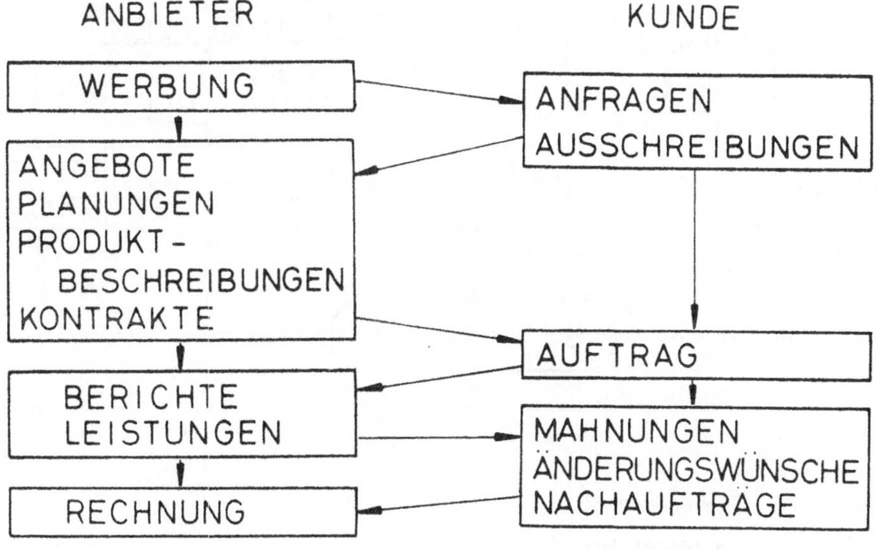

Bild 1 Textkommunikation
Fig. 1 Textcommunication

3. Der Textautomat

Bei einem typischen Textautomaten verkehrt der Bediener über Tastatur und Bildschirm im Format DIN A 4 mit dem System. Alle Texte werden bis zur endgültigen Freigabe auf Zwischenspeichern gelagert. Außerdem hat der Bediener Textkonserven, Anschriften, Daten und Programme, die zu seiner Unterstützung dienen, auf weiteren Speichern im unmittelbaren Zugriff, oder er kann sie, falls erforderlich, über Leitung von zentralen Rechnern abrufen. Der endgültige Text wird wahlweise auf einem Schreibwerk in Schönschrift, einem Schnelldrucker oder über einen Leitungsanschluß direkt an den Empfänger ausgegeben.

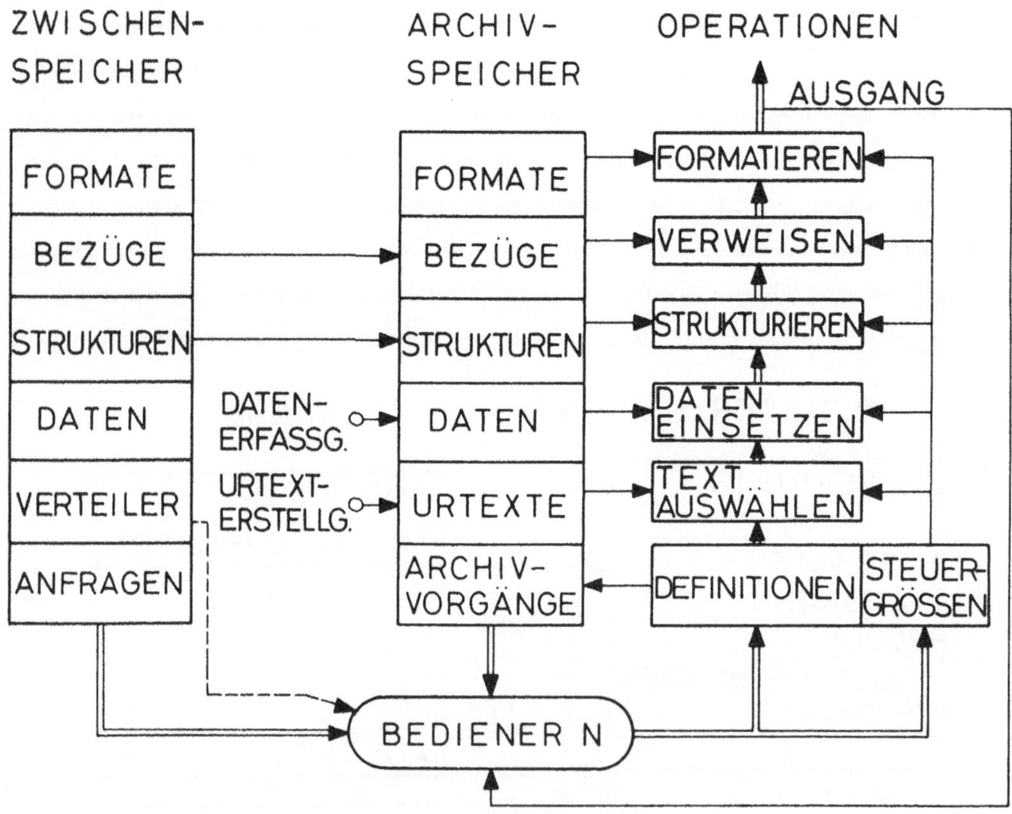

Bild 2 Texterzeugung

Fig. 2 Textgeneration Process

3.1 Texterzeugung

Den Vorgang der Texterzeugung und die wesentlichen programmunterstützten Arbeiten veranschaulicht Bild 2. Der Bediener entwickelt aufgrund der Anfrage oder Anforderung anhand der im Speicher verfügbaren Daten und Programme in mehreren Stufen den endgültigen Text. Die Arbeit in den einzelnen Stufen kann er durch Vorgabe von Steuergrößen und Auswahladressen beeinflussen. Sowohl die Auswahl der Steuerparameter als auch das jeweilige Arbeitsergebnis kann er sich auf einem Bildschirm vor Augen führen. Das Informationskonzentrat, das in den Vorgaben, der Definition und den Steuerparametern vorhanden ist, wird über die verschiedenen Funktionen fortschreitend zur besseren Verständlichkeit mit Redundanz angereichert. Es ist notwendig, daß zur Erfüllung der Forderung nach Kompatibilität mit zukünftigen Systemen diese Funktionen logisch klar in Stufen gegliedert sind.

3.2 Programmierte Textverarbeitung

Überwiegend arbeiten die heutigen Textautomaten mit sogenannten Textbausteinen. Bei diesem Verfahren kann die Produktivität der Bediener auf das fünffache gesteigert werden, verglichen mit üblicher Schreibarbeit /6/. Die Textbausteine können entweder im üblichen Verfahren oder mit Computerunterstützung erstellt werden /4/, /5/. Anschließend werden sie dann über Hilfsprogramme in Dateien archiviert, so daß sie über das Inhaltsverzeichnis oder Stichworte abrufbar sind. Für die Erstellung von Schriftsätzen werden vom Sachbearbeiter geeignete Bausteine ausgewählt /3/. Diese paßt er bedarfsweise den speziellen Erfordernissen an und ergänzt sie mit geeigneten Zusätzen. Für veränderliche Daten vorgesehene Felder füllt er mit Daten, die er aus dem Speicher abruft oder über die Tastatur eingibt. Solche Variable sind z.B. Anschrift, Artikelbezeichnung, Preis usw. Weiterhin kann der Bediener mit Hilfe von Suchworten oder Modifikatoren zusätzliche Änderungen vornehmen. Anschließend stellt er im Text die Bezüge zwischen den Abschnitten her und arbeitet die Bezüge zu den Positionen ein, indem er Bezeichnungen, Namen usw. einfügt und Verben, Endungen, Artikel usw. an Numerus, Genus etc. anpaßt. Diesen Rohtext gliedert er in zwei getrennten Stufen zur Erhöhung der Verständlichkeit und Übersichtlichkeit. Hierfür stehen ihm weitere Softwarefunktionen im System zur Verfügung. Als erstes führt er eine Strukturierung nach dem Inhalt durch, indem er beispielsweise Überschriften aus den Abschnitten herauszieht, eine Abschnittsnummerierung nach einem geeigneten System ergänzt und ein Inhaltsverzeichnis anlegt. Die Verweise innerhalb des Textes bezieht er auf die Abschnitts- und Satznummern. Weiterhin legt er die Bezugspunkte für zu erwartende Antworten in dieser Struktur fest. Der so bearbeitete Text ist noch vollständig frei von räumlichen Gestaltungsangaben.

Die Formatierung erfolgt in der letzten Stufe, abhängig von dem jeweiligen Ausgabemedium. Hierzu gehört die Darstellung in den zwei räumlichen Dimensionen und die zugehörige Erstellung der Ortskoordinaten und ihrer Bezüge auf Seite, Spalte, Zeile usw.

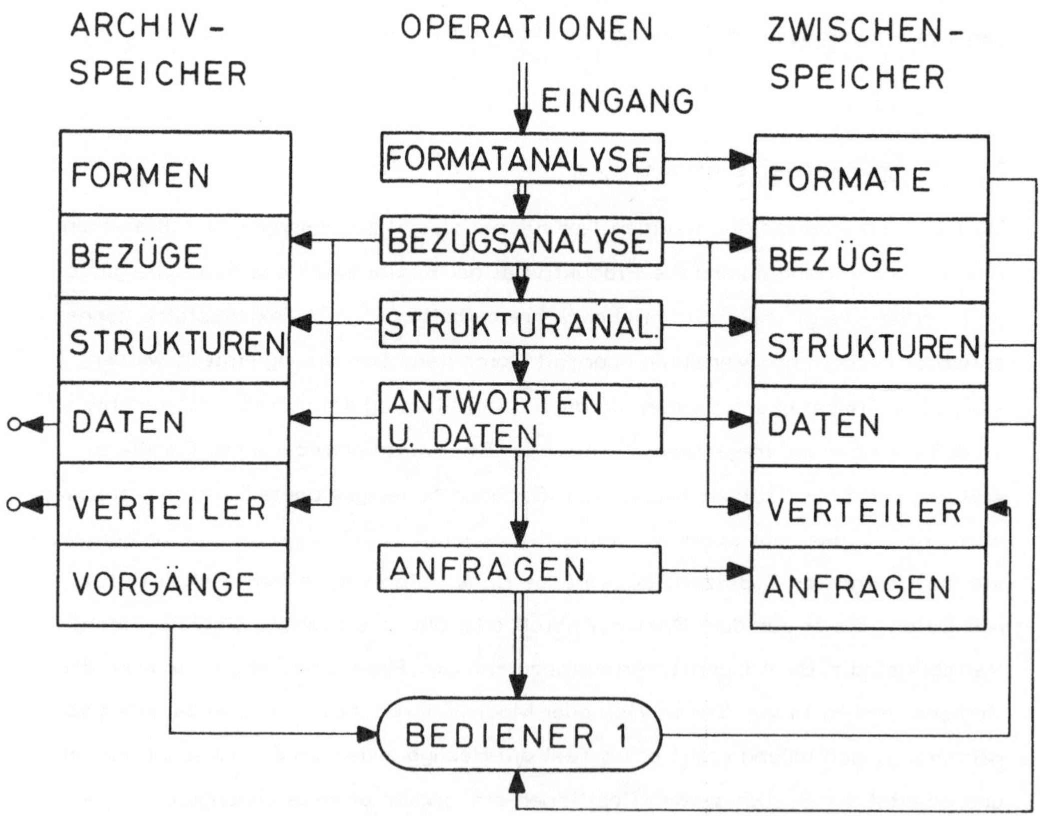

Bild 3 Textanalyseoperationen

Fig. 3 Text Analysis Operations

3.3 Textanalyse

Werden Texte in Zukunft über Nachrichtenwege ausgetauscht, so können sie in umgekehrter Folge, wie sie erstellt wurden, einer Analyse unterworfen werden. Dies veranschaulicht das Bild 3. So weit möglich, werden die Antworten und Daten direkt mit den Archivdaten der Vorgänge in Beziehung gesetzt und ausgewertet. Offene Fragen werden in einem Zwischenspeicher abgelegt. Ein Bediener in der Poststelle bestimmt dann den Verteiler auf die Sachbearbeiter.

3.4 Redundanzverminderung

Über den Zwischenspeicher tritt das Ergebnis der Analyse wieder in die Texterzeugung (Bild 2) ein. So ergibt sich ein geschlossenes System. Sobald dieses vorliegt, haben wir die Freiheit, den Ausgang jeder beliebigen Stelle zwischen den Operationen in der Texterzeugung (Bild 2) anzuschließen.
Es sind dann nur die Definitionen, Rohdaten und die Steuerkriterien für die noch folgenden Operationsstufen zu übertragen. Die redundanten Erweiterungen oder Transformationen werden jeweils nach Bedarf vorgenommen.

3.5 Neue Arbeitsplätze

Für den Bediener bedeutet dies, daß er sich in konzentrierter oder redundanter Form informieren lassen kann und ebenso mit reduziertem Aufwand über ein komplexes Interface eine optimale Informationswirkung beim Empfänger erzielen kann. Es ist zu erwarten, daß die Arbeitsplätze in der Zukunft mindestens zwei oder besser drei Bildfelder aufweisen, nämlich für die Anfragen, die Archivdaten und die entstehende Antwort. Durch die feste räumliche Zuordnung der konzentriert dargestellten Informationen wird eine Überschaubarkeit geschaffen, die die Handhabung wesentlich erleichtert.

4. Systemgesichtspunkte

Selbstverständlich wird es notwendig sein, daß der Sachbearbeiter je nach Ausrüstung des Empfängers und nach Lage des Einzelfalles die Kommunikationsebene geeigneter Redundanz wählen kann.

Ein Beispiel für ein solches System, bei dem in verschiedenen Ebenen die Kommunikation der Partner möglich ist, ist das Datentelefon. Der direkte Kontakt zwischen den Partnern ist über einen im Terminal integrierten Fernsprecher gegeben. Darüberhinaus können formatfrei Texte als Fernschreiben, je nach Ausrüstung der Gegenstelle, auf einem 20- oder 80-stelligen Drucker oder einem Bildschirm ausgetauscht werden. Soweit bereits Programme und Formate für bestimmte wiederkehrende Vorgänge vorliegen, werden diese durch die Mikroprozessoren in den ausgewählten Ein- oder Ausgabegeräten, die über eine Schnittstelle mit geräteunabhängiger Prozedur an das Übertragungsterminal angeschlossen sind, ausgewertet und für die Gestaltung der Darstellung benutzt. Wir befinden uns also bei der Übertragung vor der letzten Ebene in der Texterzeugung (Bild 2), also vor der Formatierung.

Telefone, Datentelefone und Textautomaten können in einem System verknüpft werden. Eine Nebenstellenanlage verbindet sie nach der Wahl entweder direkt miteinander oderein Umsetzer-Computer (NCN) stellt bei Bedarf die Verbindung zu den verschiedenen öffentlichen Kommunikationssystemen her.

Es ist selbstverständlich denkbar, daß solche Umsetzer in Zukunft auch auf der Ortsebene angesiedelt sind, damit auch kleineren und privaten Teilnehmern die Möglichkeiten der verschiedenen Kommunikationsformen voll offen stehen.

Schrifttum

1. Neue Telekommunikationsformen in bestehenden Netzen, Bd. 4, S. 199
   Verlag Dr. H. Hegner, Bonn 1976

2. Diebold Management Report, S. 2 , 4/78
   Verlag Diebold Deutschland GmbH, Frankfurt

3. M. Günther, ÖVD Online, adl Sonderausgabe 1978
   Computergestützte Kundenbetreuung, S. 41, 42, Verlag Merkur, Troisdorf

4. A. Hoppe: Der sprachliche Formulierungsprozeß als Grundlage automatischer Hin- und Herübersetzung in: Beihefte zur Zeitschrift "Elektronische Rechenanlagen", Bd. 7: Neuere Ergebnisse der Kybernetik, Bericht über

die Tagung Karlsruhe 1963 der Deutschen Arbeitsgemeinschaft Kybernetik, hrsg. von K.Steinbuch und S.W.Wagner, München/Wien, R.Oldenburg, 1964, S. 95-108

5. Forschungsbericht: Das Übersetzungssystem SALAT, Universität Konstanz, 4/76

6. Office Technology Strategy Programme, Vol. II MAPTEK Europe, 1977

7. H.G.Martin, Mensch und Büro, Teil 1, Textverarbeitung, Martin Consulting, Frankfurt 1977

8. Computerwoche Nr. 40, S. 10/11, Verlag Computerworld, München 9/77

Application-Oriented Hardware and Software for Interactive Text Processing

L. Hanewinkel
Paderborn

Studies of various aspects for future text communications show that texts mainly are mutual exchanged in a consecutive order between business partners. Therefore after public communication links can be established between programmed text automats it will be usefull to create an equivalent process to todays text generation i.e. text analysis. Information and data derived from incoming mail will be stored and used as the base material together with information from archive files for the preparation of answers.

A clear complementary logic structure is shown at the different levels of operations of the text generation process as well as the analysis. The application of this method gives the possibility to transmit and reproduce a text with various levels of redundancy by transmitting just the characteristics and reference informations together with the control parameters for the operations to be performed at the receiving station. This will lead to increased performance of transmission and of text handling by the operator.

If e.g. all references in a text are independent of the format of presentation in lines and pages, the transmission can be free of format control.
So the last operation, which is the formatting, can be done by the output peripheral unit of the receiving station. This gives an easy way to communicate the same text without changes to different systems like the conventional telex, future sophisticated automates or simple private equipment. This leads the usage of computer aided text communication to new fields of application.

Das Büro der Zukunft

H. L. Kristen
Stuttgart

ZUSAMMENFASSUNG

Das Büro der Zukunft sollte nicht allein von der Technik bestimmt werden. Der humanen und organisatorischen Komponente muß die gleiche Aufmerksamkeit gewidmet werden. Dies wird eine der Hauptaufgaben für Führungskräfte und Unternehmer in der Zukunft sein. Die Interpretation eines Untersuchungsberichtes des Stanford Research Institutes will deutlich machen, daß die sinnvolle Nutzung vorhandener Technologie in einer durchdachten Organisation gut ausgebildeten Mitarbeitern ein hohes Maß an Arbeitszufriedenheit bieten kann. Die heute beanstandeten hohen Kosten im Umgang mit Informationen können dadurch unter Kontrolle gebracht werden. Ohne auf die schnelle Nutzung benötigter Informationen verzichten zu müssen, kann außerdem die zunehmende Papierflut wesentlich reduziert werden.

1. Einleitung:

Wenn ich es mir leicht machen würde, über das Thema "das Büro der Zukunft" zu sprechen, so würde ich Ihnen einfach einige Bilder vorlegen und Sie fragen:

Ist dies das Büro der Zukunft? Oder sieht das Büro in der Zukunft vielleicht so aus? Oder so? Oder hat der Mensch eine ganz andere Vorstellung?

Aber ganz so einfach läuft die Sache nicht. Nur der Technik eine dominierende Rolle im Büro der Zukunft zuzuerkennen, wäre sicherlich der größte Fehler, den wir machen können. Dieses Büro würde niemals das Licht der Welt erblicken. Die humane und die organisatorische Komponente fehlen! Dabei soll die technische Vision, wie sie Ihnen von meinem Kollegen, Herrn Jelinek, vom IBM Watson Forschungszentrum dargestellt wurde, in keiner Weise abgewertet und ihre künftige Realisierung nicht in Frage gestellt werden.

2. Die Entwicklung der letzten 15 Jahre:

Erlauben Sie mir zunächst einen kurzen Rückblick auf die Entwicklung der Büromaschine in den letzten 15 Jahren. In den Büros verschiedenster Branchen und Größenordnungen trafen wir vor Jahren eine Vielzahl verschiedenster Büromaschinen an, die für ganz spezielle Anwendungen konstruiert worden waren: die Schreibmaschine, das Diktiergerät, die Rechenmaschine, das Kopiergerät, und ich darf natürlich an dieser Stelle auch das Telefon mit einbeziehen. Auf der anderen Seite hatte sich bereits der Computer als eine zentrale Einheit etabliert, an die die Arbeit im wahrsten Sinne des Wortes herangetragen werden mußte. Hier beginnt nun eine interessante Entwicklung: es verbinden sich nämlich verschiedene Geräte zu einem neuen Produkt, z.B. die Schreibmaschine mit der Rechenmaschine zu einer Fakturiermaschine, die ihrerseits wiederum durch Koppelung mit besonderen Einrichtungen die Basis für die weitere sogenannte mittlere Datentechnik bildet. Das Telefon wird mit dem Kopiergerät gekoppelt und das Faksimilegerät ist geschaffen, um nicht codierte Informationen zu übertragen. Auch gibt es systemartige Verbindungen: das Diktiergerät z.B. verbindet sich mit der Schreibmaschine und legt die Basis für die Textverarbeitung. Außerdem werden verschiedene Speichermedien, wie z.B. der Lochstreifen, dann das Magnetband und später die Magnetkarte mit der Schreibmaschine verbunden. Dadurch stehen uns heute Textverarbeitungsmaschinen und Systeme zur Verfügung. Während dieser Zeit tat der Computer einen entgegengesetzten Schritt; er gab seinen zentralen Standpunkt zum Teil auf und brachte über entsprechende Terminals einen Teil seiner Fähigkeiten an den Arbeitsplatz im Büro zurück.

2.1 Das Büro heute:

Trotz dieser in den letzten Jahren entwickelten Möglichkeiten behaupten Experten nach wie vor, daß das Büro der Gegenwart von einer optimalen Gestaltung immer noch weit entfernt ist, geschweige denn eine zukunftsweisende Richtung eingeschlagen hat. Individuelle Arbeitsabläufe, veraltete Hilfsmittel und unökonomische Büroräume bilden heute immer noch den Begriff "Büro". Die Problematik steigender Kosten und das Anwachsen der Papierfluten werden nicht immer durch verbesserte Organisation gelöst, sondern sehr häufig noch durch äußere Statussymbole überlagert.

2.2 Der Kostenfaktor:

Die negative Beurteilung des Kostenfaktors im Büro sollte sich nicht allein auf die statistische Erfassung der von Jahr zu Jahr steigenden Löhne und Gehälter stützen. Ein wesentlicher Kostenfaktor ist die schlecht genutzte Arbeitszeit von Sachbearbeitern und Führungskräften innerhalb einer Industrie- oder Verwaltungsorganisation. Der prozentuale Anteil an der Gesamtarbeitszeit für das Sammeln, Zusammenstellen und Verarbeiten von Informationen ist viel zu hoch und beschränkt den Zeit-

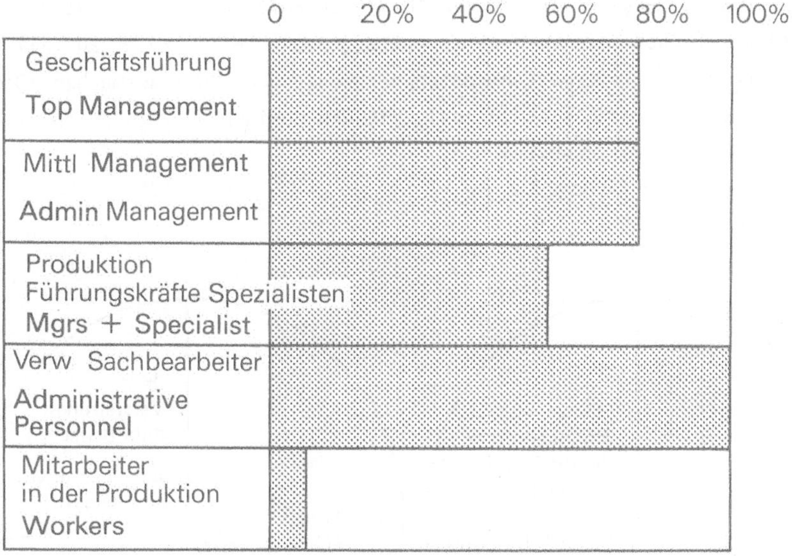

0 20% 40% 60% 80% 100%

Geschäftsführung
Top Management

Mittl Management
Admin Management

Produktion
Führungskräfte Spezialisten
Mgrs + Specialist

Verw Sachbearbeiter
Administrative Personnel

Mitarbeiter in der Produktion
Workers

Bild 1 Zeitanteil in %, der von einzelnen Berufsgruppen für den Umgang mit Informationen aufgewandt wird.

Fig. 1 Percentage of time spent by various socio-professional categories in information activities.

aufwand erheblich, den insbesondere Führungskräfte für kreative Denkprozesse und anstehende Entscheidungsfindungen nutzen sollten. Das Schaubild (Bild Nr. 1), zeigt das Resultat von Untersuchungen, die die IBM bei verschiedenen Industriefirmen und -branchen durchgeführt hat /1/. Sie ersehen daraus, in welchem Maße verschiedene Berufsgruppen eines Industrieunternehmens mit der Auswertung von Informationen befaßt sind.

Lassen Sie mich diese Meinung noch mit einigen genaueren Informationen untermauern:
Bild Nr. 2: Es gibt Unternehmen, in denen etwa 1/3 aller Personalkosten aus der Beschäftigung mit Informationen resultieren.
Bild Nr. 3: Die Aufschlüsselung der informationsbezogenen Personalkosten zeigt, daß über 70 % dieser Kosten im Bereich der Führungskräfte entstehen; eine Zahl, die doch sehr zu denken geben sollte.

1. The cost of the Information System (in Englisch)
IBM France, Institut d/Informatique, Paris '''

Bild Nr. 4: Die Summe aller in einem Unternehmen anfallenden Informationskosten - aufgeschlüsselt nach sach- und personenbezogenem Anteil - zeigt auffällig, daß die sachbezogenen Informationskosten nur wenig über 10 % ausmachen. Die wirtschaftliche Notwendigkeit, sich intensiv mit den übrigen 90 % zu beschäftigen, wird dadurch nachhaltig unterstrichen.

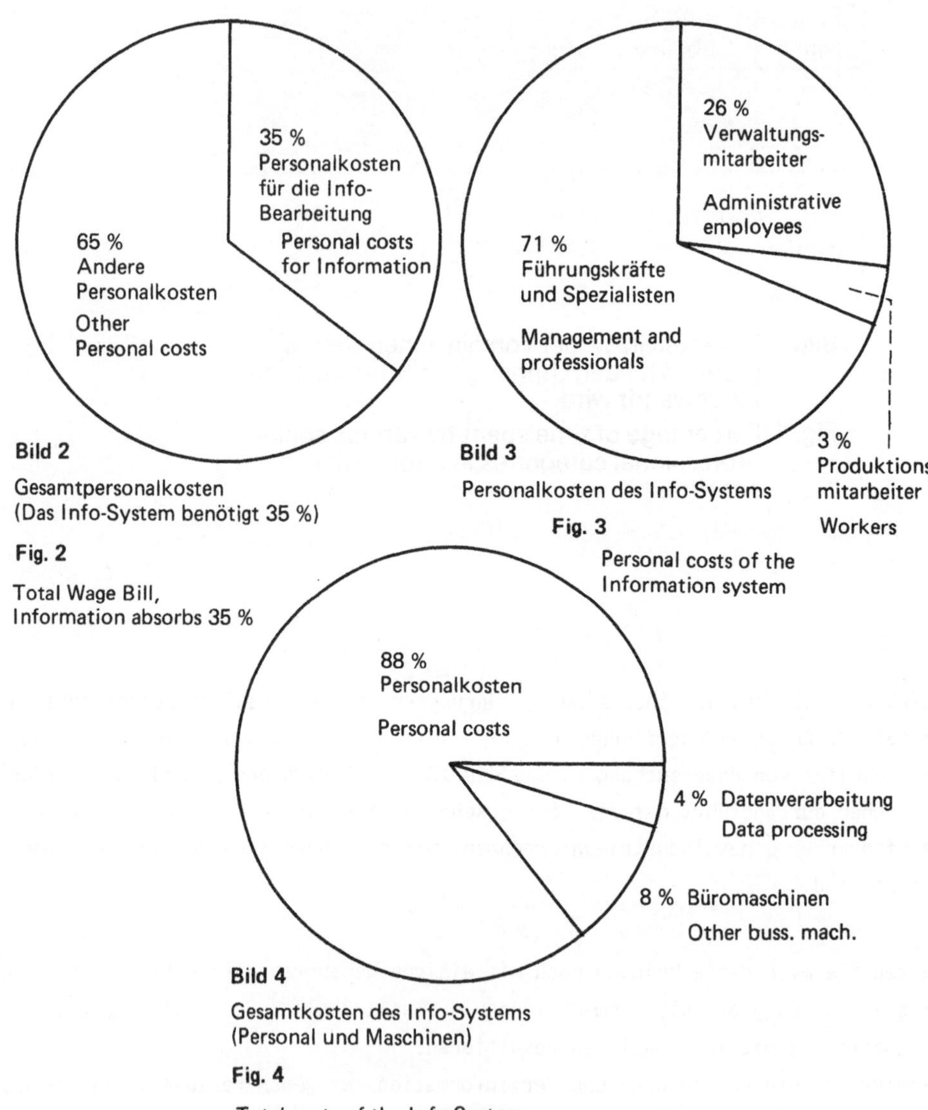

Bild 2

Gesamtpersonalkosten
(Das Info-System benötigt 35 %)

Fig. 2

Total Wage Bill,
Information absorbs 35 %

Bild 3

Personalkosten des Info-Systems

Fig. 3

Personal costs of the
Information system

Bild 4

Gesamtkosten des Info-Systems
(Personal und Maschinen)

Fig. 4

Total costs of the Info System

2.3 Das Problem einer zweckmäßigen Organisation:

Es ist ein Erfahrungswert, daß eine unzulängliche Organisation der Verfügbarkeit von Informationen sich nachteilig für ein Unternehmen auswirkt. An diesen Umstand wurde ich erinnert, als ich vor einiger Zeit in der Ihnen bekannten Wirtschaftszeitung "Blick durch die Wirtschaft" einen Artikel von Herrn Dr. Siegfried Sterner mit der Überschrift "Information ist das halbe Geschäft" las /2/. In diesem Artikel kommentiert Herr Dr. Sterner eine Untersuchung, die im Auftrage des Bayerischen Staatsministeriums für Wirtschaft und Verkehr von einem Fachinstitut durchgeführt wurde. Die Frage nach dem Informationsbedarf und der Informationsversorgung der mittelständischen Industrie in Bayern führte zu dem erschreckenden Ergebnis, daß bei 575 mittelständischen Unternehmen mit 20 bis 500 Beschäftigten nicht ein Fall eines systematisch aufgebauten Informationssystems angetroffen wurde, das sowohl externe als auch interne Informationen verarbeitet. Gerade bei Betrieben mit 100 bis 200 Beschäftigten ist nach dieser Untersuchung der Chef bzw. Unternehmer nach wie vor die Drehscheibe für alle Informationen. Er hat gar nicht genügend Zeit, sich z.B. um die ordnungsgemäße Auswertung aller eingehenden Informationen zu kümmern. Ein noch so bescheidener Ansatz zur Delegation dieser Verantwortung würde helfen, erste Lösungsversuche für eine übersichtliche Organisation zu praktizieren. Auf der anderen Seite darf auch nicht übersehen werden, daß auch bei größeren Unternehmen, wo spezialisierte Abteilungen für die Auswertung von Informationen verantwortlich sind, die Gefahr einer Bürokratisierung und damit die Verschleppung der Weitergabe von Informationen besteht.

3. Das Büro der Zukunft:

Und nun lassen Sie uns einen Blick in das Büro der Zukunft werfen in der Hoffnung, daß uns hier Lösungsversuche angeboten werden, die die eben geschilderten Mängel wie Kosten, nicht verfügbare Informationen etc. vermeiden helfen. Dabei beziehe ich mich auf einen Bericht, den der Wirtschaftswissenschaftler Allan Purchas zusammen mit der Journalistin Carol Glover im Anschluß an eine Untersuchung geschrieben hat, die die Auswertung von Arbeiten des Stanford Research Institutes in Amerika zu diesem Thema zusammenfaßt. In dem Artikel "All in a day's work - 1985" beschreiben die beiden Autoren den Alltag eines Abteilungsleiters - nennen wir ihn Herrn Kilian - der früh am Morgen sein Büro betritt /3/. Das Bürogebäude ist nach neu-

2. Sterner, Dr. S.: Information ist das halbe Geschäft
Blick in die Wirtschaft, FAZ Frankfurt/M., 06.04.1978

3. Purchase, A. und Glover, C.: All in a day's work - 1985 (in Englisch)
SRI, Business Intelligence Program "Office of the Future",
Stanfort Research Institute, Menlo Park, California 94025, USA

zeitlichen Erkenntnissen, und zwar nach den Forderungen der Organisation, gebaut worden, und man hat durch sehr umfangreiche Analysen die Grundlage für ein fortschrittliches Büro- und Verwaltungsgebäude gelegt. Herr Kilian betritt sein Büro und findet nicht mehr, wie es heute noch allgemein üblich ist, eine Vorzimmerdame vor, die sein Büro bewacht.

3.1 Sekretariatsdienste:

Ihm steht stattdessen ein Sekretariatsdienst zur Verfügung, der sich aus sehr spezialisierten Mitarbeiterinnen und Mitarbeitern zusammensetzt. In diesem Spezialistenteam finden Sie z. B. eine Spezialistin für Kommunikationsfragen, für Textverarbeitung, für Ablage- und Speichersysteme, und Sie finden auch eine Spezialistin für Verwaltungsaufgaben.

Der Schreibtisch von Herrn Kilian sieht anders aus, als wir es heute noch gewohnt sind. Es ist ein Arbeitstisch, der nicht mehr mit sehr viel Schubfächern an der linken und rechten Seite ausgestattet ist, denn der Papieraufwand zur Bearbeitung von Informationen und damit die Aufbewahrung laufender Vorgänge ist jetzt auf ein Minimum reduziert worden.

3.2 Der tägliche Posteingang:

Herr Kilian hat neben dem Schreibtisch ein sogenanntes Kommunikations-Panel, über das er den Zugriff zu allen benötigten Informationen über das Kommunikationssystem des Hauses hat. Außerdem steht auf seinem Schreibtisch ein Bildschirm, der es ihm ermöglicht, sich seinen gesamten Posteingang und -ausgang visuell darstellen zu lassen. Am Arbeitsplatz befindet sich ein Ausweisleser für Herrn Kilian, da er aufgrund seiner Funktion Zugriff zum internen Datenverarbeitungssystem und zu externen Datenbanken haben darf und muß. Auch gestattet ihm das Kommunikations-Panel, sich Microfilme an seinem Arbeitsplatz anzusehen. Lassen Sie mich an 2 Fällen darstellen, wie nun der Arbeitsalltag von Herrn Kilian aussieht. Jeder von Ihnen, meine sehr verehrten Damen und Herren, weiß, wie der Schreibtisch am Tag nach einer längeren Geschäftsreise aussieht. Es hat sich viel Post, d. h. Papier angesammelt. Das gibt es bei Herrn Kilian nicht mehr. Über eine entsprechende Funktionseingabe kann er sich jeden Vorgang, der zur Bearbeitung ansteht, über den Bildschirm zunächst durch Stichworte darstellen lassen. Er entscheidet aufgrund der Themen, der Dringlichkeit und seines persönlichen Aufgabenbereiches, in welcher Reihenfolge er diese vorliegenden Vorgänge erledigen will. Wenn er glaubt, daß er zur Bearbeitung einen Vorgang in gedruckter Form benötigt, bittet er seine Kommunikations-Sekretärin - Mitarbeiterin mit Spezialkenntnissen im Sekretariat - diesen Vorgang über einen Schnelldrucker oder ein elektrostatisches Vervielfältigungsgerät ausdrucken zu lassen. Das geschieht mit einer solchen Geschwindigkeit, daß dadurch gar keine Arbeitsverzögerungen eintreten.

3.3 Textverarbeitung am Arbeitsplatz:

Ein anderes Beispiel: Er wird gebeten, einen Bericht nachzureichen, der sich auf einen bestimmten Vorgang bezieht. Er greift zum Telefonhörer auf dem Kommunikations-Panel und ist mit dem Textverarbeitungssekretariat verbunden. Er sagt den Text an und nach kurzer Zeit wird ihm signalisiert, daß er diesen Text über den Bildschirm korrigieren kann. Da der Bildschirm mit einer Tastatur verbunden ist, kann er im Falle, daß nur geringfügige Korrekturen notwendig sind, diese selbst über die Eingabetastatur vornehmen. Sollte er dagegen umfangreichere Korrekturen an den entsprechenden Texten veranlassen wollen, kann er darum bitten, daß ihm der Text über einen Schnelldrucker ausgedruckt wird, um entsprechende Korrekturen auf der Kopie anzubringen. Sobald der korrigierte Text im Textverarbeitungssekretariat geschrieben ist, geht der Vorgang an die Kommunikationsbearbeiterin. Sie sorgt dafür, daß - entsprechend dem von Herrn Kilian festgelegten Verteiler - diese Information über den nachrichtentechnischen Kommunikationsweg innerhalb des Hauses übertragen wird und nicht mehr körperlich weitergetragen werden muß. Bei den Empfängern geschieht jetzt das gleiche: Sie bekommen das Stichwort des Vorganges am Bildschirm signalisiert und können entscheiden, ob sie sich diesen Bericht ausdrucken lassen oder ob sie den Text über den Bildschirm lesen möchten.

4. Technik und Organisation:

Anhand dieser beiden Beispiele wollten Carol Glover und Allan Purchase verständlich machen, wie rationell in der Zukunft im Büro gearbeitet werden kann. Viele Hilfsmittel und Technologien machen heute schon zu 95 % die Realisierung derartiger Arbeitsabläufe möglich. Nehmen wir z.B. die sogenannten Schnelldrucker. Ob sie mit 50, 100 oder mit 1.000 Zeichen pro Sekunde kostengünstig drucken, hängt von den organisatorischen Notwendigkeiten und Voraussetzungen ab. Auch könnte man über Leitungen elektrostatische Drucker anschließen, und im Büro würde entschieden werden, ob für interne Zwecke eine mit einem Schnellkopierer erstellte Kopie genügt, oder ob es sich um eine externe Information handelt, die mit einem entsprechend akuraten Schriftbild durch einen Schnelldrucker erstellt werden müßte. Voraussetzung ist, - und das möchte ich hier ganz besonders unterstreichen - daß in den verschiedenen Büroorganisationen entsprechend den Aufgabenstellungen ein exaktes Bild des Informationsflusses und damit der verschiedenen Arbeitsabläufe besteht, um an bestimmten Schwerpunkten die benötigten technologischen Hilfsmittel einsetzen zu können /4/. Ein gut funktionierendes internes Informationssystem ist die Voraussetzung dafür, daß externe Informationsempfänger und -sender über die neuen Kommunikationssysteme, wie Bürofernschreiben, Telefax etc. miteinander reibungslos in Verbindung treten können.

5. Die 3. Komponente im Büro der Zukunft, der Mitarbeiter:

Wenden wir uns jetzt noch einem dritten, sehr gravierenden Punkt zu: dem Mitarbeiter. Ernst H. Plesser, Bankdirektor, schreibt in der Zeitung "Managementzeitschrift i.o." folgenden Einführungssatz /5/: "Die Entwicklung der westlichen Industriegesellschaften ist gekennzeichnet von einer langsam, aber stetig wachsenden Bedeutung des Menschen im Mensch-Maschine- oder Mensch-Bürokratie-System. Die Ursachen dafür liegen in 2 Bereichen. Zum einen fügen sich die Mitarbeiter nicht mehr kommentarlos in veränderte Gegebenheiten. Ein steigendes Bildungs- und Informationsniveau sowie größere politische Mündigkeit haben das Selbstwertgefühl angehoben. Zum anderen ist die Aufgabe der Unternehmung immer umfangreicher geworden."

Lassen Sie mich zu diesen, mir sehr wesentlich erscheinenden Aussagen folgende Gedanken noch hinzufügen: Eine der wichtigsten Aufgaben für das Management in der Zukunft wird es sein, die menschlichen Aspekte mit den ökonomischen Forderungen innerhalb von Verwaltungs- und Büroorganisationen in Einklang zu bringen. Die Diskussion über Arbeitsbedingungen, über Motivation, Job-Enrichment und Job-Enlargement hat bereits begonnen. Der Mensch, d.h. der Mitarbeiter, wird und muß in der zukünftigen Büroorganisation neben der zu benutzenden Technologie eine gleichgewichtige Rolle spielen können. Die Zeit im Rahmen dieses Referates reicht leider nicht aus, alle Maßnahmen aufzuzeigen, die heute schon und in der Zukunft notwendig sind, um eine Beschreibung dieser Rolle des Mitarbeiters zu geben. Mehr Informationen für den Mitarbeiter, klare Aufgabenbeschreibung und übersichtliche Arbeitsabläufe, Abwechslungsreichtum bei der Arbeit und die Sichtbarmachung der Bedeutung des einzelnen Mitarbeiters innerhalb einer Organisation sind wesentliche Kriterien. Training und entsprechende Schulung sollten es dem Mitarbeiter ermöglichen, sich innerhalb für ihn transparent gemachter Karrierepläne entwickeln zu können. Das gilt sowohl für den weiblichen als auch für den männlichen Mitarbeiter. Wir stellen damit das alte Arbeitsverhältnis "Chef - Sekretärin" in Frage und finden über spezialisierte Sekretariatsdienste Möglichkeiten, rationelle Arbeitsbedingungen, ver-

4. Die PTV-Prozeß-Analyse - "textverarbeitung", das Journal der IBM Deutschland GmbH, Gesch.-Bereich Textverarbeitung, Stuttgart.

5. E. H. Plesser: "social controlling" für ein marktstarkes Management, Management-Zeitschrift i.o., Nr. 2-1978, Verlag industrielle Organisation BWI ETH, Zürich.

bunden mit spezifischen Entwicklungsmöglichkeiten, gerade auch für die weiblichen Mitarbeiter zu schaffen /6/. Finden wir keine neuen Wege einer solchen Kooperation in kleinen wie in großen Büroorganisationen, dann wird das Beharrungsvermögen und die Schwerfälligkeit, sich Änderungen zu unterziehen, zum Hemmnis für jeden Fortschritt werden und bleiben. Das Mißtrauen, mit dem jede Neuerung technischer und organisatorischer Art beobachtet wird, wird durch den subjektiven Eindruck untermauert, daß der Mitarbeiter glaubt, er sei nur ein Element in rein wirtschaftlichen Überlegungen, das man beliebig ein- oder zuordnen kann. Ignoriert man diese Empfindungen, wird es müßig sein, weiter über das Büro der Zukunft nachzudenken und zu sprechen.

Für viele von Ihnen, meine Damen und Herren, werden diese Gedanken selbstverständlich sein, aber ihre Verwirklichung steht in den meisten Fällen immer noch aus. In einem kontinuierlichen Wandlungsprozeß werden wir das heutige Büro zum Büro der Zukunft entwickeln.

Schrifttum:

1. The cost of the Information System (in Englisch), IBM France, Institut d/ Information, Paris, 1974.'''

2. Sterner, Dr. S.: Information ist das halbe Geschäft, Blick in die Wirtschaft, FAZ Frankfurt/M., 06.04.1978.'

3. Purchase, A. und Glover, C.: All in a day's work - 1985 (in Englisch), SRI, Business Intelligence Program "Office of the Future", Stanford Research Institut, Menlo Park, California 94025, USA.''

4. Die PTV-Prozeß-Analyse - "textverarbeitung", ein Journal der IBM Deutschland GmbH, Stuttgart.'''

5. E.H. Plesser: "social controlling" für ein marktstarkes Management. Management-Zeitschrift i.o., Nr. 2-1978, Verlag industrielle Organisation, BWI ETH, Zürich.

6. Textverarbeitungs- und Verwaltungssekretariate: Script 13, Februar 1978, IBM Deutschland GmbH, Stuttgart.'''

' Zitat aus Zeitung
'' Forschungsbericht
''' Veröffentlichungen der IBM

The Office of the Future

H. L. Kristen
Stuttgart

The office of the future should not be dominated by technology. The human aspect, i. e. the people who work in the office, is a significant factor, which will have to be taken into consideration in designing the office of the future.

Over the course of the past 15 years, there has been a steady trend toward combining various, previously independent office machines to form new machines capable of performing a wider range of work. These new machines, in turn, are then combined to create entire new systems. The computer, on the other hand, has undergone an opposite development. From what was initially a central facility, usually even in a separate room, its intelligence is now being distributed to the individual work-places.

In spite of all these technological developments, today's office is still basically far from being able to utilize the modern technologies available. Two of the most serious problems in offices today are rising costs and increasing mountains of paper. The major share of office costs is accounted for by personnel expenses involved in the gathering, evaluation and dissemination of information. New technologies are available which could streamline office procedures and improve the handling of information, while nevertheless keeping costs to a minimum. However, in order to be able to implement these technologies, it will usually be necessary to develop new organizational structures in the office. A study has shown that among 575 medium-sized companies in Bavaria, not one instance was found in which there were systematically designed information system capable of handling both internal and external information. In all too many cases, the "Boss" is still the hub around which the company revolves. Only by delegating his responsibilites will the conditions for effective employment of these new technologies be able to be created.

A look at the office of the future, portrayed in a scenario by Allan Purchase and Carol Glover, provides an interesting glimpse of the work of a department head in the not too distant future. Hand in hand with such new technologies as, communication panel, CRT display, computer access from his desk and electronic mail, the principal has at his disposal a new organizational structure which offers the capabilities required for full utilization of these technological aids and streamlined working conditions.

Yet in spite of all these technological aids and streamlined organizational structures, people remain the focal point and the key to the success of any office. In the office of the future, the employee will not only require a high level of education and schooling, but will have to be convinced of his or her individual importance and of the role he or she plays within the organizational structure. This will necessitate the continuing discussion and implementation of such concepts as working conditions, motivation, job enrichment and job enlargement. Only then will the employee be willing to adapt to changing office environments and to make full use of the technological aids offered to him.

Bibliography:

1. "The cost of the Information System" (English), IBM France, Institut d/ Information, Paris, 1974.

2. Sterner, Dr. S.: "Information ist das halbe Geschäft", Blick in die Wirtschaft, FAZ, Frankfurt/M., April 6, 1978.

3. Purchase, A. und Glover, C.: "All in a day's work - 1985" (English), SRI, Business Intelligence Program "Office of the Future", Stanford Research Institut, Menlo Park, California 94025, USA.

4. The PTV process analysis - "Word Processing", Journal der IBM Deutschland GmbH, Word Processing Division, Stuttgart.

5. E. H. Plesser: "social controlling " für ein marktstarkes Management; Management-Zeitschrift io, Nr. 2-1978, Verlag industrielle Organisation BWI ETH, Zürich.

6. Word processing and administrative secretarial pools: Script 13, February 1978, IBM Deutschland GmbH, Word Processing Division, Stuttgart.

Arbeitsplatz und Kommunikation im zukünftigen Büro

R. Jurk
München

Zusammenfassung

Ausgehend von einer Untersuchung über heute im Büro anzutreffende Tätigkeiten und Arbeitsabläufe und deren mögliche Unterstützung durch "Maschinen" werden Empfehlungen für den Einsatz von Geräten und Systemen gegeben. Die Orientierung erfolgt dabei an heute bereits bekannten Geräten und Systemen bzw. an solchen, deren Einführung unmittelbar bevorsteht. Als Beispiele dafür seien genannt: Telekopierer, Bürofernschreiber, Textautomat und Datenterminal.Die Schwerpunkte der weiteren Entwicklung werden auf den Gebieten der Textbe- und -verarbeitung, der Datenverarbeitung am Arbeitsplatz und der Telekommunikation liegen. Mehrfunktionsarbeitsplätze können unmittelbar zusammengehörende Arbeitsschritte zusammenfassen; neue Dienste wie z.B. "electronic mail" werden den Nachrichtenaustausch schneller und mit weniger Papier ermöglichen.

Entscheidend für die Einführung derartiger Techniken in das Büro ist aber letztlich die Akzeptanz durch den hier arbeitenden Menschen. Hier wird nur das Experiment weiterführende Aussagen erbringen können.

1. Einführung

Die heute lebhaft geführten Diskussionen über Themen wie "Büroautomatisierung", "Modernes Büro" oder "Büro der Zukunft" haben wohl im wesentlichen zwei Gründe:

1. Die Notwendigkeit, aus wirtschaftlichen und wettbewerbsmäßigen Erwägungen heraus den steigenden Kostenanteil der Büroarbeit am Endprodukt in den Griff zu bekommen oder gar wieder zu verkleinern.

2. Die heute gegebenen technischen Möglichkeiten, "Maschinen" für die Büroarbeit im weit größeren Maßstab bauen zu können, als das bisher möglich war.

Während für die Beherrschung der Produktion von Gütern aufgrund jahrzehntelanger Erfahrungen genügend ausgefeilte Techniken entwickelt und angewendet wurden, gibt es für den Bürobereich leider noch keine allgemeingültige und anerkannte Typologie. Wenn auch auf einigen Teilgebieten Ansätze gemacht wurden, so fehlt doch wohl eine umfassende und systematische Beschreibung, mit der sowohl der Organisator eines Unternehmens als auch der Hersteller von Büroeinrichtungen etwas anfangen könnte. Ein Grund dafür liegt sicherlich in der Vielschichtigkeit der Problematik.

2. Untersuchungen im Büro

Für die folgenden Ausführungen wird deshalb pragmatisch von einem die Problematik sicherlich stark vereinfachenden, aber dennoch brauchbaren Schema ausgegangen (Bild 1). Welche Anforderungen stellt nun der Büroarbeiter an sein Büro? Welche Tätigkeiten führt er aus und bei welchen kann er dabei von Maschinen unterstützt werden? Eine Antwort auf diese Fragen erhält man wohl nur durch eine entsprechend angelegte Analyse des heutigen Büros: wie wird derzeit im Büro gearbeitet, wo sind die Schwachstellen im Arbeitsablauf?

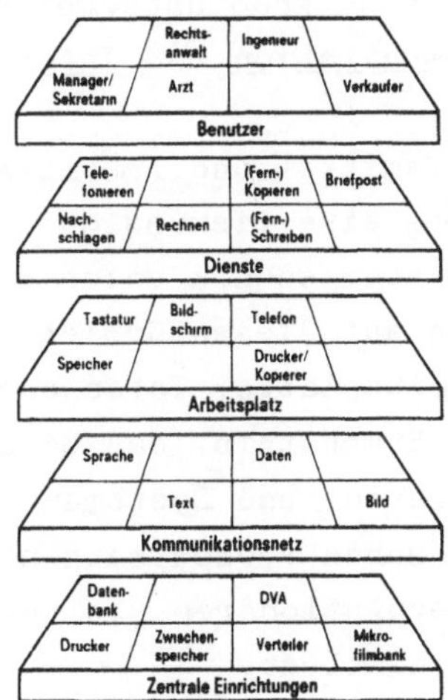

Bild 1 Arbeitsplatz und Kommunikation im modernen Büro

Fig. 1 Work station and communications in the modern office

Im Hause Siemens - Anwender und Hersteller bürotechnischer Einrichtungen zugleich - wurde eine Gruppe von Mitarbeitern mit einer diesbezüglichen Aufgabenstellung beauftragt und die Untersuchung kürzlich abgeschlossen. Ziele, Untersuchungsmethoden und Ergebnisse sind in Bild 2 und 3 angegeben.

Zielsetzung:

- Automatisierbarkeit der Tätigkeiten und Abläufe feststellen
- Bedürfnisse nach bürotechnischen Geräte- und Systemfunktionen aufzeigen
- Hinweise für die Weiterentwicklung des technischen Instrumentariums geben

Untersuchungsmethodik:

- Analyse des IST-Zustands von repräsentativen Arbeitsplätzen und Arbeitsabläufen in der Großindustrie, in Klein-, Mittel- und Großbetrieben, bei freien Berufen und in öffentlichen Verwaltungen
- Expertenbefragungen zur Auswirkung der <u>organisatorischen</u> Veränderungen auf Aufgaben und Tätigkeiten am Arbeitsplatz sowie zur Entwicklung von <u>technischen</u> Geräten und Systemen

Bild 2 Untersuchung "Büro 90" im Hause Siemens

Fig. 2 Study "Office 90" at Siemens

Ergebnisse:

- Beschreibung und Typisierung von heutigen Büroarbeitsplätzen
- Aussagen über Formalisierbarkeit und Automatisierbarkeit von Bürotätigkeiten und den dadurch erzielbaren Produktivitätszuwachs
- Empfehlungen für den verstärkten Einsatz bestehender und zu verbessernder Geräte/Systeme
- Empfehlungen für die Entwicklung künftiger Geräte/Systeme insbesondere der <u>Daten- u. Textbe- u. -verarbeitung am Arbeitsplatz</u> und für die innerbetriebliche <u>Kommunikation</u>

Bild 3 Untersuchung "Büro 90" im Hause Siemens

Fig. 3 Study "Office 90" at Siemens

Die Untersuchung betraf Büroarbeitsplätze innerhalb und außerhalb des Hauses Siemens; sie lassen sich grob unterteilen und charakterisieren nach ihrem Aufwand für <u>Kommunikation</u> und <u>Informationsverarbeitung</u>.

Es wurden die heutigen Hilfsmittel und Arbeitsabläufe an den Arbeitsplätzen erfaßt. Nun erfolgte eine Diskussion im Kreise von Experten der Organisation und der Systemtechnik unter dem Aspekt der zu erwartenden weiteren Entwicklung auf diesen Gebieten. Das führte letztlich zu Skizzen zukünftiger Arbeitsplätze. Interessant und vielleicht überraschend ist dabei die Erkenntnis, daß diese Vorschläge alle mit heute bereits bekannten Geräten und Systemen und deren absehbaren Weiterentwicklung zu einem hohen Prozentsatz abgedeckt werden können, was den Schluß einer eher evolutionären als revolutionären Entwicklung des zukünftigen Büros nahelegt.

3. Geräte im Büro

Die folgenden Betrachtungen werden vereinfacht und verdeutlicht, wenn vom "Standardbüro" bzw. von den in fast allen Büros vorkommenden "Standardfunktionen" und nicht vom teilweise schon recht fortgeschrittenen "Spezialbüro" - wie z.B. Büro für technische Entwicklungen bzw. den dort vorkommenden "Spezialfunktionen" - ausgegangen wird. Mit welchen Einrichtungen ist ein solches "Standardbüro" heute ausgerüstet und wie werden sich die Geräte weiterentwickeln (Bild 4)?

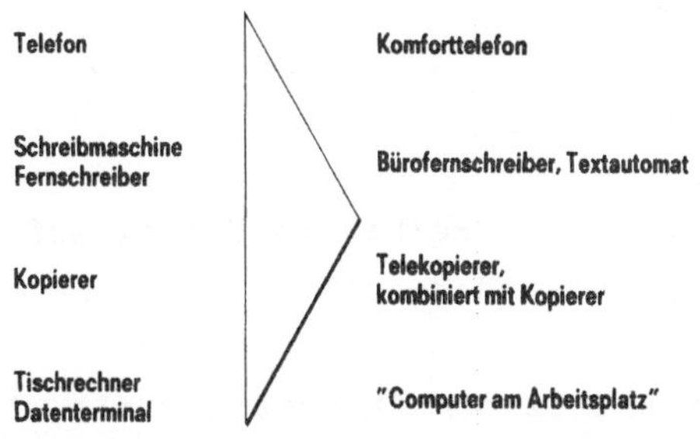

Bild 4 Bürogeräte im Standard-Büro und deren Weiterentwicklung

Fig. 4 Office equipment in the standard office and its further development

Zunächst zum wichtigsten und am weitesten verbreiteten Kommunikationsgerät, dem Telefon. Seine Weiterentwicklung wird im wesentlichen spürbar durch eine komfortablere Bedienung wie Tastwahl, Kurzwahl, Anrufwiederholung u.ä. und durch die bessere Erreichbarkeit des gewünschten Partners z.B. durch "Anklopfen" beim besetzten Teilnehmer oder durch den automatischen Rückruf bei freiwerdendem Teilnehmer.

Auch die Schreibmaschine wird intelligenter: mittels elektronischer Speicher werden Erstellung und Änderungen von Texten erheblich vereinfacht und beschleunigt - heute schon praktiziert mit sogenannten Textautomaten. Der elektronische Fernschreiber ist durch seinen "flüsterleisen" Betrieb bürofreundlich geworden und vereint bald Schreibmaschine und Fernschreibmaschine im neuen "Bürofernschreiber".

Der Kopierer - unermüdlicher Papierproduzent im Büro - wird ergänzt durch den Telekopierer. Mit ihm können auch bereits vorhandene Unterlagen oder grafische Darstellungen einem entfernten Partner zugesendet werden.

Der Tischrechner wird umfangreichere und anspruchsvollere Aufgaben übernehmen und so mit dem Datenterminal immer mehr zusammenwachsen. Der Umfang der Datenverarbeitung unmittelbar am Arbeitsplatz wird stark zunehmen, es entstehen "Computer am Arbeitsplatz". Damit wird es zu einer Neuverteilung der "Intelligenz" kommen: die bisher auf die Rechenzentren konzentrierten maschinellen Verarbeitungskapazitäten werden durch die an den Arbeitsplätzen entstehenden Kapazitäten ergänzt.

4. Weitere Möglichkeiten

Diese grobe Skizze wirft eine Reihe von Fragen auf, von denen hier nur zwei näher diskutiert werden sollen:

1. Wird der Büroarbeitsplatz der Zukunft ein mit vielen verschiedenen Geräten überladener Schreibtisch sein, schwer überschaubar und kompliziert in der Bedienung?

2. Welche neuen, bisher nicht von Maschinen durchführbar erscheinenden Aufgaben können von derartigen Geräten und Systemen zusätzlich übernommen werden?

Zur Frage 1:

Die Frage nach einer sinnvollen Zusammenfassung von mehreren Funktionen an einem Arbeitsplatz liegt nahe. Dabei ist aber sorgfältig darauf zu achten, daß nur solche Funktionen zusammengefaßt werden, die ähnlich sind und dieselben Gerätekomponenten benötigen. Ein Beispiel möge dies verdeutlichen:

Für die Erstellung eines Angebotes benötigt die Vertriebsabteilung eines Unternehmens zunächst Daten über die einzelnen Positionen wie Preise, Kenndaten, Liefertermine u.ä. Diese Angaben können mit Tastatur und Bildschirm von einer Datenbank abgefragt werden - üblicherweise mit einem Datensichtgerät. Die für die Vervollständigung des Angebotes benötigten Texte wie technische Beschreibungen, Lieferbedingungen usw. können ebenso mit Tastatur und Bildschirm hergestellt werden - mit einem Textautomaten. Eine unter Umständen notwendige

Versendung des Angebotes per Fernschreiben erfordert die Tastatur und den Drucker eines Fernschreibers.

Deutlich wird hier der unmittelbare Sachzusammenhang von Teilschritten eines Arbeitsablaufes, dessen Bewältigung durch eine Person durchaus vorstellbar ist. Die Abwicklung eines solchen Vorgangs an einem Arbeitsplatz erscheint sinnvoll (Bild 5).

Elementarfunktionen, die kombinierbar sind:

- Texterstellung (Textbe- u. -verarbeitung, Speicherung)
- Datenverarbeitung und Speicherung (Dateiführung)
- Terminalbetrieb mit Datenbanken bzw. Großrechnern
- Kommunikation über innerbetriebliche und öffentliche Netze

Erweiterungen:

- Kopieren, Fernkopieren
- Briefpoststation ("elektronischer Briefkasten")

Bild 5 Mehrfunktions-Büroarbeitsplatz ("Arbeitsplatzcomputer")

Fig. 5 Multifunction office work station ("Office desk computer")

Ein "Arbeitsplatz- Computer" kann die erwähnten Funktionen in modularer Form zusammenfassen. Untersuchungen über die Effizienz und die Beherrschbarkeit solcher Arbeitsplätze durch den Menschen sind notwendig. Es soll ermittelt werden, wie die für mehrere Funktionen einheitliche Mensch-Maschine- Schnittstelle gestaltet werden muß, damit der Umgang mit diesem Gerät vom Benutzer beherrscht und voll akzeptiert werden kann. Das soll durch eine objektive Messung des Benutzerverhaltens geschehen.

Nun zur Frage 2: Welche neuen Aufgaben können von Maschinen am Arbeitsplatz übernommen werden (Bild 6)?

Besonders vielversprechend scheint hier das Thema "Elektronische Post bzw. Hauspost" zu sein. Aber es geht hierbei nicht nur um die teilweise Substitution der Papierpost, sondern auch um einen neuen Umgang mit diesem Medium. Die Verteilung und damit auch die Vervielfältigung eines abzusendenden Textes - eines "elektronischen Briefes" - erfolgt durch Maschinen. Nach Empfang im "elektronischen Briefkasten" kann der Empfänger wählen zwischen der Anzeige auf dem Bildschirm oder

- **Elektronische Briefpost**
- **Dateiführung**
  Adressen, Handakten, Notizen ...
- **Überwachung**
  Termine, Kosten, Projekte ...
- **Mischkommunikation**
  Kombination von Sprach- u. Textdialog

Bild 6 Neue Dienste am Büroarbeitsplatz

Fig. 6 New services for the office work station

der Ausgabe auf Papier. Interessiert ihn die Mitteilung nicht - und das kommt häufiger vor als der Absender denkt! - kann er durch Druck auf die Löschtaste den "elektronischen Papierkorb" betätigen. Er kann aber auch eine Bemerkung bzw. eine kurze Antwort unmittelbar zu dem am Bildschirm angezeigten Text eingeben und die Rückleitung an den Absender veranlassen. Eine Kopie dieses Vorganges wird im Speicher seines Gerätes abgelegt und kann zur weiteren Bearbeitung jederzeit abgerufen werden. Der Abdruck auf Papier wird dann nur noch in wenigen Fällen notwendig sein, nämlich dann, wenn ein "Dokument" tatsächlich gefordert wird, z.B. aus juristischen Gründen.

Weitere Dienste sind denkbar, die ein am Arbeitsplatz verfügbares "intelligentes" Gerät bieten kann, z.B. das Führen von persönlichen Dateien. Der Vorteil der maschinellen Verwaltung zeigt sich u.a. im schnellen Finden aller für einen Vorgang relevanten Daten, im automatischen Melden von Terminen und Kostenüberschreitungen, in der selbsttätigen Mitteilung von Änderungen von Terminen, Adressen oder Lieferbezeichnungen an andere Arbeitsplätze... eine Fülle weiterer Vorgänge dieser und ähnlicher Art ist vorstellbar.

Eine neue Art der Kommunikation zwischen zwei Partnern kann entstehen, wenn die beiden Kommunikationsformen "Sprache" und "Text" gemischt werden, d.h. während eines Dialoges gleichzeitig ablaufen. Die Partner sprechen per Telefon miteinander über einen Text, den sie beide auf ihren Bildschirmen sehen. Änderungen oder Ergänzungen des Textes können so durch gemeinsame Absprache unmittelbar durchgeführt werden.

5. Notwendigkeit von Feldversuchen

Werden diese Möglichkeiten im zukünftigen Büro ausgeschöpft? Bringen sie die notwendige Erhöhung der Produktivität der Büroarbeit? Sind sie wirtschaftlich realisierbar? Werden sie vom Büroarbeiter akzeptiert? Eine Reihe von Fragen! Sie können heute nur begrenzt und unvollständig am grünen Tisch diskutiert werden. Die Beantwortung ist aber für den Benutzer, den Organisator und den Hersteller von bürotechnischen Einrichtungen gleichermaßen interessant und für die weitere Entwicklung der Büroarbeit von entscheidender Bedeutung. Hier wird nur das Experiment - frühzeitig und systematisch vorbereitet - weiterführende und brauchbare Aussagen erbringen können (Bild 7).

Neben der Erprobung der am Arbeitsplatz zu installierenden Funktionen sollen insbesondere die Kommunikation zwischen den Arbeitsplätzen untersucht werden. Für die Sprach-, Text-, Daten- und Bildübertragung wird ein digitales Kommunikationsnetz eingesetzt (Bild 8).

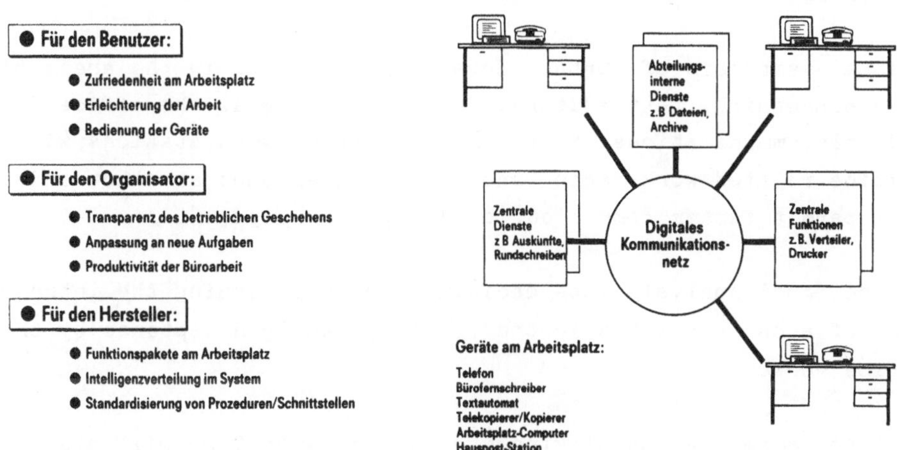

Bild 7 Klärung durch einen Feldversuch

Fig. 7 Clearing up by a field test

Bild 8 Feldversuch "Bürokommunikation"

Fig. 8 Field test "Office communication"

Work Desk and Communication Facilities in the Office of the Future

R. Jurk
München

The need to increase productivity in office work on the one hand and the possibilities offered by sweeping new developments in the electronic components sector on the other have spurred lively discussions on the future of the office.

Predictions about the further development of computer technology and its impact on the office are often spectacular visions painting a dim picture of possible effects on the working scene.

Based on a study conducted at Siemens on present office activities and work flows, and the feasibility of supporting them by machines, recommandations have been worked out for the use of suitable devices and systems. Devices and systems which are known today or will be introduced shortly were used as orientation aids. Examples are telecopiers, office teleprinters, word processors and data terminals.

The main emphasis of further development will be in the areas of word processing, text editing, data processing at the office desk and telecommunications. Multifunction office work stations will combine related work steps, and new services such as electronic mail will permit faster communication using less paper.

In the final analysis, the decisive factor governing the introduction of such techniques in the office is their acceptance by the office worker.

Will he become an "unthinking machine operator"? Or will his work be easier and more interesting, with the machine helping him handle bigger sections of the work flow and providing him with better perspective? How will he cope with the new and perhaps more exacting requirements?

Round table discussion of these and other problems can only provide some of the answers. Only practical experiments will provide definite solutions to such problems as dimensioning of the office, which is of interest to the office equipment manufacturer and, what is particularly important, acceptance by the office worker, a vital factor for the continued positive development of our working scene.

Mensch und Automation im Büro

W. Grünsteidl
Eindhoven, Holland

Zusammenfassung

Die begrenzte Auffassung von Büroautomation als vornehmlich Rationalisierung der Schreibarbeit wird einer Gesamtbetrachtungsweise weichen müssen. Das Ziel ist die Verbesserung der Leistungsfähigkeit der betrieblichen und gesellschaftlichen Informationssysteme unter Zuhilfenahme neuer technischer Möglichkeiten. Im Rahmen dieser Gesamtschau kommt der Anpassung der Büroarbeit and menschliche Masstäbe und Eigenschaften eine hervorragende Rolle zu.
Ein interdisziplinäres Studium der hierbei zu berücksichtigen Zusammenhänge ist erforderlich. Leistungsfähige Informationssysteme sind der Schlüssel zur Wettbewerbsfähigkeit, die letzlich bestimmend ist für die Beschäftigungslage.

Das Phänomen Automation spielt eine wesentliche Rolle bei der Formulierung von Unternehmensstrategien. Dies betrifft sowohl die innerbetrieblichen Folgen, wie Struktur, Organisation, Quantität, Qualität der Arbeitsplätze, als auch für ein Unternehmen wie Philips, die sich anbietenden kommerziellen Möglichkeiten in traditionellen und neuen Märkten. Es ist daher nicht verwunderlich, dass sich eine strategische Planungs-Abteilung, wie die unsere, intensiv mit diesem Thema auseinandersetzen muss.
Im Zuge dieses Vortrages kann allerdings der Problemkreis nur oberflächlich angerissen werden; es können nur Denkanstösse geliefert und angedeutet werden, in welche Richtungen sich unsere Überlegungen als Benutzer, Hersteller und Berater auf dem Gebiet von Produkten und Systemen für die Büroautomation gegenwärtig bewegen.
Desgleichen können auch Lösungen für die entstehenden Probleme nur angedeutet werden.

Unter Automation im Büro versteht man primär den Einsatz von Informationsverarbeitungsmaschinen, die einen Teil der menschlichen Verstandesarbeit ersetzen sollen.

Als das wesentliche Element hat sich aber dabei die Digitalisierung der Information erwiesen, die es zulässt, kosten- und zeitraubende Medienkonversionen soviel wie möglich zu vermeiden.

Das Belassen der Information in digitaler Form für Aufbereitung, Verarbeitung, Kommunikation, Ablage und Abruf macht letzten Endes das fundamentale Charakteristikum des sogenannten Büros der Zukunft aus.
Hierdurch hat aber die Errichtung integrierter Informations- und Kommunikationssysteme Folgen, die nicht nur "Kopfarbeiter" betreffen, sondern auch letzlich den Bereich physischer Leistungen wie Transport, Verteilung, Zustellung, aber auch die Bereitsstellung konventioneller Bürohilfsmittel, Druckereien, Bürowarenhandel, u.s.w.

Es ist daher begreiflich, dass gegenwärtig die Diskussion um die möglichen Sozialfolgen an Intensität gewinnt, wobei allerdings sowohl bei Befürwortern als Gegnern eine gewisse Hilflosigkeit bemerkbar ist, die nicht selten in Demagogie entartet. Dies ist kaum verwunderlich, wurde doch das sogenannte "Büro der Zukunft" bis vor kurzem hauptsächlich durch bestechende, fast ausschliesslich technologie-beherrschte Szenarien charakterisiert; den daran Beteiligten wurden bestenfalls science-fiction Rollen zugeteilt. Übergreifende Systemaspekte, die den Menschen mit einbeziehen, wurden vernachlässigt.

Die Diskussion, die jetzt entbrennt, wird hoffentlich dazu beitragen, gerade die Fehler und Nachteile zu vermeiden, die viele befürchten, und damit unnötige Widerstände abzubauen.

Die Art und Weise wie man am Wesentlichen vorbeigeht und Widerstände geradezu provoziert sei am Beispiel der Einführung der Textverarbeitung erläutert. Die Textverarbeitung stellt im Allgemeinen die erste Stufe der Automation im Büro dar.
Die Denkweise, die hierbei vorherrschte, ist symptomatisch für die Einseitigkeit der gängigen Betrachtungsweise. Textverarbeitung hatte vornehmlich die Rationalisierung der Schreibarbeit zum Ziel, sie war auf einen spezifischen Arbeitsplatz gerichtet, nämlich den der Sekretärin bzw. Schreibkraft.

Zeitanalysen konzentrierten sich auf die "unproduktive Zeit" der Schreibkraft, nicht aber deren Ursachen, die Unproduktivität des Chefs, ja vielleicht des Systems als solches. Der Textautomat sollte Schreibkräfte ersetzen, nicht das System verbessern.

Vergessen wir nicht : Das Büro ist das Herzstück des betrieblichen Informationssystems, die Leistungsfähigkeit dieses Systems ist letzten Endes unser Anliegen. Die isolierte Betrachtungsweise, gerichtet auf einen bestimmten Arbeitsplatz, hat einer Gesamtschau zu weichen. So gesehen wird diese Leistungsfähigkeit charakterisiert durch :

- die Geschwindigkeit des Informationsflusses und damit die Aktualität der Information;
- die Relevanz der Information, d.h. die Reduktion auf das Wesentliche;
- die Zuverlässigkeit der Information.

Es lässt sich zeigen, dass die Anforderungen an diese Charakteristika durch wirtschaftliche, gesellschaftliche und politische Einflüsse stetig steigen. Obendrein werden die zu beherrschenden Informationsstrukturen zunehmend komplexer, Wechselbeziehungen werden bedeutender, der Dialogbedarf bei der Erarbeitung nimmt zu.

Die psychischen und physischen Belastungen, die sich aus diesen Aspekten für alle im Büro Beschäftigten ergeben, können durch den Einsatz von Informationsverarbeitungsmaschinen weitgehend gemildert werden (denken wir z.B. allein an die Zuverlässigkeitsanforderung!).
Ohne diese Maschinen wäre das Büro der Zukunft unmenschlich.

Die Menschen im Büro sind letzlich die Träger des Informationssystems, und seine Leistungsfähigkeit wird primär durch sie bestimmt. Sie bestimmen die Wirtschaftlichkeit, die nicht nur gleichbedeutend ist mit Kostensenkung, sondern ebensosehr Leistungsverbesserung bedeutet, diese wiederum wird nicht nur erreicht durch schnelleres Arbeitstempo, sondern auch durch qualitative Verbesserung der Arbeitsbedingungen, im konkreten Fall, die vielzitierte Humanisierung der Büroarbeit.
Nur zufriedene Mitarbeiter arbeiten auch effizient. Das bedeutet aber nicht Ausrichtung auf das Diktat der Technologie, sondern Anpassung an fundamentale menschliche Masstäbe und Eigenschaften, die sich letzten

Endes aus unserer evolutionären Vergangenheit ergeben :

- der Mensch ist neugierig, er zieht daher die Abwechslung vor und scheut die Monotonie;
- der Mensch ist ein Gruppenwesen, d.h. er ist nur in Ausnahmefällen gerne einsam;
- der Mensch ist Wettbewerber, er bezieht daher seine Motivation aus den Erfolgsmöglichkeiten.

Das klingt sehr abstrakt, wird aber durch diverse Untersuchungen gestützt. Befragungen des Büropersonals bei der Bank of England und auch bei Shell hinsichtlich der wesentlichsten Parameter, die die Attraktivität der Büroarbeit bestimmen ergaben in der Reihenfolge :

- Die Arbeit muss Kontakt mit angenehmen Mitarbeitern und anderen Menschen herstellen.
- Die Arbeitsumgebung und die Bedingungen müssen attraktiv sein und die Entlohnung angemessen.
- Die Arbeit muss so organisiert sein, dass Leerläufe zu den Ausnahmen gehören.

Wie können wir nun diesen Grundeigenschaften Rechnung tragen beim Entwurf von Konzepten für die Büroautomation? In erster Linie durch Anpassung der Arbeit an den Menschen, und nicht umgekehrt.
Die Möglichkeiten, die wir hier haben seien im folgenden besprochen : Monotonie lässt sich vermeiden durch Verbreiterung des Aufgabenkreises (job-enrichment), Schaffung autonomer Arbeitsgruppen durch Arbeitsstrukturierung, eventuell im Rahmen von sachbezogenen Sekretariatszentren, wo die aktive Mitarbeit durch das Bekanntsein mit dem sachlichen Inhalt stimuliert wird. Dies bedeutet aber Abgehen vom begrenzten Spezialistentum, Vorrang des Mischarbeitsplatzes vor dem Schreibsaal und nicht Trennung von Schreibarbeit und administrativer Tätigkeit, wie bis vor kurzem vor allem von amerikanischer Seite propagiert.

Statt des spezialisierten Schreibarbeitsplatzes sehen wir die Entwicklung des allgemeinen nichtroutinierten, informationsgenerierenden und -verarbeitenden Arbeitsplatzes (siehe auch : Grassmugg, ÖVD-Sonderausgabe 1978).

Die Reintegration bereits vollzogener funktioneller Aufspaltungen ist daher in diesem Sinn ein wesentlicher Schritt zur menschlicheren Gestaltung der Büroarbeit.

Unter diesem Aspekt ist dann nicht mehr relevant, wenn Büromitarbeiter nur 25% der Zeit auf Schreibarbeit verwenden und auch Wirtschaftlichkeitsberechnungen für Automatisierungshilfen, wie z.B. Textautomaten können dann nicht mehr im alten Stil durchgeführt werden.
Es wird also ein im traditionellen Sinn "unterbesetzter" Textautomat sinnvoll, wenn er dazu beiträgt das Informationssystem zu verbessern und einer qualifizierten Mitarbeiterin das entsprechende Arbeitsklima zu verschaffen.

Die neuen und zukünftigen elektronischen Automatisierungshilfen unterstützen diese Anforderung : Die nun möglichen Konzepte verteilter Intelligenz bringen die Arbeit, die bisher der an zentraler Stelle tätige Spezialist ausübte, an den einzelnen Arbeitsplatz, der hierdurch an Universalität gewinnt. Die eingebaute "Intelligenz" der Apparate erfordert keinen Maschinenspezialisten mehr.

Monotone Arbeitssituationen werden auch vermieden durch den Abbau repetitiver und reduntanter Handlungen. Gerade auf diesem Gebiet leisten die elektronischen Automationshilfen wesentliche Beiträge, man denke z.B. nur an den Einsatz von Textverarbeitungsautomaten.

Weiter ist die adäquate Vorbereitung der Menschen im Büro auf ihre Aufgabe zu beachten. Entsprechende Auswahl, Ausbildung und Einschulung sind selbstverständlich.
Weniger beachtet wird die Bedeutung der gemeinschaftlichen Erarbeitung der Aufgabenstellung im Rahmen neuer Konzepte mit allen Mitarbeitern und überhaupt die rechtzeitige Information über geplante Änderungen.

Dem individuellen Kommunikationsbedürfnis und dem Charakter als Gruppenwesen kommen wir entgegen durch Berücksichtigung der Funktion innerhalb der Gruppe.
Einsame Arbeitsplätze sind unmenschlich. Deutliche Umschreibung der Verantwortung innerhalb der Hierarchie ist erwünscht. Auch die öfters besprochenen Konzepte des Büros im Heim, sind unter diesem Aspekt zu betrachten. Auch der "Heimarbeiter" muss gelegentlich innerhalb einer Gruppe arbeiten können.

Schliesslich berücksichtigen wir die Wettbewerbskomponente durch Eröffnung von Aufstiegschancen (was innerhalb traditioneller Bürosysteme nicht selbstverständlich war), adäquate Beurteilungssysteme und Förderung beruflicher Mobilität.

Bei jeder durch die fortschreitende Entwicklung bedingten Umschichtung kommt es zu Veränderungen im Arbeitsverhalten, Strukturveränderungen, Verschiebungen innerhalb der Organisationen und auch Freisetzungseffekten.

Doch so wie niemand mehr bereit ist, die minderwertige und schwere physische Arbeit den Baggern und Bulldozern abzunehmen, weil das nicht mit unseren Vorstellungen von Lebensqualität vereinbar ist, genausowenig wird in absehbarer Zeit eine Sekretärin zu bekommen sein, die auf einer simplen elektrischen Schreibmaschine ganze Briefe wegen geringfügiger Korrekturen mehrmals tippt.

Aus vielerlei Gründen ist die Automation der Büroarbeit und letzlich die Einführung integrierter Informations- und Kommunikationsysteme ein unwiderruflich in Gang gekommener Prozess.
Unsere Aufgabe ist, diesen Prozess zum Nutzen und nicht zum Nachteil aller Beteiligten zu strukturieren und zu lenken.

Wie schon in einer Studie des BM/FT über die Einführung von Computern dargelegt, liegt unsere Chance zur Milderung der Folgen in der Flexibilität, die wir in organisatorischer Hinsicht besitzen.
Diese Flexibilität erlaubt uns sowohl Faktoren, die aus der Firmenkultur und Tradition herzuleiten sind, wie auch in gewissem Sinn individuelle Präferenzen zu berücksichtigen. Ebenso erlaubt sie uns auch die fortwährende Anpassung an den evolutionären Stand des Informationssystems der Firma einerseits und anderseits, hiermit verbunden, die schrittweise Gewöhung der Mitarbeiter an Systemänderungen.

Dies bedeutet aber, dass wir in der Praxis der Büroautomation mit einer Pluralität von möglichen Lösungen rechnen können und müssen. Standardlösungen, wie bis vor kurzem vorgeschlagen, werden zu den Ausnahmefällen zu rechnen sein.
Die Entwürfe für neue Produkte und Systeme der Büroautomation werden mit diesen Tatsachen rechnen müssen. Desgleichen werden physische Belastungen der Büroangestellten durch die Maschinen, wie Lärm, schwierige

Lesbarkeit der Anzeigen, schwierige Nahtstellen beim Übergang Mensch-Maschine, ausgemerzt werden müssen. Die Ergonomie gewinnt an Bedeutung.

Die Entwicklung der modernen Elektronik kommt all diesen Anforderungen weitgehend entgegen. Hoch- und höchstintegrierte Schaltkreise und neue Speichertechnologien erzielen ein dramatisch attraktiver werdendes Preis/Leistungsverhältnis und bringen ganze Arbeitsabläufe durch Konzepte der verteilten Intelligenz an den einzelnen Arbeitsplatz. Sie ermöglichen ebenfalls die Verwirklichung modulärer Systemkonzepte und damit anpassungsfähige, flexibele Konfigurationen. Die "innere Intelligenz" der Apparate erhöht den Bedienungskomfort ganz wesentlich, der Mensch muss sich nicht mehr auf die Maschine konzentrieren.

Typenrad, Tintenstrahl und Laser reduzieren bzw. eliminieren den Lärm der Druckwerke, hellere und deutlicher lesbare Displays, z.B. auf dem Gasentladungsprinzip, bzw. abgewandelten Flüssigkristallprinzipien erleichtern bald die Lesbarkeit. Elektronische Spracherkennung, erst einmal für Kommandos, vermenschlicht den Umgang mit Maschinen. Optische Massenspeicher vereinfachen in naher Zukunft die Archivierung und das Zurückfinden von Informationen in noch ungeahntem Ausmass.

Die Technik "kennt eigentlich keine Probleme". Jedoch für die Anpassung an den Menschen ist noch sehr viel Untersuchungsarbeit zu leisten, bevor wirklich ausgereifte Konzepte für das menschliche Büro der Zukunft vorgelegt werden können.

Die Integration von Systementwicklung und sozialwissenschaftlicher Betrachtungsweise, unter Einbeziehung der sogenannten Organisationssoziologie wird hierbei eine hervorragende Rolle spielen. Dass derartige interdisziplinäre Untersuchungen (z.B. Projekt der GMD, DV-gestützte Büro- und Verwaltungssysteme) jetzt anlaufen, kann von seiten der Hersteller nicht genug begrüsst werden.

Zusammenfassend kann man feststellen, dass, wie dargelegt wurde, viele Missverständnisse darauf zurückzuführen sind, dass die Debatte über die Büroautomation bis jetzt fast ausschliesslich unter dem Blickwinkel der Rationalisierung im traditionellen Sinn geführt wird. Die Informationssysteme der Zukunft werden zeifellos rationeller arbeiten müssen; diese Notwendigkeit ergibt sich schon aus dem zunehmenden Informationsvolumen und dem daran verbundenen Anteil an den gesamten Betriebskosten.

Darüber hinaus aber versetzen uns die Automationshilfen überhaupt erst in die Lage, die bereits erwähnten komplexen Informationsstrukturen von morgen zu meistern.
Insofern werden die Maschinen der zweiten industriellen Revolution bald dieselben Rollen spielen, wie die Kraftmaschinen der ersten Revolution; für den Computer ist dies ja in vielen Bereichen schon der Fall.

In einer Welt mit geringerem Wirtschaftswachstum, verschärfter Konkurrenz und verminderten Gewinnen wird die Leistungsfähigkeit der betrieblichen, aber auch der gesellschaftlichen Informationssysteme immer mehr zu einem wesentlichen, bestimmenden Faktor im Konkurrenzkampf.
Wie dargelegt wurde, spielt die Automation im Bürobereich für die Leistungsfähigkeit dieser Informationssysteme eine entscheidende Rolle. Unsere Konkurrenz in der Welt wird sich die gebotenen Möglichkeiten nicht entgehen lassen. Wir stehen unter Zugzwang.

Letzlich bestimmt allein unsere Konkurrenzfähigkeit über die Zahl und die Qualität der Arbeitsplätze in unseren Betrieben und in der Wirtschaft als Ganzes.

Man and Automation in the Office

W. Grünsteidl
Eindhoven, Holland

Digitalization of information as it is actually brought about by machinery for office automation, like automatic typewriters, computers etc. has far reaching consequences not only for the knowledge-worker but also for those involved in physical work like transportation, distribution and even in the printing and paper industry. The discussion about social consequences is just starting to take shape, in many cases objective argumentation is missing. The reason might be that concepts for the "office of the future" mostly have been treated in a purely technological way. Man, being the most important part of the system, has been forgotten. Productivity measures also have been directed almost exclusively towards the secretary/typist work-station. The efficiency of the total business information system, characterized by

speed of information
relevance of information
reliability of information

has been neglected. Economic, political, societal developments put increasing demands on these requirements. Moreover the complexity of the total information structure increases. Modern automation aids are becoming indispensable for handling the information systems of the future, without them the office of the future will be socially unacceptable. Technology has to be put into service for the humanization of offices. Deeply rooted human characteristics and behaviours have to be taken into account when designing machinery, systems and organizational approaches for our offices. Job satisfaction and enrichment, group formation, proper reward and promotional systems are essential factors. The monotony brought about by specialisation has to be diminished. Integration of tasks in small working groups should be aimed at. The future is for the integrated non-routine information-processing work-station with a minimum of repetitive and redundant handling. The development of modern electronics, concepts of distributed intelligence and finally the advent of integrated information and communication systems all support this trend.

The chances for improving the social acceptability of the new automation aids lie in the organizational flexibility which allows us to take factors into account like local and national characteristics, company culture and tradition, evolutionary state of the company's information system etc. Standard solutions would be exceptions.

A lot of thorough interdisciplinary research will be needed before we really understand all the factors involved. Some studies of this type are just starting.

The efficiency of our information systems will have a decisive influence on the competitive position of our industry and our societal system at large. The outcome of this struggle will finally determine the number and the quality of jobs in important sectors of our economy.

Organisatorische und individuelle Auswirkungen der neuen Bürotechniken

K. Brepohl
Köln

Zusammenfassung

Die unmittelbare Folge der neuen Bürotechniken wird darin bestehen, daß sich viele Arbeitsbereiche verändern und die Maschinen Aufgaben übernehmen, die heute noch von Menschen durchgeführt werden. Das wird voraussichtlich zu Veränderungen in der gesamten Verwaltungsstruktur führen. Durch die allmähliche Reduzierung der Routinearbeiten müssen die betroffenen Mitarbeiter weitere Aufgaben übernehmen, die mehr selbständiges Handeln und Entscheiden erfordern. Voraussetzung dazu ist die Bereitschaft zur Fortbildung und Anpassung an wechselnde Anforderungen. Die heute noch übliche Arbeitsteilung muß durch eine flexiblere Arbeitsplatzgestaltung ersetzt werden. Wichtige Voraussetzungen dazu sind "Job Enrichment" und "Job Rotation". Die hierarchische Ordnung wird allmählich von einer funktionalen Autorität abgelöst werden. Dabei müssen die Entscheidungsprozesse immer weiter nach unten delegiert werden. Die heute noch überwiegend vertikale Struktur des Unternehmens wird durch eine horizontale Struktur ergänzt werden.

Die neuen Techniken dürfen nicht die Aufgaben der Mitarbeiter bestimmen, sondern müßen dem Menschen angepaßt werden. Ob sie zu monotoneren oder zu vielseitigeren Tätigkeiten führen, hängt von der Art ihrer Verwendung ab. Hier muß die Ergometrie auf die psychischen Belastungen ausgedehnt und in Untersuchungen festgestellt werden, wie die neuen Geräte menschengerecht eingesetzt werden und damit zu humaneren Arbeitsbedingungen führen können.

1. Einleitung

Der Soziologe Arnold Gehlen führt die Notwendigkeit der Technik auf die Organmängel der Menschen zurück, die durch Organverstärkung und Organersatz aufgehoben oder gemindert werden. Er unterscheidet dabei zwischen den "Verstärkertechniken", die unsere körperlichen Leistungen überbieten, und den "Entlastungstechniken", die auf Organentlastung, Organausschaltung und auf die Arbeitsersparnis insgesamt gerichtet sind. In der Vergangenheit schaffte sich der Mensch die Möglichkeit, schwere körperliche Arbeit durch Tiere, Naturkräfte bis hin zu den Maschinen zu ersetzen.

Mit der Entwicklung der Elektronik und besonders der elektronischen Datenverarbeitung hat die Technik begonnen, auch die geistigen Fähigkeiten zu entlasten und zu erweitern. Damit greift sie in Bereiche ein, von denen wir immer geglaubt haben, daß sie nur von der menschlichen Intelligenz bewältigt werden können, daß der Mensch hier unersetzlich sei. Im Grunde stehen wir diesem Phänomen noch ziemlich ratlos gegenüber. Von vielen wird die Entwicklung begrüßt, da sie von stumpfsinnigen Routinearbeiten befreit und Zeit zu schöpferischer Tätigkeit und Selbstverwirklichung gibt; von anderen wird sie als "Jobkiller" erbittert bekämpft. Da die empirischen Erfahrungen über die langfristigen Wirkungen noch fehlen, müssen die folgenden Ausführungen zum guten Teil spekulativ sein. Es soll versucht werden, mit den geringen Erfahrungen die wahrscheinlichen Änderungen in der Zukunft darzustellen. Wir wissen zwar, mit welchen technischen Entwicklungen wir zu rechnen haben, aber es fehlen die Instrumentarien, die direkten und indirekten Wirkungen objektiv zu untersuchen.

Bei der Einführung des Computers und der allmählichen Aufgabenerweiterung hat man sich über die Veränderungen nicht viel Gedanken gemacht, sondern zunächst einmal nur die Vorteile gesehen. Daß damit Arbeitsplätze und ganze Abteilungen - wie zum

Beispiel die Buchhaltungen - überflüssig wurden, fiel kaum auf, da die Betroffenen in der Hochkonjunktur ohne Schwierigkeit einen neuen Arbeitsplatz fanden.

2. Die Funktionen verändern sich

Erst in jüngster Zeit mit der Entwicklung immer neuer Bürotechniken hat die ernsthafte Diskussion begonnen, da die Angestellten in zunehmendem Maß entlastet werden und die Unternehmensstruktur sich zu verändern beginnt. Eine wichtige Ursache ist, daß die Arbeitsersparnis in der derzeitigen wirtschaftlichen Situation nicht so leicht aufgefangen werden kann, sondern manchen Arbeitsplatz kosten wird.

Denn nun sieht man, daß sich viele Arbeitsbereiche verändern und ein Teil der Aufgaben von Maschinen übernommen wird. Nach einer Berechnung der Firma Siemens beträgt der Zeitaufwand für das Schreiben einer DIN A4-Seite beim Stenodiktat 48 Minuten, beim Phonodiktat 32 Minuten und bei der Textverarbeitung mit Texthandbuch zehn Minuten: Eine Verringerung der Arbeitsplätze dürfte unvermeidlich sein.

3. Maschinen übernehmen Routinearbeiten

Manche Routinearbeiten, die heute noch zum Beispiel von Sachbearbeitern durchgeführt werden, können zukünftig Datenverarbeitungsanlagen selbständig übernehmen. Immer mehr Formulare, die man als Bürger ausfüllen muß, sind computerlesbar gestaltet. Der Sachbearbeiter benötigt nicht mehr die gesamten Unterlagen eines Vorganges, sondern das zum Teil ausgewertete Material; bei entsprechender Programmierung braucht er es nicht einmal auf Vollständigkeit durchzusehen, sondern hat nur noch die Entscheidung zu treffen. Bestellungen gehen sofort an alle betroffenen Abteilungen und die Rechnung wird automatisch geschrieben.

Diese Änderungen treffen nicht nur die untere und mittlere Ebene, sondern ändern auch das Arbeitsverhalten und die Informationsbeschaffung des Managements. Täglich oder wöchentlich können die Umsätze - bei modischen Artikeln zum Beispiel unterteilt nach Produkten, Preisen, Größen, Farben - zusammengestellt und daraus Trends abgeleitet werden. Die Lagerhaltung läßt sich verringern und die Anpassung an Moderichtungen jederzeit korrigiert werden. Vertrauliche Informationen kann der Chef selbst über ein Terminal abrufen - wenn er bereit ist, ein solches Gerät persönlich zu bedienen. Dafür ist auf der anderen Seite die Stenographie eine aussterbende Fertigkeit, die durch das Phonodiktat ersetzt wird. Die "Bundesanstalt für Luft- und Raumfahrttechnik" hat berechnet, daß rund 3o Prozent durch den systematischen Einsatz der neuen Techniken überflüssig werden.

4. Die Hierarchie wird fragwürdig

Diese Beispiele mögen zeigen, wie sich die Verwaltungsstruktur im Laufe der kommenden Jahrzehnte verändern wird. Die entscheidende Frage ist dabei, wie sich die Organisation diesen Veränderungen anpassen soll. Denn daß sie sich verändern muß, ist heute schon an manchen Indizien zu erkennen. Unter dem Zwang der ununterbrochen zunehmenden Informationen, der neu hinzukommenden Aufgaben läßt sich die aus dem vergangenen Jahrhundert übernommene hierarchische Struktur nicht mehr aufrecht erhalten. Kein leitender Angestellter kann heute noch die vielen Abteilungen, wie Volkswirtschaft, Recht, Marketing, Werbung, Forschung und Entwicklung oder die Personalabteilung mit hunderten von zu beachtenden Gesetzen und Verordnungen wirklich überschauen und die Arbeiten, die dort getan werden, beurteilen.

Die Folge davon ist, daß sich der Entscheidungsprozeß immer mehr nach unten verlagert. Das kann schon im Schreibbüro beginnen, in dem das Team der Phonotypistinnen die Arbeiten selbständig verteilt. Auf der Sachbearbeiter-Ebene muß der Einzelne, unterstützt von Informationen aus der Datenbank, selbständige Entscheidungen treffen können. Oder aber es bilden sich Teams, die gemeinsam entscheiden.

5. Die Arbeitsteilung muß geringer werden

Voraussetzung zu dieser Arbeitsweise ist ein Fachwissen, das über den eigenen Arbeitsbereich hinausgeht, und die Bereitschaft sich fortzubilden und den wechselnden Anforderungen anzupassen. Dadurch, daß die Angestellten allmählich immer mehr von Routinearbeiten befreit werden, wird die Anforderung an ihre Intelligenz und ihr Mitdenken auch höher. Die heute noch übliche Arbeitsteilung sollte so weit wie möglich im Interesse des Menschen überwunden werden, an ihre Stelle muß die Arbeitsbereicherung ("Job Enrichment") treten. Die Dispositionsräume des Mitarbeiters werden größer und bieten ihm mehr Möglichkeiten zur Identifikation mit der Aufgabe. Nach den neuen Motivationstheorien stimulieren diese Maßnahmen den Menschen am stärksten.

Die zweite Maßnahme, die systematisch eingeführt werden sollte, ist der zeitweilige Arbeitsplatzwechsel ("Job Rotation"). Je mehr Bereiche der Mitarbeiter kennenlernt, desto besser kann er die dortigen Anforderungen und Probleme in seine eigenen Überlegungen einbeziehen. Zudem wird er geistig mobiler, kommt aus seinem Kästchendenken heraus und kann ohne größere Schwierigkeit auch andere Aufgaben übernehmen. Je mehr die Job Rotation von der Firmenleitung gefördert wird, desto leichter kann das Unternehmen auch auf neue Anforderungen reagieren.

6. Funktionale Autorität wird nötig

Von einem Menschen kann man nicht gleichzeitig selbständiges Denken und Handeln und andererseits die Anerkennung der hierarchischen Struktur erwarten. Es muß sich eine funktionale Autorität herausbilden, die der amerikanische Volkswirt Peter Drucker folgendermaßen beschreibt: "Kopfarbeiter verlangen auch, daß die an sie gestellten Anforderungen vom Wissen und nicht von Chefs ausgehen, das heißt von sachlichen Zielen und nicht von Menschen. Sie verlangen, mit anderen Worten, eine sach- und leistungsbezogene und nicht eine blind autoritätsorientierte Organisation." In einer neueren Untersuchung bemängelten zwölf Prozent der gehobenen und elf Prozent der übrigen Angestellten am meisten die mangelnde Sachkenntnis ihrer Vorgesetzten.

Voraussetzung dazu ist, daß die Firmenleitung die Unternehmensziele definiert, die Einzelleistungen überprüft und zwischen den verschiedenen Bereichen im Interesse des Firmenziels koordiniert. Dazu ist eine systematische und intensive Information über Ziele und Probleme des Unternehmens notwendig. Es ist ein gefährliches Indiz, das sicher nicht zur Motivation der Mitarbeiter beiträgt, wenn in der erwähnten Untersuchung 21 Prozent der gehobenen und 17 Prozent der übrigen Angestellten an erster Stelle die "Mangelnde Informationsbereitschaft" als Störfaktor bezeichnen.

7. Ergänzung durch horizontale Verbindungen

Die vertikale Struktur, die heute in den Unternehmen noch überwiegt, muß durch horizontale Verbindungen ergänzt werden. Gruppen aus Vertretern der verschiedenen Bereiche können dauernd oder für bestimmte Aufgaben vorübergehend eingerichtet werden; hier werden die Unternehmensentscheidungen vorbereitet oder zum Teil selbständig entschieden.

Zur Firmenspitze gelangen dann nur noch die grundsätzlichen und bis ins Detail vorbereiteten Entscheidungen. Von ihr muß allerdings ein hohes Maß an Allgemeinwissen - und nicht so sehr Fachwissen - verlangt werden. Denn heute können Beschlüsse nicht mehr ohne gründliche Kenntnis der direkten und vor allem der indirekten Auswirkungen getroffen werden. Politische Fragen sind eben so zu berücksichtigen wie Faktoren des Umweltschutzes, genaue Kenntnis der allgemeinen Konjunktur und des internationalen Marktes. Die vorgelegten sachlichen Vorschläge sind für sie nicht immer in allen Einzelheiten nachvollziehbar, da sie nicht alle Faktoren, die dazu geführt haben, kennt.

Die Geschäftsleitung muß sich zum guten Teil auf die Fachkenntnisse ihrer Mitarbeiter verlassen und sollte ihnen einen selbständigen Entscheidungsraum so lange lassen, bis mehrere Mißerfolge gezeigt haben, daß der verantwortliche Mitarbeiter der Aufgabe nicht gewachsen ist. Die Beurteilung der fachlichen Qualifikation allein genügt nicht mehr, sondern es ist genau so wichtig, zuverlässige Mitarbeiter durch Menschenkenntnis auszusuchen.

8. Technik muß menschengerecht sein

Die Aufgaben der Mitarbeiter dürfen keinesfalls überwiegend durch die Möglichkeiten der neuen Techniken bestimmt werden. Von Anfang an muß darauf geachtet werden, daß die Techniken dem Menschen so weit wie möglich angepaßt werden. Der Einsatz von Schreibautomaten kann zu einer eintönigen Beschäftigung werden, er kann aber auch Zeit zu weiteren, interessanteren Arbeiten schaffen. Die Arbeit am Bildschirmterminal kann schematisch und ermüdend sein; sie kann aber auch bei langwierigen Such- und Berechnungsvorgängen unterstützen und beschleunigen. Welche Formen der Nutzung überwiegen werden, hängt weniger von den Geräten und mehr von der Arbeitsorganisation ab.

Dazu ist erforderlich, daß die Ergometrie, die Messung der Arbeitsleistung, nicht mehr überwiegend auf physische Belastungen beschränkt wird, sondern auch die psychischen Anforderungen in ihren Aufgabenbereich einbezieht. Ansätze dazu sind vorhanden, wie zum Beispiel Untersuchungen über die Belastung am Datensichtgerät. Aber hier sind weitergehende Untersuchungen nötig, die das ganze Gefüge der Bürotechniken in der Wirkung auf den Menschen durchleuchten und dementsprechende Empfehlungen erarbeiten. Gerade der "Münchner Kreis" sollte hier Impulse geben, durch die wir zu empirischen Grundlagen für möglichst benutzerfreundliche und menschengerechte Geräte kommen.

Diese Veränderungen werden sich langfristig bis in das nächste Jahrhundert hinein vollziehen und unser Leben schrittweise beeinflussen. Aber die Anfänge finden bereits heute statt und nehmen an Geschwindigkeit zu: Die Zahl der Datenendgeräte ist innerhalb von zehn Jahren von 25o auf rund 124.ooo gestiegen; ihre Zahl ist heute also schon größer als die der Fernschreiber. Für die kommenden zehn Jahre prognostiziert Diebold eine weitere Verzehnfachung der Endgeräte.

Wir müßen uns heute um die Konsequenzen kümmern und nicht erst, wenn es zu spät ist. Einen Anfang hat die Firma Philips zum Beispiel gemacht, die den Begriff der "Arbeitsstrukturierung" einführte; darunter versteht sie "...Organisation der Arbeit, ihrer Situation und Bedingungen, sodaß bei Erhaltung oder Steigerung der Leistung der Arbeitsinhalt möglichst mit den Fähigkeiten und den Strebenszielen des einzelnen Mitarbeiters übereinstimmt."

9. Motivation ist Voraussetzung

Bei diesen Überlegungen darf aber nicht vergessen werden, daß viele Menschen nicht in der Lage oder bereit sind, sich den veränderten und wachsenden Anforderungen anzupassen. Hier sollten Umsetzungen in andere Bereiche ohne Einbuße des sozialen Besitzstandes Härten verhindern. Doch ist darauf zu achten, daß die jungen Menschen in ihrer heutigen Ausbildung auf die zukünftigen Aufgaben vorbereitet werden. Es ist ein unmöglicher Zustand, daß zum Beispiel die Berufsschulen von der Entwicklung praktisch noch keine Kenntnis genommen haben und Kenntnisse vermitteln, die sich an den Praktiken der Vergangenheit orientieren. Berufsanfänger müssen darauf hingewiesen werden, daß ihre Entscheidungen wahrscheinlich keine langfristigen Chancen haben. Der ganze Bereich der Berufsberatung und Berufsvorbereitung berücksichtigt bisher die zukünftigen Veränderungen kaum. Auf diese Weise werden mit großem Aufwand potentielle Arbeitslose herangezogen, während auf der anderen Seite die benötigten Fachkräfte fehlen.

Sicher werden nicht alle Mitarbeiter, die schon lange im Beruf sind, für die An-

Forderungen der neuen Techniken motiviert werden können. Nach einer Allensbacher Untersuchung glauben 44 Prozent der Berufstätigen in der Bundesrepublik, daß der Mensch durch die Technik überfordert wird; 37 Prozent dagegen sind überzeugt, daß sie sich den Anforderungen auch anpassen können. Wichtig ist hier die unterschiedliche Einstellung der Gruppen: Die Altersgruppe zwischen 16 und 29 Jahren glaubt zu 52 Prozent an die Anpassung. Dieser Optimismus sinkt mit zunehmendem Alter: Von den 45- bis 59jährigen sind nur noch 26 Prozent von der Anpassung überzeugt und 49 Prozent halten sich für überfordert. Nach der Schulbildung unterschieden glauben 47 Prozent, daß sie mit der neuen Technik nicht fertig werden. Dagegen sind 48 Prozent der Absolventen höherer Schulen von der Anpassungsfähigkeit überzeugt. Es muß also damit gerechnet werden, daß die älteren Menschen nicht übermäßig innovationsfreundlich sein werden. Und das gilt sicher bis zu den höchsten Ebenen, die die gewohnte Arbeitsweise nicht aufgeben wollen.

Dagegen scheint ein großer Teil der Jugend, und ganz besonders der gut ausgebildeten Jugendlichen, bereit zu sein, sich auf die neuen Techniken einzustellen. Wahrscheinlich bedeutet das, daß wir erst mit der neuen Generation aus den partiellen Anfängen ein integriertes System im Bürobereich erreichen werden, das nicht von außen aufgezwungen, sondern freiwillig mit allen Möglichkeiten genutzt wird.

1o. Neue Berufsbilder entwickeln

Bei der Diskussion um die Bürotechnisierung wird immer wieder darauf verwiesen, daß die neuen Geräte Arbeitsplätze wegrationalisieren. Diese Gefahr kann durch früh einsetzende Planungen zum guten Teil vermieden werden.

Langfristig können wir damit rechnen, daß in der Peripherie des elektronischen Büros neue Arbeitsbereiche entstehen, die die zusätzlichen Arbeitskräfte aufnehmen. Durch die Einführung des Computers sind viele neue Aufgaben entstanden, die mehr Menschen erforderten als jemals durch den Computer ihre Arbeit verlieren konnten.

Eine ähnliche Entwicklung können wir langfristig auch bei der Bürotechnisierung erwarten. Die neuen Techniken schaffen auch wieder neue Aufgaben, die von Menschen übernommen werden müssen.

Die nicht vorhergesehene rasante Entwicklung der Elektronik hat uns in kurzer Zeit vor Aufgaben gestellt, die heute im Einzelnen noch nicht absehbar sind. Wir müssen bei der Einführung jeder neuen Technik im Bürobereich die direkten und indirekten Folgen prognostizieren und eine Strategie entwickeln, die eine menschengerechte Nutzung sichert. Nur so läßt sich der Prozeß evolutionär durchführen und revolutionäre Reaktionen vermeiden.

Organizational and Individual Effects of New Office Technics

K. Brepohl
Köln

The new office technics will change considerably both the structure of organization and the demands on work. Particulary, the direct and indirect effects are hardly investigated, but it must be assumed that many routine works will no longer be performed by man. This does not only concern the shorthand typist, but also senior clerks and the management. Tasks like provision of information and its processing are increasingly taken over by data processing. About 30 to 40 percent of today's business journeys will become superfluous; more and more documents will be seen on terminals instead of appearing on paper.

Precondition for a suitable and efficient utilization of the new media is the motivation of the employees and the management. Well-founded and unfounded fears, the persistence in conventional forms of work impede undoubtedly the adoption and the utilization of the new apparatuses. It needs an exact training period of all employees to become versant with the new functions. Systematic "Job Enrichment" and "Job Rotation" can extend the sphere of activity of every employee. But more important than it has been in the past is the preparedness for on-the-job trainings and mobility. It may become necessary that an employee has to fulfill several complete new functions during his course of life. The new technics will not only make jobs superfluous, they also will create new jobs.

According to investigations, younger employees and those with a higher education seem best to be up to the required standard. In contrast to this, older employees and those with a lower education look upon this development with disapproval. The complete integration will be a long-termed process which will last by far into the next century. But every new-fitted data processor and every text processing machine will cause modifications in the immediate circle. They will summon up gradually and lead unstoppable to more and more changes. In this field basic investigations about the direct and indirect effects are indispensable to determine the working conditions and the organization, and to avoid, if possible, negative consequences.

The systematic utilization of new office technics will change today's structure of organization in business. Some spheres will loose significance, as there are the book-keeping departments, which are already dupes of data processing.

Other, perhaps new spheres will gain influence. Today the tasks in an enterprise are already so differentiated, so that actually only the immediate persons employed can make their decisions within their own spheres. It is, therefore, inevitable to know exactly the aims of business and to be in agreement with these aims. The individual responsibility is more and more deligated downwards. The management has to fix the aims, to check the individual performance and to coordinate between the different spheres.

In addition to the hierarchic structure a vertical structure has to be build up between the different spheres, which still today often work isolated from each other. The coordination has to occur at all levels, and should not only be ordered by the management. It will become more and more different for the management to have a clear view of all spheres.

Moreover, these changes make greater demands on a large number of employees. But we can not expect man both to act independently and to acknowledge a hierarchic authority. A "functional authority", which is not always identical with the position in the enterprise, has to be developed. Long-termed the organization will be pertinent and dependent on performance.

To introduce the new technics is only possible on condition that not man does adapt himself to the compulsions of these technics, but that these technics have to adapt themselves to man: "Structure of work means to organize work, its situation and conditions so that, when preservating or increasing performance, the meaning of work corresponds, if possible, with the qualifications and the objectives of aspiration of every employee". (Philips)

Employers and scientists have to summon up all their energies to reach this aim on a long-term basis.

Nachrichtentechnik

Herausgeber: H. Marko

Die Nachrichten- oder Informationstechnik befindet sich seit vielen Jahrzehnten in einer stetigen, oft sogar stürmisch verlaufenden Entwicklung, deren Ende nicht abzusehen ist. Durch die Fortschritte der Technologie wurden ebenso wie durch die Verbesserung der theoretischen Methoden nicht nur die vorhandenen Anwendungsgebiete ausgeweitet und den sich ändernden Erfordernissen angepaßt, sondern auch neue Anwendungsgebiete erschlossen.

Die Buchreihe „Nachrichtentechnik" soll dieser Entwicklung Rechnung tragen und eine zeitgemäße Darstellung der wichtigsten Themen der Nachrichtentechnik anbieten. Die einzelnen Bände werden von Fachleuten geschrieben, die auf dem jeweiligen Gebiet kompetent sind. Jedes Buch soll in ein bestimmtes Teilgebiet einführen, die wesentlichen heute bekannten Ergebnisse darstellen und eine Brücke zur weiterführenden Spezialliteratur bilden. Dadurch soll es sowohl dem Studierenden bei der Einarbeitung in die jeweilige Thematik als auch dem im Beruf stehenden Ingenieur oder Physiker als Grundlagen- oder Nachschlagewerk dienen. Die einzelnen Bände sind in sich abgeschlossen, ergänzen einander jedoch innerhalb der Reihe. Damit ist eine gewisse Überschneidung unvermeidlich, ja sogar erforderlich.

Folgende Bände liegen vor:

Band 1
H. Marko, Technische Universität München

Methoden der Systemtheorie

Die Spektraltransformationen und ihre Anwendungen
1977. 87 Abbildungen, 11 Tabellen. XVII, 220 Seiten
DM 65,–
ISBN 3-540-08106-2

Band 2
P. Hartl, Technische Universität Berlin

Fernwirktechnik der Raumfahrt

Telemetrie, Telekommando, Bahnvermessung
1977. 104 Abbildungen. XIII, 208 Seiten
DM 42,–
ISBN 3-540-08172-0

Band 3
E. Lüder, Universität Stuttgart

Bau hybrider Mikroschaltungen

Einführung in die Dünn- und Dickschichttechnologie
1977. 141 Abbildungen. IX, 166 Seiten
DM 48,–
ISBN 3-540-08289-1

Band 4
H. Kremer, Technische Hochschule Darmstadt

Numerische Berechnung linearer Netzwerke und Systeme

1978. 29 Abbildungen. X, 179 Seiten
DM 48,–
ISBN 3-540-08402-9

Preisänderungen vorbehalten

Springer-Verlag
Berlin
Heidelberg
New York